石油化工职业技能培训教材

运行电工

中国石油化工集团公司人事部
中国石油天然气集团公司人事服务中心 编

中国石化出版社

内 容 提 要

《运行电工》是《石油化工职业技能培训教材》系列之一，涵盖石油化工生产人员《国家职业标准》中对该工种初级工、中级工、高级工、技师、高级技师五个级别的专业理论知识和操作技能的要求。主要内容包括电力系统及变配电所主接线基础知识、变电运行调度管理及其运行操作、变电所设备巡视检查、电气主设备运行与维护、变电所交直流系统、变配电所事故处理、电气二次回路识读与测绘、防雷接地等。

本书是运行电工进行职业技能培训的必备教材，也是专业技术人员必备的参考书。

图书在版编目（CIP）数据

运行电工／中国石油化工集团公司人事部，中国石油天然气集团公司人事服务中心编．—北京：中国石化出版社，2007（2014.5 重印）
石油化工职业技能培训教材
ISBN 978-7-80229-457-8

Ⅰ．运… Ⅱ．①中… ②中… Ⅲ．Ⅳ．

中国版本图书馆 CIP 数据核字（2007）第 168085 号

中国石化出版社出版发行

地址：北京市东城区安定门外大街 58 号
邮编：100011 电话：(010)84271850
读者服务部电话：(010)84289974
http://www.sinopec-press.com
E-mail:press@sinopec.com
北京科信印刷有限公司印刷
全国各地新华书店经销

*

787×1092 毫米 16 开本 18.75 印张 464 千字
2007 年 12 月第 1 版 2014 年 5 月第 4 次印刷
定价：38.00 元

《石油化工职业技能培训教材》

开发工作领导小组

组　长：周　原

副组长：王天普

成　员：（按姓氏笔画顺序）

于洪涛　王子康　王玉霖　王妙云　王者顺　王　彪
付　建　向守源　孙伟君　何敏君　余小余　冷胜军
吴　耘　张　凯　张继田　李　刚　杨继钢　邹建华
陆伟群　周赢冠　苟连杰　赵日峰　唐成建　钱衡格
蒋　凡

编审专家组

（按姓氏笔画顺序）

王　强　史瑞生　孙宝慈　李兆斌　李志英　岑奇顺
杨　徐　郑世桂　姜殿虹　唐　杰　黎宗坚

编审委员会

主　任：王者顺

副主任：向守源　周志明

成　员：（按姓氏笔画顺序）

王力健　王凤维　叶方军　任　伟　刘文玉　刘忠华
刘保书　刘瑞善　朱长根　朱家成　江毅平　许　坚
余立辉　吴　云　张云燕　张月娥　张全胜　肖铁岩
陆正伟　罗锡庆　倪春志　贾铁成　高　原　崔　昶
曹宗祥　职丽枫　黄义贤　彭干明　谢　东　谢学民
韩　伟　雷建忠　谭忠阁　潘　慧　穆晓秋

前言

为了进一步加强石油化工行业技能人才队伍建设，满足职业技能培训和鉴定的需要，中国石油化工集团公司人事部、中国石油天然气集团公司人事服务中心联合组织编写了《石油化工职业技能培训教材》。本套教材的编写依照劳动和社会保障部制定的石油化工生产人员《国家职业标准》及中国石油化工集团公司人事部编制的《石油化工职业技能培训考核大纲》，坚持以职业活动为导向，以职业技能为核心，以“实用、管用、够用”为编写原则，结合石油化工行业生产实际，以适应技术进步、技术创新、新工艺、新设备、新材料、新方法等要求，突出实用性、先进性、通用性，力求为石油化工行业生产人员职业技能培训提供一套高质量的教材。

根据国家职业分类和石油化工行业各工种的特点，本套教材采用共性知识集中编写，各工种特有知识单独分册编写的模式。全套教材共分为三个层次，涵盖石油化工生产人员《国家职业标准》各职业（工种）对初级、中级、高级、技师和高级技师各级别的要求。

第一层次《石油化工通用知识》为石油化工行业通用基础知识，涵盖石油化工生产人员《国家职业标准》对各职业（工种）共性知识的要求。主要内容包括：职业道德，相关法律法规知识，安全生产与环境保护，生产管理，质量管理，生产记录、公文和技术文件，制图与识图，计算机基础，职业培训与职业技能鉴定等方面的基本知识。

第二层次为专业基础知识，分为《炼油基础知识》和《化工化纤基础知识》两册。其中《炼油基础知识》涵盖燃料油生产工、润滑油（脂）生产工等职业（工种）的专业基础及相关知识；《化工化纤基础知识》涵盖脂肪烃生产工、烃类衍生物生产工等职业（工种）的专业基础及相关知识。

第三层次为各工种专业理论知识和操作技能，涵盖石油化工生产人员《国家职业标准》对各工种操作技能和相关知识的要求，包括工艺原理、工艺操作、设备使用与维护、事故判断与处理等内容。

《运行电工》包含第二、三层次的内容。它以提高运行电工的技能操作能力为出发点，内容包括变电所日常运行与维护、电气事故分析、判断及处理、继电保护二次图纸识读等。并通过技能训练实例，由浅入深，由易到难，涵盖中国石油化工行业《运行电工》初级工、中级工、高级工、技师、高级技师五个级别的操作技能训练项目。该教材通俗易懂，形象直观，易于操作，适用于本职业本工种各个等级的培训考核。

《运行电工》教材由天津石化负责组织编写，扬子石化参与编写。主编吕英（天津石化），参加编写的人员有商锡瑞（天津石化）、朱建刚（天津石化）、苏存梅（天津石化）、沈坚（天津石化）。本教材已经中国石油化工集团公司人事部、中国石油天然气集团公司人事服务中心组织的职业技能培训教材审定委员会审定通过。主审陈英涛，参加审定的人员有单正阜、任红军、王辛夷。审定工作得到了扬子石化的大力支持；中国石化出版社对教材的编写和出版工作给予了通力协作和配合，在此一并表示感谢。

由于石油化工职业技能培训教材涵盖的职业（工种）较多，同工种不同企业的生产装置之间也存在着差别，编写难度较大，加之编写时间紧迫，不足之处在所难免，敬请各使用单位及个人对教材提出宝贵意见和建议，以便教材修订时补充更正。

目　录

第 1 章　电力系统及变配电所主接线

第 2 章　变电运行调度管理及其运行操作

第 3 章　变电所设备巡视检查

第8章 防雷接地

第 1 章　电力系统及变配电所主接线

1.1　电 力 系 统

1.1.1　电力系统与电力网

电力从生产到供给用户应用，通常都要经过发电、输电、变电、配电、用电这五个环节。电力从生产到应用的全过程，客观上就形成了电力系统。严格地讲，由发电厂的发电部分、输配电线路、变配电所及用户的各种用电设备所组成的整体，称之为电力系统，常简称系统(见图 1－1)。

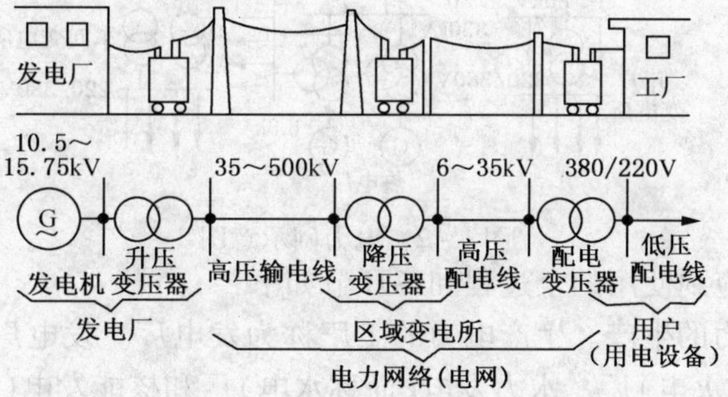

图 1－1　电力系统示意图

各种不同电压等级的电力线路和变配电所组成了电力网，也叫电力网络(简称电网)。它是电力系统的一个重要组成部分，承担了将电力由发电厂发出来之后供给用户的工作，即担负着输电、变电与配电(统称为供电)的任务。

电力网按其在电力系统中的作用不同，分为输电网和配电网(见图 1－2)。输电网是以高电压甚至超高压将发电厂、变电所或变电所之间连接起来的送电网络，所以又可称为电力网中的主网架。直接将电能送到用户去的网络称为配电网。配电网的电压因系统及用户的需要而定，因此配电网又分高压配电网(常指 35kV 及以上)、中压配电网(常指 10kV 或 6kV)及低压配电网(220V 或 380V)。

1.1.2　电网供电的各个环节

现代化电力系统规模一般都较大，通常把许多不在一地的发电厂并列起来，连成较大的电力系统，可以充分发挥系统运行的稳定性和安全性，提高发供电的经济效益。大型电力系统在技术经济上具有下列优点：

(1) 提高了供电可靠性；

(2) 减少了系统备用容量；

(3) 便于发展大型机组及利用大型动力资源，特别是能充分发挥水力发电厂电能生产成本低的优越性；

(4) 通过合理分配负荷可以降低系统的高峰负荷，提高运行经济性；

(5) 能够提高供电质量。

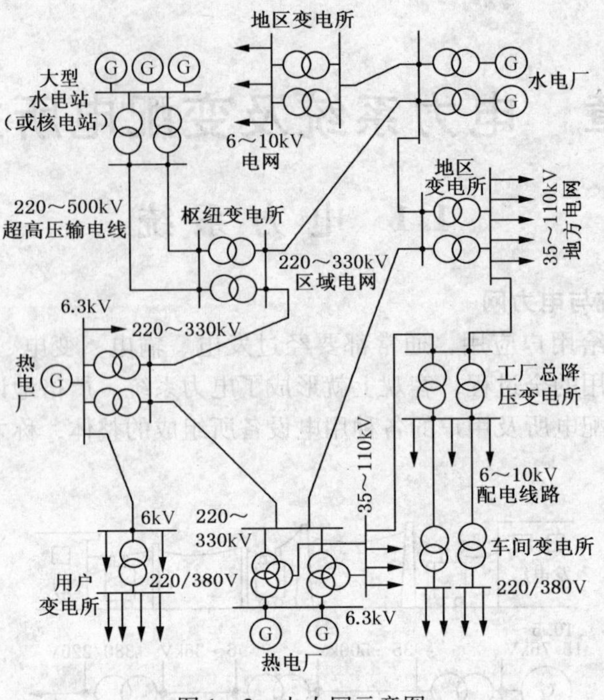

图 1－2　电力网示意图

电能由生产、供应到使用的全过程和各环节如下：

（1）发电　即电力的生产。生产电力的工厂称为发电厂。发电厂按所使用的能源不同，可分为火力发电（简称火电）厂、水力发电（简称水电）厂和核能发电（简称核电）厂等。

（2）输电　是指电力的输送。输电的距离越长，输电电压要求越高。一般情况下，凡输电距离在 50km 以下的可采用 35kV 电压；在 100km 左右的宜采用 110kV 电压；超过 220km 则采用 220kV 或更高的电压。

输电线路一般采用架空线路，有些地方或场合采用电缆线路。

（3）变电　即变换电网的电压等级。通常所讲的变电多指降压，事实上升压也属于变电。变电可分为输电电压的变换和配电电压的变换，通常将前者称为变电所（站），后者称为变配电所（站）。若只起配电作用而无改变电压功能的，则称为配电所（站）。变电所（站）全貌见图 1－3 所示。

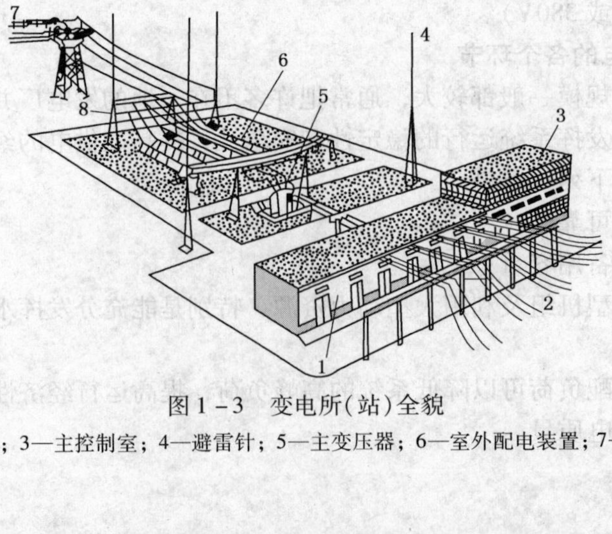

图 1－3　变电所（站）全貌

1—开关室；2—配电线；3—主控制室；4—避雷针；5—主变压器；6—室外配电装置；7—输电线；8—Π型构架

(4) 配电　即电力的分配。我国电网的高压配电电压分别为35kV与10kV(6kV)，有时也将35kV称作高配电压，10kV(6kV)称作中配电压。低压配电电压为220V、380V。

(5) 用电　是电能输送与分配到用户之后，供各类用电设备使用。在同一时刻，各用电设备所需要(或耗费)电功率的总和称为用电负荷(单位kW)。根据用户对供电可靠性的要求，用电负荷有一类、二类与三类之分。下面分述各类负荷的特点及供电要求：

一类负荷　指突然中断供电将会造成爆炸、火灾、中毒而导致人身伤亡危险或重大设备损坏且长期难以修复，将在政治或国民经济上带来重大损失的用电负荷。应由两个独立电源或采用多路电源供电。

二类负荷　指突然中断供电将会产生大量废品、大量原材料报废或打乱复杂生产过程，造成大量减产，或将会发生重大设备损坏事故，给国民经济造成较大损失，以及人员密集的重要公共场所的用电负荷。应由双回线路供电，这双回线路应尽可能引自不同的变压器或母线段。

三类负荷　指突然中断供电后影响不大，以及所有不属于一类负荷和二类负荷的其他用电负荷。三类负荷对供电的连续性没有特殊要求，故可由单回线路供电。

另外，根据用户在国民经济中所属部门，可将用电负荷分为工业负荷、农业负荷、交通运输负荷、照明及市政生活用电负荷。若按用电的性质分，则有动力负荷、电热负荷、照明负荷、电解负荷等。

1.1.3　供电质量指标与规定

1.1.3.1　电能的质量指标

电能质量表征了电能品质的优劣程度，通常电能质量包括电压质量和频率质量。

1. 电压

电压是电能的主要质量指标之一。电压质量对电网的稳定运行，降低线路损耗，保证生产的安全与正常进行，提高产品质量，降低单耗等都有着直接影响。电压质量既有数值上的要求，也有波形与对称性方面的要求。数值上，一般来说电力用户受电的端电压偏移不得超过额定电压的±5%~±7%。波形应是正弦波，畸变程度不大，实际波形中所含任一高次谐波的瞬时值不应超过同相基波电压瞬时值的1.5%~5%。此外，三相之间还要求互相对称，否则便会含负序与零序分量。

由于各类用户的生产与工作情况均与电压的高低有着密切关系，故世界上许多国家根据运行实践所规定的电压允许变化范围大都为额定电压的±5%。我国按国家技术监督局1990.4.20批准，1990.12.1实施的国家标准(GB 12325—90)规定，对电压数值的允许变化范围是：

(1) 35kV及以上供电电压的正、负偏差的绝对值之和，不应超过额定电压的10%；

(2) 10kV及以下三相供电电压的允许偏差为额定电压的±7%；

(3) 220V单相供电电压的允许偏差为额定电压的+7%~-10%；

2. 频率

电力系统供出的交流电的频率是电能质量的另一个主要指标。我国规定电力系统交流电频率的额定值应为50Hz(常称工频)。按国家标准(GB/T 15945—1995)，交流电频率的允许变化范围是：

(1) 电力系统正常频率偏差允许值为±0.2Hz(即由49.8~50.2Hz)；

(2) 当系统容量较小时(一般指30万kW以下)，其偏差可以放宽到±0.5Hz(即由49.5~50.5Hz)。

1.1.3.2 电压等级标准与高低压的划分

所谓额定电压，就是指能使各类电气设备处在设计要求的额定或最佳运行状态的工作电压。

划分交流电高电压与低电压的标准通常有如下两种：

（1）采用以250V作为划分标准，其规定是：凡设备对地电压大于250V者称高电压（简称高压），如3kV、6kV、10（20）kV、35kV、66kV、110kV、220kV、330kV及500kV等；凡设备对地电压在250V及以下者则称低压（简称低压），如220/380V。

（2）采用以1kV作为划分标准，其规定是：凡额定电压超过1kV以上者称高压；在1kV及以下者则称低压。这是又一种划分界限，它与前一种界限相比各有其特点。

交流电压除划分为高、低压外，还有超高压和安全电压的规定。超高压是指330kV及以上的电压等。

一般情况下，人体的电阻可按1000～2000Ω计，再保守一点可按800Ω计。实验证明人体允许通过的工频极限电流约为50mA。根据欧姆定律，$U = IR = 0.05 \times 800 = 40V$，得知人体所允许承受的最大极限工频电压为40V。所以，我国的安全电压等级分别为42V、36V、24V、12V、6V。

国际电工委员会IEC对接触电压的限定值为50V（30mA × 1600Ω）和25V（30mA × 800Ω），它是以人体允许电流与人体电阻的乘积为依据。

1.1.3.3 供电可靠性

供电可靠性是持续供电的量度。对于工矿企业等任何电力用户或其他用户，因突然停电或经常停电而导致的停工、停产、产品报废、设备损坏，甚至造成电气火灾或人员伤亡等恶性事故，会给各类用电单位及职工带来很大损失或酿成惨重后果，所以，供电可靠性显然应该是供电质量的主要指标之一。为了对它定量地加以说明，引用供电可靠率这一概念。它是指某一统计期内供电部门对用户的实际供电时间（统计期内总时间减去平均停电时间）与本统计期全部时间的百分比。停电时间应包括事故停电、临时性停电及计划检修停电时间。

1.2 电气主接线形式

1.2.1 电气主接线

变电所的电气主接线是汇集和分配电能的通路，也称电气一次接线或电气主系统。用规定的文字符号和图形符号将各电气设备按连接顺序排列，详细表示电气设备的组合和连接关系的接线图称为电气主接线图。电气主接线图一般画成单线图（即用单相接线表示三相系统），但对三相接线不完全相同的局部则画成三线图。如图1－4为某变电所的电气主接线图。电气主接线图不仅能表明电能输送和分配的关系，也可据此制成主接线模拟屏，以表示电气系统的运行方式，可供运行操作人员进行模拟操作。变电所主接线应满足运行的灵活性和可靠性，操作简单，技术先进，经济合理，便于扩建等基本条件。

该变电所有两路电源进线，分别为电缆线WL1、WL2。一般情况下采用由两路电源进线带两台主变压器正常运行方式。母联开关处于热备用状态，即母联开关两侧刀闸合入，母联开关断开。当一路电源发生故障或进行检修时，在切除该进线后，母联开关自投合闸，由另一路电源带两台变压器运行。为了测量、监视、保护和控制主电路设备的需要，每段母线上都接有电压互感器，进线上和出线上都接有电流互感器。

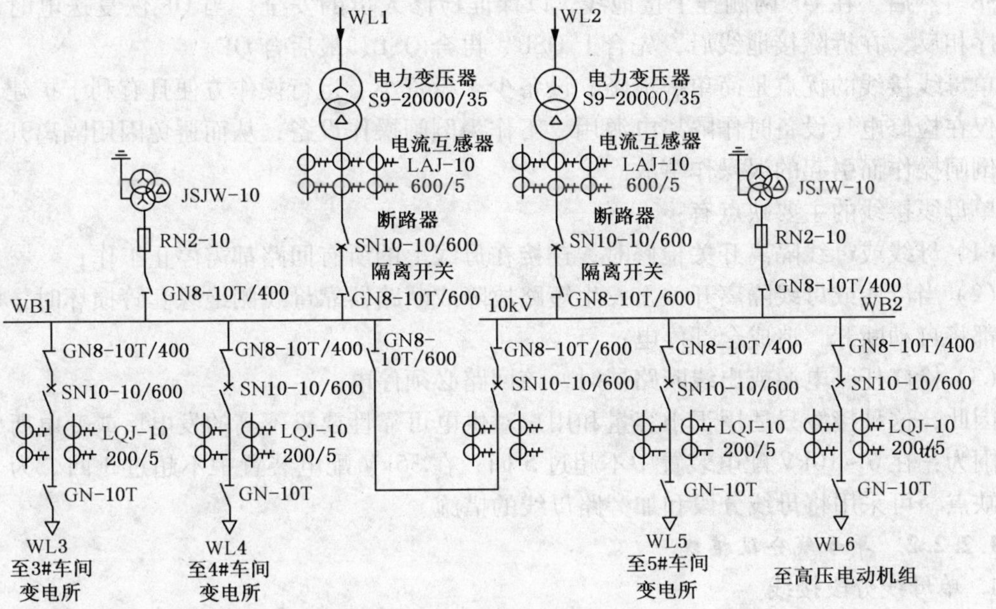

图 1－4　某变电所电气主接线图

该变电所共有 4 路高压出线：第一路由母线 WB1 经隔离开关－断路器－隔离开关供 3#车间变电所(WL3)；第二路由母线 WB1 经隔离开关－断路器－隔离开关供 4#车间变电所(WL4)；第三路由母线 WB2 经隔离开关－断路器－隔离开关供 5#车间变电所(WL5)；第四路由母线 WB2 经隔离开关－断路器－隔离开关供一组高压电动机用电(WL6)。由于这里的高压配电线路都是由高压母线送电，因此其出线断路器两侧分别加装隔离开关，以保证断路器和出线的安全检修。

1.2.2　主接线的基本接线形式

在选择主接线类型时，应根据变电所在系统中的地位、进出线回路数、设备特点、负荷性质等条件进行。选择电气主接线一般按照有无母线，分为有汇流母线和无汇流母线两种类型，其发展过程如下：

有汇流母线类 单母线→单母线分段→双母线→双母线分段→双母线分段带旁路母线。

无汇流母线类 变压器线路接线(线路变压器组)→桥形接线(内桥、外桥)→角形接线。

1.2.2.1　单母线接线

图 1－5 所示为单母线接线，各电源和出线都接在同一条公共母线 WB 上，其供电电源在发电厂是发电机或变压器，在变电所是变压器或高压进线回路。

单母线接线的母线既可以保证电源并列工作，又能使任一条出线都可以从任一电源获得电能。每条回路中都装有断路器和隔离开关，紧靠母线侧的隔离开关(如 QSB)称作母线隔离开关，靠近线路侧的隔离开关(如 QSL)称为线路隔离开关。使用断路器和隔离开关可以方便地将电路接入母线或从母线上断开。例如，当检修断路器 QF 时，可先断开 QF，再拉开线路隔离开关 QSL，最后拉开母线隔离开

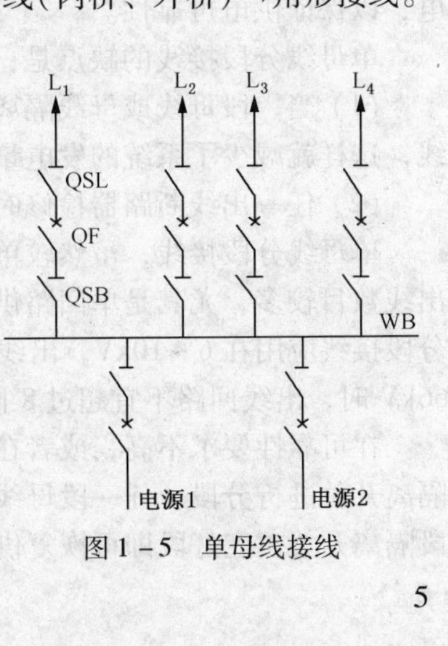

图 1－5　单母线接线

关 QSB。然后，在 QF 两侧挂上接地线，以保证检修人员的安全。当 QF 恢复送电时，与停电顺序相反，在拆除接地线后，先合上 QSB、再合 QSL，最后合 QF。

单母线接线的优点是简单、清晰、设备少、投资小、运行操作方便且有利于扩建。隔离开关仅在检修电气设备时作隔离电源用，不作为倒闸操作设备，从而避免因用隔离开关进行大量倒闸操作而引起的误操作事故。

单母线接线的主要缺点有：

（1）母线或母线隔离开关检修时，连接在母线上的所有回路都需停止工作；

（2）当母线或母线隔离开关上发生短路故障或断路器靠母线侧绝缘套管损坏时，所有断路器都将自动断开，造成全部停电；

（3）检修任一电源或出线断路器时，该回路必须停电。

因此，这种接线只适用于小容量和用户对供电可靠性要求不高的发电厂或变电所中。适用范围为：在 6~10kV 配电装置中不超过 5 回；在 35kV 配电装置中不超过 3 回。为了克服以上缺点，可采用将母线分段和加旁路母线的措施。

1.2.2.2 单母线分段接线

1. 单母线分段接线

出线回路数增多时，可用断路器将母线分段，成为单母线分段接线，如图 1-6 所示。根据电源的数目和功率大小，母线可分为 2~3 段。段数分得越多，故障时停电范围越小，但使用的断路器数量越多，其配电装置和运行也就越复杂，所需费用就越高。

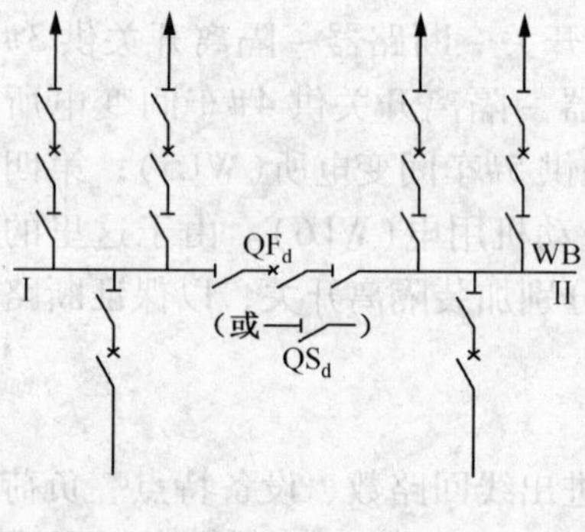

图 1-6 单母线分段接线

母线分段后，可提高供电的可靠性和灵活性。在正常运行时，可以接通也可以断开运行。当分段断路器 QF_d 接通运行时，任一段母线发生短路故障时，在继电保护作用下，分段断路器 QF_d 和接在故障段上的电源回路断路器便自动断开。这时非故障段母线可以继续运行，缩小了母线故障的停电范围。当分段断路器断开运行时，分段断路器除装有继电保护装置外，还应装有备用电源自动投入装置，分段断路器断开运行，有利于限制短路电流。

对重要用户，可以采用双回路供电，即从不同段上分别引出馈电线路，由两个电源供电，以保证供电可靠性。

单母线分段接线的缺点是：

（1）当一段母线或母线隔离开关故障或检修时，必须断开接在该段上的全部电源和出线，这样就减少了系统的发电量，并使该段单回路供电的用户停电；

（2）任一出线断路器检修时，该回路必须停止工作。

单母线分段接线，虽然较单母线接线提高了供电可靠性和灵活性，但当电源容量较大和出线数目较多，尤其是单回路供电的用户较多时，其缺点更加突出。因此，一般认为单母线分段接线应用在 6~10kV，出线在 6 回及以上时，每段所接容量不宜超过 25MW；用于 35~66kV 时，出线回路不宜超过 8 回；用于 110~220kV 时，出线回路不宜超过 4 回。

在可靠性要求不高，或者在工程分期实施时，为了降低设备费用，也可使用一组或两组隔离开关进行分段，任一段母线故障时，将造成两段母线同时停电，在判别故障后，拉开分段隔离开关，完好段即可恢复供电。

2. 带旁路母线的单母线接线

如图 1-7 所示，在工作母线外侧增设一组旁路母线 WP，并经旁路隔离开关引接到各线路的外侧。另设一组旁路断路器 QF_P(两侧带隔离开关)跨接于工作母线与旁路母线之间。当任一回路的断路器需要停电检修时，该回路可经旁路隔离开关 QS_P 绕道旁路母线，再经旁路断路器 QF_P 及其两侧的隔离开关从工作母线取得电源。此途径即为“旁路回路”或简称“旁路”。而旁路断路器就是各线路断路器的公共备用断路器。但应注意，旁路断路器在同一时间里只能替代一个线路断路器的工作。

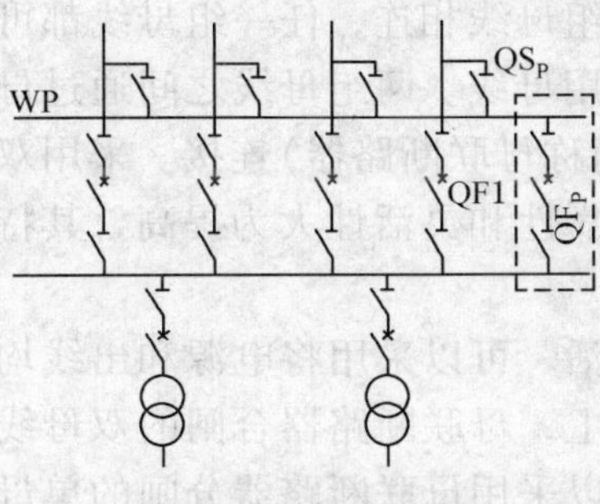

图 1-7 单母线接线带旁路

平时旁路断路器和旁路隔离开关均处于分闸位置，旁路母线不带电。当需检修某线路断路器时，首先合上旁路断路器两侧的隔离开关，然后合上旁路断路器向旁路母线空载升压，检查旁路母线无故障后，再合上该线路的旁路隔离开关(等电位操作)。此后，断开该出线断路器及其两侧的隔离开关，这样就由旁路断路器代替了该出线断路器工作。

这种接线方式可以不停电检修断路器，故提高了供电可靠性。但是，当母线出现故障或检修时，仍然会造成整个主系统停止工作。为了解决这个问题，可以采用带旁路母线的单母线分段接线。

3. 带旁路母线的单母线分段接线

这种接线方式兼顾了旁路母线和母线分段两方面的优点，但当旁路断路器和分段断路器分别设置时，所用断路器数量多，设备费用高。在工程实践中，为了减少投资，可不专设旁路断路器，而用母线分段断路器兼作旁路断路器，常用的接线如图 1-8 所示。在正常工作时，靠近旁路母线侧的隔离开关 QS3、QS4 断开，而隔离开关 QS1、QS2 和断路器 QF_d 处于合闸位置(这时 QS_d 是断开的)，主接线系统按单母线分段方式运行。当需要检修某一出线断路器(如 WL1 回路的 QF1)时，可通过倒闸操作，将分段断路器作为旁路断路器使用，即由 QS1、QF_p、QS4 从Ⅰ母线接至旁路母线，或经 QS2、QF_p、QS3 从Ⅱ母线接至旁路母线，再经过 QS_p 构成向 WL1 供电的旁路。此时，分段隔离开关 QS_d 是接通的，以保持两段母线并列运行。

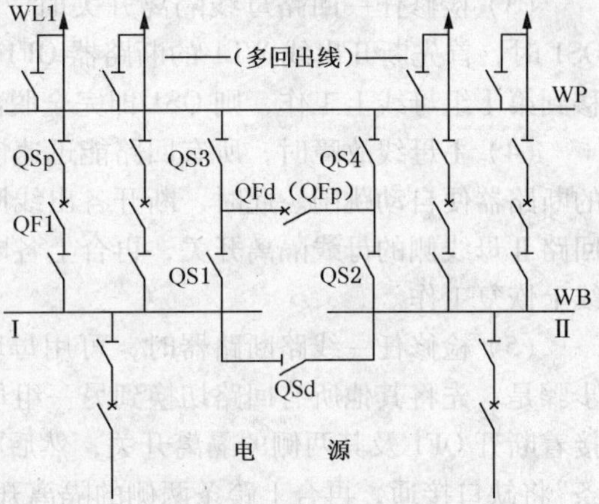

图 1-8 单母线分段带旁路母线接线

WP—旁路母线；QS_P—旁路隔离开关；

QF_d—分段断路器(兼旁路断路器)

现以检修 QF1 为例，简述其倒闸操作步骤：

(1) 向旁路母线充电，检查其是否完好。合上 QS_d；断开 QF_p 和 QS2；合上 QS4；再合上 QF_p，使旁路母线空载升压，若旁路母线完好，QF_p 不会自动跳闸。

(2) 接通 WL1 的旁路回路。合上 QS_p。这时有两条并列的向 WL1 供电的通电回路。

(3) 将线路 WL1 切换至旁路母线上运行。断开断路器 QF1 及其两侧的隔离开关，并在靠近断路器一侧进行可靠接地。这时，断路器 QF1 退出运行，进行检修，但线路 WL1 继续正常供电。

1.2.2.3 双母线接线

图 1-9 所示为双母线接线，它有两组母线。每一电源和每一出线都经一台断路器和两组隔离开关分别与两组母线相连，任一组母线都可以作为工作母线或备用母线。两组母线之间通过母线联络断路器 QF_L（简称母联断路器）连接。采用双母线后，使运行的可靠性和灵活性大为提高，其特点如下：

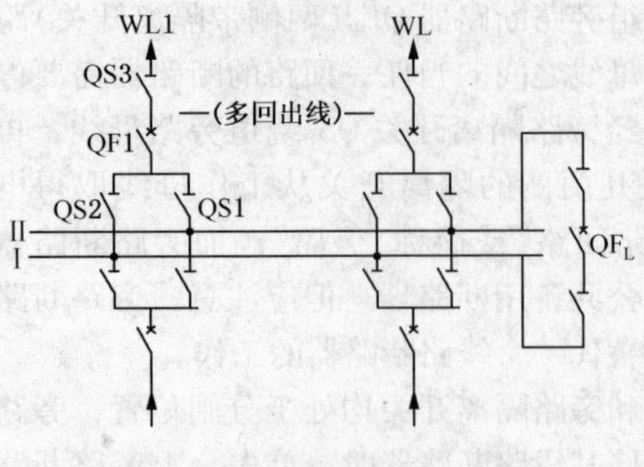

图 1-9 双母线接线

（1）运行方式灵活。可以采用将电源和出线均衡地分配在两组母线上，母联断路器合闸的双母线同时运行方式；也可以采用母联断路器分闸的单母线分段运行方式。

（2）检修母线时，电源和出线都可以继续工作，不会中断对用户的供电。例如需要检修Ⅰ母线时，可将所有回路转移到Ⅱ母线上工作，即倒母线。具体步骤如下：

① 首先检查Ⅱ母线是否完好。为此，先合上母联断路器 QF_L 两侧的隔离开关，然后接通母联断路器 QF_L，向Ⅱ母线充电。若Ⅱ母线完好，继续后面步骤。

② 将所有回路切换至Ⅱ母线。先取下母联断路器 QF_L 的直流操作熔断器，然后依次接通所有回路Ⅱ母线侧的母线隔离开关，依次断开Ⅰ母线侧的隔离开关。

③ 合上母联断路器 QF_L 的直流操作熔断器，断开 QF_L 及其两侧的隔离开关，则Ⅰ母线即可检修。

（3）检修任一回路母线隔离开关时，只需断开该回路。例如，需要检修母线隔离开关 QS1 时，首先断开出线 WL1 的断路器 QF1 及其两侧的隔离开关，然后将电源及其余出线转移到第Ⅰ组母线上工作，则 QS1 即完全脱离电源，便可检修。

（4）Ⅰ母线故障时，所有回路能迅速恢复工作。当Ⅰ母线发生短路故障时，各电源回路的断路器便自动跳闸。此时，断开各出线回路的断路器和Ⅰ母线侧的母线隔离开关，合上各回路Ⅱ母线侧的母线隔离开关，再合上各电源和出线回路的断路器，各回路就迅速地在Ⅱ母线上恢复工作。

（5）检修任一线路断路器时，可用母联断路器代替其工作。以检修 QF1 为例，其操作步骤是：先将其他所有回路切换到另一组母线上，使 QF_L 与 QF1 通过其所在母线串联起来。接着断开 QF1 及其两侧的隔离开关，然后将 QF1 两侧两端接线拆开，并用临时载流用的“跨条”将缺口接通，再合上跨条两侧的隔离开关及母联断路器 QF_L。这样，出线 WL1 就由母联断路器 QF_L 控制。在操作过程中，WL1 仅出现短时停电。类似地，当发现某运行中的出线断路器出现异常现象（如故障、拒动、不允许操作）时，可将其他所有回路切换到另一组母线上，使 QF_L 与该断路器通过其所在母线形成串联供电电路，再断开 QF_L，然后拉开该断路器两侧的隔离开关，使该断路器退出运行。

（6）便于扩建。双母线接线可以任意向两侧延伸扩建，不影响母线的电源和负荷分配，扩建施工时不会引起原有回路停电。

以上均为双母线接线较单母线接线的优点，但双母线接线也有一些缺点，主要是：

（1）在倒母线的操作过程中，需使用隔离开关切换所有负荷电流回路，操作过程比较复杂，容易造成误操作。

（2）Ⅰ母线故障时，将造成短时（切换母线时间）全部进出线停电。

（3）在任一线路断路器检修时，该回路仍需停电或短时停电（用母联断路器代替线路断路器之前）。

（4）使用的母线隔离开关数量较多，同时也增加了母线的长度，使得配电装置结构复杂，投资和占地面积增大。适用范围：6kV 配电装置当短路电流较大，出线需加电抗器时，35kV 配电回路超过 8 回；110kV ~220kV 配电回路超过 5 回。

1.2.2.4 双母线分段带旁路母线接线

为了弥补上述缺点，提高双母线接线的可靠性，可进行以下方式的改进：

1. 双母线分段接线

图 1－10 所示为工作母线分段的双母线接线。用分段断路器将工作母线Ⅰ分段，每段用母联断路器与备用母线Ⅱ相连。这种接线具有单母线分段和双母线接线的特点，有较高的供电可靠性与运行灵活性，但所使用的电气设备较多，使投资增大。另外，当检修某回路出线断路器时，则该回路停电，或短时停电后再用“跨条”恢复供电。双母线分段接线常用于大中型发电厂的发电机电压配电装置中。

2. 带旁路母线的双母线接线

采用带旁路母线的双母线接线，目的是为了不停电检修任意回路断路器。

图 1－11 所示为带旁路母线的双母线接线。图中 WP 为旁路母线，QF_p 为专用的旁路断路器。当变压器高压侧断路器也要求不停电检修时，主接线包括图中的虚线部分。有关旁路母线的工作特点，前面已经做过讨论，这里不再赘述。

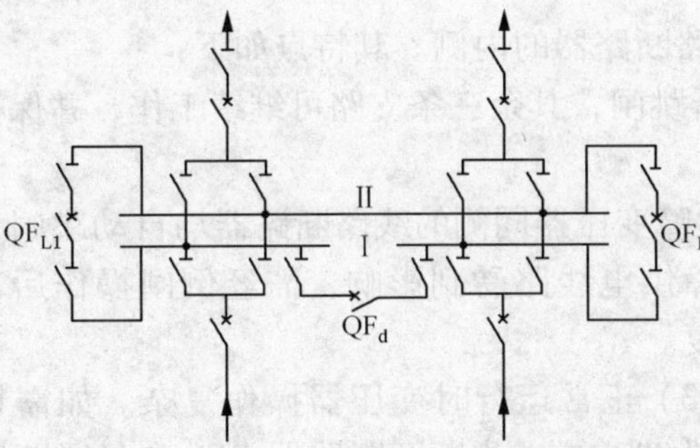

图 1－10 双母线分段接线

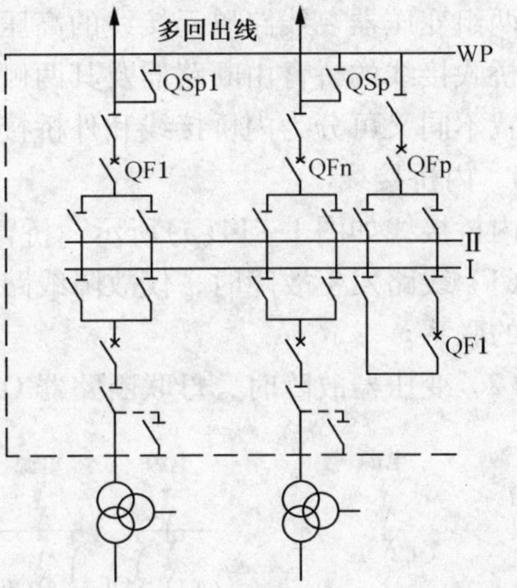

图 1－11 有专用旁路断路器的双母线接线图

带旁路母线的双母线接线，其供电可靠性和运行的灵活性都很高，但所用设备较多，占地面积大，经济性较差。因此，一般规定当 220kV 线路有 4 回及以上出线，110kV 线路有 6 回及以上出线时，可采用有专用旁路断路器的带旁路母线的双母线接线。当出线回路数较少时，为了减少断路器的数目，可不设专用的旁路断路器，而用母联断路器兼作旁路断路器，其接线如图 1－12 所示。

3. 双母线分段带旁路母线接线

图 1－13 所示为双母线分段带旁路母线接线，它具有双母线带旁路的优点。目前一般规

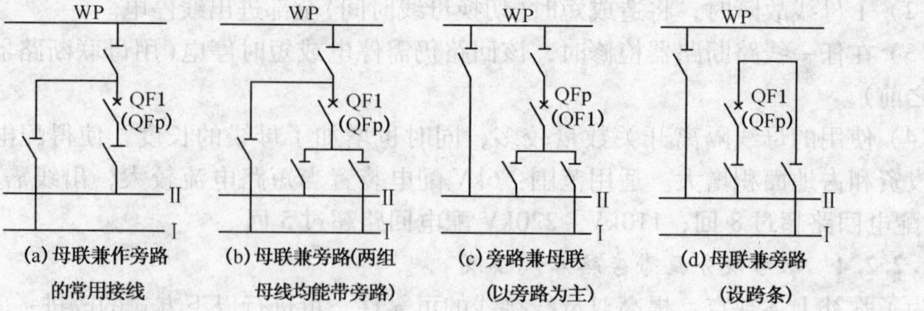

图 1－12　用母联断路器兼作旁路断路器的几种接线形式

定采用此种形式的原则是：① 当配电装置连接的进出线总数为 12 ~ 16 回路时，在一组母线上设置分段断路器；② 当配电装置连接的进出线总数为 17 回路及以上时在二组母线上设置分段断路器。

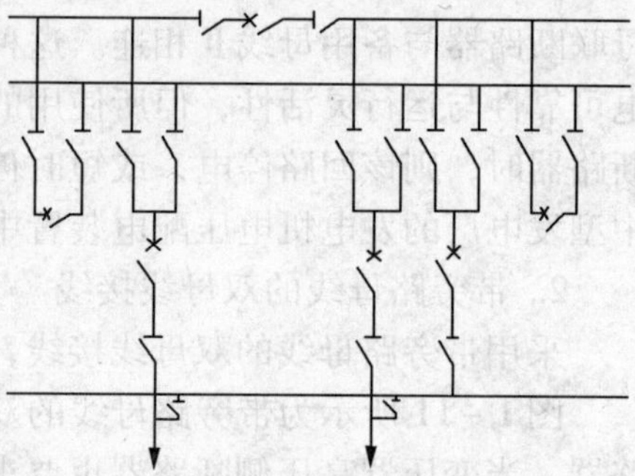

图 1－13　双母线分段带旁路母线接线

1.2.2.5　桥形接线

当只有两台主变压器和两条线路时，可以采用如图 1－14 所示的接线方式。

这种接线称为桥式接线，可看作是单母线分段接线的变形，即去掉线路侧断路器或主变压器侧断路器后的接线。也可看作是变压器线路单元接线的变形，即在两组变压器－线路单元接线的高压侧增加一横向连接桥臂后的接线。

桥式接线的桥臂由断路器及其两侧隔离开关组成，正常运行时处于接通状态。根据桥臂的位置不同又可分为内桥接线和外桥接线两种形式。

1. 内桥接线

内桥接线如图 1－14(a)所示，桥臂置于线路断路器的内侧。其特点如下：

(1) 线路发生故障时，仅故障线路的断路器跳闸，其余三条支路可继续工作，并保持相互间的联系。

(2) 变压器故障时，母联断路器 QF_L 及与故障变压器同侧的线路断路器均自动跳闸，使未故障供电线路受到影响，需经倒闸操作后，方可恢复。

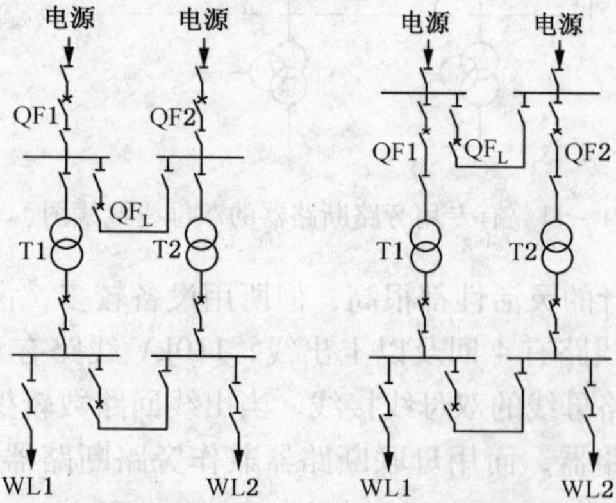

图 1－14　桥型接线

(3) 正常运行时变压器操作复杂。如需切除变压器 T1，应首先断开断路器 QF1 和母联断路器 QF_L，再拉开变压器侧的隔离开关，使变压器停电。然后，重新合上断路器 QF1 和母联断路器 QF_L，恢复线路的供电。

内桥接线适用于输电线路较长，线路故障率较高，穿越功率少和变压器不需要经常改变运行方式的场合。

2. 外桥接线

外桥接线如图 1－14(b)所示，桥臂置于线路断路器的外侧。其特点如下：

（1）变压器发生故障时，仅跳故障变压器支路的断路器，其余支路可继续工作，并保持相互间的联系；

（2）线路发生故障时，母联断路器及与故障线路同侧的变压器支路的断路器均自动跳闸，需经倒闸操作后，方可恢复被切除变压器的工作；

（3）线路投入与切除时，操作复杂，并影响变压器的运行。

这种接线适用于线路较短，故障率较低，主变压器需按经济运行要求经常投切以及电力系统有较大的穿越功率通过桥臂回路的场合。

桥式接线属于无汇流母线的接线形式，简单清晰，设备少，造价低，也易于发展过渡为单母线分段或双母线接线。但因内桥接线中变压器的投入与切除要影响到线路的正常运行，外桥接线中线路的投入与切除要影响到变压器的运行，而且更改运行方式时需利用隔离开关作为操作电器，故桥式接线的工作可靠性和灵活性较差。

1.3　电力系统运行方式

电力系统中性点运行方式有不接地、经电阻接地、经电抗接地、经消弧线圈接地或直接接地等多种。我国电力系统目前所采用的中性点接地方式主要有不接地、经消弧线圈接地和直接接地三种。

1. 中性点的三种运行方式及特点

（1）中性点不接地方式

如图 1－15 所示，正常运行时各相对地电容电流相等而相位互差 120°，其相量和等于零，地中没有电容电流流过，中性点对地电容电流为零，中性点电位与地电位一致。

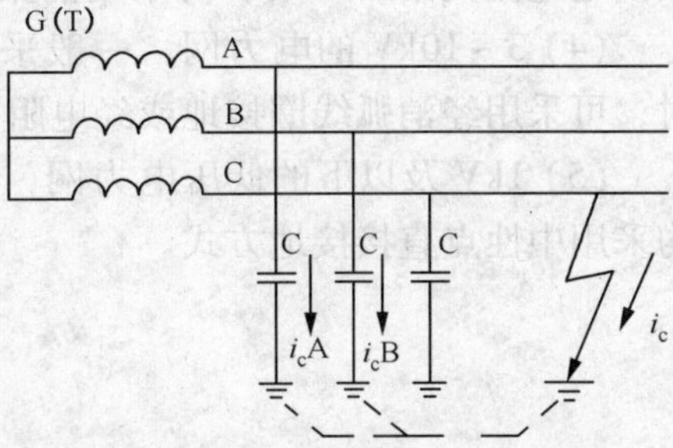

图 1－15　中性点不接地方式

在中性点不接地系统中，发生一相接地时，各相间的电压大小和相位没有变化，电压的对称性没有变化。因此，这样的三相系统发生一点接地后，还可以运行一段时间。同时通过接地点的电容电流为未接地时每一相对地电容电流的 3 倍。综上所述，在中性点不接地的三相系统中，当发生一相接地时：

① 各相间电压的大小和相位不变，可以继续运行一段时间。但不允许长期运行，尤其是发电机直接供电的电力系统，因未接地相对地电压升高到相电压的$\sqrt{3}$倍。即等于线电压，一相接地运行时间过长可能会造成两相短路。所以，应装设绝缘监视或接地保护装置。当发生单相接地时能及时发出信号，使值班人员迅速采取措施。尽快消除故障。一相接地系统允许继续运行时间最长不得超过 2h。

② 接地点电容电流，可能会在接地点引起弧光接地，周期性地熄灭和重新发生电弧，造成系统过电压。

（2）中性点经消弧线圈接地方式

中性点经消弧线圈接地方式分为全补偿（$I_L = I_C$）、欠补偿（$I_L < I_C$）、过补偿（$I_L > I_C$）三种方式。规程规定：当 35kV 系统单相接地电流大于 10A、10kV（6kV）系统单相接地电流大于 30A 时，采用中性点应经消弧线圈接地的方式，一般应采用过补偿。如图 1－16 所示。

(3) 中性点直接接地方式

中性点直接接地的三相系统也称为大电流接地系统，如图 1－17 所示。系统发生一点单相接地时，通过接地点的短路电流很大，因此电力网不能在继续供电。此时，继电保护应瞬时动作，使开关跳闸，切除故障。此系统的主要优点是单相接地时中性点的电位接近于零，非故障相的对地电压接近于相电压，因而可以降低电力网的绝缘水平和造价。目前，我国对 110kV 以上的电力网都采用中性点直接接地方式。

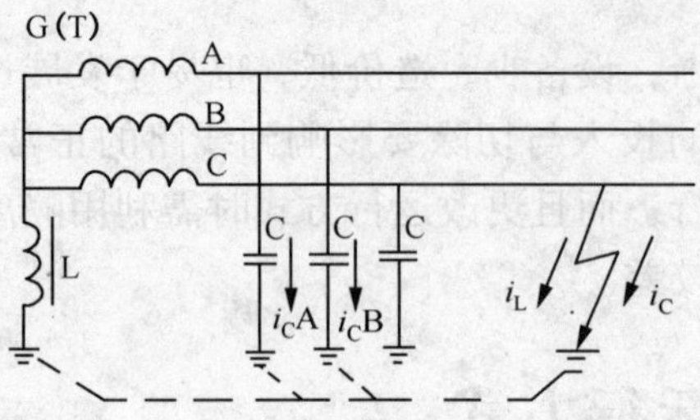

图 1－16 中性点经消弧线圈接地方式

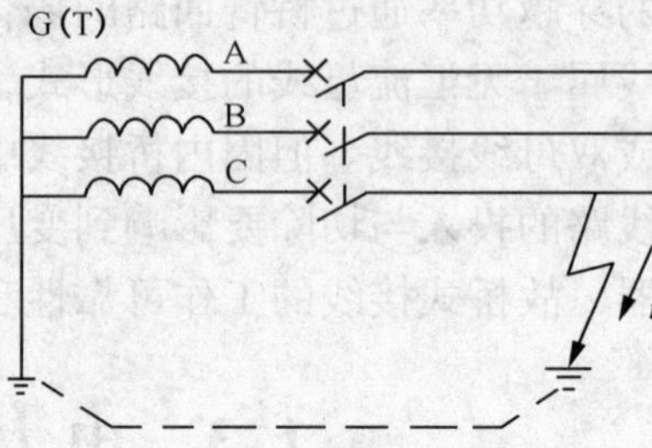

图 1－17 中性点直接接地方式

2. 不同电压等级的电力系统中性点接地方式的选择

对于不同电压等级的电力系统中性点接地方式的选择，可以归纳如下：

(1) 220kV 及以上电压的电力网，采用中性点直接接地方式；

(2) 110kV 电力网，大部分采用直接接地方式，小部分采用经消弧线圈接地方式；

(3) 35～66kV 的电力网，从供电可靠性出发，采用消弧线圈接地或不接地方式，当单相接地电流大于 10A 时，可采用消弧线圈接地方式；

(4) 3～10kV 的电力网，一般采用中性点不接地方式；当电网接地电容电流大于 30A 时，可采用经消弧线圈接地或经电阻接地的方式；

(5) 1kV 及以下的低压电力网，即对 380/220V 三相四线制电力网，从安全角度出发，均采用中性点直接接地方式。

第 2 章　变电运行调度管理及其运行操作

2.1　变电运行调度管理

随着我国电网的发展与负荷增长，大型发电厂与大容量机组不断增加，已形成 500kV 电压等级为主干网架的东北、华北、华中、华东、西北、南方等六个跨省区域性的电力系统。由于电网越来越大，技术越来越先进、复杂，自动化程度越来越高，为保证电网安全、稳定和经济运行，就必须设置电网各级调度机构，实行“以法治网”，统一调度，使大电网在国民经济发展中发挥应有的巨大作用。

电网调度是指电网调度机构为保障电网的安全、优质、经济运行，对电网运行进行组织、指挥、指导和协调。“调度系统”包括各级调度机构和电网内发电厂、变电所的运行值班单位。调度机构调度管辖范围内的发电厂、变电所的运行，值班单位必须服从该级调度机构的调度。下级调度机构必须服从上级调度机构的调度。

我国电网调度体制分为五级：即跨区域电网设“国调”；跨省电网设“网调”；各省、自治区内的电网设“省调”；各地市级供电局设“地调”；县供电局设“县调”。电网调度运行管理的任务主要包括以下四方面：

(1) 按最大范围优化配置资源的原则，实现优化调度，充分发挥电网的发、输、供电设备的能力，以最大限度地满足用户的用电需要。

(2) 按照电网运行的客观规律和有关规定，使电网连续、稳定、正常运行，使电能质量指标符合国家规定的标准；

(3) 按照“公平、公正、公开”的原则，依据有关合同或者协议，维护各方面的合法权益；

(4) 按照电力市场调度规则，组织电力市场的运营。

各生产企业要明确企业电力调度主管部门，负责企业电网调度管理，满足企业安全、稳定、经济的运行。

2.1.1　电网频率、电压、谐波的管理

电能的质量是以频率、电压和波形来衡量的。电能的质量直接影响工农业等各方面用户的工作质量，也影响电力系统自身设备的效率和安全。

1. 系统频率的调度管理

电网频率是否合格取决于电网发电能力与用电负荷(有功功率)在每一个时刻是否平衡。发电大于用电为低频率，反之则为高频率。由于用电负荷只能预测，而且难以调节，因此为保证频率的正常，要求电厂严格按负荷曲线发电及调频。

(1) 频率标准

我国规定电力系统频率的额定值为 50Hz($50s^{-1}$，即汽轮发电机 3000r/min)。系统容量在 30GW 及以上时，频率偏差不得超过 ±0.2Hz，电钟与标准钟的偏差在 24h 内不得超过 30s。互联电网在 AGC(自动发电控制)投运情况下，频率按(50 ±0.1)Hz 控制。系统容量在 30GW 以下时，频率偏差不得超过 ±0.5Hz，电钟与标准钟的偏差在 24h 内不得超过 1min。

（2）调频厂选择

系统应指定几个电厂担任调频厂，分为第一调频厂和第二调频厂。第一调频厂的调节能保持系统频率在(50 ±0.2)Hz以内。当频率超过(50 ±0.2)Hz时，第二调频厂协助第一调频厂调频。系统内其他发电厂为负荷监视厂，一般按负荷曲线发电，当频率超过(50 ±0.5)Hz时，应自动参加调频。

（3）保持频率正常的管理措施

为了保持系统的频率正常，在编制系统及发电厂的日负荷曲线时，应适当安排旋转备用容量，以适应调频的需要。

（4）不正常频率处理

系统频率超出(50 ±0.2)Hz为事故频率，事故频率允许的持续时间为：超过(50 ±0.2)Hz，总持续时间不得超过60min；超过(50 ±1)Hz，持续时间不得超过15min。当系统频率降至49.8Hz以下时，各级调度、发电厂、变电所运行值班人员应根据《电气事故处理规程》规定的步骤使频率迅速恢复到49.8Hz以上。

为了加快事故处理，避免系统瓦解，系统内必须对足够容量的负荷装设按频率自动减负荷装置，同时各级调度部门应按照用户的重要性排出紧急拉路顺序表。当系统发生事故时，各级运行人员可按规程规定按顺序表执行拉路操作。

系统的按频率自动减负荷装置，未经许可不得随意停用。如到规定频率应动而未动作时，应立即自行手动拉开该断路器。

2. 系统电压的调度管理

系统电压是标志电力系统运行状态(安全、经济)的重要运行指标，各级调度、运行值班人员必须加强对管辖范围内各级运行电压的监视和调整工作。系统各电压监视点的电压主要取决于无功功率的平衡。除发电厂可进行一定程度的调节外，主要是由各变电所、用电户的无功设备按要求投切，做到无功就地平衡，使电压监视点电压满足规定值。

（1）电压监视点

系统的运行电压，应考虑电气设备安全运行的要求，要符合现场运行规程的规定。发电厂母线运行电压一般不得超过额定电压的±5%，变压器运行电压一般不得超过其相应分接头电压的±5%。

为了使用户获得正常电压，调度机构应选择地区负荷集中的发电厂和变电所母线作为电压控制点和电压监视点。

（2）保证电压正常的管理措施

合理调整与选择变压器的分接头，是保证电压合格率和降低线损的重要措施之一，变电所主变分接头位置的改变，应按调度规程的规定执行。

做好无功功率供需平衡工作，是从根本上保证系统运行电压正常的措施。无功功率应以就地平衡为原则，应避免不同地区无功功率的长距离输送。

（3）电压调整

值班调度员及变电站运行值班员，一般应以调度颁发的电压曲线为依据，经常掌握和监视系统控制点和监视点母线的电压水平。当发现运行电压超出电压允许偏差范围时，一般以调度颁发的电压曲线为依据，进行如下调整：

① 就地调整发电机、调相机无功出力；

② 投切变电所的电容器或电抗器组；

③ 调整有载调压变压器分接头运行位置；

④ 调整变压器运行台数（若负荷允许时）；

⑤ 在确保系统安全的前提下，适当改变送端电压来调整近距离受端的母线电压；

⑥ 调整电网的接线方式，包括转移部分负荷。

（4）不正常电压的处理

发电厂、变电所的值班人员应经常监视母线电压。当母线运行电压超过合格范围时，应立即调整发电机、调相机的无功出力和投、切变电所及有关用户的电容器、电抗器，同时报告有关值班调度员。

为了保持系统静态稳定，调度机构应对系统中若干中枢点规定最低的事故极限电压值。若上述各点电压下降至所规定的事故极限值时，为了避免系统电压崩溃，发电厂和装有同期调相机的变电所值班人员，应利用发电机和调相机的事故过负荷能力增加无功出力来维持电压，同时报告值班调度员。值班调度员要迅速利用系统中所有的无功和有功备用容量来维持电压并消除上述过负荷，必要时应切除部分负荷，或投入低电压自动减负荷装置。

3. 系统谐波管理

对周期性交流量进行傅立叶级数分解，得到频率为基波频率大于 1 整数倍的分量称为谐波。正常系统电压波形为正弦波，其谐波分量应小于一定程度。由于一些整流性质的负荷（如直流输电、地下铁道，电感性负荷）可产生大量谐波，为此要加强对负荷谐波的监视。对于大的谐波源必须加设滤波器后才能接入电网运行。电网有专门的电网谐波管理规定，应遵照执行。

2.1.2 变电所设备检修及投运管理

1. 停电检修管理

（1）一般规定

系统设备的检修分计划检修和临时检修。计划检修指系统设备的定期检修、维修、试验和继电保护及自动装置的定期试（校）验；临时检修指非计划性检修，如因设备缺陷或其他原因（包括设备故障）而造成的停电检修等。计划检修分年度检修、月度检修、日检修、节日检修四种。

凡是已投入电网运行的电力设备，无论在运行状态，还是在冷、热备用状态，需要进行检修时必须按规程规定提出申请，经所属调度批准，并按照谁申请，由谁许可的原则办理许可手续。禁止在备用状态下的设备上未经有关调度部门的批准就进行检修工作，继电保护及二次回路设备亦同样要申请和经批复后才能进行检修工作。

（2）计划检修的管理

列入检修计划的设备在停电检修前，设备主管单位应在规定时间内向调度机构办理停电申请手续，调度机构批复后通知检修单位。

设备停役前应得到值班调度员的指令或许可后才能进行操作，检修申请未经同意或未办理申请审批手续者，均不得擅自将设备停役检修。

对已批准检修已经停电的设备，在未获得调度许可开工前，不得进行检修。严禁在虽已停电但未经申请和批准的设备上（或虽已停电而未得到调度许可开工的设备上）进行检修工作。严禁约时检修或送电。

检修工作结束后，由停送电联系人向值班调度员汇报。

（3）计划外检修、临时检修和事故检修停电的管理

凡情况特殊又不涉及到用户，在一个值班内可以完成的设备临时检修工作，可由变电站值班人员向当值调度员提出口头申请，值班调度员有权随时批复。

设备检修不能按期投入运行，检修单位应办理延期手续并说明原因。未经批准，不得随意自行延期。

已批准停用检修的设备，由于特殊原因不能按计划开工时，检修单位应在规定的时间内通知有关值班调度员，并申请延期开工或更改时间。未经值班调度员同意，不得将已批准的检修期限自行推迟。

为了减少设备停电次数和时间，各单位或用电户临时提出配合设备停电进行检修工作时，在不增加停电操作项目的情况下，尽可能给予批准并受规定时间的限制，且要做临时检修考核。

（4）设备带电作业的管理

为保护系统和人身的安全，有利于调度进行事故处理，可否进行带电作业视作业法是否要求线路重合闸停用及跳闸后是否强送予以确定，并且作业前应得到值班调度员的同意后才能进行。带电作业结束后，应及时向值班调度员汇报。

2. 新设备投入系统运行的管理

系统设备的命名采用“谁管辖谁命名”的原则，其中属于上级调度许可的设备，其命名编号应报上级调度机构核准。

（1）新设备投入系统运行的准备工作

① 建设单位应通过运行主管部门向有关调度机构提供有关资料。

② 设备运行主管部门向调度机构提出投入系统运行的申请书。由调度机构对新设备进行正式命名编号，划分设备的调度管辖和许可范围，确定设备投运后的运行方式，有关继电保护及自动装置的整定值，主变分接头放置的位置，远动通信要求等。

③ 新设备建设单位（较大工程应组成启动验收委员会）应召集有关单位开启动会议，对有关部门提出的调度操作、启动、试运行计划进行讨论，并取得统一意见，以便有关单位事先做好启动操作的准备，并贯彻实施。

（2）新设备启动前必须具备的条件

① 该工程已全部按照设计要求安装、调试完毕，并具备投运条件，且设备验收工作已经结束，质量符合安全运行要求。

② 参数测量工作已经结束，并已书面提供有关单位。

③ 生产准备工作已经就绪。

④ 现场具备启动条件，有关设备应移交生产单位和有关单位，且调度关系已明确。

⑤ 有关调度通信和调度自动化系统良好。

⑥ 启动试验方案和相应调度方案已批准。

（3）新设备投入系统送电的程序

① 按照法规和有关验收规程的规定进行冲击合闸试验，线路、配电装置冲击合闸一次，大修后的变压器冲击合闸 3 次，新变压器冲击合闸 5 次。

② 对新线路或新变压器要先进行核对相序和相位，然后进行试并一次，以确保正确。

③ 对新保护装置进行必要的带负荷测试，如电流、相位、不平衡电流等。

④ 按照不同设备的要求进行一定时间的带负荷试验。

新设备由主管单位认为可以启动操作并向调度汇报时起，即已属调度管辖设备，未经申请批准、或虽经申请批准但未得到有关值班调度员指令或同意前，不得进行任何操作和工作，绝对禁止自行将新设备投入系统运行。

2.1.3 倒闸操作管理

系统内的倒闸操作，应根据调度范围划分，实行分级管理。凡系统中运行设备或备用设备进行倒闸操作，均应根据值班调度员发布的操作指令或操作许可指令执行。严禁没有调度指令擅自进行操作。

对调度所管辖范围内的设备，只有值班调度员有权发布其倒闸操作指令和改变它的运行状态。在发布和接受调度操作指令时，必须互报单位、姓名，严格执行发令、复诵、录音汇报和记录制度，并使用统一的调度术语和操作术语。发令、受令双方应明确“发令时间”和“结束时间”，以表示操作开始和终结。

运行人员同时接到几级调度发布的操作指令时，应向其中最高级调度汇报，由最高级调度员决定先执行谁的操作指令。

2.1.4 继电保护与自动装置的投切、更改整定

1. 基本要求

继电保护及自动装置是保证电力系统安全、稳定运行和保护电力设备的重要装置。保护装置使用不当或不能正确动作，必将扩大事故停电范围或损坏系统设备，甚至造成整个电力系统崩溃、瓦解。各单位要经常保持所管辖继电保护装置的正常运行及整定值的正确配合。

2. 定值管理

对运行中电力设备的继电保护整定计算工作，按调度管辖范围来划分，由管辖单位负责。当系统运行方式有较大改变，或因新工程投入对系统运行方式及参数均有改变时，对有关设备的保护定值均应进行验算，或重新编制整定方案。

系统保护装置整定方案应根据下列资料进行编制：

(1) 系统正常的和实际可能出现的检修运行方式；

(2) 系统最大有功、无功潮流，母线最高、最低运行电压；

(3) 电力系统稳定要求所决定的故障切除时间、重合闸时间、重合闸使用方式和最佳重合闸时间，以及设置解列点等；

(4) 最大、最小对称故障容量及开机方式；

(5) 被保护电力设备基本性能及有关参数；

(6) 其他必要的运行资料。

3. 运行管理

凡带有电压的运行中设备，任何时候不得处于无保护状态下运行。当必须停用某设备的全部保护时，则必须验算上一级保护对该设备的后备保护灵敏度应不低于1.25。继电保护的直流电源，必须使用蓄电池、电容储能或复式整流等可靠的直流电源。继电保护和自动装置的投入和停用，均须按照调度命令执行。凡继电保护和自动装置的整定值或二次接线的改变，均须按照有关负责人员发出的通知单进行。

凡是由电压、电流或两个及以上电流等几个因素组成的保护装置和两相电流互感器、三相式保护装置，在新投入或二次回路有工作或有变动，以及一次设备有变动后，必须进行利用负荷电流测定电流相位并作差压(流)测定及动作方向试验，经分析确认正确后，才可投入跳闸。

凡因运行方式改变须变更保护定值时，保护定值由大改小，应在操作结束后更改；保护定值由小改大，应首先改变定值后再进行操作。

线路保护运行的几点规定：

(1) 凡单电源线路在受电侧的保护一律停用，而重合闸一般可投入；

(2) 空载运行的线路，其保护应全部投入，但重合闸应停用；

(3) 新线路或线路检修后投入运行时，保护应全部使用，但重合闸应停用；

(4) 电力电缆线路运行时，保护应全部投入，但重合闸停用；

(5) 事故跳闸后进行试送、强送电时，重合闸均应停用。

2.1.5 事故处理管理

系统设备发生事故后，值班调度员和各变电站值班人员应做到以下几点：

(1) 迅速查明事故原因，并消除对人身和设备的威胁；

(2) 限制事故的发展与扩大停电范围，用一切可能的方法保持运行系统及非故障设备继续运行，以保证对用户的正常供电，首先确保站用电源；

(3) 尽快对已停电的用户恢复供电，对重要用户应优先恢复供电；

(4) 调整系统的运行方式，使其恢复正常。

系统发生事故时，变电所值班人员应立即向有关值班调度员报告事故情况，在弄清情况后，应尽快并详细汇报，内容包括事故发生的时间及现象、跳闸断路器、继电保护动作情况及频率、电压、潮流的变化等。

变电值班人员在事故处理中，对各装置的动作信号必须在记录完整后再复归，以便查问核对，确保对事故的正确分析处理。

2.2 变电所一次系统的防误操作装置

防误操作装置的作用是防止误操作，应达到五防的要求：防止误拉合断路器；防止带负荷拉合隔离开关；防带接地线合闸；防止带电挂接地线；防止误入有电间隔。变电所常规的防误装置有机械闭锁、电气闭锁、电磁闭锁、红绿牌闭锁。目前微机五防装置由于功能强大、可靠性高也得到广泛的应用。常用闭锁装置有 JSXGN－12 箱式柜机械闭锁装置、WJFW－Ⅱ普通型微机防误系统。

2.2.1 变电所常规防误装置

1. 机械闭锁

机械闭锁是靠机械结构制约而达到预定目的的一种闭锁，即当一元件操作后另一元件就不能操作。一般有以下几种：

(1) 线路(变压器)隔离开关和线路(变压器)接地开关闭锁；

(2) 线路(变压器)隔离开关和断路器与线路(变压器)侧接地开关闭锁；

(3) 母线隔离开关和断路器母线侧接地开关闭锁；

(4) 电压互感器隔离开关和电压互感器接地隔离开关闭锁；

(5) 电压互感器隔离开关和所属母线接地开关闭锁；

(6) 旁路旁母隔离开关和旁母接地开关闭锁；

(7) 旁路旁母隔离开关和断路器旁母侧接地开关闭锁。

由于机械闭锁只能和本身隔离开关处的接地开关进行闭锁，所以如果需要和断路器及其他隔离开关或接地开关进行闭锁，机械闭锁就无能为力了。为了解决这一问题，采用了电气闭锁和电磁闭锁。

2. 电磁闭锁

电磁闭锁是利用断路器、隔离开关、设备网门等设备的副触点，接通或断开隔离开关、网门电磁锁电源，从而达到闭锁目的的装置。一般有下列几种：

(1) 线路(变压器)隔离开关或母线隔离开关和断路器闭锁；

(2) 正、副母线隔离开关之间的闭锁；

(3) 母线隔离开关和母联(分段)断路器、隔离开关闭锁；

(4) 所有旁路隔离开关和旁路断路器闭锁；

(5) 母线接地隔离开关和所有母线隔离开关闭锁；

(6) 断路器母线侧接地隔离开关和另一母线隔离开关闭锁；

(7) 线路(变压器)接地开关和线路(变压器)隔离开关、旁路隔离开关闭锁；

(8) 旁路母线接地开关和所有旁路隔离开关闭锁；

(9) 母线隔离开关和设备网门之间闭锁；

(10) 线路(变压器)隔离开关和设备网门之间闭锁。

隔离开关与设备网门电磁闭锁回路如图 2-1 所示。

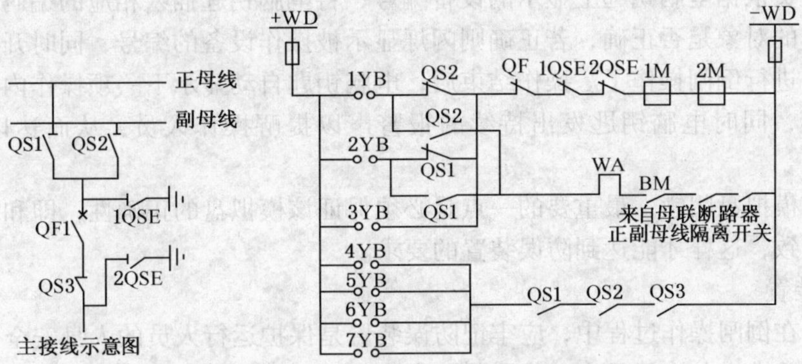

图 2-1　隔离开关与设备网门电磁闭锁回路

QS1—正母隔离开关；QS2—副母隔离开关；QS3—线路隔离开关；1QSE—断路器母线侧接地开关；2QSE—线路接地隔离开关；QF1—断路器；1M—断路器网门；2M—线路隔离开关网门；1YB—正隔离开关电磁锁；2YB—副隔离开关电磁锁；3YB—线路隔离开关电磁锁；4YB—断路器网门电磁锁；5YB—线路隔离开关网门电磁锁；6YB—断路器母线侧接地开关电磁锁；7YB—线路接地开关电磁锁

3. 电气闭锁

电气闭锁是利用断路器、隔离开关副触点接通或断开电气操作电源而达到闭锁目的的一种装置，普遍用于电动隔离开关和电动接地开关上。一般有以下几种：

(1) 线路(变压器)隔离开关或母线隔离开关和断路器闭锁；

(2) 正、副母线隔离开关之间闭锁；

(3) 母线隔离开关和母联(分段)断路器、隔离开关闭锁；

(4) 所有旁路隔离开关和旁路断路器闭锁；

(5) 母线接地开关和所有母线隔离开关闭锁；

(6) 断路器母线侧接地开关和母线隔离开关之间闭锁；

(7) 线路(变压器)接地开关和线路(变压器)隔离开关、旁路隔离开关之间闭锁。

4. 红绿牌闭锁

用在控制开关上，利用控制开关的分合两种位置和红、绿牌配合，进行定位闭锁，达到防止误拉、合断路器的目的。

2.2.2 变电所微机五防装置

1. 电脑模拟盘

微机防误操作闭锁装置(电脑模拟盘)是专门为电力系统防止电气误操作事故而设计研制的，由电脑模拟盘、电脑钥匙、电编码开锁、机械编码锁几部分组成。可以检验及打印操作票，同时能对所有的一次设备强制闭锁。具有功能强、使用方便、安全简单、维护方便等优点，特别适用于我国早期投运的变电所，可以省却大量的二次电缆安装工作。该装置以电脑模拟盘为核心设备，在主机内预先储存了所有设备的操作原则，模拟盘上所有的模拟元件都有一对触点与主机相连。当运行人员接通电源在模拟盘上预演、操作时，微机就根据预先储存好的规则对每一项操作进行判断，如操作正确则发出一声表示操作正确的声音信号；如操作错误，则通过显示器闪烁显示错误操作项的设备编号，并发出持续的报警声，直至将错误项复位为止。预演结束后，可通过打印机打印出操作票，通过模拟盘上的传输插座，还可将正确的操作内容输入到电脑钥匙中，然后运行人员就可拿着电脑钥匙到现场进行操作。操作时，运行人员依据电脑钥匙上显示的设备编号，将电脑钥匙插入相应的编码锁内，通过其探头检测操作的对象是否正确，若正确则闪烁显示被操作设备的编号，同时开放其闭锁回路或机构就可以进行倒闸操作了。操作结束后，电脑钥匙自动显示下一项操作内容。若跑错仓位则不能开锁，同时电脑钥匙发出持续的报警声以提醒操作人员，从而达以强制闭锁的目的。

使用电脑模拟盘闭锁，最重要的一点是必须保证该模拟盘的正确性，即和现场设备的实际位置完全一致，这样才能达到防误装置的要求。

2. 防误装置

运行人员在倒闸操作过程中，应牢记防误装置是保护运行人员的人身安全、设备安全和防止误操作的关键设备，但是由于防误装置本身存在着一些缺陷，操作中有时会失灵，同时有些特殊情况必须要解除闭锁才能操作，例如断路器机构故障要停电隔离就只能先拉隔离开关等。任何解锁操作均必须得到有关调度的同意。严禁不认真核对设备铭牌和实际位置随意解锁造成误操作事故。在解锁操作中必须遵守下列规定：

(1) 防误装置解锁钥匙的保管。运行人员不准随手携带解锁钥匙，解锁钥匙应放在专用信封内封好保管，作为每次交接班内容之一。

(2) 操作中必须解锁时应按下列要求进行：

① 操作人、监护人发现防误装置失灵时，应停止操作，一同离开操作现场，到控制室向值班长或站长汇报防误装置失灵情况。经值班长或所长会同班员(至少两人)检查设备实际位置，确认解锁不会发生误操作后，才可向当值调度申请使用防误解锁钥匙进行操作。例如线路停复役操作，应到达现场检查该断路器在断开位置，线路断路器绿灯亮，控制盘表计指示为零；倒母线操作应到达现场检查母联(分段)断路器在合上位置，母联(分段)控制盘上断路器红灯亮，三相电流表计有指示。

② 值班长将上述情况向当值调度汇报，在调度同意使用防误解锁钥匙进行操作(应做好录音)后，值班长应在解锁操作记录簿上做好记录，才可拆开解锁信封取出防误解锁钥匙交

监护人使用。

③ 操作人和监护人使用防误解锁钥匙进行操作时，更应认真执行倒闸操作监护制度，再次检查设备的实际位置，认真核对铭牌，防止发生误操作事故。解锁操作只允许在当值调度员批准的内容中进行。

④ 操作结束后，监护人应将防误解锁钥匙交还值班长，值班长应将防误解锁钥匙装入专用信封并封好，按值移交，并将缺陷情况填写缺陷单上报。

2.3 电气倒闸操作

2.3.1 电气设备倒闸操作票执行规定

倒闸操作是变电站运行人员根据现场倒闸操作的规定，为改变电气设备的运用状态和对某些设备状态进行必要的检查、确认所进行的操作与执行过程的综述。

当电气设备从一种运用状态转换到另一种运用状态或改变系统的运行方式，就需要一系列的拉、合断路器和隔离开关的倒闸操作。如果发生误操作事故，不仅会导致供、配电设备的损坏，甚至危及人身安全并造成大面积停电事故。倒闸操作可以通过就地操作、遥控操作、程序操作完成。遥控操作、程序操作的设备应满足有关技术条件。

《电力安全工作规程》是保证电力系统发、输、变、配电设备的安全运行，防止发生人身伤亡及设备损坏和停电事故的最基本的规程。在《电力安全工作规程》中倒闸操作及电气设备上的工作安全规定占有重要位置，其倒闸操作部分规定了运行人员在倒闸操作中的要求和程序。因此，倒闸操作对运行值班人员来说，必须予以充分重视和认真对待。

2.3.1.1 电气设备的四种运行状态

主接线系统如图 2－2 所示。

运行状态　是指设备或电气系统带有电压，其功能有效。图中断路器 QF 和隔离开关 1QS、2QS 均处于合闸位置。

热备用状态　是指该设备已具备运行条件，经一次合闸操作即可转为运行状态。图中断路器 QF 在断开位置；隔离开关 1QS 和 2QS 均处于合闸位置。

冷备用状态　是指连接该设备的各侧均无安全措施，且连接设备的各侧均有明显的断开点或可判断的断开点。图中断路器 QF 和隔离开关 1QS 及 2QS 均处于断开位置。

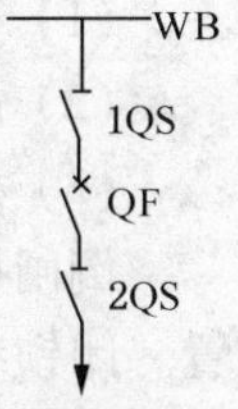

图 2－2　系统图

检修状态　是指连接该设备的各侧均有明显断开点或可判断的断开点，需要检修的设备已接地的状态，或该设备与系统彻底隔离，与断开点设备没有物理连接的状态。图中断路器 QF 和隔离开关 1QS 及 2QS 均处于断开位置，并已可靠接地，且布置了其他安全措施。

电气设备从一种运用状态转换到另一种运用状态，必须遵循一定的规律。以上四种状态转换时，停电顺序为：运行状态→热备用状态→冷备用状态→检修状态。送电顺序为：检修状态→冷备用状态→热备用状态→运行状态。一旦违背这一转换规律，停、送电都将造成严重的误操作事故。

2.3.1.2 倒闸操作的分类

1. 遥控操作　是指从调度端或集控站发出远方操作指令，以微机监控系统或变电站的 RTU 当地功能为技术手段，在远方的变电站实现的操作。

程序操作是遥控操作的一种，但程序操作时发出的远方操作指令是批指令。遥控操作和程序操作应满足的技术条件应该包括设备运行技术和操作管理两个方面。

2. 单人操作　即由一人完成的操作，应做到：

（1）单人值班的变电站操作时，运行人员根据发令人用电话传达的操作指令填写操作票，复诵无误。

（2）实行单人操作的设备、项目及运行人员需经设备运行单位批准，人员应通过专项考核。

3. 检修人员操作　指经设备运行管理单位考试合格、批准的本企业的检修人员，可进行220kV及以下的电气设备由热备用至检修或由检修至热备用的监护操作，监护人应是同一单位的检修人员或设备运行人员。检修人员进行操作的接、发令程序及安全要求由设备运行管理单位总工程师（技术负责人）审定，并报相关部门和调度机构备案。

2.3.1.3　倒闸操作的中心环节和基本原则

因断路器具有接通及断开负荷电流和切断短路电流的能力，而隔离开关则不能切断负荷电流，更不能切断短路电流，它仅能作为设备检修时隔离电源之用，所以倒闸操作的中心环节和基本原则是不能带负荷拉、合隔离开关。

依此，电气设备防误闭锁设置应实现以下“五防”功能：

（1）防止误拉、误合断路器；

（2）防止带负荷误拉、误合隔离开关；

（3）防止带电误挂接地线（误合接地刀闸）；

（4）防止带接地线误合断路器、隔离开关送电；

（5）防止误入带电间隔。

为了防止误操作，保证电气设备的正常运行，倒闸操作必须做好组织措施和技术措施。其中，倒闸操作的组织措施应做到以下三方面的完美结合：

（1）充分发挥操作人员应有的技术水平；

（2）严格执行操作票制度；

（3）树立牢固的供电安全思想和高度的工作责任心。

倒闸操作的技术措施，即在断路器和隔离开关之间装设完善、有效的机械或电气联锁装置。闭锁装置的作用是使断路器在未断开前，该电路的隔离开关就拉不开（防止带负荷拉刀闸）；在断路器接通后，该电路的隔离开关就合不上（防止带负荷合刀闸）。此外，在线路隔离开关与接地隔离开关之间也装有闭锁装置，使任一隔离开关在合闸时，另一隔离开关就无法操作，以免在设备送电或运行时误合接地隔离开关，而造成三相接地短路事故。同时避免检修时，误合线路隔离开关而突然送电，造成设备和人身事故。

2.3.1.4　倒闸操作的基本条件

倒闸操作应具备以下基本条件：

（1）有与现场一次设备和实际运行方式相符的一次系统模拟图（包括各种电子接线图）。

（2）操作设备应具有明显的标志，包括命名、编号、分合指示、旋转方向、切换位置的指示及设备相色等。

（3）高压电气设备都应安装完善的防误操作闭锁装置，并不得随意退出运行。停用防误闭锁装置应经本单位总工程师批准；若短时间退出防误闭锁装置时，应经变电站站长或发电厂当班值长批准，并应按程序尽快投入。

（4）有值班调度员、运行值班负责人正式发布的指令，并使用经事先审核合格的操作票。

(5) 下列三种情况应加挂机械锁：

① 未装防误闭锁装置或闭锁装置失灵的隔离开关(刀闸)手柄和网门；

② 当电气设备处于冷备用且网门闭锁失去作用时的有电间隔网门；

③ 设备检修时，回路中的各来电侧隔离开关(刀闸)操作手柄和电动操作隔离开关(刀闸)机构箱的箱门。机械锁要一把钥匙开一把锁，钥匙要编号并妥善保管。

2.3.1.5 倒闸操作的执行

操作步骤流程图如图 2－3 所示。

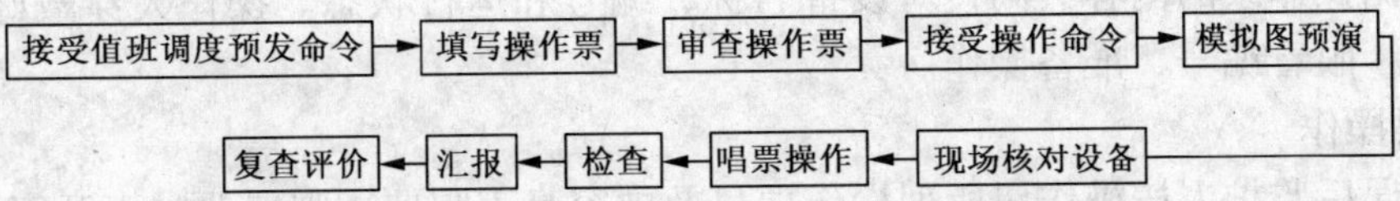

图 2－3 倒闸操作的执行

1. 接受值班调度预发指令

倒闸操作根据值班调度员或运行值班负责人的指令，受令人复诵无误后执行。发布指令应准确、清晰，使用规范的调度术语和设备双重名称，即设备名称和编号。发令人和受令人应先互报单位和姓名。发布指令的全过程(包括对方复诵指令)和听取指令的报告时双方都要录音并作好记录。操作人员(包括监护人)应了解操作目的和操作顺序。对指令有疑问时应向发令人询问清楚无误后执行。

倒闸操作必须由两人执行，其中一人对设备较为熟悉者作监护。单人值班的变电所倒闸操作可由一人执行。重要和复杂的倒闸操作，由熟练的运行人员操作，运行值班负责人或值长监护。

2. 填写操作票

运行操作人员根据值班调度的指令，核对模拟图，核对实际设备，参照典型操作票，认真填写操作票，在操作票上逐项填写操作项目。填写操作票的顺序不可颠倒，字迹清楚，不得涂改，不得用铅笔填写。

3. 审查操作票

操作票填写后，操作人自己应进行核对，确定无误后再交监护人审查。监护人应对操作票的内容逐项审查。对上一班预填的操作票，即使不在本班执行，也要根据规定进行审查。审查中若发现错误，应由操作人重新填写。

4. 接受操作指令

在发布操作任务或指令时，监护人和操作人应同时在场，仔细听清主管人员所发的任务或指令，同时要核对操作票上的任务与主管人员所发布的是否完全一致。并由监护人按照填写好的操作票向发令人复诵。经双方核对无误后在操作票上填写发令时间。

5. 操作预演

操作前，开始操作前，应先在模拟图(或微机防误装置、微机监控装置)上进行核对性模拟预演，无误后，再进行操作。模拟预演由监护人根据操作票操作项目的顺序逐项下令，由操作人复诵，再由监护人下执行令，操作人执行。操作前应先核对设备名称、编号和位置。操作中应认真执行监护复诵制度(单人操作时也应高声唱票)，宜全过程录音。操作过程中应按操作票填写的顺序逐项操作。对于模拟图板上无法预演的操作步骤，也应进行唱票、复诵，但不下执行令。

经模拟预演确认操作票无误后，由监护人在操作项目最后一项下面空格处盖“以下空白”章。然后，由操作人、监护人分别签名后交值班长、值长审核并签名。这样，签名各方都应对所要进行操作的正确性负全部责任。

6. 现场核对设备

一组操作人员，一次只能持有一个操作任务的操作票，监护人携带操作票、闭锁钥匙，操作人携带操作工具，操作人在前，面对操作对象，监护人一般站在操作人的侧后方。站好位置后，根据操作票的内容共同核对设备名称、编号和运行状态。操作人穿戴好安全用具，取立正姿势，眼看编号，准备操作。

7. 唱票操作

核对无误后监护人按操作票所列操作项目及内容高声唱票，唱票要求声音宏亮、吐字清楚、内容准确。

操作人听到监护人的唱票内容再次核对设备名称、编号无误后，面对操作对象，手指操作部位，进行高声复诵。监护人审核复诵内容和手指部位正确后，即下达“对，执行！”的指令，同时将闭锁钥匙交操作人。操作人经3s思考后，打开闭锁装置，执行操作。

操作人的3s思考内容：

（1）思考监护人的唱票内容有无跳项、漏项、添项等情况；

（2）根据被操作设备的特点，思考一下操作要领。

操作票应事先编号，并按照编号顺序逐张执行。操作中发生疑问时，应立即停止操作并向发令人报告。待发令人再行许可后，方可进行操作。不准擅自更改操作票。不准随意解除闭锁装置。解锁工具（钥匙）应封存保管，所有操作人员和检修人员严禁擅自使用解锁工具（钥匙）。若遇特殊情况，应经值班调度员、值长或站长批准，方能使用解锁工具（钥匙）。单人操作、检修人员在倒闸操作过程中严禁解锁。如需解锁，应待增派运行人员到现场后，履行批准手续后处理。解锁工具（钥匙）使用后应及时封存。

8. 检查

必须按操作票填写的顺序逐项操作，每操作完一项，应检查无误后做一个“√”记号，全部操作完毕后进行复查。

9. 汇报

操作结束后，应检查所有操作步骤是否全部执行，然后由监护人在操作票上填写好操作结束时间，并向主管人员汇报。同一变电站的操作票应事先连续编号，计算机生成的操作票应在正式出票前连续编号，操作票按编号顺序使用。已操作的应注明“已执行”字样，未执行的应注明“未执行”字样。作废的操作票，应注明“作废”字样，并在“备注”栏内注明原因。并将操作票归档保存。操作票应保存一年。

10. 复查评价

变电所运行值班负责人要召集全班，对本班已执行完毕的各项操作进行复查，评价并总结经验。

11. 其他注意问题

（1）倒闸操作中途不得更换监护人、操作人。监护人、操作人不得做与操作无关的事情，监护人应自始至终认真监护，不得离开操作现场或进行其他工作。操作人在操作过程中，不得有任何未经监护人同意的操作行为。

（2）倒闸操作票应保存一年。

（3）雨天操作室外高压设备时，绝缘棒应有防雨罩，还应穿绝缘靴。雷电时，一般不进行倒闸操作，禁止在就地进行倒闸操作。

（4）操作中如发生人身触电事故时，为了解救触电人，可以不经许可，即可断开有关设备的电源，但事后必须立即报告上级有关部门。

（5）单人操作时不得进行登高或登杆操作。

2.3.1.6　倒闸操作票的填写

1. 操作票填写规定

（1）操作票应用钢笔或圆珠笔逐项填写。用计算机开出的操作票应与手写格式一致；操作票票面应清楚整洁，不得任意涂改。操作人和监护人应根据模拟图或接线图核对所填写的操作项目，并分别签名，然后经运行值班负责人（检修人员操作时由工作负责人）审核签名。每张操作票只能填写一个操作任务。操作票必须由操作人在接到工作票或倒闸指令后填写，不得在操作中或操作后填写，并须经监护人或运行值班负责人审核、签字。

（2）操作票应由当班执行操作的人员填写。特殊情况下，在交接班时应由当班人员为下一班填写好操作票，填写时以交接时的运行方式为准，填写人和审核人在操作票的备注栏内签名，向下一班移交。

（3）单人值班时，操作票由发令人用电话向运行人员传达，运行人员应根据传达，填写好操作票。经复诵无误后，并在"监护人"签名处填写发令人的姓名。

（4）接班人执行操作时，仍应对操作票进行审核，并对执行的操作票负全部责任。两班对操作票的正确性负同等责任。

（5）特别重要的倒闸操作票应由正值填写，值长、站长或技术人员审核并监护。

（6）随着新技术、新设备日益普遍应用，以往对所有操作都应到现场确认设备实际状态的做法，已日益变得不可能了。因此，在"新安规"中提出以二元变化确认设备操作状态的原则，即电气设备操作后的位置检查，可通过设备机械指示位置、电气指示、仪表及各种遥测、遥信信号的变化，且至少应有两个及以上指示已同时发生对应变化，才能确认该设备已操作到位。以二元变化来确认设备的操作变位，在执行遥控操作时更显必要。但并不是所有的操作都能具备二元变化，如联络线对侧开关已经分闸；开关两侧的刀闸操作等。除了通过技术手段来实现一些二元变化外（如可以通过线路的有电显示器来显示联络线的电压），其他还只能以现场判断的方式来确认。因此，电气设备操作后的位置检查应以设备实际位置为准，无法看到实际位置时，可通过设备机械位置指示、电气指示、仪表及各种遥测、遥信信号的变化，且至少应有两个及以上指示已同时发生对应变化，才能确认该设备已操作到位。

2. 倒闸操作票应填入的内容

（1）应拉、合的断路器、隔离开关、跌落式熔断器、接地开关、中性点接地开关、刀开关、开关等。

（2）对断路器和隔离刀闸操作前的核对性检查和操作后操作质量的检查。

核对性检查有如下内容：

① 送电操作时，在合隔离开关前应检查断路器确在断开位置；

② 在进行倒母线操作前，应检查母联两侧隔离开关确在合闸位置；

③ 在合断路器前，应检查手车柜的手车确在"工作"位置；

④ 在旁路母线系统拉、合旁路隔离开关前，应检查旁路断路器及两侧隔离开关确在合闸位置；

⑤ 在进行倒负荷或解列操作前，应检查另一电源运行情况确系良好和负荷分配正常。

操作质量的检查有如下内容：

① 对断路器应填写检查该断路器确已断开或合上的检查确认项目；

② 对不在就地操作(包括操作机构和设备之间装有隔板、隔墙)的隔离开关(接地刀闸)操作项目后，应填写检查该隔离开关确已断开或合上的检查确认项目。

(3) 断路器检修时，在拉开断路器后取下合闸熔断器，拉开隔离开关后取下该断路器的控制回路、信号回路熔断器，拉开带电动操作机构的隔离开关操作电源刀开关。

(4) 在合上隔离开关前，装上该断路器的控制回路、信号回路熔断器，合上带电动操作机构的隔离开关操作电源刀开关，在合上断路器前，装上该断路器合闸熔断器。

(5) 线路停电，断路器无工作，断路器在试验位置可不必取下断路器控制回路、合闸回路熔断器。

(6) 线路断路器合闸前，装上该线路侧电压互感器的二次熔断器或合上二次快分开关。

(7) 变电站站用变压器、电压互感器一次侧装设接地线前，应先取下二次熔断器或拉开二次快分开关。

(8) 母线停电后，应停用该母线电压互感器。

(9) 母线送电前，应先投入该母线电压互感器。

(10) 对于手车断路器停电检修，应将断路器手车拉至试验位置，取下断路器手车二次插头，再将断路器手车拉出断路器柜外，手车断路器送电前，将断路器手车推至试验位置，装上断路器手车二次插头，再将断路器手车推至工作位置。

(11) 切换继电保护二次回路，投入或停用自动装置。

(12) 在断路器合闸前，按照调度指令及运行规程投入送电设备的继电保护，检查继电保护运行。

(13) 检查负荷分配及回路电流表指示。

(14) 验电及挂、拆接地线，应填写接地线的编号和接地线的具体地点。

(15) 拆除接地线(拉开隔离开关)后，检查接地线(接地开关)确已拆除(确已拉开)。

(16) 装设接地线前，应在停电设备上进行验电(不具备验电条件的 GIS 等设备除外)。

(17) 两台有载调压变压器并列运行前，应检查两台变压器有载调压电压分接头指示一致。

(18) 无人值班变电站，断路器遥控开关切至“遥控”、“就地”位置。

(19) 操作票按倒闸操作顺序依次填写完毕后，在最后一项操作内容的下一空格中间位置盖上“以下空白”的印章。

(20) 给上或取下合闸回路、控制回路或电压互感器回路的熔断器。

(21) 保护压板的投入与退出。

(22) 备自投装置“BK”开关的切换。

下列操作可不填写操作票：

(1) 事故处理，包括为了预防发生和扩大事故而进行的紧急处理操作(事故处理后，恢复送电时应填写操作票)。

(2) 拉、合断路器(开关)的单一操作。

（3）拉开全所仅有的一组接地刀闸或拆除全所仅有的一组接地线。（不填写操作票的内容操作后，必须记录在运行记录簿内）

3. 操作票项目栏的填写

（1）单位：操作任务所在单位的变电所名称。

（2）发令人、受令人及发令时间：由值班调度员或运行值班负责人发布指令，受令人复诵无误后执行。

（3）操作开始时间和终了时间，只在每一份操作票的第一页上填写。

操作开始时间：操作票模拟演习无误后，正式执行倒闸操作前，由监护人填写。

操作终了时间：全部操作完毕，监护人和操作人共同复查无误后，由监护人填写。

（4）操作类别：用"√"注明操作类别。包括监护下操作、单人操作、检修人员操作。

（5）操作任务：简明扼要，设备要填写双重名称，即设备名称和设备编号。

（6）操作项目：必须逐项填写，不得并项，应一个操作内容填写在一个格内。设备要填写双重名称。当操作项目较多，一张操作票写不下时，多张票的操作项目编号、操作票编号应连续。

（7）操作人：需本班的操作，操作人填写好操作票后，在"操作人"处签名；需移交下一班进行的操作，在"备注"栏内签"填写人：×××"。

（8）监护人：需本班的操作，操作人填写好操作票后，监护人审核无误后，在"监护人"处签名；需移交下一班进行的操作，在"备注"栏内签"审核人：×××"。

（9）值班负责人（值长）：由值班负责人（值长）审核后签字。

（10）操作票应使用蓝色、黑色墨水的钢笔或圆珠笔填写，禁止使用铅笔和红色墨水的钢笔填写，要求字迹工整、清楚。对于拉、合、停、送、投、退等关键字和开关、刀闸、设备编号不得涂改。每张操作票只能填写一个操作任务。

变电站（发电厂）倒闸操作票

单位__________ 编号__________

发令人	××	受令人	××	发令时间：	××年××月××日×时×分
操作开始时间：××年××月××日×时×分				操作结束时间：××年××月××日×时×分	
（　）监护下操作（　）单人操作（　）检修人员操作					
操作任务：					

√	顺序	操作项目

备注：

操作人：　　监护人：　　值班负责人（值长）：

4. 倒闸操作术语

(1) 断路器：称“合上”，“拉开”。

(2) 隔离开关：称“合上”，“拉开”。

(3) 手车柜：称“推入”，“拉至”。

如：手车推入工作位置，拉至试验位置，拉至检修位置。工作位置指两侧插头已插入插嘴。试验位置指两侧插头离开插嘴。检修位置指手车已拉至柜外。

(4) 操作交、直流保险和手车柜开关插件称：“给上”，“取下”。

(5) 操作压板：称“投入”，“退出”或“改投”。

(6) 操作地线：称“验”，“挂”，“拆”。

如在××开关××侧挂××号地线，拆××开关××侧××号地线。

(7) 转换开关：称“切至”。

如：将××转换开关切至“手动”位。

(8) 操作票填写完毕后，操作人应先进行自审，无问题后，交监护人审查，待监护人确认无问题后放入专用操作票簿内，准备模拟预演。

2.3.1.7　倒闸操作的方法和注意事项

1. 合、解环操作

合环操作必须相位相同，操作前应考虑合环点两侧的相角差和电压差，并估算合环潮流。解环操作应先检查解环点的有功、无功潮流，以确保合、解环后系统各部分电压在规定范围内，各环节潮流的变化不超过继电保护、系统稳定和设备容量等方面的限额。

2. 二次回路的操作

凡继电保护和自动装置压板的投入或切出以及定值的改变，均应由调度发令进行操作。一次设备的操作同时涉及到二次侧电流和电压回路的切换，均由变电所值班人员按有关规定自行操作，调度均不发令。

凡设备的继电保护或自动装置全投入或停用时，调度只发综合操作命令，而当几套保护装置中只投入或停用一套保护装置时，调度明确发令指出哪一套保护装置投入或停用。

3. 母线的操作

(1) 备用母线有母联开关时，应用母联开关向母线充电，母联开关的保护应在投入状态，必要时将保护整定时间调整为零。这样可以保证备用母线存在故障时，母联开关可以迅速切除故障，防止事故扩大。

(2) 当母联开关合上后进行倒母线操作时，母联开关的操作保险应取下，防止母联开关误跳影响隔离开关的操作安全。

(3) 双母线接线的设备，当对某一设备进行倒母线操作时，母联开关应合闸且保护停用。操作时，母联开关应先合后拉。

4. 线路的操作

(1) 线路停电前，应正确选择解列点或解环点，并应考虑减少系统电压波动。对馈电线路一般先拉开受电端断路器，再拉开送电端断路器。送电顺序相反。对220kV及以上超高压长距离线路，还应考虑拉开空载线路时充电功率的影响(尤其是电压波动大引起的过电压)等。

(2) 线路送电，断路器必须有完备的继电保护，并保证有足够的灵敏度。空载线路充电应考虑充电功率可能引起的电压波动，以及线路末端电压升高对变压器的影响。

（3）110kV 及以上电压等级的线路，送端电源变压器中性点必须至少有一个接地点。

（4）新建或检修后相位可能变动的线路投入运行时，应进行核相工作。

5. 变压器的操作

变压器投入运行时，一般先从电源侧充电，后合上负荷侧开关。变压器停电时，操作顺序相反。向空载变压器充电时，充电开关应有完备的继电保护，并保证有足够的灵敏度，同时应考虑励磁涌流对系统继电保护的影响。变压器充电或拉停时，各侧中性点应保持接地。

在运行中的各变压器，其中性点接地的数目和地点，应按继电保护的要求设置。运行中的变压器中性点接地开关如需倒换，则应先合上另一台变压器的中性点接地开关，再拉开原来一台变压器的中性点接地开关。

6. 断路器的操作方法和注意事项

（1）一般情况下，断路器不允许带负荷手动合闸。这是因为手动合闸速度慢，易产生电弧而使触头损坏。

（2）遥控操作断路器时，扳动控制开关时，不得用力过猛，以防损坏控制开关。也不得返回太快，以防断路器合闸以后又跳闸。

（3）在断路器操作后，应检查有关信号和测量仪表的指示，以判断断路器操作后的正确性。断路器实际的开、合位置应以断路器的机械位置指示器、电流、信号等综合来确定。

（4）当断路器合上、控制开关返回后，合闸电流表应指在零位，以防止因合闸接触器打不开而烧毁合闸线圈。

（5）断路器（开关）遮断容量应满足电网要求。如遮断容量不够，应将操动机构（操作机构）用墙或金属板与该断路器（开关）隔开，应进行远方操作，重合闸装置应停用。

7. 隔离开关的操作方法和注意事项

（1）手动合隔离开关时，应迅速果断，在合到底时不应用力过猛，以防止合过头和损坏支持瓷瓶。如发生弧光和误合时，应将隔离开关迅速合上，隔离开关一经合上，不得再行拉开。因带负荷拉开隔离开关会使弧光扩大，使设备损坏更加严重。误合后只能用断路器断开后才允许将隔离开关拉开。

（2）手动拉隔离开关在刚拉时要慢，看触头分开时是否有电弧，如有电弧应迅速合上，防止带负荷拉隔离开关；若无电弧，则接着就应迅速拉开隔离开关。当隔离开关快要全部拉开时，又应稍慢些，以防不必要的冲击损坏瓷瓶。但在切断变压器空载电流及小量电容电流时，均有小电弧发生，此时应迅速将隔离开关断开，以便迅速消弧。

（3）在回路中未设置断路器时，只允许用隔离开关进行下列操作：

① 拉开或合上无故障的电压互感器或避雷器；

② 拉开或合上无故障母线；

③ 拉开或合上变压器中性点的接地开关（但当变压器中性点接有消弧线圈时，只有系统没有接地故障时，才可进行操作）；

④ 拉开或合上空载电流不超过 2A 的空载变压器及电容电流不超过 5A 的空载线路（10.5kV 及其以下）；

⑤ 拉开或合上 10kV 以下、70A 以下的环路均衡电流。

（3）用绝缘棒拉、合隔离开关（刀闸）时或经传动机构拉、合隔离开关（刀闸）和断路器（开关），均应戴绝缘手套。雨天操作室外高压设备时，绝缘棒应有防雨罩，还应穿绝缘靴。接地网电阻不符合要求的，晴天也应穿绝缘靴。雷电时，一般不进行倒闸操作，禁止在就地进行倒闸操作。

(4) 电气设备停电后(包括事故停电)。在未拉开有关隔离开关(刀闸)和做好安全措施前，不得触及设备或进入遮栏，以防突然来电。

8. 断路器与隔离开关的倒闸操作顺序

断路器是用来接通或切断带负荷电路用的，它有专门的灭弧装置，能够通断负荷电流并熄灭通断时所产生的较大电弧；隔离开关不能接通或切断负荷电流。因此，断路器与隔离开关的倒闸操作基本原则为：合闸时先合隔离开关，再合断路器；分闸时先拉断路器，然后拉开隔离开关。严禁在未断开断路器的情况下，拉合隔离开关。当设备上串联两个隔离开关时，送电时先送电源侧隔离开关1QS，再送线路侧隔离开关2QS，最后合上断路器QF，接通负载电流；停电时顺序相反，先停断路器QF，再停线路侧隔离开关2QS，最后停电源侧隔离开关1QS。如图2-4所示。

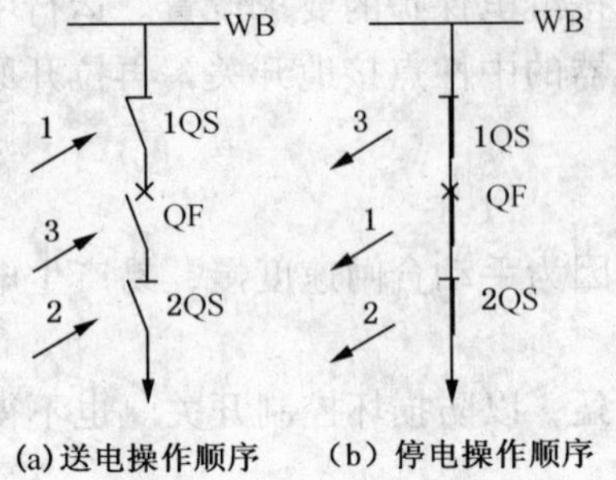

图2-4 设备上串联有两个隔离开关操作顺序

9. 高压跌落式熔断器的操作顺序

操作高压熔断器多采用绝缘杆单相操作。分合高压熔断器不允许带负荷操作。如发生误操作，产生的强电弧将威胁人身和设备安全。为防止可能发生的弧光短路事故，高压熔断器的操作顺序应为：拉闸时先拉中间相，再拉开下风相，最后拉开上风相；合闸时先合上风相，再合下风相，最后合中间相。装卸高压熔断器，应戴护目眼镜和绝缘手套，必要时使用绝缘夹钳，并站在绝缘垫或绝缘台上。

10. 消弧线圈的操作

不允许一台消弧线圈同时接在两台变压器的中性点上，若需要将消弧线圈从一台变压器的中性点倒在另一台变压器的中性点上，应先拉后合。当运行的变压器和所带的消弧线圈一起停电时，最好先拉开消弧线圈的隔离开关，再停用变压器。送电时则相反。

当变压器中性点消弧线圈端电压位移超过额定相电压15%时，无论消弧线圈信号是否动作都应按系统发生接地故障进行处理，查找接地点。消弧线圈动作后持续的时间不得超过规定的允许时间(2h)。当系统发生接地时，绝对禁止对消弧线圈的一切操作。

11. 电容器的操作

高压补偿电容器作为提高企业用电功率因数。在停电时，先将电容器从母线上断开，再停变压器、电压互感器和避雷器，这是为了减少电容电流对倒闸操作的影响。送电时，为避免过补偿，必须在母线带上负荷后再将高压电容器送电投入运行。

12. 电压互感器、避雷器的操作

电压互感器、避雷器是为防雷保护和监测、计量仪表的电压源。在停电时，为监视电源有无电压，应在高压电容器、变压器都停电后，再停电压互感器、避雷器。送电时，先给电压互感器、避雷器送电，再送变压器和高压电容器。

13. 装、拆接地线的操作

(1) 装接地线前必须戴好绝缘手套，先验电放电。验电器应符合该系统电压等级并试验合格(在有效期内)。验明设备无电后，立即三相短路并接地放电。装接地线应先接接地端，然后在停役设备所规定的位置接地。在设备上接地时，应先接靠近人身那相，然后再接其他两相，接地线不要触及人身。拆除接地线时顺序相反。所挂接地线应与带电设备保持安全距离。

（2）验电前、后须证明验电器良好。对电容器、电缆线路、双回线路须充分放电后再接地。

（3）使用的接地线必须符合规定，应使用多股软铜线。导线的连接要紧固，无断股，截面应满足热稳定的要求且不得小于25mm²。严禁将接地线缠绕在设备上。条件许可时应尽量使用装有绝缘手柄的接地线。

（4）接地线的保管应有编号，放在固定原地点，存放位置也应编号。使用时应在存放处写明接地设备名称，拆除接地线后必须放回其指定原地点，并拆去接地设备名称。

（5）操作票上应填写接地线编号，在模拟图上也应有相应接地标志和编号。装拆接地线后应及时改变模拟图，使其与现场实际情况一致，以免漏挂或漏拆接地线。

14. 核相

一般110kV及以上线路或变压器核相，应采用在母线电压互感器二次侧进行，但应事先证明电压互感器二次侧接线正确；35kV及以下的应采用一次侧核相的方法。

一次侧核相，一般应在隔离开关两侧进行。当利用断路器两侧进行核相时，应在合该断路器两侧的隔离开关前将该断路器改为非自动。

15. 零起升压

（1）被升压的各种设备应具备完善的继电保护，零起升压的线路重合闸应停用。

（2）对中性点直接接地系统，被升压的变压器中性点必须接地。

（3）双母线中的一组母线（或通过母线对其他设备）进行零起升压时，应将母联或分段断路器改为热备用非自动或冷备用（非零起升压的设备母线隔离开关在拉开位置），防止断路器误合造成非同期并列。同时注意对参加零起升压设备的母差流变回路的调整，防止母差保护误动。

2.3.2 典型倒闸操作票填写实例

现以某110kV变电站为例说明倒闸操作票的填写，如图2－5为某110kV变电所一次主接线系统图。

2.3.2.1 主接线运行方式

1. 两回电源带两台主变压器的正常运行方式

（1）110kV系统

110kV采用内桥接线。145母联断路器处于热备用状态，145－4、145－5隔离开关均在合闸位置，145母联断路器在跳闸位置。113进线开关供1#主变压器，116进线开关供2#主变压器，110kV林石线113断路器、113－2隔离开关、113－4隔离开关均在合闸位置。110kV林万线116断路器、116－2隔离开关、116－5隔离开关均在合闸位置。母联145开关自投装置投入运行，113、116开关互投装置退出运行，1－7、2－7接地刀闸断开。

（2）35kV系统

35kV主结线为双母线，301、311开关上Ⅳ母线，302、321开关上Ⅴ母线。345－4、345－5隔离开关合入，母联345开关分闸，处于热备用状态。两组TV运行，34－9、35－9刀闸合入。消弧线圈接在1#主变压器上，即拉开2－0接地刀闸，合上1－0接地刀闸。

（3）6kV系统

6kV系统主结线为双单母线分段，1#主变经1#电抗器上Ⅰ、Ⅲ段，2#主变经2#电抗器上Ⅱ、Ⅳ段。Ⅰ、Ⅱ段母线及Ⅲ、Ⅳ段母线均分段运行，605及606母联开关自投加入，处于热备用状态。一、二号消弧线圈均投入运行。

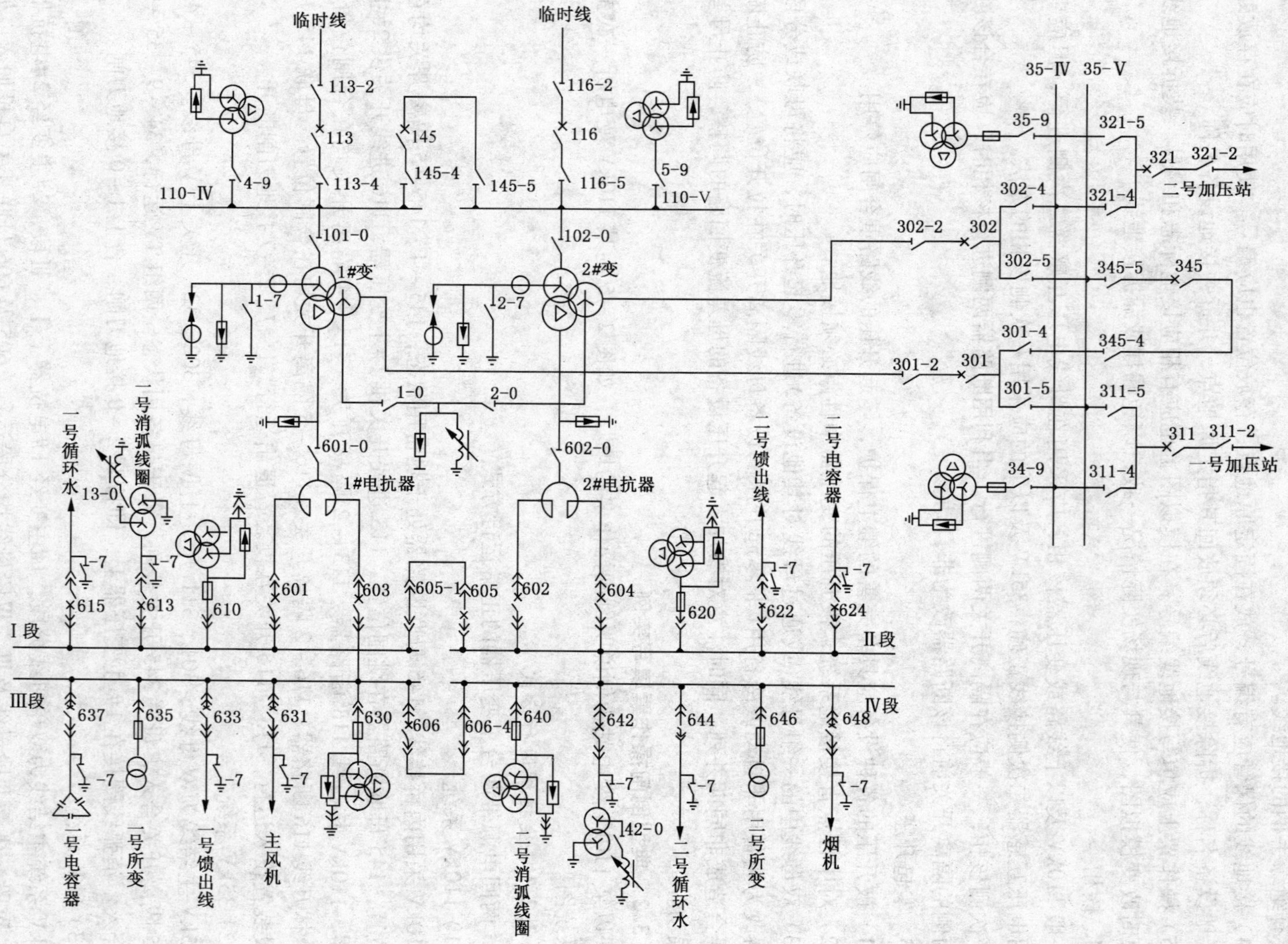

图2-5　110kV 内桥接线一次系统图

2. 一回电源供两台主变的非正常运行方式之一

(1) 110kV 系统

一回电源供电，113(116)开关带1#和2#主变压器，母联145开关处于合闸位，自投开关切至“断”位，113、116互投投入，1－7、2－7接地刀闸断开。

(2) 35kV 系统

301、311开关上Ⅳ母线，302、321开关上Ⅴ母线。345－4、345－5隔离开关合入，母联345开关分闸，处于热备用状态。两组TV运行，34－9、35－9刀闸合入。消弧线圈接在1#主变压器上，即拉开2－0接地刀闸，合上1－0接地刀闸。

(3) 6kV 系统

1#主变经1#电抗器上Ⅰ、Ⅲ段，2#主变经2#电抗器上Ⅱ、Ⅳ段。Ⅰ、Ⅱ段母线及Ⅲ、Ⅳ段母线均分段运行，605及606母联开关自投加入，处于热备用状态。一、二号消弧线圈均投入运行。

3. 一回电源供一台主变的非正常运行方式之二

(1) 110kV 系统

一回电源供1#(2#)一台主变压器，145母联开关自投退出，113、116互投退出。

(2) 35kV 系统

由1#(2#)主变压器供电，母联345－4、345－5刀闸及345开关均合入，Ⅳ(Ⅴ)母线经345开关串带Ⅴ(Ⅳ)母线，345自投退出。一组TV运行，34－9(35－9)合入，32－9(34－9)断开。消弧线圈接在1#(2#)主变压器上，即拉开2(1)－0接地刀闸，合上1(2)－0接地刀闸。

(3) 6kV 系统

由1#(2#)主变压器带全部负荷，605、606母联开关均在合闸位，自投退出。1#、2#消弧线圈投入运行。

2.3.2.2 主接线运行方式的一般规定

(1) 主接线系统应按本规程规定之正常运行方式运行，除非在检修或故障情况下，才允许改变正常运行方式。

(2) 在改变正常运行方式时，应选择本规程规定的非正常运行方式的一种。

(3) 在改变运行方式或系统接线时，应注意检查有关开关的开断容量能否满足要求，开关的开断容量应大于最严重情况下该开关的短路容量。

(4) 变压器并列运行时，必须满足下列条件：相位相同；接线组别必须相同；变比相等(允许相差5%)；短路电压相等(允许相差10%)。

(5) 任一级电压等级母联开关的合环，均应请示上级调度，待上一级电压系统的母联开关从高到低电压等级逐级合环后，方可进行下一级母联开关的并列。

(6) 主变压器35kV侧中性点位移电压的极限值，长期运行时允许不超过额定相电压的15%。

(7) 6kV系统正常运行时，消弧线圈必须投入运行，正常时采用过补偿运行方式，不允许全补偿或欠补偿运行。

(8) 运行方式变化时，各电气元件继电保护的使用应遵照继电保护运行规程有关规定执行。

(9) 6kV系统正常运行时，应使Ⅰ、Ⅲ段及Ⅱ、Ⅳ段所带负荷尽量接近，以使其母线电压尽量一致。

（10）正常运行情况下倒闸操作时，母联开关的合环时间应不超过系统规定的合环时间15min。只要正常操作完毕后，应及时进行解环，并报告上级电力调度。

（11）两台主变压器中性点的接地刀闸运行方式的改变，需由区调统一调度。

（12）本变电站主要电气设备为：

① 1#(2#)主变压器为SFS－31500/110型，额定容量为31500/31500/31500kVA；

② 113(116、145)断路器为LW6－110型SF_6断路器，CY3型液压操动机构；

③ 35kV断路器为DW_8－35多油断路器，电磁型操动机构；

④ 6kV系统均为KYN2－10型手车高压开关柜，ZN23－10型真空断路器，CD_{10}型电磁操动机构。

2.3.2.3　110kV变电站倒闸操作票实例

1. 110kV系统倒闸操作票实例

（1）进线开关的操作

① 113进线开关由运行转冷备用

<table>
<tr><td>发令人</td><td>张力</td><td>受令人</td><td>刘明</td><td>发令时间</td><td>2006年9月12日8时30分</td></tr>
<tr><td colspan="4">操作开始时间：
2006年9月12日9时10分</td><td colspan="2">操作结束时间：
2006年9月12日10时10分</td></tr>
<tr><td colspan="6">(√)监护下操作(　)单人操作(　)检修人员操作</td></tr>
<tr><td colspan="6">操作任务：113进线开关由运行转冷备用</td></tr>
<tr><td></td><td>顺　序</td><td colspan="4">操　作　项　目</td></tr>
<tr><td>√</td><td>1</td><td colspan="4">请示上级电力调度113进线开关由运行转为冷备用，145母联开关合环</td></tr>
<tr><td>√</td><td>2</td><td colspan="4">检查145－4母联刀闸在“合”位</td></tr>
<tr><td>√</td><td>3</td><td colspan="4">检查145－5母联刀闸在“合”位</td></tr>
<tr><td>√</td><td>4</td><td colspan="4">合上145母联开关</td></tr>
<tr><td>√</td><td>5</td><td colspan="4">检查145母联电流表有变化</td></tr>
<tr><td>√</td><td>6</td><td colspan="4">检查145母联开关确已合闸</td></tr>
<tr><td>√</td><td>7</td><td colspan="4">退出145母联自投合闸压板LP－145</td></tr>
<tr><td>√</td><td>8</td><td colspan="4">拉开113进线开关</td></tr>
<tr><td>√</td><td>9</td><td colspan="4">检查113进线开关确已断开</td></tr>
<tr><td>√</td><td>10</td><td colspan="4">取下113进线开关合闸保险</td></tr>
<tr><td>√</td><td>11</td><td colspan="4">检查116进线不可过负荷</td></tr>
<tr><td>√</td><td>12</td><td colspan="4">拉开113－4进线刀闸</td></tr>
<tr><td>√</td><td>13</td><td colspan="4">拉开113－2进线刀闸</td></tr>
<tr><td>√</td><td>14</td><td colspan="4">取下113进线开关控制保险</td></tr>
<tr><td></td><td></td><td colspan="4">以下空白</td></tr>
<tr><td>备注</td><td colspan="5">1. 断路器必须将实际开合位置检查项写入操作票，现场操作刀闸实际开合位置检查项不写入操作票中
2. 对于已实现遥控功能的变电站，现场操作时，必须将断路器遥控开关切至就地位置，在进行现场拉合断路器操作完毕后，必须将断路器遥控开关切至遥控位置
3. 隔离刀闸用电动操作或操作后不能直接看到刀闸位置的必须到现场检查确认，并填入操作票中</td></tr>
<tr><td colspan="2">操作人：张强</td><td colspan="2">监护人：吴涛</td><td colspan="2">值班负责人(值长)：赵海</td></tr>
</table>

② 113 进线开关由冷备用转检修

发令人	张力	受令人	刘明	发令时间	2006 年 9 月 12 日 8 时 30 分
操作开始时间：2006 年 9 月 12 日 9 时 10 分				操作结束时间：2006 年 9 月 12 日 10 时 10 分	
(√)监护下操作(　)单人操作(　)检修人员操作					
操作任务：113 进线开关由冷备用转检修					

	顺　序	操　作　项　目
√	1	验明 113－2 进线刀闸开关侧无电压
√	2	在 113－2 进线刀闸开关侧挂 1 号接地线一组
√	3	验明 113－4 进线刀闸开关侧无电压
√	4	在 113－4 进线刀闸开关侧挂 2 号接地线一组
		以下空白
备注	1. 装设接地线必须先接接地端，后接导线端，且必须接触良好，严禁用缠绕方式接地 2. 验电要用合格有效地验电器 3. 验电确无电压必须对线路 A、B、C 三相逐一验电确无电压 4. 当验明设备确无电压后，对检修设备接地并三相短路 5. 装设接地线时，工作人员应使用绝缘棒或带绝缘手套，人体不得碰触接地体 6. 操作人在装设接地线时，监护人严禁帮助操作人拉拽接地线，以免失去监护操作 7. 验电前应将验电器在有电的设备上进行检验，确保验电器合格	
操作人：张强	监护人：吴涛	值班负责人(值长)：赵海

③ 113 进线开关由检修转为冷备用

发令人	张力	受令人	刘明	发令时间	2006 年 9 月 12 日 8 时 30 分
操作开始时间：2006 年 9 月 12 日 9 时 10 分				操作结束时间：2006 年 9 月 12 日 10 时 10 分	
(√)监护下操作(　)单人操作(　)检修人员操作					
操作任务：113 进线开关由检修转为冷备用					

	顺　序	操　作　项　目
√	1	请示上级电力调度 113 进线开关转为冷备用
√	2	拆 113－4 进线刀闸开关侧 2 号接地线一组
√	3	检查 113－4 进线刀闸开关侧 2 号接地线已全部拆除
√	4	拆 113－2 进线刀闸开关侧 1 号接地线一组
√	5	检查 113－2 进线刀闸开关侧 1 号接地线已全部拆除
		以下空白
备注	1. 拆接地线必须先拆导线端，后拆接地端 2. 拆除导体端接地线时必须将 A、B、C 三相全部拆除 3. 检查确无接地短路必须 A、B、C 三相逐一检查 4. 拆除接地线时，工作人员应使用绝缘棒或带绝缘手套，人体不得碰触接地体 5. 拆除接地线后，操作人员应将拆除的接地线从导体端依次盘起并绑扎好 6. 将绑扎好的接地线按其编号放入固定存放地点，存放点的编号要与接地线编号相对应	
操作人：张强	监护人：吴涛	值班负责人(值长)：赵海

④ 113 进线开关由冷备用转为运行

<table>
<tr><td>发令人</td><td>张力</td><td>受令人</td><td>刘明</td><td>发令时间</td><td>2006 年 9 月 12 日 8 时 30 分</td></tr>
<tr><td colspan="4">操作开始时间：
2006 年 9 月 12 日 9 时 10 分</td><td colspan="2">操作结束时间：
2006 年 9 月 12 日 10 时 10 分</td></tr>
<tr><td colspan="6">（√）监护下操作（ ）单人操作（ ）检修人员操作</td></tr>
<tr><td colspan="6">操作任务：113 进线开关由冷备用转为运行</td></tr>
</table>

	顺 序	操 作 项 目
√	1	请示上级电力调度 113 进线开关冷备用转为运行
√	2	给上 113 进线开关控制保险
√	3	检查 113 进线开关确已断开
√	4	合上 113－2 进线刀闸
√	5	合上 113－4 进线刀闸
√	6	给上 113 进线开关合闸保险
√	7	合上 113 进线开关
√	8	检查 113 进线开关电流表有变化
√	9	检查 113 进线开关确在“合”位
√	10	投入 145 母联自投合闸压板 LP－145
√	11	拉开 145 母联开关
√	12	检查 145 母联开关确在“断”位
√	13	检查确认 145 自投重合闸继电器充电指示灯点亮
		以下空白

<table>
<tr><td>备注</td><td>1. 断路器必须将实际开合位置检查项写入操作票，现场操作刀闸实际开合位置检查项不写入操作票中
2. 对于已实现遥控功能的变电站，现场操作时，必须将断路器遥控开关切至就地位置，在进行现场拉合断路器操作完毕后，必须将断路器遥控开关切至遥控位置
3. 隔离刀闸用电动操作或操作后不能直接看到刀闸位置的必须到现场检查确认，并填入操作票中</td></tr>
</table>

操作人：张强	监护人：吴涛	值班负责人（值长）：赵海

（2）母联开关的操作

① 145 母联开关由热备用转为冷备用

<table>
<tr><td>发令人</td><td>张力</td><td>受令人</td><td>刘明</td><td>发令时间</td><td>2006 年 9 月 12 日 8 时 30 分</td></tr>
<tr><td colspan="4">操作开始时间：
2006 年 9 月 12 日 9 时 10 分</td><td colspan="2">操作结束时间：
2006 年 9 月 12 日 10 时 10 分</td></tr>
<tr><td colspan="6">（√）监护下操作（ ）单人操作（ ）检修人员操作</td></tr>
<tr><td colspan="6">操作任务：145 母联开关由热备用转冷备用</td></tr>
</table>

	顺 序	操 作 项 目
√	1	请示上级电力调度 145 母联开关由热备用转为冷备用
√	2	确认 145 母联开关确在“断”位
√	3	退出 145 母联自投合闸压板 LP－145
√	4	拉开 145－4 刀闸
√	5	拉开 145－5 刀闸
√	6	取下 145 母联开关控制保险

续表

√	7	取下 145 母联开关合闸保险
		以下空白
备注	1. 断路器必须将实际开合位置检查项写入操作票，现场操作刀闸实际开合位置检查项不写入操作票中 2. 对于已实现遥控功能的变电站，现场操作时，必须将断路器遥控开关切至就地位置，在进行现场拉合断路器操作完毕后，必须将断路器遥控开关切至遥控位置 3. 隔离刀闸用电动操作或操作后不能直接看到刀闸位置的必须到现场检查确认，并填入操作票中	

操作人：张强	监护人：吴涛	值班负责人(值长)：赵海

② 145 母联开关由冷备用转检修

发令人	张力	受令人	刘明	发令时间	2006 年 9 月 12 日 8 时 30 分
操作开始时间： 2006 年 9 月 12 日 9 时 10 分				操作结束时间： 2006 年 9 月 12 日 10 时 10 分	
(√)监护下操作(　　)单人操作(　　)检修人员操作					

操作任务：145 母联开关由冷备用转检修

	顺　序	操　作　项　目
√	1	验明 145 －4 母联刀闸开关侧无电压
√	2	在 145 －4 母联刀闸开关侧挂 1 号接地线一组
√	3	验明 145 －5 母联刀闸开关侧无电压
√	4	在 145 －5 母联刀闸开关侧挂 2 号接地线一组
		以下空白
备注	1. 装设接地线必须先接接地端，后接导线端，且必须接触良好，严禁用缠绕方式接地 2. 验电要用合格有效地验电器 3. 验电确无电压必须对线路 A、B、C 三相逐一验电确无电压 4. 当验明设备确无电压后，对检修设备接地并三相短路 5. 装设接地线时，工作人员应使用绝缘棒或带绝缘手套，人体不得碰触接地体 6. 操作人在装设接地线时，监护人严禁帮助操作人拉拽接地线，以免失去监护操作 7. 验电前应将验电器在有电的设备上进行检验，确保验电器合格	

操作人：张强	监护人：吴涛	值班负责人(值长)：赵海

③ 145 母联开关由检修转为冷备用

发令人	张力	受令人	刘明	发令时间	2006 年 9 月 12 日 8 时 30 分
操作开始时间： 2006 年 9 月 12 日 9 时 10 分				操作结束时间： 2006 年 9 月 12 日 10 时 10 分	
(√)监护下操作(　　)单人操作(　　)检修人员操作					

操作任务：145 母联开关由检修转为冷备用

	顺　序	操　作　项　目
√	1	拆 145 －4 母联刀闸开关侧 1 号接地线一组
√	2	检查 145 －4 母联刀闸开关侧 1 号接地线已全部拆除
√	3	拆 145 －5 母联刀闸开关侧 2 号接地线一组
√	4	检查 145 －5 母联刀闸开关侧 2 号接地线已全部拆除
		以下空白

续表

备注	1. 拆接地线必须先拆导线端，后拆接地端 2. 拆除导体端接地线时必须将 A、B、C 三相全部拆除 3. 检查确无接地短路必须 A、B、C 三相逐一检查 4. 拆除接地线时，工作人员应使用绝缘棒或带绝缘手套，人体不得碰触接地体 5. 拆除接地线后，操作人员应将拆除的接地线从导体端依次盘起并绑扎好 6. 将绑扎好的接地线按其编号放入固定存放地点，存放点的编号要与接地线编号相对应
操作人：张强	监护人：吴涛　　值班负责人(值长)：赵海

④ 145 母联开关由冷备用转为热备用

发令人	张力	受令人	刘明	发令时间	2006 年 9 月 12 日 8 时 30 分
操作开始时间：2006 年 9 月 12 日 9 时 10 分				操作结束时间：2006 年 9 月 12 日 10 时 10 分	
(√)监护下操作(　　)单人操作(　　)检修人员操作					
操作任务：145 母联开关由冷备用转为热备用					

	顺　序	操　作　项　目
√	1	请示上级电力调度 145 母联开关由冷备用转为热备用
√	2	给上 145 母联开关控制保险
√	3	检查 145 母联开关确在“断”位
√	4	合上 145 - 4 刀闸
√	5	合上 145 - 5 刀闸
√	6	给上 145 母联自投合闸压板 LP - 145
√	7	检查确认 145 自投重合闸继电器充电指示灯点亮
		以下空白
备注		1. 断路器必须将实际开合位置检查项写入操作票，现场操作刀闸实际开合位置检查项不写入操作票中 2. 对于已实现遥控功能的变电站，现场操作时，必须将断路器遥控开关切至就地位置，在进行现场拉合断路器操作完毕后，必须将断路器遥控开关切至遥控位置 3. 隔离刀闸用电动操作或操作后不能直接看到刀闸位置的必须到现场检查确认，并填入操作票中
操作人：张强	监护人：吴涛	值班负责人(值长)：赵海

(3) 主变压器的操作

① 1#主变压器由运行转为冷备用，由 2#变压器带全部负荷

发令人	张力	受令人	刘明	发令时间	2006 年 9 月 12 日 8 时 30 分
操作开始时间：2006 年 9 月 12 日 9 时 10 分				操作结束时间：2006 年 9 月 12 日 10 时 10 分	
(√)监护下操作(　　)单人操作(　　)检修人员操作					
操作任务：1#主变压器由运行转为冷备用，由 2#变压器带全部负荷					

	顺　序	操　作　项　目
√	1	请示上级电力调度 1#主变压器由运行转为冷备用，由 2#变压器带全部负荷
√	2	合上 1 - 7 接地刀闸
√	3	检查 145 - 4 母联刀闸确在“合”位
√	4	检查 145 - 5 母联刀闸确在“合”位

续表

	顺　序	操　作　项　目
√	5	合上 145 母联开关
√	6	检查 145 母联柜电流表有变化
√	7	检查 145 母联开关确在“合”位
√	8	退出 145 母联自投合闸压板 LP－145
√	9	检查 35kV 侧中性点消弧线圈电流小于 5A
√	10	拉开 1－0 接地刀闸
√	11	合上 2－0 接地刀闸
√	12	检查 345－4 母联刀闸在“合”位
√	13	检查 345－5 母联刀闸在“合”位
√	14	合上 345 母联开关
√	15	检查 345 母联柜电流表有变化
√	16	检查 345 母联开关确已合闸
√	17	退出 345 母联自投合闸压板 LP－345
√	18	检查 605－1 母联隔离手车在“工作”位
√	19	检查 605 母联开关手车在“工作”位
√	20	合上 605 母联开关
√	21	检查 605 母联柜电流表有变化
√	22	检查 605 母联开关确已合闸
√	23	将 605 选择开关 BK 切至“手动”位
√	24	检查 606－4 母联隔离手车在“工作”位
√	25	检查 606 母联开关手车在“工作”位
√	26	合上 606 母联开关
√	27	检查 606 母联柜电流表有变化
√	28	检查 606 母联开关确已合闸
√	29	将 606 选择开关 BK 切至“手动”位
√	30	拉开 601 进线开关
√	31	检查 602 进线不可过负荷
√	32	拉开 603 进线开关
√	33	检查 604 进线不可过负荷
√	34	拉开 301 进线开关
√	35	检查 302 进线不可过负荷（检查 2#主变不可过负荷）
√	36	拉开 113 进线开关
√	37	检查 113 进线开关确在“断”位
√	38	拉开 145 母联开关
√	39	检查 145 母联开关确在“断”位
√	40	检查 601 进线开关确在“断”位
√	41	将 601 进线手车拉至“试验”位
√	42	取下 601 进线手车柜控制保险

续表

	顺 序	操 作 项 目
√	43	检查603进线开关确在“断”位
√	44	将603进线手车拉至“试验”位
√	45	取下603进线手车柜控制保险
√	46	拉开601-0刀闸
√	47	取下301进线开关控制保险
√	48	检查301进线开关确在“断”位
√	49	拉开301-2刀闸
√	50	拉开101-0刀闸
√	51	合上113进线开关
√	52	检查113进线开关确已合闸
√	53	投入145母联自投合闸压板LP-145
√	54	依据调度令拉开1-7接地刀闸
√	55	操作结束，向调度回令
		以下空白
备注	1. 断路器必须将实际开合位置检查项写入操作票，现场操作刀闸实际开合位置检查项不写入操作票中 2. 对于已实现遥控功能的变电站，现场操作时，必须将断路器遥控开关切至就地位置，在进行现场拉合断路器操作完毕后，必须将断路器遥控开关切至遥控位置 3. 隔离刀闸用电动操作或操作后不能直接看到刀闸位置的必须到现场检查确认，并填入操作票中	

操作人：张强	监护人：吴涛	值班负责人(值长)：赵海

② 1#主变压器由冷备用转检修

发令人	张力	受令人	刘明	发令时间	2006年9月12日8时30分
操作开始时间：2006年9月12日9时10分			操作结束时间：2006年9月12日10时10分		
(√)监护下操作( )单人操作( )检修人员操作					
操作任务：1#主变压器由冷备用转检修					

	顺 序	操 作 项 目
√	1	验明101-0刀闸变压器侧确无电压
√	2	在101-0刀闸变压器侧挂1号接地线一组
√	3	验明301-2刀闸变压器侧确无电压
√	4	在301-2刀闸变压器侧挂2号接地线一组
√	5	验明601-0刀闸变压器侧确无电压
√	6	在601-0刀闸变压器侧挂3号接地线一组
		以下空白
备注	1. 装设接地线必须先接接地端，后接导线端，且必须接触良好，严禁用缠绕方式接地 2. 验电要用合格有效地验电器 3. 验电确无电压必须对线路A、B、C三相逐一验电确无电压 4. 当验明设备确无电压后，对检修设备接地并三相短路 5. 装设接地线时，工作人员应使用绝缘棒或带绝缘手套，人体不得碰触接地体 6. 操作人在装设接地线时，监护人严禁帮助操作人拉拽接地线，以免失去监护操作 7. 验电前应将验电器在有电的设备上进行检验，确保验电器合格	

操作人：张强	监护人：吴涛	值班负责人(值长)：赵海

③ 1#主变压器由检修转冷备用

发令人	张力	受令人	刘明	发令时间	2006 年 9 月 12 日 8 时 30 分
操作开始时间：2006 年 9 月 12 日 9 时 10 分				操作结束时间：2006 年 9 月 12 日 10 时 10 分	
(√)监护下操作(　　)单人操作(　　)检修人员操作					
操作任务：1#主变压器由检修转冷备用					

	顺　序	操　作　项　目
√	1	拆 601 -0 刀闸变压器侧 3 号接地线一组
√	2	检查 601 -0 刀闸变压器侧 3 号接地线已拆除
√	3	拆 301 -2 刀闸变压器侧 2 号接地线一组
√	4	检查 301 -2 刀闸变压器侧 2 号接地线已拆除
√	5	拆 101 -0 刀闸变压器侧 1 号接地线一组
√	6	检查 101 -0 刀闸变压器侧 1 号接地线已拆除
√	7	请示上级电调，1#变压器检修完毕，准备送电
		以下空白
备注		1. 拆接地线必须先拆导线端，后拆接地端 2. 拆除导体端接地线时必须将 A、B、C 三相全部拆除 3. 检查确无接地短路必须 A、B、C 三相逐一检查 4. 拆除接地线时，工作人员应使用绝缘棒或带绝缘手套，人体不得碰触接地体 5. 拆除接地线后，操作人员应将拆除的接地线从导体端依次盘起并绑扎好 6. 将绑扎好的接地线按其编号放入固定存放地点，存放点的编号要与接地线编号相对应

操作人：张强	监护人：吴涛	值班负责人(值长)：赵海

④ 1#主变压器由冷备用转运行

发令人	张力	受令人	刘明	发令时间	2006 年 9 月 12 日 8 时 30 分
操作开始时间：2006 年 9 月 12 日 9 时 10 分				操作结束时间：2006 年 9 月 12 日 10 时 10 分	
(√)监护下操作(　　)单人操作(　　)检修人员操作					
操作任务：1#主变压器由冷备用转运行					

	顺　序	操　作　项　目
√	1	请示上级调度 1#主变压器由冷备用转为运行，145 合环
	2	合上 1 -7 接地刀闸
√	3	退出 145 母联自投合闸压板 LP -145
√	4	拉开 113 进线开关
√	5	检查 113 进线开关确已断开
√	6	检查 145 进线开关确已断开
√	7	合上 101 -0 刀闸
√	8	检查 301 开关在“断”位
√	9	合上 301 -2 刀闸
√	10	检查 601 进线开关在“断”位
√	11	检查 603 进线开关在“断”位

续表

	顺 序	操 作 项 目
√	12	合上 601－0 刀闸
√	13	合上 145 母联开关
√	14	检查 116 进线不可过负荷
√	15	检查 145 母联开关确已合闸
√	16	合上 113 进线开关
√	17	检查 113 进线开关确已合闸
√	18	给上 301 进线开关控制保险
√	19	合上 301 进线开关
√	20	检查 345 母联电流表有变化
√	21	检查 301 进线开关确已合闸
√	22	给上 601 进线开关控制保险
√	23	将 601 手车推入“工作”位
√	24	给上 603 进线开关控制保险
√	25	将 603 手车推入“工作”位
√	26	合上 601 进线开关
√	27	检查 605 母联电流表有变化
√	28	检查 601 进线开关确已合闸
√	29	合上 603 进线开关
√	30	检查 606 母联电流表有变化
√	31	检查 603 进线开关确已合闸
√	32	投入 605 母联自投合闸压板 2LP－605
√	33	拉开 605 母联开关
√	34	检查 605 母联开关确已断开
√	35	投入 606 母联自投合闸压板 2LP－606
√	36	拉开 606 母联开关
√	37	检查 606 母联开关确已断开
√	38	投入 345 母联自投合闸压板 1LP－345
√	39	拉开 345 母联开关
√	40	检查 345 母联开关确已断开
√	41	投入 145 母联自投合闸压板 LP－145
√	42	拉开 145 母联开关
√	43	检查 145 母联开关确已断开
√	44	检查 35kV 侧中性点消弧线圈电流小于 5A
√	45	拉开 2－0 接地刀闸
√	46	合上 1－0 接地刀闸
√	47	依据上级电调令拉开 1－7 接地刀闸
√	48	检查确认 145 自投重合闸继电器充电指示灯点亮
√	49	回令电调操作完毕
		以下空白

续表

备注	1. 断路器必须将实际开合位置检查项写入操作票，现场操作刀闸实际开合位置检查项不写入操作票中 2. 对于已实现遥控功能的变电站，现场操作时，必须将断路器遥控开关切至就地位置，在进行现场拉合断路器操作完毕后，必须将断路器遥控开关切至遥控位置 3. 隔离刀闸用电动操作或操作后不能直接看到刀闸位置的必须到现场检查确认，并填入操作票中

操作人：张强	监护人：吴涛	值班负责人(值长)：赵海

(4) 电压互感器的操作

① 4－9 TV 由运行转为冷备用

发令人	张力	受令人	刘明	发令时间	2006年9月12日8时30分
操作开始时间：2006年9月12日9时10分				操作结束时间：2006年9月12日10时10分	
(√)监护下操作(　)单人操作(　)检修人员操作					
操作任务：4－9 TV 由运行转为冷备用					

	顺　序	操　作　项　目
√	1	请示上级电调，4－9TV 停电检修，145 合环
√	2	检查 145－4 母联刀闸在"合"位
√	3	检查 145－5 母联刀闸在"合"位
√	4	合上 145 母联开关
√	5	检查 145 母联电流表有变化
√	6	检查 145 母联开关确已合闸
√	7	退出 145 母联自投合闸 LP－145 压板
√	8	拉开 113 进线开关
√	9	检查 113 进线开关确已断开
√	10	取下 113 进线开关合闸保险
√	11	检查 116 进线不可过负荷
√	12	合上 4－9 与 5－9 TV 二次联络开关
√	13	取下 4－9 TV 二次保险
√	14	拉开 4－9TV 刀闸
√	15	投入 LP1－113 重合闸电源压板
√	16	投入 LP－113 合闸压板
√	17	投入 LP－113 跳闸压板
√	18	投入 1LP－116 跳闸压板
√	19	检查确认 ZCH－113 互投重合闸继电器充电指示灯点亮
		以下空白
备注		1. 断路器必须将实际开合位置检查项写入操作票，现场操作刀闸实际开合位置检查项不写入操作票中 2. 对于已实现遥控功能的变电站，现场操作时，必须将断路器遥控开关切至就地位置，在进行现场拉合断路器操作完毕后，必须将断路器遥控开关切至遥控位置 3. 隔离刀闸用电动操作或操作后不能直接看到刀闸位置的必须到现场检查确认，并填入操作票中

操作人：张强	监护人：吴涛	值班负责人(值长)：赵海

②4－9 TV 由冷备用转检修

<table>
<tr><td>发令人</td><td>张力</td><td>受令人</td><td>刘明</td><td>发令时间</td><td>2006 年 9 月 12 日 8 时 30 分</td></tr>
<tr><td colspan="4">操作开始时间：
2006 年 9 月 12 日 9 时 10 分</td><td colspan="2">操作结束时间：
2006 年 9 月 12 日 10 时 10 分</td></tr>
<tr><td colspan="6">(√)监护下操作(　　)单人操作(　　)检修人员操作</td></tr>
<tr><td colspan="6">操作任务：4－9 TV 由冷备用转检修</td></tr>
<tr><td></td><td>顺　序</td><td colspan="4">操　作　项　目</td></tr>
<tr><td>√</td><td>1</td><td colspan="4">验明 4－9 TV 刀闸互感器侧无电压</td></tr>
<tr><td>√</td><td>2</td><td colspan="4">在 4－9 TV 刀闸互感器侧挂 1 号接地线一组</td></tr>
<tr><td>√</td><td>3</td><td colspan="4">回令电调操作完毕</td></tr>
<tr><td></td><td></td><td colspan="4">以下空白</td></tr>
<tr><td>备注</td><td colspan="5">1. 装设接地线必须先接接地端，后接导线端，且必须接触良好，严禁用缠绕方式接地
2. 验电要用合格有效地验电器
3. 验电确无电压必须对线路 A、B、C 三相逐一验电确无电压
4. 当验明设备确无电压后，对检修设备接地并三相短路
5. 装设接地线时，工作人员应使用绝缘棒或带绝缘手套，人体不得碰触接地体
6. 操作人在装设接地线时，监护人严禁帮助操作人拉拽接地线，以免失去监护操作
7. 验电前应将验电器在有电的设备上进行检验，确保验电器合格</td></tr>
<tr><td colspan="2">操作人：张强</td><td colspan="3">监护人：吴涛</td><td>值班负责人(值长)：赵海</td></tr>
</table>

③4－9 TV 由检修转为冷备用

<table>
<tr><td>发令人</td><td>张力</td><td>受令人</td><td>刘明</td><td>发令时间</td><td>2006 年 9 月 12 日 8 时 30 分</td></tr>
<tr><td colspan="4">操作开始时间：
2006 年 9 月 12 日 9 时 10 分</td><td colspan="2">操作结束时间：
2006 年 9 月 12 日 10 时 10 分</td></tr>
<tr><td colspan="6">(√)监护下操作(　　)单人操作(　　)检修人员操作</td></tr>
<tr><td colspan="6">操作任务：4－9 TV 由检修转为冷备用</td></tr>
<tr><td></td><td>顺　序</td><td colspan="4">操　作　项　目</td></tr>
<tr><td>√</td><td>1</td><td colspan="4">拆 4－9 TV 刀闸互感器侧挂 1 号接地线一组</td></tr>
<tr><td>√</td><td>2</td><td colspan="4">检查 4－9 TV 刀闸互感器侧挂 1 号接地线已拆除</td></tr>
<tr><td>√</td><td>3</td><td colspan="4">请示上级电力调度，TV 恢复</td></tr>
<tr><td></td><td></td><td colspan="4">以下空白</td></tr>
<tr><td>备注</td><td colspan="5">1. 拆接地线必须先拆导线端，后拆接地端
2. 拆除导体端接地线时必须将 A、B、C 三相全部拆除
3. 检查确无接地短路必须 A、B、C 三相逐一检查
4. 拆除接地线时，工作人员应使用绝缘棒或带绝缘手套，人体不得碰触接地体
5. 拆除接地线后，操作人员应将拆除的接地线从导体端依次盘起并绑扎好
6. 将绑扎好的接地线按其编号放入固定存放地点，存放点的编号要与接地线编号相对应</td></tr>
<tr><td colspan="2">操作人：张强</td><td colspan="3">监护人：吴涛</td><td>值班负责人(值长)：赵海</td></tr>
</table>

④ 4－9 TV 由冷备用转为运行

发令人	张力	受令人	刘明	发令时间	2006 年 9 月 12 日 8 时 30 分
操作开始时间： 2006 年 9 月 12 日 9 时 10 分				操作结束时间： 2006 年 9 月 12 日 10 时 10 分	
（√）监护下操作（　　）单人操作（　　）检修人员操作					
操作任务：4－9 TV 由冷备用转为运行					

	顺　序	操　作　项　目
√	1	请示上级电调，145 母联开关由运行转为热备用
√	2	合上 4－9 TV 刀闸
√	3	给上 4－9 TV 二次保险
√	4	拉开 4－9 TV 二次联络开关
√	5	合上 113 进线开关
√	6	检查 113 进线开关确已合闸
√	7	投入 145 母联自投合闸压板 LP－145
√	8	拉开 145 母联开关
√	9	检查 145 母联开关确已断开
√	10	退出 LP－113 合闸压板
√	11	退出 LP－113 跳闸压板
√	12	投入 LP1－113 重合闸电源压板
√	13	退出 1LP－116 跳闸压板
√	14	回令电调操作完毕
		以下空白
备注	1. 断路器必须将实际开合位置检查项写入操作票，现场操作刀闸实际开合位置检查项不写入操作票中 2. 对于已实现遥控功能的变电站，现场操作时，必须将断路器遥控开关切至就地位置，在进行现场拉合断路器操作完毕后，必须将断路器遥控开关切至遥控位置 3. 隔离刀闸用电动操作或操作后不能直接看到刀闸位置的必须到现场检查确认，并填入操作票中	
操作人：张强	监护人：吴涛	值班负责人（值长）：赵海

2. 35kV 系统倒闸操作票实例

（1）进线开关的操作

① 301 进线开关由运行转冷备用

发令人	张力	受令人	刘明	发令时间	2006 年 9 月 12 日 8 时 30 分
操作开始时间： 2006 年 9 月 12 日 9 时 10 分				操作结束时间： 2006 年 9 月 12 日 10 时 10 分	
（√）监护下操作（　　）单人操作（　　）检修人员操作					
操作任务：301 进线开关由运行转冷备用					

	顺　序	操　作　项　目
√	1	请示上级电调 301 进线开关由运行转冷备用，145 母联开关合环
√	2	检查 35kV 侧中性点消弧线圈电流小于 5A
√	3	拉开消弧线圈 1－0 刀闸
√	4	合上消弧线圈 2－0 刀闸

	顺 序	操 作 项 目
√	5	检查145－4母联刀闸在“合”位
√	6	检查145－5母联刀闸在“合”位
√	7	合上145母联开关
√	8	检查145母联电流表有变化
√	9	检查145母联开关在“合”位
√	10	退出145母联LP－145自投合闸压板
√	11	检查345－4母联刀闸在“合”位
√	12	检查345－5母联刀闸在“合”位
√	13	合上345母联开关
√	14	检查345母联电流表有变化
√	15	检查345母联开关在“合”位
√	16	退出345母联1LP－345自投合闸压板
√	17	拉开301进线开关
√	18	检查301开关确在“断”位
√	19	拉开301－4隔离刀闸
√	20	检查301－4隔离刀闸确在“断”位
√	21	拉开301－2隔离刀闸
√	22	检查301－2隔离刀闸确在“断”位
√	23	取下301开关控制保险
√	24	投入145母联自投合闸压板LP－145
√	25	拉开145母联开关
√	26	检查145母联开关确在“断”位
√	27	回令上级电调操作完毕
		以下空白
备注	1. 断路器必须将实际开合位置检查项写入操作票，现场操作刀闸实际开合位置检查项不写入操作票中 2. 对于已实现遥控功能的变电站，现场操作时，必须将断路器遥控开关切至就地位置，在进行现场拉合断路器操作完毕后，必须将断路器遥控开关切至遥控位置 3. 隔离刀闸用电动操作或操作后不能直接看到刀闸位置的必须到现场检查确认，并填入操作票中	
操作人：张强	监护人：吴涛	值班负责人(值长)：赵海

② 301进线开关由冷备用转检修

发令人	张力	受令人	刘明	发令时间	2006年9月12日8时30分
操作开始时间：2006年9月12日9时10分			操作结束时间：2006年9月12日10时10分		
(√)监护下操作(　　)单人操作(　　)检修人员操作					
操作任务：301进线开关由冷备用转检修					

	顺 序	操 作 项 目
√	1	验明301－2进线刀闸开关侧无电压
√	2	在301－2进线刀闸开关侧挂1号接地线一组

	顺　序	操　作　项　目
√	3	验明 301－4 进线刀闸开关侧无电压
√	4	在 301－4 进线刀闸开关侧挂 2 号接地线一组
√	5	回令上级电调，操作完毕
		以下空白
备注	1. 装设接地线必须先接接地端，后接导线端，且必须接触良好，严禁用缠绕方式接地 2. 验电要用合格有效地验电器 3. 验电确无电压必须对线路 A、B、C 三相逐一验电确无电压 4. 当验明设备确无电压后，对检修设备接地并三相短路 5. 装设接地线时，工作人员应使用绝缘棒或带绝缘手套，人体不得碰触接地体 6. 操作人在装设接地线时，监护人严禁帮助操作人拉拽接地线，以免失去监护操作 7. 验电前应将验电器在有电的设备上进行检验，确保验电器合格	
操作人：张强	监护人：吴涛	值班负责人(值长)：赵海

③ 301 进线开关由检修转为冷备用

发令人	张力	受令人	刘明	发令时间	2006 年 9 月 12 日 8 时 30 分
操作开始时间：2006 年 9 月 12 日 9 时 10 分				操作结束时间：2006 年 9 月 12 日 10 时 10 分	
(√)监护下操作(　　)单人操作(　　)检修人员操作					
操作任务：301 进线开关由检修转为冷备用					

	顺　序	操　作　项　目
√	1	拆除 301－4 进线刀闸开关侧 2 号接地线
√	2	检查 301－4 进线刀闸开关侧 2 号接地线已拆除
√	3	拆除 301－2 进线刀闸开关侧 1 号接地线
√	4	检查 301－2 进线刀闸开关侧 1 号接地线已拆除
		以下空白
备注	1. 拆接地线必须先拆导线端，后拆接地端 2. 拆除导体端接地线时必须将 A、B、C 三相全部拆除 3. 检查确无接地短路必须 A、B、C 三相逐一检查 4. 拆除接地线时，工作人员应使用绝缘棒或带绝缘手套，人体不得碰触接地体 5. 拆除接地线后，操作人员应将拆除的接地线从导体端依次盘起并绑扎好 6. 将绑扎好的接地线按其编号放人固定存放地点，存放点的编号要与接地线编号相对应	
操作人：张强	监护人：吴涛	值班负责人(值长)：赵海

④ 301 进线开关由冷备用转为热备用

发令人	张力	受令人	刘明	发令时间	2006 年 9 月 12 日 8 时 30 分
操作开始时间：2006 年 9 月 12 日 9 时 10 分				操作结束时间：2006 年 9 月 12 日 10 时 10 分	
(√)监护下操作(　　)单人操作(　　)检修人员操作					
操作任务：301 进线开关由冷备用转为运行					

	顺　序	操　作　项　目
√	1	请示上级调度，301 进线开关由冷备用转为运行，145 合环
√	2	检查 145－4 母联刀闸在“合”位

续表

	顺　序	操　作　项　目
√	3	检查145－5母联刀闸在“合”位
√	4	合上145母联开关
√	5	检查145母联电流表有变化
√	6	检查145母联开关确在“合”位
√	7	退出145母联自投合闸压板LP－145
√	8	检查345母联开关确在“合”位
√	9	给上301进线开关控制保险
√	10	检查301进线开关确在“断”位
√	11	合上301－2进线刀闸
√	12	合上301－4进线刀闸
√	13	合上301进线开关
√	14	检查345母联电流表有变化
√	15	投入345母联自投合闸压板1LP－345
√	16	拉开345母联开关
√	17	检查345母联开关确在“断”位
√	18	投入35kV母联差动保护压板
√	19	投入145母联自投合闸压板LP－145
√	20	拉开145母联开关
√	21	检查145母联开关确在“断”位
√	22	检查35kV侧中性点消弧线圈电流小于5A
√	23	拉开2－0接地刀闸
√	24	合上1－0接地刀闸
√	25	回令上级电调操作完毕
		以下空白
备注	1. 断路器必须将实际开合位置检查项写入操作票，现场操作刀闸实际开合位置检查项不写入操作票中 2. 对于已实现遥控功能的变电站，现场操作时，必须将断路器遥控开关切至就地位置，在进行现场拉合断路器操作完毕后，必须将断路器遥控开关切至遥控位置 3. 隔离刀闸用电动操作或操作后不能直接看到刀闸位置的必须到现场检查确认，并填入操作票中	
操作人：张强	监护人：吴涛	值班负责人(值长)：赵海

（2）母线的操作

①35－Ⅳ母线由运行转冷备用

发令人	张力	受令人	刘明	发令时间	2006年9月12日8时30分
操作开始时间：2006年9月12日9时10分				操作结束时间：2006年9月12日10时10分	
(√)监护下操作(　　)单人操作(　　)检修人员操作					
操作任务：35－Ⅳ母线由运行转冷备用					

	顺　序	操　作　项　目
√	1	请示上级电调35－Ⅳ母线停电，145母联开关合环
√	2	检查35kV侧中性点消弧线圈电流小于5A

续表

	顺 序	操 作 项 目
√	3	拉开消弧线圈 1－0 刀闸
√	4	合上消弧线圈 2－0 刀闸
√	5	退出 35kV 母线差动保护压板
√	6	检查 145－4 母联刀闸在“合”位
√	7	检查 145－5 母联刀闸在“合”位
√	8	合上 145 母联开关
√	9	检查 145 母联电流表有变化
√	10	检查 145 母联开关在“合”位
√	11	退出 145 母联自投合闸压板 LP－145
√	12	检查 345－4 母联刀闸在“合”位
√	13	检查 345－5 母联刀闸在“合”位
√	14	合上 345 母联开关
√	15	检查 345 母联电流表有变化
√	16	检查 345 母联开关在“合”位
√	17	退出 345 母联自投合闸压板 1LP－345
√	18	取下 345 母联开关控制保险
√	19	合上一号加压站 311－5 刀闸
√	20	拉开一号加压站 311－4 刀闸
√	21	给上 345 母联开关控制保险
√	22	拉开 345 母联开关
√	23	检查 345 母联开关在“断”位
√	24	拉开 301 进线开关
√	25	检查Ⅳ段母线电压
√	26	检查 301 开关确在“断”位
√	27	投入 145 母联自投合闸压板 LP－145
√	28	拉开 145 母联开关
√	29	检查 145 母联开关确在“断”位
√	30	拉开 301－4 进线刀闸
√	31	拉开 345－4 母联刀闸
√	32	取下 34－9 TV 二次保险
√	33	拉开 34－9 TV 刀闸
√	34	取下 34－9 TV 一次保险
√	35	取下 301 开关控制保险
√	36	取下 345 母联开关控制保险
√	37	检查 35－Ⅳ母线刀闸已全部拉开
		以下空白
备注	1. 断路器必须将实际开合位置检查项写入操作票，现场操作刀闸实际开合位置检查项不写入操作票中 2. 对于已实现遥控功能的变电站，现场操作时，必须将断路器遥控开关切至就地位置，在进行现场拉合断路器操作完毕后，必须将断路器遥控开关切至遥控位置 3. 隔离刀闸用电动操作或操作后不能直接看到刀闸位置的必须到现场检查确认，并填入操作票中	
操作人：张强	监护人：吴涛	值班负责人(值长)：赵海

② 35－Ⅳ 母线由冷备用转检修

发令人	张力	受令人	刘明	发令时间	2006年9月12日8时30分
操作开始时间：2006年9月12日9时10分			操作结束时间：2006年9月12日10时10分		
（√）监护下操作（　）单人操作（　）检修人员操作					
操作任务：35－Ⅳ 母线由冷备用转检修					

	顺　序	操　作　项　目
√	1	验明301－4进线刀闸母线侧无电压
√	2	在301－4进线刀闸母线侧挂1号接地线一组
√	3	验明345－4进线刀闸母线侧无电压
√	4	在345－4进线刀闸母线侧挂2号接地线一组
√	5	验明311－4进线刀闸母线侧无电压
√	6	在311－4进线刀闸母线侧挂3号接地线一组
√	7	验明302－4进线刀闸母线侧无电压
√	8	在302－4进线刀闸母线侧挂4号接地线一组
√	9	验明321－4进线刀闸母线侧无电压
√	10	在321－4进线刀闸母线侧挂5号接地线一组
√	11	回令上级电调操作完毕
		以下空白
备注		1. 装设接地线必须先接接地端，后接导线端，且必须接触良好，严禁用缠绕方式接地 2. 验电要用合格有效地验电器 3. 验电确无电压必须对线路A、B、C三相逐一验电确无电压 4. 当验明设备确无电压后，对检修设备接地并三相短路 5. 装设接地线时，工作人员应使用绝缘棒或带绝缘手套，人体不得碰触接地体 6. 操作人在装设接地线时，监护人严禁帮助操作人拉拽接地线，以免失去监护操作 7. 验电前应将验电器在有电的设备上进行检验，确保验电器合格

操作人：张强	监护人：吴涛	值班负责人（值长）：赵海

③ 35－Ⅳ 母线由检修转为冷备用

发令人	张力	受令人	刘明	发令时间	2006年9月12日8时30分
操作开始时间：2006年9月12日9时10分			操作结束时间：2006年9月12日10时10分		
（√）监护下操作（　）单人操作（　）检修人员操作					
操作任务：35－Ⅳ 母线由检修转为冷备用					

	顺　序	操　作　项　目
√	1	请示上级电调35－Ⅳ母线检修完毕，145母联开关合环
√	2	拆321－4进线刀闸母线侧5号接地线一组
√	3	拆302－4进线刀闸母线侧4号接地线一组
√	4	拆311－4进线刀闸母线侧3号接地线一组
√	5	拆342－4进线刀闸母线侧2号接地线一组
√	6	拆301－4进线刀闸母线侧1号接地线一组

√	7	检查32－Ⅳ母线上共8组接地线已全部拆除
		以下空白
备注		1. 拆接地线必须先拆导线端，后拆接地端 2. 拆除导体端接地线时必须将A、B、C三相全部拆除 3. 检查确无接地短路必须A、B、C三相逐一检查 4. 拆除接地线时，工作人员应使用绝缘棒或带绝缘手套，人体不得碰触接地体 5. 拆除接地线后，操作人员应将拆除的接地线从导体端依次盘起并绑扎好 6. 将绑扎好的接地线按其编号放入固定存放地点，存放点的编号要与接地线编号相对应

操作人：张强	监护人：吴涛	值班负责人(值长)：赵海

④ 35－Ⅳ 母线由冷备用转为热备用

发令人	张力	受令人	刘明	发令时间	2006年9月12日8时30分
操作开始时间：2006年9月12日9时10分				操作结束时间：2006年9月12日10时10分	
(√)监护下操作(　　)单人操作(　　)检修人员操作					
操作任务：35－Ⅳ 母线由冷备用转为运行					

	顺　序	操　作　项　目
√	1	请示上级电调，35－Ⅳ 母线由冷备用转为运行
√	2	检查145－4母联刀闸在“合”位
√	3	检查145－5母联刀闸在“合”位
√	4	合上145母联开关
√	5	检查145母联电流表有变化
√	6	检查145母联开关确在“合”位
√	7	退出145母联自投合闸压板LP－145
√	8	给上34－9 TV一次保险
√	9	合上34－9 TV刀闸
√	10	给上34－9 TV二次保险
√	11	给上345母联开关控制保险
√	12	合上345－4母联刀闸
√	13	合上345母联开关
√	14	检查Ⅳ段TV电压表指示正常
√	15	检查345母联开关确在“合”位
√	16	给上301进线开关控制保险
√	17	检查301进线开关确在“断”位
√	18	合上301－4进线刀闸
√	19	合上301进线开关
√	20	检查345母联电流表有变化
√	21	取下345开关控制保险
√	22	合上一号加压站311－4刀闸
√	23	拉开一号加压站311－5刀闸

续表

	顺序	操作项目
√	24	给上345开关控制保险
√	25	投入345母联自投合闸压板1LP-345
√	26	拉开345母联开关
√	27	检查345母联开关确在“断”位
√	28	投入35kV母联差动保护压板
√	29	投入145母联自投合闸压板LP-145
√	30	拉开145母联开关
√	31	检查145母联开关确在“断”位
√	32	检查35kV侧中性点消弧线圈电流小于5A
√	33	拉开2-0接地刀闸
√	34	合上1-0接地刀闸
√	35	回令上级电调操作完毕
		以下空白
备注	1. 断路器必须将实际开合位置检查项写入操作票，现场操作刀闸实际开合位置检查项不写入操作票中 2. 对于已实现遥控功能的变电站，现场操作时，必须将断路器遥控开关切至就地位置，在进行现场拉合断路器操作完毕后，必须将断路器遥控开关切至遥控位置 3. 隔离刀闸用电动操作或操作后不能直接看到刀闸位置的必须到现场检查确认，并填入操作票中	

操作人：张强	监护人：吴涛	值班负责人(值长)：赵海

3. 6kV系统倒闸操作票实例

(1) 电抗器的操作

① 6kV 1#电抗器由运行转冷备用

发令人	张力	受令人	刘明	发令时间	2006年9月12日8时30分
操作开始时间：2006年9月12日9时10分				操作结束时间：2006年9月12日10时10分	
(√)监护下操作(　)单人操作(　)检修人员操作					

操作任务：6kV 1#电抗器由运行转冷备用

	顺序	操作项目
√	1	向电力调度要令并做好记录
√	2	检查145-4母联刀闸在“合”位
√	3	检查145-5母联刀闸在“合”位
√	4	合上145母联开关
√	5	检查145母联电流表有变化
√	6	检查145母联开关确在“合”位
√	7	退出145母联自投合闸压板LP-145
√	8	检查605母联手车确在“工作”位
√	9	检查606母联手车确在“工作”位
√	10	检查605-1隔离手车确在“工作”位
√	11	检查606-4隔离手车确在“工作”位

续表

	顺　序	操　作　项　目
√	12	合上605母联开关
√	13	检查605母联电流表有变化
√	14	检查605母联开关在“合”位
√	15	退出605母联开关自投合闸压板2LP-605
√	16	合上606母联开关
√	17	检查606母联电流表有变化
√	18	检查606母联开关在“合”位
√	19	退出606母联开关自投合闸压板2LP-605
√	20	拉开601进线开关
√	21	拉开603进线开关
√	22	取下601进线开关合闸保险
√	23	检查601进线开关确在“断”位
√	24	将601进线开关拉至“试验”位
√	25	取下601进线开关控制保险
√	26	取下601进线开关二次插头
√	27	取下603进线开关合闸保险
√	28	检查603进线开关确在“断”位
√	29	将603进线开关拉至“试验”位
√	30	取下603进线开关控制保险
√	31	取下603进线开关二次插头
√	32	投入145母联自投合闸压板LP-145
√	33	拉开145母联开关
√	34	检查145母联开关确在“断”位
√	35	检查确认145自投重合闸继电器充电指示灯点亮
√	36	拉开601-0刀闸
		以下空白
备注	1. 断路器必须将实际开合位置检查项写入操作票，现场操作刀闸实际开合位置检查项不写入操作票中 2. 对于已实现遥控功能的变电站，现场操作时，必须将断路器遥控开关切至就地位置，在进行现场拉合断路器操作完毕后，必须将断路器遥控开关切至遥控位置 3. 隔离刀闸用电动操作或操作后不能直接看到刀闸位置的必须到现场检查确认，并填入操作票中	
操作人：张强	监护人：吴涛	值班负责人(值长)：赵海

② 6kV 1#电抗器由冷备用转检修

发令人	张力	受令人	刘明	发令时间	2006年9月12日8时30分
操作开始时间：2006年9月12日9时10分				操作结束时间：2006年9月12日10时10分	
(√)监护下操作(　　)单人操作(　　)检修人员操作					
操作任务：6kV 1#电抗器由冷备用转检修					

	顺　序	操　作　项　目
√	1	将601进线开关手车拉出至“检修”位

续表

	顺　序	操　作　项　目
√	2	将 603 进线开关手车拉出至“检修”位
√	3	验明 601－0 刀闸电抗器侧确实无电压
√	4	在 601－0 刀闸电抗器侧封 1 号接地线一组
√	5	验明 601 进线开关电抗器侧确实无电压
√	6	在 601 进线开关电抗器侧封 2 号接地线一组
√	7	验明 603 进线开关电抗器侧确实无电压
√	8	在 603 进线开关电抗器侧封 3 号接地线一组
√	9	向电力调度回令并报告厂调
		以下空白
备注		1. 装设接地线必须先接接地端，后接导线端，且必须接触良好，严禁用缠绕方式接地 2. 验电要用合格有效地验电器 3. 验电确无电压必须对线路 A、B、C 三相逐一验电确无电压 4. 当验明设备确无电压后，对检修设备接地并三相短路 5. 装设接地线时，工作人员应使用绝缘棒或带绝缘手套，人体不得碰触接地体 6. 操作人在装设接地线时，监护人严禁帮助操作人拉拽接地线，以免失去监护操作 7. 验电前应将验电器在有电的设备上进行检验，确保验电器合格

操作人：张强	监护人：吴涛	值班负责人(值长)：赵海

③ 6kV 1#电抗器由检修转为冷备用

发令人	张力	受令人	刘明	发令时间	2006 年 9 月 12 日 8 时 30 分

操作开始时间：2006 年 9 月 12 日 9 时 10 分	操作结束时间：2006 年 9 月 12 日 10 时 10 分

(√)监护下操作(　　)单人操作(　　)检修人员操作

操作任务：6kV 1#电抗器由检修转为冷备用

	顺　序	操　作　项　目
√	1	拆除 603 进线开关电抗器侧 3 号接地线
√	2	拆除 601 进线开关电抗器侧 2 号接地线
√	3	拆除 601－0 开关电抗器侧 1 号接地线
√	4	检查全部接地线共三组接地线确已拆除
		以下空白
备注		1. 拆接地线必须先拆导线端，后拆接地端 2. 拆除导体端接地线时必须将 A、B、C 三相全部拆除 3. 检查确无接地短路必须 A、B、C 三相逐一检查 4. 拆除接地线时，工作人员应使用绝缘棒或带绝缘手套，人体不得碰触接地体 5. 拆除接地线后，操作人员应将拆除的接地线从导体端依次盘起并绑扎好 6. 将绑扎好的接地线按其编号放人固定存放地点，存放点的编号要与接地线编号相对应

操作人：张强	监护人：吴涛	值班负责人(值长)：赵海

④ 6kV 1#电抗器由冷备用转为运行

发令人	张力	受令人	刘明	发令时间	2006 年 9 月 12 日 8 时 30 分

操作开始时间：2006 年 9 月 12 日 9 时 10 分	操作结束时间：2006 年 9 月 12 日 10 时 10 分

(√)监护下操作(　　)单人操作(　　)检修人员操作

续表

操作任务：6kV 1#电抗器由冷备用转为运行		
	顺 序	操 作 项 目
√	1	向电力调度要令合环145母联开关，并做好记录
√	2	合上601－0刀闸
√	3	将601进线开关手车推入“试验”位
√	4	给上601进线开关二次插头
√	5	给上601进线开关控制保险
√	6	将601进线开关手车推入“工作”位
√	7	将603进线开关手车推入“试验”位
√	8	给上603进线开关二次插头
√	9	给上603进线开关控制保险
√	10	将603进线开关手车推入“工作”位
√	11	检查145－4母联刀闸在“合”位
√	12	检查145－5母联刀闸在“合”位
√	13	合上145母联开关
√	14	检查145母联电流表有变化
√	15	检查145母联开关确在“合”位
√	16	退出145母联自投合闸压板LP－145
√	17	给上601进线开关合闸保险
√	18	合上601进线开关
√	19	检查601进线开关确在“合”位
√	20	给上603进线开关合闸保险
√	21	合上603进线开关
√	22	检查603进线开关确在“合”位
√	23	投入605母联开关自投合闸压板2LP－605
√	24	投入606母联开关自投合闸压板2LP－606
√	25	拉开605母联开关
√	26	拉开606母联开关
√	27	检查605母联开关确在“断”位
√	28	检查606母联开关确在“断”位
√	29	投入145母联自投合闸压板LP－145
√	30	拉开145母联开关
√	31	检查145母联开关确在“断”位
√	32	检查145母联电流表有变化
√	33	检查确认145、605、606自投重合闸继电器充电指示灯点亮
√	34	向电力调度回令并报告厂调
		以下空白
备注	1. 断路器必须将实际开合位置检查项写入操作票，现场操作刀闸实际开合位置检查项不写入操作票中 2. 对于已实现遥控功能的变电站，现场操作时，必须将断路器遥控开关切至就地位置，在进行现场拉合断路器操作完毕后，必须将断路器遥控开关切至遥控位置 3. 隔离刀闸用电动操作或操作后不能直接看到刀闸位置的必须到现场检查确认，并填入操作票中	
操作人：张强	监护人：吴涛	值班负责人(值长)：赵海

（2）馈出线的操作

① 1#馈出线 633 由运行转冷备用

发令人	张力	受令人	刘明	发令时间	2006 年 9 月 12 日 8 时 30 分
操作开始时间： 2006 年 9 月 12 日 9 时 10 分				操作结束时间： 2006 年 9 月 12 日 10 时 10 分	
（√）监护下操作（　　）单人操作（　　）检修人员操作					
操作任务：1#馈出线 633 由运行转冷备用					

	顺　序	操　作　项　目
√	1	联系有关单位 1#馈出线 633 停电
√	2	拉开一号馈出线 633 开关
√	3	拉开一号馈出线 633 开关合闸电源空开
√	4	检查一号馈出线 633 开关确在“断”位
√	5	将一号馈出线 633 开关手车拉至“试验”位
√	6	拉开一号馈出线 633 开关控制电源空开
√	7	取下一号馈出线 633 开关二次插头
		以下空白
备注	1. 断路器必须将实际开合位置检查项写入操作票，现场操作刀闸实际开合位置检查项不写入操作票中 2. 对于已实现遥控功能的变电站，现场操作时，必须将断路器遥控开关切至就地位置，在进行现场拉合断路器操作完毕后，必须将断路器遥控开关切至遥控位置 3. 隔离刀闸用电动操作或操作后不能直接看到刀闸位置的必须到现场检查确认，并填入操作票中	

操作人：张强	监护人：吴涛	值班负责人（值长）：赵海

② 1#馈出线 633 由冷备用转检修

发令人	张力	受令人	刘明	发令时间	2006 年 9 月 12 日 8 时 30 分
操作开始时间： 2006 年 9 月 12 日 9 时 10 分				操作结束时间： 2006 年 9 月 12 日 10 时 10 分	
（√）监护下操作（　　）单人操作（　　）检修人员操作					
操作任务：1#馈出线 633 由冷备用转检修					

	顺　序	操　作　项　目
√	1	验明一号馈出线 633 开关负荷侧无电压
√	2	合上一号馈出线 633 －7 开关接地刀闸
		以下空白
备注	1. 装设接地线必须先接接地端，后接导线端，且必须接触良好，严禁用缠绕方式接地 2. 验电要用合格有效地验电器 3. 验电确无电压必须对线路 A、B、C 三相逐一验电确无电压 4. 当验明设备确无电压后，对检修设备接地并三相短路 5. 装设接地线时，工作人员应使用绝缘棒或带绝缘手套，人体不得碰触接地体 6. 操作人在装设接地线时，监护人严禁帮助操作人拉拽接地线，以免失去监护操作 7. 验电前应将验电器在有电的设备上进行检验，确保验电器合格	

操作人：张强	监护人：吴涛	值班负责人（值长）：赵海

③ 1#馈出线633由检修转为冷备用

发令人	张力	受令人	刘明	发令时间	2006年9月12日8时30分
操作开始时间： 2006年9月12日9时10分				操作结束时间： 2006年9月12日10时10分	
(√)监护下操作(　)单人操作(　)检修人员操作					
操作任务：1#馈出线633由检修转为冷备用					

	顺　序	操　作　项　目
√	1	拉开一号馈出线633开关接地刀闸
√	2	检查一号馈出线633开关接地刀闸确已拉开
		以下空白
备注	1. 拆接地线必须先拆导线端，后拆接地端 2. 拆除导体端接地线时必须将A、B、C三相全部拆除 3. 检查确无接地短路必须A、B、C三相逐一检查 4. 拆除接地线时，工作人员应使用绝缘棒或带绝缘手套，人体不得碰触接地体 5. 拆除接地线后，操作人员应将拆除的接地线从导体端依次盘起并绑扎好 6. 将绑扎好的接地线按其编号放入固定存放地点，存放点的编号要与接地线编号相对应	

操作人：张强	监护人：吴涛	值班负责人(值长)：赵海

④ 1#馈出线633由冷备用转为热备用

发令人	张力	受令人	刘明	发令时间	2006年9月12日8时30分
操作开始时间： 2006年9月12日9时10分				操作结束时间： 2006年9月12日10时10分	
(√)监护下操作(　)单人操作(　)检修人员操作					
操作任务：1#馈出线633由冷备用转为运行					

	顺　序	操　作　项　目
√	1	联系调度，1#馈出线633由冷备用转为运行
√	2	给上一号馈出线633开关二次插头
√	3	合上一号馈出线633开关控制电源空开
√	4	检查一号馈出线633开关确在“断”位
√	5	将一号馈出线633开关手车推入“工作”位
√	6	合上一号馈出线633开关合闸电源空开
√	7	合上一号馈出线633开关
√	8	检查一号馈出线633开关确在“合”位
		以下空白
备注	1. 断路器必须将实际开合位置检查项写入操作票，现场操作刀闸实际开合位置检查项不写入操作票中 2. 对于已实现遥控功能的变电站，现场操作时，必须将断路器遥控开关切至就地位置，在进行现场拉合断路器操作完毕后，必须将断路器遥控开关切至遥控位置 3. 隔离刀闸用电动操作或操作后不能直接看到刀闸位置的必须到现场检查确认，并填入操作票中	

操作人：张强	监护人：吴涛	值班负责人(值长)：赵海

2.4 工 作 票

电气设备上安全工作的组织措施包括工作票制度、工作许可制度、工作监护制度、工作间断、转移和终结制度。工作票是准许在电气设备或线路上工作的书面指令，也是执行保证安全技术措施的书面依据。所以，在电气设备上工作时，应认真按照工作票指令执行。

2.4.1 工作票制度

2.4.1.1 工作票制度的使用范围

1. 电气设备第一种工作票的使用范围

(1) 高压设备上工作需要全部停电或部分停电者。

(2) 二次系统和照明等回路上的工作，需要将高压设备停电者或做安全措施者。

(3) 高压电力电缆需停电的工作。

(4) 其他工作需要将高压设备停电或要做安全措施者。

2. 电气设备第二种工作票的使用范围

(1) 控制盘和低压配电盘、配电箱、电源干线上的工作。

(2) 二次系统和照明等回路上的工作，无需将高压设备停电者或做安全措施者。

(3) 转动中的发电机、同期调相机的励磁回路或高压电动机转子电阻回路上的工作。

(4) 非运行人员用绝缘棒和电压互感器定相或用钳型电流表测量高压回路的电流。

(5) 大于表2-1距离的相关场所和带电设备外壳上的工作以及无可能触及带电设备导电部分的工作。

(6)高压电力电缆不需停电的工作。

3. 带电作业工作票

凡带电作业或与邻近带电设备距离应小于表2-1规定的工作。

表2-1 设备不停电时的安全距离

电压等级 /kV	安全距离 /m	电压等级 /kV	安全距离 /m
10及以下(13.8)	0.70	154	2.00
20~35	1.00	220	3.00
44	1.20	330	4.00
60~110	1.50	500	5.00

4. 事故应急抢修单

事故应急抢修可不用工作票，但应使用事故应急抢修单。

在电气设备上的工作，所填用工作票或事故应急抢修单，其方式有下列几种：

变电站(发电厂)第一种工作票

单位____________ 编号____________

1. 工作负责人(监护人)____________ 班组____________

2. 工作班人员(不包括工作负责人)

____

____

共　　人。

3. 工作的变配电站名称及设备双重名称

4. 工作任务

工作地点及设备双重名称	工作内容

5. 计划工作时间

自____年____月____日____时____分

至____年____月____日____时____分

6. 安全措施(必要时可附页绘图说明)

应拉断路器(开关)、隔离开关(刀闸)	已执行 *
应装接地线、应合接地刀闸(注明确实地点、名称及接地线编号 *)	已执行
应设遮栏、应挂标示牌及防止二次回路误碰等措施	已执行

*已执行栏目及接地线编号由工作许可人填写。

工作地点保留带电部分或注意事项(由工作票签发人填写)	补充工作地点保留带电部分和安全措施(由工作许可人填写)

工作票签发人签名________签发日期：________年________月________日

7. 收到工作票时间________年________月________日________时________分

运行值班人员签名________工作负责人签名________

8. 确认本工作票 1 ~7 项

工作负责人签名________工作许可人签名________

许可开始工作时间：________年________月________日________时________分

9. 确认工作负责人布置的任务和本施工项目安全措施工作班组人员签名

____

____

____

____

____

____

____

10. 工作负责人变动情况

原工作负责人________离去，变更______为工作负责人

工作票签发人________年________月________日________时________分

工作人员变动情况（增添人员姓名、变动日期及时间）：

工作负责人签名________

____

____

____

____

____

____

____

11. 工作票延期

有效期延长到________年________月________日________时________分

工作负责人签名________年________月________日________时________分

工作许可人签名________年________月________日________时________分

12. 每日开工和收工时间（使用一天的工作票不必填写）

收工时间				工作负责人	工作许可人	开工时间				工作许可人	工作负责人
月	日	时	分			月	日	时	分		

13. 工作终结

全部工作于________年________月________日________时________分结束，设备及安全措施已恢复至开工前状态，工作人员已全部撤离，材料工具已清理完毕，工作已终结。

工作负责人签名________工作许可人签名________

14. 工作票终结

临时遮栏、标示牌已拆除，常设遮栏已恢复。未拆除或未拉开的接地线编号等共________组、接地刀闸(小车)共________副(台)。已汇报调度值班员。

工作许可人签名________年________月________日________时________分

15. 备注

(1) 指定专责监护人__________负责监护____________________

____(地点及具体工作)

(2) 其他事项____

____

____

____

电力电缆第一种工作票

单位________________　　编号________________

1. 工作负责人(监护人)________________班组________________

2. 工作班人员(不包括工作负责人)

____

____

____

____共______人。

3. 电力电缆双重名称____________________

4. 工作任务

工作地点或地段	工作内容

5. 计划工作时间

自________年________月________日________时________分

至________年________月________日________时________分

6. 安全措施(必要时可附页绘图说明)

(1) 应拉开的设备名称、应装设绝缘挡板

变配电站或线路名称	应拉开的断路器(开关)、隔离开关(刀闸)、熔断器(保险)以及应装设的绝缘挡板(注明设备双重名称)	执行人	已执行

(2)应合接地刀闸或应装接地线

接地刀闸双重名称和接地线装设地点	接地线编号	执行人

(3) 应设遮栏，应挂标示牌

(4)工作地点保留带电部分或注意事项(由工作票签发人填写)	(5)补充工作地点保留带电部分和安全措施(由工作许可人填写)

工作票签发人签名________分签发日期________年________月________日________时________分

7. 确认本工作票1~5项

工作负责人签名____________

8. 补充安全措施

工作负责人签名____________

9. 工作许可

(1) 在线路上的电缆工作：工作许可人________用________方式许可自________年________月________日________时________分起开始工作。

工作负责人签名________

(2) 在变电站或发电厂内的电缆工作：

安全措施项所列措施中________（变配电站，发电厂）部分以执行完毕。

工作许可时间________年________月________日________时________分。

工作许可人签名________________工作负责人签名________________

10. 确认工作负责人布置的任务和本施工项目安全措施

工作班组人员签名

____

____

____

____

____

____

11. 每日开工和收工时间(使用一天的工作票不必填写)

收工时间				工作负责人	工作许可人	开工时间				工作许可人	工作负责人
月	日	时	分			月	日	时	分		

12. 工作票延期

有效期延长到________年________月________日________时________分

工作负责人签名________年________月________日________时________分

工作许可人签名________年________月________日________时________分

13. 工作负责人变动

原工作负责人________离去，变更________为工作负责人。

工作票签发人________年________月________日________时________分

14. 工作人员变动(增添人员姓名、变动日期及时同)

____

____

____

工作负责人签名________

15. 工作终结

(1) 在线路上的电缆工作：工作人员已全部撤离，材料工具已清理完毕，工作终结；所装的工作接地线共________副已全部拆除，于________年________月________日

________时________分工作负责人向工作许可人________用________方式汇报。

工作负责人签名________

(2) 在变配电站或发电厂内的电缆工作：在________（变配电站，发电厂）工作于________年________月________日________时________分结束，设备及安全措施已恢复至开工前状态，工作人员已全部撤离，材料工具已清理完毕。

工作许可人签名____________工作负责人签名____________

16. 工作票终结

临时遮栏、标示牌已拆除，常设遮栏已恢复；

未拆除或拉开的接地线编号________等共________组、接地刀闸共________副(台)，已汇报调度。

工作许可人签名________

17. 备注

(1) 指定专责监护人________负责监护______________________________(地点及具体工作)

(2) 其他事项____

____

____

变电站(发电厂)第二种工作票

单位____________　　编号____________

1. 工作负责人(监护人)____________班组____________

2. 工作班人员(不包括工作负责人)

____

____

____

____共____人。

3. 工作的变配电站名称及设备双重名称

____

4. 工作任务

工作地点或地段	工 作 内 容

5. 计划工作时间

自________年________月________日________时________分

至________年________月________日________时________分

6. 工作条件(停电或不停电，或邻近及保留带电设备名称)

____

____

____

7. 注意事项(安全措施)

____

____

____

工作票签发人签名________签发日期______年______月______日______时______分

8. 补充安全措施(工作许可人填写)

____

____

____

9. 确认本工作票1~8项

许可工作时间：______年______月______日______时______分

工作负责人签名________工作许可人签名________

10. 确认工作负责人布置的任务和本施工项目安全措施

工作班人员签名

____

____

____

11. 工作票延期

有效期延长到______年______月______日______时______分

工作负责人签名______年______月______日______时______分

工作许可人签名______年______月______日______时______分

12. 工作票终结

全部工作于______年______月______日______时______分结束。工作人员已全部撤离，材料工具已清理完毕。

工作负责人签名______年______月______日______时______分

工作许可人签名______年______月______日______时______分

13. 备注

____

____

____

电力电缆第二种工作票

单位________ 编号________

1. 工作负责人(监护人)________班组________

2. 工作班人员(不包括工作负责人)

____

____

____

____共______人。

3. 工作任务

电力电缆双重名称	工作地点或地段	工作内容

4. 计划工作时间

自________年________月________日________时________分

至________年________月________日________时________分

5. 工作条件和安全措施

____

____

____

工作票签发人签名________签发日期________年________月________日________时________分

6. 确认本工作票1~5项内容　　　　　　　　　　工作负责人签名________

7. 补充安全措施(工作许可人填写)

____

____

____

8. 工作许可

(1) 在线路上的电缆工作：工作开始时间________年________月________日________时________分。

工作负责人签名____________

(2) 在变电站或发电厂内的电缆工作：

安全措施项所列措施中__________(变配电站，发电厂)部分，已执行完毕。

许可自________年________月________日________时________分起开始工作。

工作许可人签名____________ 工作负责人签名____________

9. 确认工作负责人布置的本施工项目安全措施

工作班人员签名

____

____

____

10. 工作票延期

有效期延长到________年________月________日________时________分

工作负责人签名________年________月________日________时________分

工作许可人签名________年________月________日________时________分

11. 工作负责人变动

原工作负责人____________离去，变更____________为工作负责人。

工作票签发人签名________年________月________日________时________分

12. 工作票终结

（1）在线路上的电缆工作：

工作结束时间________年________月________日________时________分

工作负责人签名____________

（2）在变配电站或发电厂内的电缆工作：

在________（变配电站/发电厂）工作于________年________月________日________时________分结束，工作人员已全部退出，材料工具已清理完毕。

工作许可人签名____________工作负责人签名____________

13. 备注

____

____

____

变电站（发电厂）带电作业工作票

单位________________ 编号________________

1. 工作负责人（监护人）____________班组____________

2. 工作班人员（不包括工作负责人）

____

____

____共______人。

3. 工作的变配电站名称及设备双重名称

4. 工作任务

工作地点或地段	工作内容

5. 计划工作时间

自________年________月________日________时________分

至________年________月________日________时________分

6. 工作条件（等电位、中间电位或地电位作业或邻近带电设备名称）

____

____

____

7. 注意事项（安全措施）

____

____

____

工作票签发人签名________签发日期________年________月________日

8. 确认本工作票 1 ~ 7 项工作负责人签名____________

9. 指定____________为专责监护人专责监护人签名____________

10. 补充安全措施(工作许可人填写)

____

____

____

11. 许可工作时间

________年________月________日________时____分

工作许可人签名____________工作负责人签名____________

12. 确认工作负责人布置的任务和本施工项目安全措施

工作班组人员签名

____

____

____

13. 工作票终结

全部工作于________年________月________日________时________分结束，工作人员已全部撤离，材料工具已清理完毕。

工作负责人签名____________工作许可人签名____________

14. 备注

____

____

____

变电站(发电厂)事故应急抢修单

单位________________ 编号________________

1. 抢修工作负责人(监护人)____________班组____________

2. 抢修班人员(不包括抢修工作负责人)

____

____

____共________人。

3. 抢修任务(抢修地点和抢修内容)

____

____

4. 安全措施

____

____

____

5. 抢修地点保留带电部分或注意事项

____

____

6. 上述1～5项由抢修工作负责人________根据抢修任务布置人________的布置填写。

7. 经现场勘察需补充下列安全措施

____

____

经许可人(调度/运行人员)________同意(________月________日________时________分)后。已执行。

8. 许可抢修时间

________年________月________日________时________分

许可人(调度/运行人员)____________

9. 抢修结束汇报

本抢修工作于________年________月________日________时________分结束。

现场设备状况及保留安全措施:

____

____

抢修班人员已全部撤离，材料工具已清理完毕，事故应急抢修单已终结。

抢修工作负责人____________许可人(调度/运行人员)____________

填写时间________年________月________日________时________分

2.4.1.2 工作票所列人员的基本条件和安全责任

1. 工作票所列人员的基本条件

工作票的签发人应是熟悉人员技术水平，熟悉设备情况，熟悉本规程，并具有相关工作经验的生产领导人、技术人员或经本单位主管生产领导批准的人员。工作票签发人员名单应书面公布。工作负责人应是具有相关工作经验，熟悉设备情况、熟悉工作班人员工作能力和本规程，经工区(所、公司)生产领导书面批准的人员。工作许可人应是经工区(所、公司)生产领导书面批准的有一定工作经验的运行人员或经批准的检修单位的操作人员(进行该工作任务操作及做安全措施的人员)；用户变、配电站的工作许可人应是持有效证书的高压电工。专职监护人应是具有相关工作经验、熟悉设备情况和本规程的人员。

2. 工作票所列人员的安全责任

工作票签发人应负如下责任:

① 了解工作必要性和安全性;

② 落实工作票上所填安全措施是否正确完备;

③ 所派工作负责人和工作班人员是否适当和充足。

工作负责人(监护人) 应负如下责任:

① 正确安全地组织工作;

② 负责检查工作票所列安全措施是否正确完备和工作许可人所做的安全措施是否将符

合现场实际条件。必要时予以补充；

③ 工作前对工作班成员进行危险点告知，交待安全措施和技术措施，并确认每一个工作班成员都已知晓；

④ 严格执行工作票所列安全措施；

⑤ 督促、监护工作班成员遵守本规程，正确使用劳动防护用品和执行现场安全措施；

⑥ 工作班成员精神状态是否良好，变动是否合适。

工作许可人应负如下责任：

① 负责审查工作票所列安全措施是否正确完备，是否符合现场条件；

② 工作现场布置的安全措施是否完善，必要时予以补充；

③ 负责检查检修设备有无突然来电的危险；

④ 对工作票所列内容即使发生很小疑问，也应向工作票签发人询问清楚，必要时应要求作详细补充。

专责监护人应负如下责任：

① 明确被监护人员和监护范围；

② 工作前对被监护人员交待安全措施，告知危险点和安全注意事项；

③ 监督被监护人员遵守本规程和现场安全措施。及时纠正不安全行为。

工作班成员应做到：

① 熟悉工作内容、工作流程，掌握安全措施，明确工作中的危险点，并履行确认手续；

② 严格遵守安全规章制度、技术规程和劳动纪律，对自己在工作中的行为负责，互相关心工作安全，并监督本规程的执行和现场安全措施的实施；

③ 正确使用安全工器具和劳动防护用品。

2.4.1.3 工作许可制度

工作许可人在完成施工现场的安全措施后，还应完成以下手续，工作班方可开始工作：

(1) 会同工作负责人到现场再次检查所做的安全措施，对具体的设备指明实际的隔离措施，证明检修设备确无电压；

(2) 对工作负责人指明带电设备的位置和工作过程中的注意事项；

(3) 和工作负责人在工作票上分别确认、签名。

运行人员不得变更有关检修设备的运行接线方式。

工作负责人、工作许可人任何一方不得擅自变更安全措施，工作中如有特殊情况需要变更时，应先取得对方的同意。变更情况及时记录在值班日志内。

2.4.1.4 工作监护制度

(1) 工作票许可手续完成后。工作负责人、专责监护人应向工作班成员交待工作内容、人员分工、带电部位和现场安全措施，进行危险点告知，并履行确认手续，工作班方可开始工作。工作负责人、专责监护人应始终在工作现场，对工作班人员的安全认真监护，及时纠正不安全的行为。

(2) 所有工作人员(包括工作负责人)不许单独进入、滞留在高压室内和室外高压设备区内。若工作需要(如测量极性、回路导通试验等)，而且现场设备允许时，可以准许工作班中有实际经验的一个人或几人同时在其他室进行工作，但工作负责人应在事前将有关安全注意事项予以详尽的告知。

(3) 工作负责人在全部停电时，可以参加工作班工作。

在部分停电时，只有在安全措施可靠，人员集中在一个工作地点，不致误碰有电部分的情况下，方能参加工作。工作票签发人或工作负责人，应根据现场的安全条件、施工范围、工作需要等具体情况，增设专责监护人和确定被监护的人员。

专责监护人不得兼做其他工作。专责监护人临时离开时，应通知被监护人员停止工作或离开工作现场，待专责监护人回来后方可恢复工作。

(4) 工作期间，工作负责人若因故暂时离开工作现场时，应指定能胜任的人员临时代替，离开前应将工作现场交待清楚，并告知工作班成员。原工作负责人返回工作现场时，也应履行同样的交接手续。

若工作负责人长时间离开工作的现场时，应由原工作票签发人变更工作负责人，履行变更手续，并告知全体工作人员及工作许可人。原、现工作负责人应做好必要的交接。

2.4.1.5 工作间断、转移和终结制度

(1) 工作间断时，工作班人员应从工作现场撤出，所有安全措施保持不动，工作票仍由工作负责人执存，间断后继续工作，无需通过工作许可人。每日收工，应清扫工作地点，开放已封闭的通路，并将工作票交回运行人员。次日复工时，应得到工作许可人的许可，取回工作票，工作负责人应重新认真检查安全措施是否符合工作票的要求，并召开现场站班会后，方可工作。若无工作负责人或专责监护人带领，工作人员不得进入工作地点。

(2) 在未办理工作票终结手续以前，任何人员不准将停电设备合闸送电。在工作间断期间，若有紧急需要，运行人员可在工作票未交回的情况下合闸送电，但应先通知工作负责人，在得到工作班全体人员已经离开工作地点、可以送电的答复后方可执行，并应采取下列措施：

① 拆除临时遮栏、接地线和标示牌，恢复常设遮栏，换挂“止步，高压危险!”的标示牌；

② 应在所有道路派专人守候，以便告诉工作班人员“设备已经合闸送电，不得继续工作”，守候人员在工作票未交回以前，不得离开守候地点。

(3) 检修工作结束以前，若需将设备试加工作电压，应按下列条件进行：

① 全体工作人员撤离工作地点；

② 将该系统的所有工作票收回，拆除临时遮栏、接地线和标示牌，恢复常设遮栏；

③ 应在工作负责人和运行人员进行全面检查无误后，由运行人员进行加压试验。工作班若需继续工作时，应重新履行工作许可手续。

(4) 在同一电气连接部分用同一工作票依次在几个工作地点转移工作时，全部安全措施由运行人员在开工前一次做完，不需再办理转移手续。但工作负责人在转移工作地点时，应向工作人员交待带电范围、安全措施和注意事项。

(5) 全部工作完毕后。工作班应清扫、整理现场。工作负责人应先周密地检查，待全体工作人员撤离工作地点后，再向运行人员交待所修项目、发现的问题、试验结果和存在问题等，并与运行人员共同检查设备状况、状态，有无遗留物件，是否清洁等，然后在工作票上填明工作结束时间。经双方签名后，表示工作终结。

待工作票上的临时遮栏已拆除，标示牌已取下，已恢复常设遮栏，未拉开的接地线、接地刀闸已汇报调度，工作票方告终结。

(6) 只有在同一停电系统的所有工作票都已终结，并得到值班调度员或运行值班人的许可指令后。方可合闸送电。

（7）已终结的工作票、事故应急抢修单应保存一年。

2.4.2 工作票填写

1. 工作票的填写与签发

（1）工作票应使用钢笔或圆珠笔填写与签发，一式两份，内容应正确、清楚，不得任意涂改。如有个别错、漏字需要修改，应使用规范的符号，字迹应清楚。

（2）用计算机生成或打印的工作票应使用统一的票面格式。由工作票签发人审核无误，手工或电子签名后方可执行。工作票一份应保存在工作地点，由工作负责人收执；另一份由工作许可人收执，按值移交。工作许可人应将工作票的编号、工作任务、许可及终结时间记入登记簿。

（3）一张工作票中，工作票签发人、工作负责人和工作许可人三者不得互相兼任。工作负责人可以填写工作票。

（4）工作票由设备运行管理单位签发，也可由经设备运行管理单位审核且经批准的修试及基建单位签发。修试及基建单位的工作票签发人及工作负责人名单应事先送有关设备运行管理单位备案。第一种工作票在工作票签发人认为必要时可采用总工作票、分工作票，并同时签发。总工作票、分工作票的填用、许可等有关规定由单位主管生产的领导（总工程师）批准后执行。

（5）供电单位或施工单位到用户变电站内施工时，工作票应由有权签发工作票的供电单位、施工单位或用户单位签发。

2. 工作票的使用

（1）一个工作负责人只能发给一张工作票，工作票上所列的工作地点，以一个电气连接部分为限，所谓一个电气连接部分指的是配电装置的一个电气单元，中间用隔离开关或手车断路器与其他电气部分截然断开的部分。该部分无论引申到发电厂或变电站的其他什么地方，均算为一个电气连接部分，这是因为在一个电气连接部分的两端或各侧施以适当的安全措施后，就不可能再有其他电源窜入的危险。如施工设备属于同一电压、位于同一楼层，同时停、送电，且不会触及带电导体时，则允许在几个电气连接部分使用一张工作票。开工前工作票内的全部安全措施应一次完成。

（2）若一个电气连接部分或一个配电装置全部停电，则所有不同地点的工作，可以发给一张工作票，但要详细填明主要工作内容。几个班同时进行工作时，工作票可发给一个总的负责人，在工作班成员内。只填明各班的负责人，不必填写全部工作人员名单。

若至预定时间。一部分工作尚未完成，需继续工作而不妨碍送电者，在送电前，应按照送电后现场设备带电情况，办理新的工作票。布置好安全措施后，方可继续工作。

（3）在几个电气连接部分上依次进行不停电的同一类型的工作。可以使用一张第二种工作票。

（4）在同一变电站或发电厂升压站内，依次进行的同一类型的带电作业可以使用一张带电作业工作票。

（5）持线路或电缆工作票进入变电站或发电厂升压站进行架空线路、电缆等工作，应增填工作票份数。工作负责人应将其中一份工作票交变电站或发电厂工作许可人许可工作。上述单位的工作票签发人和工作负责人名单应事先送有关运行单位备案。

（6）需要变更工作班成员时，须经工作负责人同意。在对新工作人员进行安全交底手续后，方可进行工作。非特殊情况不得变更工作负责人，如确需变更工作负责人应由工作票签发人同意并通知工作许可人，工作许可人将变动情况记录在工作票上。工作负责人允许变更一次。原、现工作负责人应对工作任务和安全措施进行交接。

（7）在原工作票的停电范围内增加工作任务时，应由工作负责人征得工作票签发人和工作许可人同意，并在工作票上增填工作项目。若需变更或增设安全措施者应填用新的工作票，并重新履行工作许可手续。

（8）变更工作负责人或增加工作任务。如工作票签发人无法当面办理。应通过电话联系，并在工作票登记簿和工作票上注明。

（9）第一种工作票应在工作前一日预先送达运行人员，可直接送达或通过传真、局域网传送，但传真的工作票许可应待正式工作票到达后履行。临时工作可在工作开始前直接交给工作许可人。第二种工作票和带电作业工作票可在进行工作的当天预先交给工作许可人。

（10）工作票有破损不能继续使用时，应补填新的工作票。

3. 工作票的有效期与延期

（1）第一、二种工作票和带电作业工作票的有效时间，以批准的检修期为限。

（2）第一、二种工作票需办理延期手续，应在工期尚未结束以前由工作负责人向运行值班负责人提出申请(属于调度管辖、许可的检修设备，还应通过值班调度员批准)，由运行值班负责人通知工作许可人给予办理。第一、二种工作票只能延期一次。

第3章　变电所设备巡视检查

3.1　变配电设备的巡视及其规定

变配电设备巡视检查的目的是为了及时地发现运行设备的问题，并及时做出正确的反应和处置，以确保运行安全。变配电设备包括变电设备(主变压器)和配电装置。主变压器是变电所内的核心设备，通过对变压器的监视检查，可以监督其运行情况，了解它的运行状态，及时发现变压器存在的缺陷或所出现的异常情况，从而采取相应的措施来防止事故的发生或扩大，保证安全可靠的供电。配电装置担负着受电和分配电能的任务，是变电所的重要组成部分，对于配电装置同样应进行定期巡视检查，及时发现运行中存在的故障及设备存在的缺陷，并采取相应的措施予以消除。

3.1.1　巡视检查及期限

1. 巡视检查

对运行中的电气设备进行巡视检查，是电气运行人员的重要任务之一。在日常巡视检查工作中，工作人员应遵守巡视检查中有关的安全规定和注意事项，正确使用检查方法，保证工作人员的人身安全和设备安全。在确定巡视路线时应根据室内外变配电设备及装置的具体布局，预先制订最合理、最安全的巡视检查路线，确定巡视路线以最短为宜，据此巡视一周应能够巡视到全部设备而没有(或少有)重复路线。对于新发现的、暂不影响运行的设备缺陷提供开始存在的确切时间，或确认设备持续正常的最后时间。

2. 巡视期限

对于变配电设备的巡视期限，一般有如下规定：

(1) 有人值守的变配电所，应每日巡视一次(或夜间再巡视一次)。35kV 及以上变配电所，则要求每班(三班制)巡视 1~2 次。

(2) 无人值班的变配电室(通常容量较小)，应在每周的高峰负荷时间巡视一次(或隔夜巡视)。

(3) 在雷雨、暴风雨、雨夹雪及浓雾等恶劣天气时，应对室外装置进行白天或夜间的特殊巡视。

(4) 对处在多尘或含腐蚀性气体等不良环境中的变配电设备，巡视次数要适当增加。无人值班的，每周巡视不少于两次并应作夜间巡视。

(5) 变配电设备或装置在出现异常或发生事故后，要及时进行特殊巡视检查，增加检查频次，以密切监视变化。

3.1.2　巡视检查的分类及注意事项

3.1.2.1　各类巡视检查

1. 交接班巡视检查

交接班的运行人员，共同对设备进行全面检查；交班人员还应向接班人员交代运行方式，设备检修、试验及地线装设情况，设备新发现的缺陷等。

2. 正常巡视检查

运行人员每日按照规定的时间及线路，对设备进行全面检查，并记录发现的缺陷、巡视时间。

3. 夜间巡视检查

晚上高峰负荷时进行闭灯检查，查看导体及连接处有无打火、烧红等，以发现过热点。

4. 特殊巡视检查

(1) 故障巡视，即事故跳闸后或系统接地时；

(2) 出线或设备在大负荷或超负荷运行时；

(3) 恶劣天气，如雷电、雨、雪、大雾、高温天气或气温最低时；

(4) 设备有重大缺陷或运行中设备有可疑现象时；

(5) 新设备投运或大修后投运的设备；

(6) 节假日或上级通知有保电任务时。

3.1.2.2 巡视注意事项

(1) 巡视时，运行人员身体各部分都要与带电部分保持安全距离，不同电压下的安全距离规定是：10kV 及以下为 0.7m，35kV 为 1m，110kV 为 1.5m。具体规定如表 3-1 所示。

表 3-1 设备不停电时的安全距离

电压等级/kV	安全距离/m	电压等级/kV	安全距离/m
10 及以下(13.8)	0.70	154	2.00
20~35	1.00	220	3.00
44	1.20	330	4.00
60~110	1.50	500	5.00

(2) 高压设备发生接地故障时，室内不得接近故障点 4m 以内，室外不得接近故障点 8m 以内。进入上述范围的人员应穿绝缘靴，接触设备的外壳和构架时，应戴绝缘手套。

(3) 巡视只许在遮栏外边进行，禁止移开或越过遮栏。遮栏距带电导体的最小安全距离规定是：10kV 及以下高压为 0.35m，35kV 为 0.6m，110kV 为 1.5m。具体规定如表 3-2 所示。

表 3-2 工作人员工作中正常活动范围与带电设备的安全距离

电压等级/kV	安全距离/m	电压等级/kV	安全距离/m
10 及以下(13.8)	0.35	154	2.00
20~35	0.60	220	3.00
44	0.90	330	4.00
60~110	1.50	500	5.00

(4) 巡视时不得对设备进行任何操作，且禁止接触高压电气设备的绝缘部分。雷雨天气，需要巡视室外高压设备时，应穿绝缘靴，并不得靠近避雷器和避雷针。

(5) 火灾、地震、台风、洪水等灾害发生时，如要对设备进行巡视时，应得到设备运行管理单位有关领导批准，巡视人员应与派出部门之间保持通信联络。

(6) 巡视配电装置，进出高压室，应随手关门。

(7) 高压室的钥匙至少应有 3 把，由运行人员负责保管，按值移交。一把专供紧急时使用，一把专供运行人员使用，其他可以借给经批准的巡视高压设备人员和经批准的检修、施工队伍的工作负责人使用，但应登记签名，巡视或当日工作结束后交还。

3.2 变配电设备巡视检查方法

3.2.1 巡视检查的内容

巡视检查时要求运行人员要熟悉设备，执行有关规程，应按时、按规定路线进行巡视检查。巡视检查的基本内容有：

（1）各设备的运行状态应与模拟屏的情况一致，这关系到系统运行方式和设备运行状态的大局和整体情况。

（2）各继电保护装置、信号装置应无异常，灯光指示正常。要检查应该投入的继电保护是否确已投入，如“压板”是否在投入位置，控制开关状态是否对应。

（3）有关的仪表指示值应正常。如电流表、电压表等数值应在正常范围内，变压器温度显示其数值不应超过规定值。

（4）应无异常声响，除变压器运行时有较大的工频交流声外，其他设备几乎没有声音，如听见局部放电声、异常的电磁振动声，则将可能发生故障或已存在故障。

（5）应无异常气味。如出现焦煳味、臭氧味，这些气味在正常时是不存在的。

（6）对各设备做外观检查。要观察设备结构，发现异常变化的具体位置。一般主要检查连接点是否发热变色，瓷绝缘是否出现裂纹甚至断裂，是否有闪络放电，充油设备的油色、油位是否正常，有无渗漏油现象等。

（7）检查防雷设施、静电接地完好。

（8）变电所直流系统工作正常。

3.2.2 变配电设备巡视检查方法

变配电所电气设备巡视检查的一般方法有：①通过运行人员的眼观、耳听、鼻嗅、手触等主要检查手段，发现运行中设备的缺陷及隐患；②使用工具和仪表，进一步探明故障性质，较小的故障也可在现场及时排除。

1. 目测法

是巡视检查最常用的方法之一。就是运行人员用肉眼对运行设备可见部位的外观变化进行观察来发现设备的异常现象，如变色、破裂、渗油、漏油、断股断线、螺栓断裂松动等。

2. 耳听法

变配电所的一、二次电磁式设备（如变压器、互感器、继电器、接触器等）正常运行通过交流电后，其线圈铁芯会发出均匀节律和一定响度的嗡嗡声。运行人员应该熟悉掌握声音的特点。当设备出现故障，会夹着杂音，甚至有噼啪的放电声，可以通过正常时和异常时的音律、音量的变化来判断设备故障的发生和性质。

3. 手触法

对带电的高压设备，运行中的变压器、消弧线圈的中性点接地装置，禁止使用手触法测试。对外壳可靠接地的设备，检查其温度或温升时需要用手触试检查。二次设备发热、振动等可以用手触法检查。

4. 鼻嗅法

电气设备的绝缘材料一旦过热会使周围的空气产生一种异味。这种异味对正常巡查人员来说是可以判别出来的。当正常巡视中嗅到这种异味时，应仔细寻查观察，发现过热的设备与部位，直至查明原因。

目前还可通过计算机自动巡检进行在线监测，如在线监测避雷器、主变铁芯、电流互感器、电压互感器、电容器等设备的绝缘情况。目前工业电视法进行巡视检查成为发展趋势，它采用红外成像仪成像，经计算机处理和电视机相连，观看有关设备情况；也可在主要设备附近安装摄像机，经远动自动化装置把信号传到中心站。

3.3 变配电所设备的巡视检查

3.3.1 变压器的巡视检查

1. 日常巡视检查

(1) 检查变压器的电流、电压等变化情况；

(2) 检查变压器温度是否超过允许值；

(3) 变压器储油柜上油位、充油套管和油标管内的油色是否正常，油面位置是否合格，有无渗漏油现象；

(4) 变压器运行声音是否正常；

(5) 检查变压器器身是否渗漏油；

(6) 检查引出导电排螺栓接头有无过热现象；

(7) 检查出线套管、引出导电排的支持绝缘子等表面是否清洁，有无裂纹、破损及闪络放电痕迹，导电排相色是否完好；

(8) 呼吸器中吸湿剂是否达到饱和状态；

(9) 检查各种阀门是否正常，瓦斯继电器的阀门和散热器的阀门是否打开，是否渗漏油；

(10) 防爆管的隔膜是否完整；

(11) 检查冷却系统运转是否正常，风扇有无个别停转，风扇电机有无过热现象，振动是否增大；

(12) 检查室外变压器基础是否完好，变压器室内的门、窗(包括通风百叶窗)是否完整，照明是否完好，消防器具是否完好；

(13) 变压器外壳接地是否良好。

2. 特殊巡视检查

(1) 变压器负荷侧发生接地、短路或变压器本身故障跳闸后，应检查变压器有无位移、变形、炸裂、喷油、焦臭味，变压器内部有无异常声音。

(2) 大风时，检查引线接头，设备周围不应有易导电的轻质物品。

(3) 雾天、雨天检查套管。

(4) 气温过高、过低，检查油位、引线。

(5) 过负荷时，检查变压器引线、接线线夹、油位及冷却装置。

(6) 设备新投运或大修后投运 24h 内，检查并记录环境温度及变压器本体和绕组温度，检查气体继电器集气情况。

(7) 雪天检查冰柱及接头积雪。

3.3.2 断路器的巡视检查

3.3.2.1 *油断路器的巡视检查*

1. 正常巡视检查

(1) 各引线及接点无过热现象；

(2) 油开关及套管、油色、油位正常，无渗漏油现象；
(3) 套管及各瓷瓶清洁完整无破损裂纹，无放电现象；
(4) 开关位置指示器指示正确；
(5) 油开关内部无放电和其他异常声音；
(6) 主触头接触良好，无过热现象；
(7) 合闸接触器无严重灼伤痕迹；
(8) 接地装置应良好。

2. 油断路器检修后的检查

(1) 油开关室、油开关本体应清洁无遗留物；
(2) 跳闸铁芯动作灵活，合闸铁芯无卡涩现象；
(3) 合闸接触器和辅助接点接触良好，动作正确，无灼伤痕迹；
(4) 缓冲器固定牢固，动作时无回跳卡涩现象；
(5) 引线接头紧固，相色明显、正确；
(6) 套管及各瓷瓶清洁完整，无破损裂纹；
(7) 油色、油位正常，无渗漏油现象；
(8) 接地装置良好；
(9) 开关远方分、合动作良好。

3.3.2.2 高压真空断路器的巡视检查

(1) 引线无松股、断股和弛度过紧及过松现象(或引排无变色、弯曲、变形现象)；
(2) 接头无松动、发热或变色现象；
(3) 断路器绝缘瓷套无裂纹及放电闪络痕迹，无破损现象，外观清洁；
(4) 断路器内部无放电声及其他异常声响；
(5) 断路器分、合闸机械指示正确，与实际位置相符，绝缘拉杆应完整无断裂现象，各连杆无弯曲、变形现象；
(6) 断路器及机构箱外壳接地良好，接地引下排(线)无断裂及锈蚀现象。

3.3.2.3 手车式开关柜的巡视检查

1. 手车式开关柜投运前的检查

柜体部分的检查内容包括：

(1) 柜上装置的元件、零部件均应完好无损；
(2) 接地开关操作灵活，合、分位置正确无误；
(3) 各连接部分应紧固，螺纹连接部分应无脱牙及松动；
(4) 柜体可靠接地，门的开启与关闭应灵活；
(5) 二次插头完好无损，插接可靠；
(6) 柜顶主、支母线装配完好，母线之间的连接紧密可靠，接触良好；
(7) 控制开关、按钮及信号继电器等型号规格与图纸相符，接线无松动脱落现象。

手车部分的检查内容包括：

(1) 手车在柜外推动应灵活，无卡阻现象；
(2) 手车处于工作位置时，主回路触头及二次插头能可靠接触；
(3) 手车在柜内能轻便地推入及拉出，能可靠地定位于“工作位置”与“试验位置”；
(4) 机械连锁装置可靠灵活，无卡滞现象。

2. 手车式开关柜运行中的巡视

(1) 经常注意监听有无异常响声，查看室内的温度与湿度的变化情况。若过高或过大则要进行降温、除湿处理。

(2) 一般每隔一年要对柜内的绝缘隔板、活门、手车绝缘件、母线进行清扫处理，特种环境用户应根据具体情况确定间隔期。

(3) 下雨天或梅雨季节更要加强对开关室的观察，及时排清电缆沟内积水，严防柜内受潮引发事故。

(4) 一般情况下开关柜不会出现故障，如发现绝缘材料受潮，可用无水酒精进行擦洗，并进行干燥处理。

3.3.3 隔离开关的巡视检查

隔离开关的巡视检查应包括如下内容：

(1) 应接触良好、不偏斜、不振动、不打火、触头不污脏、不发热、不锈蚀、无烧痕，弹簧和软线不疲劳、不锈蚀、不断裂；

(2) 绝缘瓷质应清洁，无放电现象，无裂纹，不破损；

(3) 隔离开关拉开断口的空间距离应符合规定；

(4) 机构联锁、闭锁装置应良好，连动切换副触点位置应正确，接触良好；

(5) 转轴、齿轮、框架、连杆、拐臂、十字头、销子等零部件应无开焊、变形、锈蚀、位置不正确、歪斜、卡涩等不正常现象；

(6) 操作箱密封应良好，不漏油，不进潮。加热器应正常；

(7) 基础应良好，无损伤、下沉和倾斜。

3.3.4 电力电容器的巡视检查

对运行中的电容器组应进行日常巡视检查、定期停电检查以及特殊巡视检查。

1. 电力电容器投入运行前的检查

(1) 上、下部引线应紧固无断线等现象，均压环及铁帽应紧固；

(2) 外部绝缘瓷瓶应完整，无放电痕迹；

(3) 雷电动作记录器应完好，并指示零位；

(4) 接地线完好，接触紧固；

(5) 检查继电保护是否完好。

2. 电力电容器正常运行中的检查

日常巡视检查由运行值班人员进行。有人值班时每班检查一次，无人值班时每周检查一次。检查时间，夏季在室温最高时进行，其他季节可在系统电压最高时进行。检查时主要观察电容器瓷套表面是否清洁完整，有无裂纹、放电痕迹、外壳有无膨胀、漏油痕迹，有无异常声响和火花，熔丝是否正常，放电指示灯是否熄灭，法兰盘与瓷套管连接处水泥不应有裂痕，接地装置良好。记录有关电压表、电流表、温度表的读数，对检查发现的缺陷应进行记录。为便于检查，必要时可短时停电。停电时应注意，除电容器组自动放电外，还应进行人工充分放电，否则不得触及电容器。

3. 电力电容器定期停电检查

定期停电检查应每季度进行一次。除检查日常巡视检查的项目外，还应检查各螺丝接点的松紧和接触情况；放电回路是否完好；风道有无积尘并清扫电容器的外壳、绝缘子和支架等处的灰尘；检查外壳的保护接地线是否完好；继电保护及熔断器等保护装置是否完整可靠，以及断路器和配电线等是否良好。

4. 电力电容器特殊巡视检查

在出现断路器跳闸、熔体熔断等情况后，应立即进行特殊巡视检查。要有针对性地查找原因，必要时应对电容器进行试验。在查出故障原因之前，不得再次合闸运行。

3.3.5 消弧线圈的巡视检查

消弧线圈的巡视检查应包括如下内容：

（1）引线是否有松股、断股和弛度过紧及过松现象（或引排无变色、弯曲、变形现象）；

（2）消弧线圈接头是否有松动、发热或变色现象；

（3）套管是否有裂纹、破损现象，外观清洁；

（4）消弧线圈油色油位正常，无渗漏油现象，呼吸器完整，吸潮剂不应潮解；

（5）外壳是否有渗油、漏油现象；

（6）消弧线圈上层油温正常，运行是否有杂音；

（7）消弧线圈外观清洁，是否有锈蚀现象；

（8）中性点电压位移应在规定范围内；

（9）接地良好，接地引下排（线）是否有断裂及锈蚀现象。

3.3.6 母线的巡视检查

1. 软母线的巡视检查

（1）软母线的表面应无断股，光滑整洁，无裂纹、麻面、毛刺、灯笼花、锈蚀、磨损、变形、腐蚀、损伤；软母线的颜色应正常，无发热、变色、变红或闪络烧伤。运行中应无严重的放电响声和成串的荧光，导线上无搭挂的杂物。

（2）母线的连接部位接触应紧固，无松动、锈蚀、断裂、过热现象，发红放电不严重，无悬挂物。耐张绝缘子串连接金具应完整良好，无磨损、锈蚀、断裂。

（3）母线无过紧过松现象，导线无剧振现象。

2. 硬母线的巡视检查

（1）表面相色漆应清晰，无开裂、起层和变色现象，各部位示温片无熔化。

（2）伸缩节应完好，无断裂、过热现象。

（3）运行中不过负荷，无较大的振动声。

（4）支持绝缘子应清洁，无裂纹、放电声及放电痕迹。

（5）母线各连接部分的螺丝应紧固，接触良好，无松动、振动、过热现象。

3. 各部位发热的判断

（1）检查示温片。

（2）检查色漆变色情况。

（3）检查雨后局部干燥和蒸汽情况。

（4）导线接头变色与相邻设备比较以鉴别。

（5）检查霜雪溶化情况。

（6）用绝缘棒、蜡杆带电测试有无过热。

（7）用测温仪带电测量温度。

（8）用红外成像设备带电测量温度。

3.3.7 互感器的巡视检查

3.3.7.1 电流互感器的巡视检查

(1) 瓷质部分应清洁，完整无损，无裂纹，不放电，无电晕声或放电痕迹。

(2) 干式(树脂)电流互感器外壳应无裂纹，无碳化脆皮发热熔化现象，无烧痕和冒烟现象，无异常气味。

(3) 充油式电流互感器的油位、油色应正常，呼吸器完整，内部吸潮剂不潮解。

(4) 应无异常声响(正常运行中声音均匀、极小或无声)，有如下声响应视为不正常：

如“嗡嗡”声较大，可能是铁芯穿心螺丝夹得不紧，硅钢片松弛，也可能是因一次负载突然增大或过载等；

“嗡嗡”声很大，可能是因二次回路开路所致；

内部有较大的“噼啪”放电声，可能是线圈故障。

(5) 一次导线接头应无过热现象。

(6) 二次回路一点接地应良好，各连接端子应紧固，二次线和电缆无腐蚀和损伤，各种表计指示正确，无开路现象。

(7) 外壳应清洁，无渗漏油、严重锈蚀、过热现象，基础应牢固，外壳接地应良好。

(8) 一般不允许过载。如过载应加强监视，并详细记录过载时间、电流。

(9) 电流互感器二次回路开路的检查。

电流互感器二次开路的现象有：

① 有内部“吱吱”放电声，并有振动感。

② 二次回路接线端子排可能有打火、烧伤或烧焦现象。

③ 电流表或功率表指示为零，电能表不转动而且伴有“嗡嗡”声。

电流互感器二次开路的检查和判断可根据以下线索进行：

① 电流回路的表计指示有时无负荷。

② 差动保护、零序电流保护，由于开路后产生不平衡电流可能造成误动。开路相一次发生故障时，相应的继电保护不动作，引起越级跳闸。

③ 二次电压升高，可能引起放电，严重时会将绝缘击穿。

④ 因互感器铁芯严重饱和而过热，使外壳温度升高，严重时会烧坏互感器。

3.3.7.2 电压互感器的巡视检查

(1) 油位、油色应正常，无异常气味，外表应清洁，无渗漏油现象。

(2) 瓷质部分应清洁，无破损、裂纹、放电现象和放电闪络痕迹。

(3) 呼吸器内硅胶应不变色。

(4) 高、低压熔丝及小开关应接触良好，无断路、短路和异常声响。

(5) 内部应无放电声和其他异声、异味。

(6) 接地应良好，各部连接应牢固，无松动、过热现象。

(7) 表计指示应正常，无异常信号。常见的异常现象有：

① 35kV 系统单相接地时，全接地相电压为 0V，其他两相指示为线电压，开口三角电压为 100V。

② 35kV 系统单相经高电阻或电弧接地时，接地相电压低于相电压，其他两相电压高于相电压，但达不到线电压，开口三角电压不到 100V，且电压不稳定。

③ 根据集中信号盘上监视灯或表计指示进行判断故障性质。

④ 高压熔丝熔断，熔断相所接的电压表指示要降低，未熔断相的电压表指示正常，并可根据高压熔丝端头的颜色及放电声进行判断。

3.3.8 GIS 组合电气设备的巡视检查

1. GIS 投入前的检查和试验

(1) 检查各气隔室(开关、刀闸、TV、TA、避雷器)阀门应打开；

(2) 检查各单元气室阀门(监视、测量阀)应打开；

(3) 检查总阀门(充放阀)应关闭；

(4) 按要求检查各单元气室 SF_6气压和液压机构压力应符合规定值；

(5) 检查外壳接地应良好；

(6) 检查控制柜、中间箱二次接线端子应牢固；

(7) 就地对开关刀闸及接地刀闸进行空载试验操作，检查各电气之间联锁应正确，机械位置指示应与控制柜信号表示一致。

2. GIS 运行中的巡视检查及注意事项

(1) GIS 室每班检查一次，进入室内先开启通风设备，检查气防设施完好，通风不少于 15min；

(2) 检查各单元气室压力应正常，各阀门开合位置正确无漏气现象；

(3) 检查液压机构油箱油位、压力指示正常，无漏油现象；

(4) 检查控制柜各电源指示灯及设备运行位置显示应正常，无异常光字牌显示；

(5) 记录 GIS 室内温度，当室温为 0℃时液压机构箱电加热器自动投入，箱内温度升至 20℃自动解除；

(6) 各类阀门及配管有无损伤、锈蚀，管道绝缘法兰与绝缘支架是否良好；

(7) 记录断路器、避雷器的动作指示值；

(8) 记录各类单元气室 SF_6气压值和环境温度。

3. GIS 异常情况的处理

(1) 当单元气室 SF_6压力低于额定值时，应及时报告，并加强监视。

(2) 当单元气室发出补气报警信号时，应及时报告安排进行补气，并弄清压力下降原因，采取相应措施。

(3) 当开关单元气室压力迅速降低，应立即报告值长，尽量要求在发出分合闸闭锁报警信号前将开关退出运行，并启动应急预案。

(4) 当开关单元气室压力降低发出分合闸闭锁信号时，应立即采取下列措施：

① 断开设备操作电源，开启通风装置，报告值长；

② 当为 110kV 进线开关时，应由上级变电站将电源切除；

③ 当为 110kV 母线其他开关时，应用其上一级电源开关切除；

④ 当单元气室压力表在同一温度下，相临两次读数差值达 0.01 ~0.03MPa 时，应进行气体泄漏检查，每个气隔室年漏气率按标准应小于 1%；

⑤ 处理 GIS 内部故障时，应将 SF_6气体回收加以净化处理，严禁排放到大气中；

⑥ GIS 发生故障有气体外溢时，全体人员应立即撤离现场，并立即投入通风设备。在故障发生后 15min 内，只准抢救人员进入室内，4h 内任何人员进入现场必须穿防护衣，戴防护面具和手套，若故障时有人被外溢气体侵袭应立即送医院抢救。

3.3.9 SF_6设备的巡视检查

1. SF_6设备正常巡视

（1）定时检查并记录SF_6气体压力和温度；

（2）SF_6设备有无异味或异音；

（3）SF_6设备套管有无裂痕或放电声；

（4）引线连接部分有无松动及发热；

（5）SF_6断路器分、合闸位置指示是否正确；

（6）SF_6设备装置的通风系统是否良好；

（7）SF_6设备区安装的氧气含量报警仪和SF_6气体泄漏报警仪是否完好；

（8）GIS 设备各部位有无漏气现象；

（9）GIS 设备装置室SF_6气体含量不应超过 1000ppm（或 $6g/m^3$）；

（10）检查 GIS 设备所有管路气体阀门在开启位置、各管道及阀门无损伤和锈蚀现象、管道的绝缘法兰与绝缘支架良好；

（11）检查断路器及隔离开关指示位置应与实际位置相符；

（12）检查 GIS 配电装置室控制屏上各种信号、控制开关的位置及灯光指示正常；

（13）在巡视中严禁碰触 GIS 设备的防爆膜。

2. 户外SF_6设备的特殊巡视

（1）气候异常情况下的特殊巡视项目与常规一次设备相同；

（2）过负荷时，导流部分有无过热、烧红现象；

（3）切断故障电流时，SF_6断路器本体有无变形、气压是否符合规程规定、导线连接部分是否正常。

3.3.10 二次设备的巡视检查

二次设备指测量仪表、监察、信号、控制、同期装置、继电保护和自动装置等。一般二次设备检查项目如下：

（1）二次设备的清洁状况；

（2）表计指示；

（3）监视灯、指示灯、光字牌；

（4）信号继电器掉牌状况；

（5）音响设备（警铃、蜂鸣器）；

（6）继电器外观及能从外部观察到的线圈、触点状况，继电器温升情况；

（7）二次回路的各部件，如刀闸、熔断器、连接片、端子排等的位置与接触情况；

（8）保护工作电源。

3.3.11 电抗器的巡视检查

（1）接头接触应良好，无过热现象。

（2）本体温度应正常。

（3）本体、散热器应无渗漏油。

（4）套管绝缘子与支持绝缘子应清洁，无破损、闪络痕迹。

（5）外壳接地应良好。

（6）周围无杂物，电抗器室门窗应关闭严密。

（7）应经常监视母线电压，根据调度颁布的电压曲线投切电抗器。

3.3.12 避雷器的巡视检查

1. 避雷器的正常巡视

(1) 瓷质应清洁无裂纹、破损、无放电现象和闪络痕迹;

(2) 避雷器内部应无声响;

(3) 放电计数器应完好,内部不进潮,上下连接线完好无损。检查计数器是否动作,每月抄录一次计数器动作情况;

(4) 引线应完整,无松股、断股;接头连接应牢固,且有足够的接触面;导线不过紧过松,不锈蚀,无烧伤痕迹;

(5) 底座牢固,无锈烂,接地完好;

(6) 安装不偏斜;

(7) 均压环无损坏,环面应保持水平。

2. 避雷器的特殊巡视

(1) 雷雨时不得接近防雷设备;

(2) 雷雨后检查放电计数器动作情况,检查避雷器表面有无闪络,并做好记录;

(3) 大风天气应检查避雷器上有无搭挂物,以及摆动情况;

(4) 大雾天应检查瓷质部分有无放电现象;

(5) 冰雹过后应检查瓷质部分有无损伤,计数器是否损坏。

3.3.13 直流系统的巡视检查

1. 直流盘

(1) 表计及信号灯检查,判断直流系统运行是否正常;

(2) 各控制开关、隔离开关等状况及位置应正确,试验正常;

(3) 熔断器良好,熔丝配置合理;

(4) 对电容贮能装置,还应检查贮能装置在充电位置,检查贮能容量和电容器渗漏油、放电、变形及连接线。

2. 蓄电池

(1) 检查、测量单个电池电压、电解液浓度(对非全密封铅酸蓄电池);

(2) 电池极板状况,电池底部有无脱落物;

(3) 容器外观及液面在允许范围内;

(4) 各电池连接部分连接牢固、无腐蚀。

3. 蓄电池室

(1) 室内温度在允许范围内;

(2) 室内照明、通风及其他附属设备完好。

4. 充电设备

(1) 整流变压器无过热、整流元件运行良好;

(2) 在规定运行位置稳压(稳流)运行良好。

3.3.14 变频器的巡视检查

对通用变频器进行巡视检查的主要目的是尽早发现异常现象,清除尘埃,紧固检查,排除事故隐患等。在通用变频器运行过程中,可以从设备外部目视检查运行状况有无异常,通过键盘面板转换键查阅变频器的运行参数,如输出电压、输出电流、输出转矩、电机转速等,掌握变频器日常运行值的范围,以便及时发现变频器及电机问题。

巡视检查包括不停止通用变频器运行或不拆卸其盖板进行通电和启动试验，通过目测通用变频器的运行状况，确认有无异常情况，通常检查如下内容：

(1)键盘面板显示是否正常，有无缺少字符。仪表指示是否正确、是否有振动、振荡等现象。

(2)冷却风扇部分是否运转正常，是否有异常声音等。

(3)通用变频器及引出电缆是否有过热、变色、变形、异味、噪声、振动等异常情况。

(4)通用变频器周围环境是否符合标准规范，温度与湿度是否正常。

(5)通用变频器的散热器温度是否正常，电动机是否有过热、异味、噪声、振动等异常情况。

(6)通用变频器控制系统是否有积聚尘埃的情况。

(7)通用变频器控制系统的各连接线及外围电器元件是否有松动等异常现象。

(8)检查通用变频器的进线电源是否异常，电源开关是否有电火花、缺相、引线压接螺栓松动，电压是否正常等。

3.3.15 结构及其他工具用品的巡视检查

1. 正常巡视检查

(1) 架构、房屋完整，无锈蚀、倾斜、塌陷、裂缝；

(2) 场地整洁、平整，生产区、生活区无杂物，绿化美观、无杂草；

(3) 电缆沟无积水、盖板完整；

(4) 道路整洁、通畅；

(5) 室内外照明齐全，照度符合要求；

(6) 变电所安全用具齐全、有效；

(7) 消防器具齐全，设施完好；

(8) 变电所钥匙、常用工具齐全。

2. 雨、雪天及过后检查

(1) 房屋是否漏雨；

(2) 场地排水情况；

(3) 变压器蓄油池排水及蓄油坑积水情况。

第4章 电气主设备运行及维护

4.1 电力变压器的运行

4.1.1 变压器概述

变压器是传输电能而不改变其频率的静止的电能转换器。它在电力系统中工作时，可将电能由它的一次侧经电磁能量的转换传输到二次侧，可把某一电压等级的交流电压变换成频率相等的另一电压等级或多电压等级的交流电压，以满足不同负载的需要。因此，变压器在电能生产输送和分配使用的全过程中起着十分重要作用。

变压器是传输电能而不改变其频率的静止的电能转换器。它在电力系统中工作时，可将电能由它的一次侧经电磁能量的转换传输到二次侧，可把某一电压等级的交流电压变换成频率相等的另一电压等级或多电压等级的交流电压，以满足不同负载的需要。因此，变压器在电能生产输送和分配使用的全过程中起着十分重要作用。

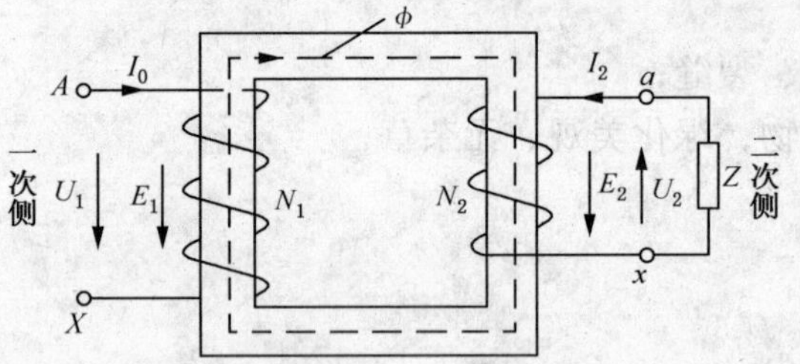

图4-1 单相电力变压器的工作原理图

变压器是基于电磁感应原理工作的，电力变压器的工作原理如图4-1所示。变压器主体主要由绕组和铁芯组成。工作时，绕组是“电”的通路，而铁芯则是“磁”的通路，且起绕组骨架的作用。

4.1.1.1 变压器型号及主要技术参数

1. 变压器的型号

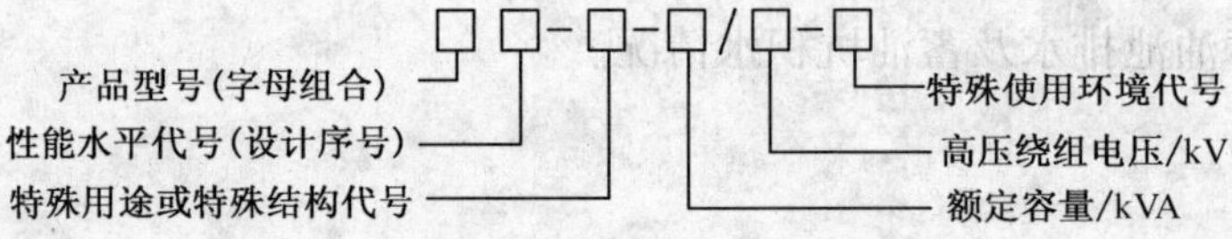

(1) 变压器的型号和字母符号含义见表4-1所示。

表4-1 变压器的型号和字母符号含义

序号	分类	类别	代表符号	
			新符号	旧符号
1	数相	单相	D	D
		三相	S	S
2	绕组外绝缘介质	变压器油	不标注	不标注
		空气	K	G
		成型固体	C	C

续表

序号	分类	类别	代表符号	
			新符号	旧符号
3	冷却方式	油浸自冷式	不标注	J
		空气自冷式	不标注	不标注
		风冷式	F	F
		水冷式	W	S
4	油循环方式	自然循环	N	不标注
		强迫导向循环	D	不标注
		强迫循环	P	P
5	绕组数	双绕组	不标注	不标注
		三绕组	S	S
6	调压方式	无励磁调压	不标注	不标注
		有载调压	Z	Z
7	绕组导线材料	铜	不标注	不标注
		铝	不标注	L
8	绕组偶合方式	自偶	O	O
		分裂	不标注	不标注

(2) 特殊用途或特殊结构代号含义

Z—低噪声用；

L—电缆引出；

X—现场组装式；

J—中性点为全绝缘；

CY—发电厂自用变压器。

(3) 特殊使用环境代号含义

TA—干热带地区用；

TH—湿热带地区用；

T—干湿热带通用；

W—防轻腐蚀用；

GY—高原地区用。

2. 变压器铭牌技术参数

在变压器的铭牌中，制造厂对每台变压器的特点、额定技术参数及使用条件等都做了具体的规定。铭牌是选择和使用变压器的主要依据。根据国家标准规定，电力变压器铭牌应标明以下技术参数：

(1) 电力变压器额定容量 S_N

指变压器铭牌所规定额定工作状态(即在额定电压、额定频率、额定使用条件下的工作状态)下，变压器二次侧的输出功率的保证值，单位以 kVA 表示。

对于三相变压器，额定容量是指三相容量之和。变压器额定容量的计算公式为

单相变压器 $S_N = U_{N2} I_{N2}$ (kVA)

三相变压器 $S_N = \sqrt{3} U_{N2} I_{N2}$ (kVA)

式中 U_{N2}——二次侧绕组额定电压，kV；

I_{N2}——二次侧绕组额定电流，A；

S_N——额定容量(视在功率)，kVA。

对于双绕组变压器，其额定容量以变压器每个绕组的容量表示(双绕组变压器两侧绕组容量是相等的)；对于三绕组变压器，中压或低压绕组容量可以为50% S_N或66.7% S_N(其中之一也可为100%)。一般三绕组变压器容量比见表4-2表示。因此，三绕组变压器额定容量通常是指高压绕组的容量。当变压器容量因冷却方式而变更时，则额定容量是指它的最大值。运行中应该注意监视控制任何一侧的负载，其值不应超过该侧的额定容量，否则可能在其他两侧的绕组还没有达到额定容量时，另一侧的绕组就已经过载了。

表4-2　三绕组变压器容量比

类别＼绕组	一次	二次	三次	备注
三绕组变压器	100	100	50	以变压器额定容量的百分比表示(一些国外的三绕组变压器的三次绕组容量的百分值为66.7)
	100	50	100	
	100	100	100	
三绕组自耦变压器	100	100	50	

(2) 额定电压 U_{N1} 和 U_{N2}

一次额定电压 U_{N1} 等于电力网额定电压；二次额定电压 U_{N2} 为变压器空载情况下，当一次侧加上额定电压时，二次侧测量的空载电压值，单位V或kV。三相变压器的额定电压指的均是线电压。

降压变压器在电源电压不为额定值时，可通过高压侧的分接开关接入不同位置来调节低压侧电压。通常用分接电压与额定电压偏差的百分数表示。

对于无励磁调压变压器：

① 容量在6300kVA及以下的变压器，高压绕组的调压范围为 $U = U_N \pm 5\%$ 或 $U = U_{N-2\times5\%}^{+0}$；

② 容量在8000kVA及以下的高压绕组为 $U = U_N \pm 5\%$ 或 $U = U_N \pm 2\times2.5\%$；

③ 三圈变压器的中压绕组为 $U = U_N \pm 5\%$。如为 ±5% 的，有三档调节位置，即 +5%，±0%，-5%；如为 ±2×2.5% 的，有五档调节位置，即 +5%，+2.5%，±0%，-2.5%，-5%。

对于有载调变压器：

① 电压为110kV及以下的高压绕组为 $U = U_N \pm 3\times2.5\%$；

② 电压为220kV的高压绕组为 $U = U_N \pm 4\times2.5\%$。

变压器额定电压比，指空载状态，一次侧额定电压与二次侧额定电压之比。

(3) 额定电流 I_{N1} 和 I_{N2}

变压器一、二次额定电流是指在额定电压和额定环境温度下，使一、二次绕组长期允许通过的线电流，单位A或kA。额定电流由额定容量除以该绕组的额定电压及相应相数(见表4-3)推算而得的流经绕组线路端子的电流。

表4-3　相系数

相　数	相系数
1	1
3	$\sqrt{3}$

三相变压器

$$I_{N1} = \frac{S_N}{\sqrt{3}U_{N1}}(A)$$

$$I_{N2} = \frac{S_N}{\sqrt{3}U_{N2}}(A)$$

单相变压器

$$I_{N1} = \frac{S_N}{U_{N1}}(A)$$

$$I_{N2} = \frac{S_N}{U_{N2}}(A)$$

（4）阻抗电压

阻抗电压也称短路电压。阻抗电压是变压器的一项重要参数。两台变压器能否并列运行的条件之一就是要求阻抗电压相等。短路电压值的大小还是计算短路电流选择继电保护特性的依据。如果阻抗电压太大，会使变压器本身的电压损失增大，且造价也增高；阻抗电压太小，则变压器出口短路电流过大，要求变压器及一次回路设备承受短路电流的能力也加大。因此，选用变压器时，要慎重考虑短路电压的数值。

把变压器二次绕组短路，在一次绕组上慢慢地升高电压，当一次绕组的短路电流等于一次额定电流值时，一次侧所施加的电压称短路电压 $U_k\%$，在变压器铭牌上通常用 U_k 对一次电压 U_{N1} 比值的百分数表示，即

$$U_k\% = \frac{U_k}{U_{N1}} \times 100\%$$

在实际工作中，变压器短路电压又称短路阻抗或阻抗电压百分比，这是因为变压器在二次侧短路时，一次侧绕组中流过额定电流 I_{N1} 时，在变压器一次侧绕组两端的电压降为

$$U_k = I_{N1}Z_1$$

所以，我们把短路电压除以额定电流，可以得出变压器一次绕组的阻抗值。

$$Z_1 = \frac{U_k}{I_{N1}} = \frac{I_{N1}Z_1}{I_{N1}}$$

进行短路试验时，功率表所测得的数值，称为短路损耗，又叫铜损。通常是将测量数据折算到参考温度：对 A、E、B 绝缘级的变压器，参考温度取 75℃；对其他等级的则取 115℃；强迫导向油循环时为 80℃的数值，标于变压器的铭牌上。

阻抗电压大小与变压器的制造成本、技术性能、系统稳定性及供电质量均有关，电力变压器的标准阻抗电压如表 4－4 所示。

表 4－4　双绕组变压器的标准阻抗电压

电压等级/kV	6～10	35	63	110	220
阻抗电压 U_k/%	4～5.5	6.5～8	8～9	10.5	12～14

（5）空载电流 $I_0\%$

当变压器二次侧开路，一次侧施加额定电压时，流过一次绕组的电流为空载电流 I_0。通常它以额定电流的百分数表示，即

$$I_0\% = \frac{L_0}{I_{N1}} \times 100\%$$

式中 I_0——空载电流，A；

I_{N1}——一次侧的额定电流，A。

空载电流大小决定于变压器的容量，磁路结构和硅钢片质量等。高压大容量变压器一般在1%以下，一般配电变压器的空载电流为一次额定电流的3% ~8%。

(6) 空载损耗 P_0

变压器二次开路，一次施加额定电压时变压器消耗的功率。它近似等于变压器的额定铁损。变压器在额定电压下，二次空载时变压器铁芯所产生损耗包括激磁损耗和涡流损耗，它与变压器铁芯矽钢片的性质及制造工艺和施加的电压有关，对某台变压器来讲，此值与外加电压有关，与负载大小无关。因此，尽量避免变压器过电压运行。变压器空载损耗约占额定功率的10%左右。

(7) 短路损耗 P_K

短路损耗是指变压器二次侧短接、一次绕组通过额定电流时变压器由电源所汲取的(亦即消耗的)功率(单位为W或kW)。短路损耗表征变压器(经济)性能的优劣，而且通过对短路损耗的测量，可以检查修理后变压器绕组的结构与性能是否完好。

(8) 温升

对于空气冷却的变压器，温升系指所考虑部分的温度与冷却空气温度之差。对于水冷却的变压器，温升系指所考虑部分的温度，与冷却器入口处的温度之差。

国家规定变压器上层油面温升的限值55℃。就是说，当变压器上层油面的温度为95℃时，如果环境温度不超过40℃，则变压器上层油面温升55℃，为了不使变压器油迅速老化、变质，规定变压器上层油面温度，一般不得超过85℃。但绝缘等级不是A级的变压器其温升可以增加，因为绝缘材料耐热等级一般有6级，如表4-5所示。

表4-5 绝缘材料耐热等级

绝缘耐热等级	A	E	B	F	H	C
耐热温度/℃	105	120	130	155	180	220

(9) 连接组标号

连接组标号指变压器高压、中压(如果有)和低压绕组的连接方法和以时钟序数表示的相对位移的通用标号。连接组标号亦称为连接组别。

三相变压器的电路部分由三相绕组组成。三相绕组有星形连接(Y)、三角形连接(△)或曲线连接(Z)等多种连接法。对高压绕组部分分别用字母Y、D和Z表示，对于中、低压绕组分别用字母y、d和z表示。有中性点引出时则分别用符号YN、ZN和yn、zn表示。

星形连接是三相绕组中有一个同名端相互连接在一个公共点(中性点)上，其他三个线端接电源或负载称Y连接或星形连接，如果中性点引出则称为YN连接。

三角形连接是三个绕组相邻相的异名端串接成一个闭合回路，在每两相连接点上引出三根线端，接电源或负载称D连接或三角形连接。

曲线形连接也属于星形连接，只是每相绕组分成两个部分，分别绕在两个铁芯柱上称Z连接或曲线形连接，如图4-2所示。

三相变压器一、二次侧绕组采用不同的连接方式和首尾端对应不同的极性时，都会使

一、二次线电压有不同的相位关系。为了表达这种相位关系，我们采用了时钟表示方法的连接组标号予以区分：把一次侧线电压相量作为时钟长针，以相对应的二次线电压作为时钟的短针，当长针固定指向0(12)点时短针所指的钟点即为连接组标号，图4－3为某一台变压器连接组标号的相量图和绕组连接图。

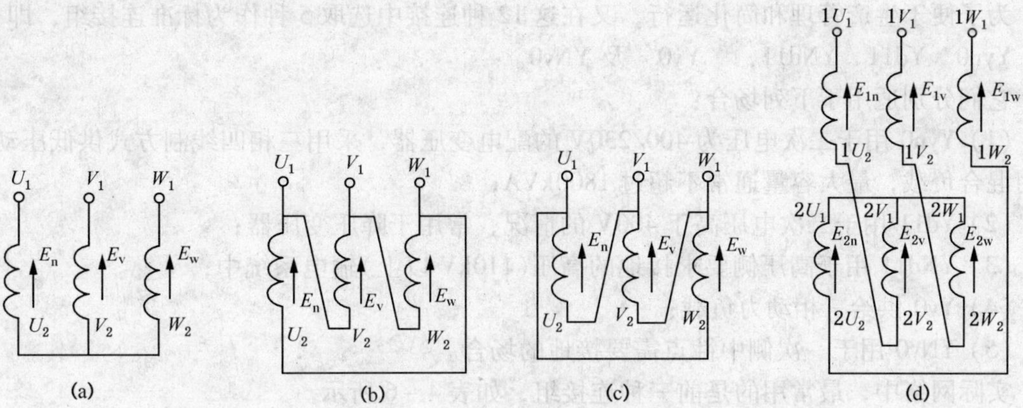

图4－2　三相变压器绕组的连接

a—Y形连接；b—△形连接(右行连接)；c—△形连接(左行连接)；d—Z形(曲线形)连接

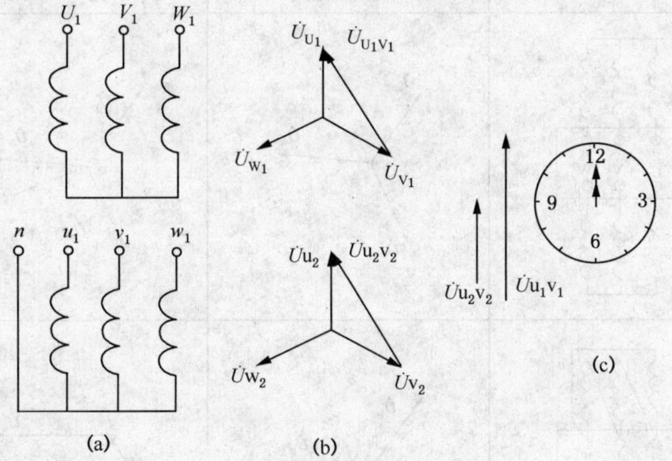

图4－3　变压器Yyn0连接组

a—一、二次绕组接线；b—一、二次电压相量；c—时钟表示

新的连接组标号，相位差表示一次，二次绕组对应端与中性点(三角形连接为虚设中性点)间的电压相量角度。三相绕组变压器，相位差为30度的倍数，为0、1、2、3、4、5、6、7、8、9、10、11等12种。

变压器连接方式组合可得出25种：

Yy	1种	Yd	2种	Yz	2种
Dy	2种	Dd	4种	Dz	4种
Zy	2种	Zd	4种	Zz	4种

三相变压器1种连接方式组合的相位关系共有(2×3)6种。

现有25种连接方式组合，则连接组共有(25×6)150种。

我国生产的变压器的中，高压绕组不用 Z 连接。所以连接方式组合只有 15 种，故连接组实际上有(15 ×6)90 种。

一般来说，高压绕组只对应同一相的低压绕组，所以电压相位关系只有 2 种，而且 D 和 Z 连接通常只采用右行连接，于是三相变压器在生产中可能采用的连接组有(6 ×2)12 种。

为了便于生产管理和简化运行，又在这 12 种连接中选取 5 种作为标准连接组，即

Yyn0　Yd11　YNd11，　Yy0　及 YNy0。

它们分别适用于下列场合：

(1) Yyn0 用于二次电压为 400/230V 的配电变压器，采用三相四线制方式供低压动力与照明混合负载，最大容量通常不超过 1800kVA；

(2) Yd11 用于二次电压高于 400V 的情况，常用于降压变压器；

(3) YNd11 用于高压侧要求接地的高压(110kV 以上)输电系统中；

(4) Yy0 供给三相动力负载；

(5) YNy0 用于一次侧中性点需要接地的场合。

实际网络中，最常用的是前三种连接组，如表 4 -6 所示。

表 4 -6　我国规定电力变压器标准连接组标号

连接组标号	绕组连接图	相量图 高压	相量图 低压	适用场合
Yyn0	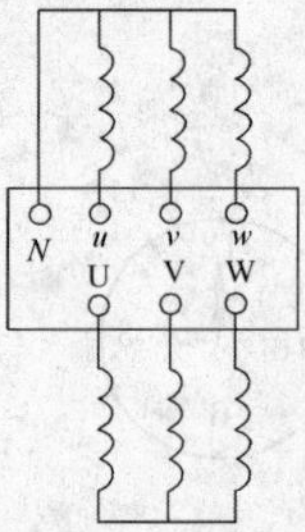	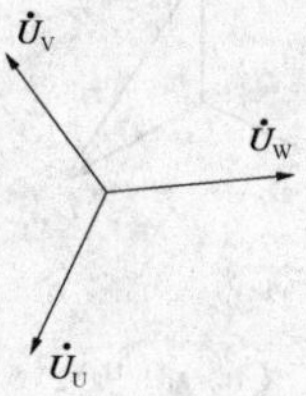	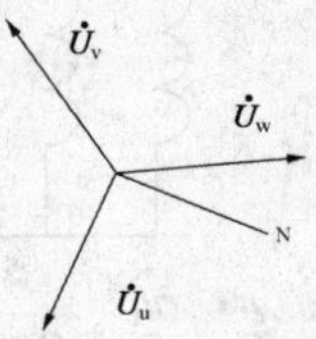	三相四线制供电，用于同时有动力负载和照明负载的场合
Yd11	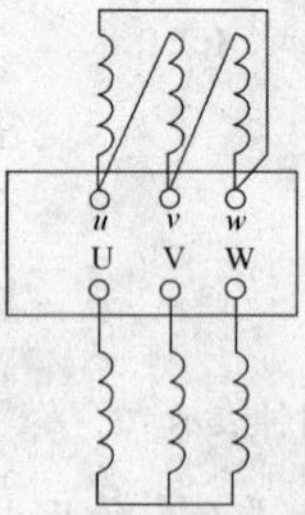	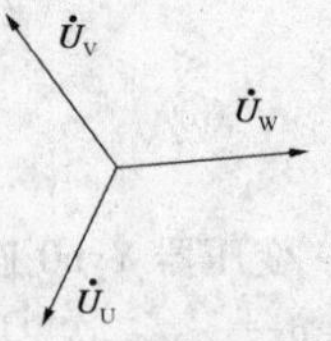	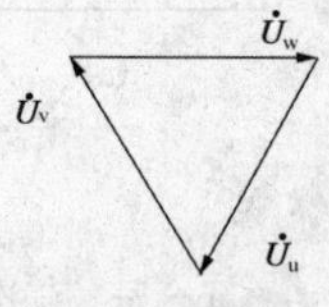	一次侧接小于 35kV 的高压，二次侧接大于 400V 的低压
YNd11	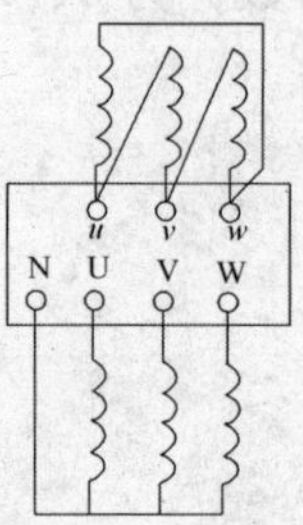	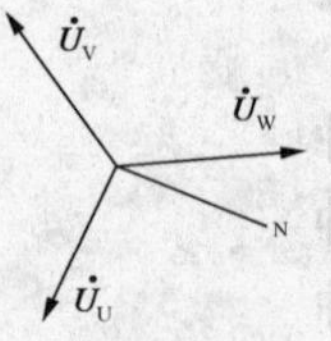	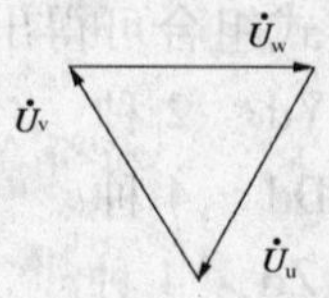	高压需中性点接地的电力系统

近年来，Dyn11 连接的配电变压器开始得到了广泛应用。配电变压器采用 Dyn11 连接，较之采用 Yyn0 连接有如下优点：

(1) 对 Dyn11 连接变压器来说，其 3n（n 为正整数）次谐波励磁电流在其三角形接线的一次绕组内形成环流，不致注入公共电网中去，这较之一次绕组接成星形接线的 Yyn0 连接更有利于抑制高次谐波电流。

(2) Dyn11 连接变压器的零序阻抗较之 Yyn0 连接的变压器小得多，从而更有利于单相接地短路故障的保护和切除。

(3) 当接用单相不平衡负载时，由于 Yyn0 连接变压器要求中性线电流不超过二次绕组额定电流的 25%，因而严重限制了接用单相负载的容量，影响了变压器设备能力的充分发挥。为此 GB 50052—95 规定，低压为 TN 及 TT 系统时，宜选用 Dyn11 连接变压器。Dyn11 连接变压器的中性线电流允许达到相电流的 75% 以上，其承受单相不平衡电流的能力远比 Yyn0 连接变压器大。这在现代供电系统中单相负载急剧增长的情况下，推广应用 Dyn11 连接变压器就显得更有必要。

但是，由于 Yyn0 连接变压器一次绕组的绝缘强度要求比 Dyn11 连接变压器稍低，从而制造成本稍低于 Dyn11 连接变压器，且目前生产 Dyn11 连接变压器的厂家相对较少。因此，在 TN 及 TT 系统中由单相不平衡负载引起的中性线电流不超过低压绕组额定电流的 25%，且其一相的电流在满载时不致超过额定值时，仍可选用 Yyn0 连接变压器。

防雷变压器通常采用 Yzn11 的连接组别。

4.1.1.2 变压器的结构和各部件的作用

电力变压器基本结构是由铁芯、绕组、油箱、绝缘套管出线装置、冷却装置和保护装置等部分组成。其基本结构组成部分如下：

- 变压器
  - 器身
    - 绕组
    - 绝缘
    - 铁芯
    - 引线及分接开关
  - 油箱（包括油箱本体及附件）
  - 冷却装置（散热器或冷却器等）
  - 保护装置（储油柜、吸潮器、净油器、测温元件、气体继电器、安全气道等）
  - 出线装置（高、低压套管）

电力变压器的结构见图 4－4 所示。

1. 铁芯

铁芯是电力变压器最基本的组成部分之一，变压器一、二次绕组都绕在铁芯上，铁芯上套绕组的部分称为铁柱，不套绕组而用作连接芯柱以构成闭合磁路的部分称为铁轭。由于变压器铁芯内的磁路是交变的，故会产生磁滞损耗和涡流损耗。为了减少这些损耗，变压器铁芯用厚度为 0.30～0.50mm 的硅钢片剪成几种不同尺寸，并在表面涂厚为0.01～0.13mm 的绝缘漆，烘干后按一定规则叠装而成。

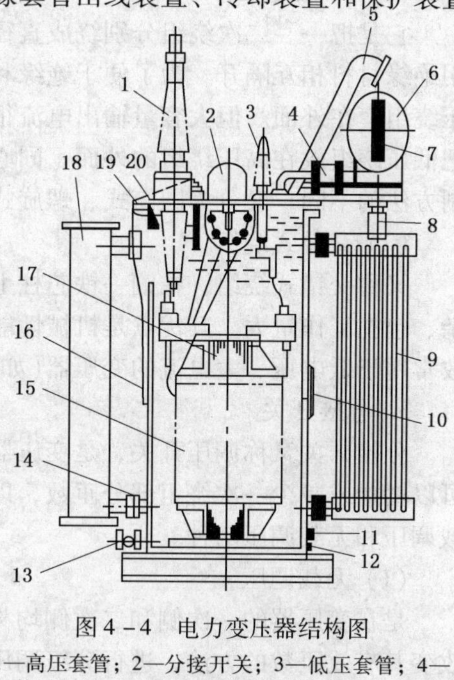

图 4－4　电力变压器结构图

1—高压套管；2—分接开关；3—低压套管；4—气体继电器；5—安全气道（防爆管）；6—储油柜（油枕）；7—油表；8—吸潮器（呼吸器）；9—散热器；10—铭牌；11—接地螺栓；12—油样活门；13—放油阀门；14—活门；15—绕组；16—信号温度计；17—铁芯；18—净油器；19—油箱；20—变压器油

老式铁芯变压器(SJ 系列)铁芯要经过穿芯螺杆紧固，穿芯螺杆必须与硅钢片绝缘，否则涡流损耗增加，使铁芯过度发热。

S7－S9 系列低损耗电力变压器，铁芯采用全斜接缝结构，可降低铁芯柱到铁轭拐弯处的附加损耗，其空载损耗比老式产品可降低 40% 左右。采用全斜接缝铁芯，铁芯叠片成芯柱后，不用穿芯螺杆紧固，而采用无纬玻璃丝带绑扎，再经金属夹件夹紧。如图 4－5 是老式电力变压器铁芯片叠积图，图 4－6 是低损耗全斜不断轭铁芯片叠积图；图 4－7 是低损耗全斜接断轭铁芯片叠积图。

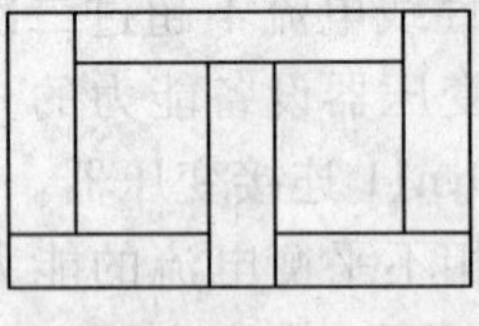

图 4－5　老式变压器铁芯片叠积图

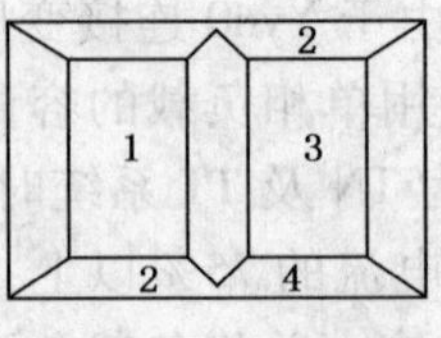

图 4－6　低损耗全斜接不断轭铁芯片叠积图
1—边柱叠片；2、4—上下铁轭叠片；3—中柱片

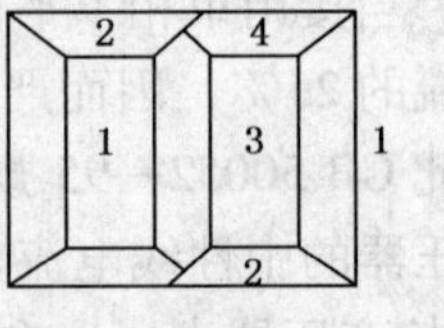

图 4－7　低损耗全斜接断轭铁芯片叠积图
1—边柱叠片；2、4—上下梯形轭片；3—上下带 45° 轭片

2. 变压器高、低压绕组

绕组也是变压器最基本组成部分，它与铁芯合称电力变压器本体，是建立磁场和传输电能的电路部分。绕组通常采用绝缘铜线或铝线绕制而成，按高压绕组和低压绕组相互排列位置不同，可分为同心式和交叠式两种。

(1) 同心式绕组

它是把一、二次绕组分别绕成直径不同的圆筒形线圈装在铁芯柱上，高、低压绕组之间用绝缘材料相互隔开。为了便于绝缘和高压绕组抽引线头，一般是将低压绕组放在里面，高压绕组套在外面。但大容量输出电流很大的电力变压器，低压绕组引出线的工艺复杂，往往把低压绕组放在高压绕组的外面。同心式绕组结构简单，绕制方便，故被广泛采用。按照绕制方法的不同，又分为圆筒式、螺旋式、连续式和纠结式等几种。

(2) 交叠式绕组

又称交错式绕组，在铜一铁芯柱上，高压绕组、低压绕组交替排列、间隙较多、绝缘复杂、包扎工作量大。其优点是机械性能较好，引出线的布置和焊接比较方便，漏电抗较小，故常用于低电压、大电流的变压器(如电炉变压器、电焊变压器等)。

3. 分接开关

分接开关又称调压开关，是变压器高压绕组改变抽头位置的装置，调整分接开关位置，可以增加或减少一次绕组部分匝数，以改变电压比，使输出电压得到调整。分接开关分为有载调压和无载调压两种。

(1) 无载调压

是在变压器的一次侧和二次侧均与网络开断的情况下，以变换一次或二次绕组的分接，改变其有效匝数的方法，进行分级调压。按照变压器容量与调压要求，设置三级($U_N \pm 5\%$)调压和五级($U_N \pm 2 \times 2.5\%$)调压两种。小容量变压器一般有三个分接头，中间一个分接头相当于额定电压，其他两个分接头相当额定电压改变 ±5%；容量稍大的一般有 5 个分接头，相应的电压调节范围为 $U_N \pm 2.5\%$ 和 $U_N \pm 5\%$，也记作 $U_N \pm 2 \times 2.5\%$，即每级的变化为 2.5% U_N。根据使用部门的要求，在调压范围和级数不变的情况下，允许增加负分接级数、减少正分接级数，如 $U_{N-3}^{+1}\times 2.5\%$。在 -7.5% 和 -10% 分接位置时，变压器的容量应较其额定容量分别降低 2.5% 和 5%。GB 1094.1 中规定变压器无载调压的范围及级数为：

① 容量为 6300kVA 及以下，$U_N \pm 5\%$；

② 容量为 8000kVA 及以上，电压 35kV 及以上，$U_N \pm 2\times 2.5\%$；电压 10kV，$U_N \pm 5\%$。

③ 三绕组变压器，电压为 35kV，中压或低压绕组，$U_N \pm 5\%$ 或 $U_N \pm 2\times 2.5\%$。

无载调压的方法是从调压侧绕组抽出分接头进行的，对于三相中性点调压方式，连接 $X_1Y_1Z_1$ 为 $+5\%$ 级，即Ⅰ分接；连 $X_2Y_2Z_2$ 为额定电压，即Ⅱ分接；连 $X_3Y_3Z_3$ 为 -5% 级，即Ⅲ分接。变压器分接头和分接开关接线如图 4－8(a)所示，这时采用三相中性点调压分接开关。对于三相中部调压方式，如 A 相连结 A_2A_3、A_3A_4、A_4A_5、A_5A_6、A_6A_7，可得 $U_N \pm 2\times 2.5\%$ 和额定电压等五个调压级，此时变压器绕组和分接开关接线图如图 4－8(b)所示。

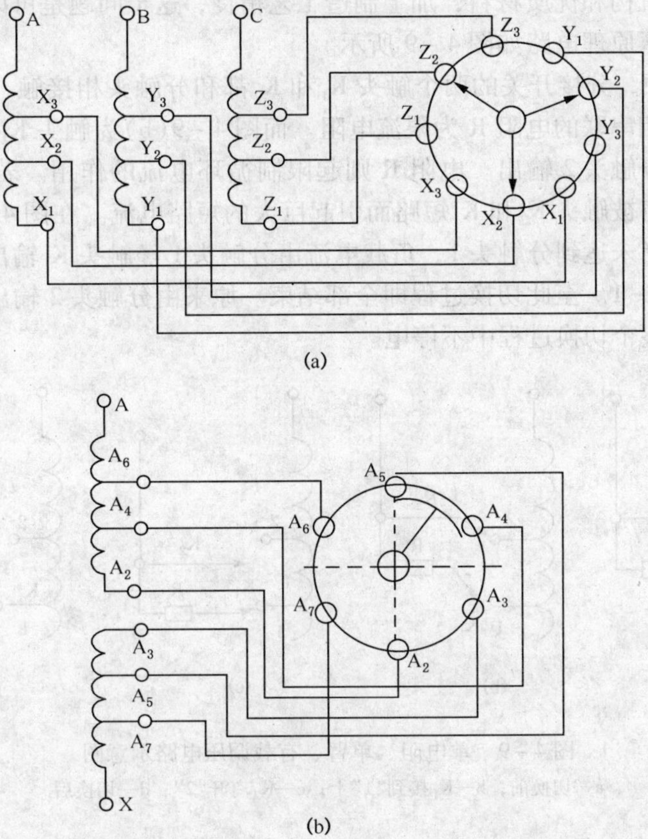

(a)

(b)

图 4－8　无激磁分接开关原理接线图

a—三相中性点调压；b—三相中部调压(只示一相)

电力系统正常运行时，必须控制电压的波动，保证电能质量。10kV 变压器调压范围为 ±5%，当系统的电压变化不超过额定电压的 ±5% 时，可以通过调节变压器分接开关的位置解决电压过高或过低的问题。分接开关有三档，即Ⅰ分接时，为 10500/400V；Ⅱ分接时，为 10000/400V；Ⅲ分接时，为 9500/400V。

当系统电压过高，超过额定电压，反映于变压器二次侧母线电压高，需要将变压器分接开关调到Ⅰ位置。如果系统电压低，达不到额定电压时反映变压器二次侧电压低，则需要将变压器分接开关调至Ⅲ位置。即所谓的“高往高调，低往低调”。

(2) 有载调压

分接开关是变压器带负载运行中，在负载电流下以变换一次或二次绕组的分接，改变其匝数，进行分级调压。调压范围：

① 电压为 110kV 及以下的高压绕组为 $U=U_N \pm 3\times 2.5\%$；

② 电压为 220kV 的高压绕组为 $U=U_N \pm 4\times 2.5\%$。

有载调压分接开关在变换分接头过程中，可采用电抗或电阻过渡，以限制其过渡时的循环电流。电抗式有载调压分接开关因体积大，制造成本高，触头烧蚀严重已不再生产。电阻式的特点是过渡时间较短、循环电流的功率因数为 1，切换开关电弧触头的电寿命可由电抗式的 1~2 万次提高到 10~20 万次。但是由于电阻是短时工作的，操作机构一经操作便必须连续完成。倘若由于机构不可靠而中断、停留在过渡位置，将会使电阻烧损而造成事故。如果选用设计合理的机构和优质材料，加上制造工艺精良，这个问题是可以解决的。

简单的有载调压原理电路如图 4-9 所示。

在图 4-9(a)中，分接开关的两个触头 K_1 和 K_2 都和分触头相接触，负载电流由分触头 2 输出。与触头 K_1 相串联的电阻 R 为限流电阻。而图 4-9(b)为触头 K_1 已切换到分接 1 上，这时负载电流仍由分触头 2 输出。电阻 R 则起限制循环电流的作用。若没有限流电阻则分接 2 和 1 间的绕组将被触头 K_2 和 K_1 短路而引起巨大的短路电流。在图 4-9(c)中，触头 K_2 已离开分触头 2 而尚未达到分触头 1，负载电流由分触头 1 经触头 K_1 输出。在 4-9(d)中触头 K_2 已切换至分触头 1。至此切换过程即全部结束。原来由分触头 2 输出的电流就改换为由分触头 1 输出，在整个切换过程中不停电。

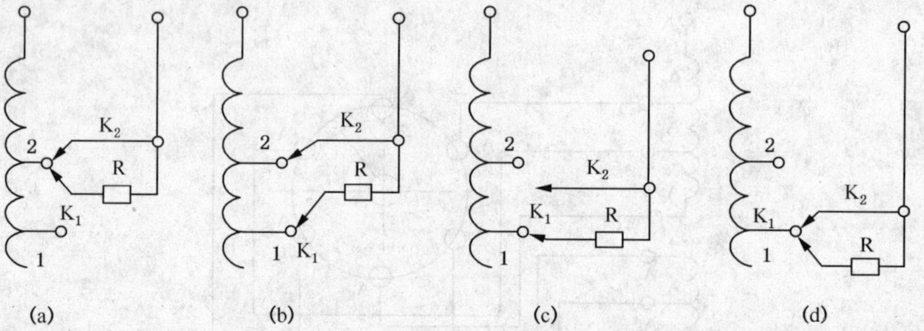

图 4-9 单电阻、单臂、有载调压电路示意图

a—切换前；b—K_1 接到“1”上；c—K_2 离开“2”；d—切换后

4. 气体继电器

气体继电器又称瓦斯继电器，主要作为变压器内部故障的一种保护装置。气体继电器安装在油箱和油枕的连接管中间，气体继电器与控制电路连通构成瓦斯保护装置。气体继电器上接点与轻瓦斯信号构成一个单独回路，气体继电器下接点连接外电路构成重瓦斯保护，重瓦斯动作使油断路器掉闸并发出重瓦斯动作信号。规程规定凡容量为 800kVA 及以上的油浸式变压器和 400kVA 及以上的厂用变压器，均装有气体继电器。

5. 防爆管

防爆管是变压器的一种安全保护装置，装于变压器的大盖上，由一个喇叭形管子与大气相通，管口用薄膜玻璃板或酚醛纸板封住。防爆管是当变压器内部发生故障时，使变压器不致变形而装设的一种保护装置(现大多采用压力释放阀)，所以又称为安全气道。凡容量

800kVA 及以上的油浸式变压器均应设此装置。

6. 油枕

油枕是变压器运行中补油及储油的装置，装在油箱的斜上方，有油管和油箱相通。当变压器油的体积随油温变化而热胀冷缩时，油箱内始终可以充满绝缘油，以减少油与空气的接触面，防止油被过速氧化和受潮。通常油枕的容积为变压器油箱容积的 1/10，在油枕一侧装油位指示器（油标管），用来监视油位变化。在变压器油枕的上方装有注油孔和出气瓣。

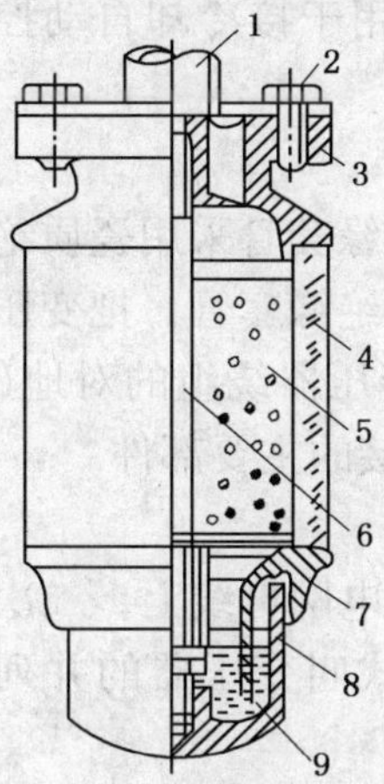

图 4－10　呼吸器的结构

1—连接管；2—螺钉；3—法兰盘；4—玻璃管；5—硅胶；6—螺杆；7—底座；8—底罩；9—变压器油

7. 呼吸器

为防止空气中的水分浸入油枕的油内，油枕是经过一个呼吸器（也称吸潮器）与外界空气连通的，如图 4－10 所示。在呼吸器内装硅胶，油枕内的绝缘通过呼吸器与大气连通，内部干燥剂吸收空气中的水分和杂质，以保持变压器内的绝缘油的良好绝缘性能。呼吸器内硅胶一般采用变色硅胶，变色硅胶原理是利用二氯化钴（$CoCl_2$）所含结晶水数量不同而有几种不同颜色做成，在干燥情况下呈浅蓝色，当吸潮达到饱和状态时，渐渐变为淡红色。这时，应将硅胶取出在 120～160℃高温下烘干变成蓝色便可使用。

8. 冷却装置

油浸式电力变压器的冷却装置包括散热器和冷却器。不带强油循环的称为散热器；带强油循环的称为冷却器。

散热器是装于变压器油箱四周的散热管或散热片组成，当变压器运行时，上层油温与下层油温产生温度差时，通过散热器促成油的循环对流，使变压器芯子周围的高温油通过散热器冷却后再回到油箱内，起到了降低变压器运行温度的作用。

9. 净油器

净油器又称温差滤过器，它可以使油质保持清洁，延长油的使用年限。见图 4－11 所示。

主要部分是用钢板焊成圆筒形的净油罐 8，安装在变压器油箱的一侧，罐内充满吸附剂（如硅胶）。当油温变化而上下流动时，经过净油器达到吸取油中水分、渣滓、酸和氧化物的作用。净油器底部有放油塞 3，上部有放气塞 5。为了便于更换吸附剂，容器的上、下盖板都作成可拆卸的，同时在油管道的上、下都装有平板式油阀门 2。只要关闭阀门，隔断净油器与油箱的油路，便可放出净油器内的存油，拆开上、下盖板后即可更换吸附剂。3150kVA 及以上变压器均有这种净化装置。吸附剂的用量一般按变压器的油量计算，如硅胶用量取油量的 1%～2%，活性氧化钴用量取油量的 0.5%～1%。

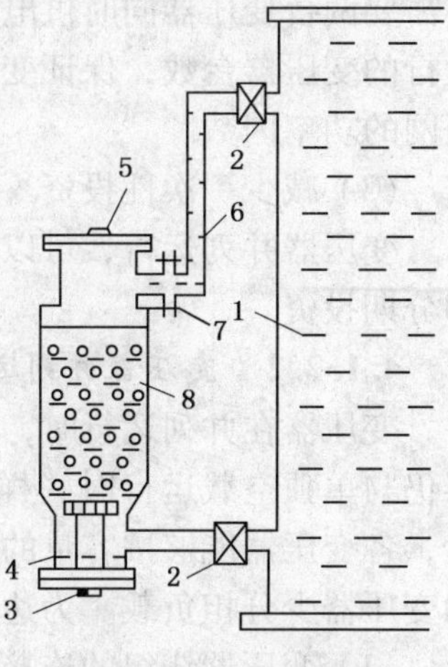

图 4－11　净油器

1—油箱；2—油阀门；3—放油塞；4—集污器；5—放气塞；6—连管；7—连接法兰；8—净油罐

10. 温度计

温度计是监视变压器运行温度的表计，一般都把测温点放在油的上层。常用的温度计有水银式、气压式和电阻式等。1000kVA 以下的油浸式变压器，只装水银温度计，插在变压器外壳顶盖上特制插孔内，或用管接头拧入顶盖中；1000kVA 及以上的油浸电力变压器须安装带报警信号的温度计，强迫油循环冷却的变压器须安装两个；8000kVA 及以上的油浸式变压器须装设远距离测温用的测温元件，即电阻温度计，强迫油循环冷却的变压器须安装两个，40000kVA 及以上的油浸电力变压器须安装两个信号温度计，两个电阻温度计，油浸风冷式变压器须安装两个信号温度计，一个用于测量上层油温，一个用于接冷却自动控制电路。

11. 高、低压绝缘套管

高、低压绝缘套管是变压器箱外的主要绝缘装置，大部分变压器绝缘套管采用瓷质绝缘套管。干式变压器的绝缘套管采用树脂浇注成型。变压器通过高、低压绝缘套管，把变压器高、低压绕组的引线从油箱内引至油箱外，是变压器绕组的对地(外壳和铁芯)绝缘，并且还是固定引线与外电路连接的主要部件。

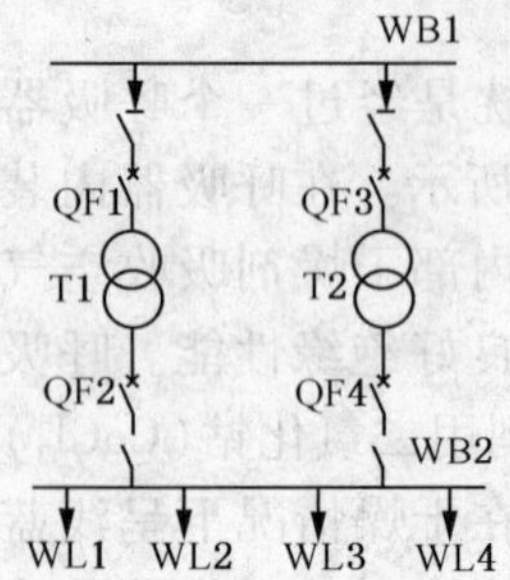

图4－12　电力变压器的并列运行单线系统图

4.1.2　变压器的并列运行

将两台或多台变压器的一次绕组并列到同一电网母线上，二次绕组也都并接到公共的二次母线上，这种运行方式叫变压器的并列运行，其单线系统如图4－12所示。

4.1.2.1　变压器并列运行的特点

(1) 提高供电可靠性

并列运行中的某一台变压器发生故障时，可从电网切除并进行检修，负载由其余各台变压器分担，不用中断供电，也不影响其他变压器正常供电，必要时仅需对某些用户限电。采用并列运行，也可有计划地安排轮流检修，减少了故障和检修时的停电范围。

(2) 提高经济运行性

当负荷增加到一台变压器的容量不够用时，则可并列投入第二台变压器，当负荷减少到不需要两台变压器同时供电时，可将退出一台变压器运行。根据负载大小随时调整投入并列运行的变压器台数，保证变压器有较高的负载系数，从而可减少空载损耗，提高效率，改善电网的功率因数。

(3) 减少一次性投资

变压器并列运行，可以减少总备用容量，并能随用电负载的增加而分批安装新变压器，即分期投资。

4.1.2.2　变压器并列运行的条件

变压器在并列运行时，理想的运行情况是变压器已经并联上而还没有带负载时，各变压器仍与单独空载运行时一样，只有空载电流，而各变压器之间没有环流存在，当加上负载后，各变压器能够按容量的大小成比例地分配负载，即容量大的变压器多分担负载，小容量的变压器少分担负载。为达到上述理想的运行情况，必须满足下列条件：

(1) 变压器绕组的连接组别必须相同

在变压器并列运行中，如果连接组别不相同的变压器并列后，即便电压的有效值相等，同样在两台变压器同相的二次侧，也会出现很大的电压差(电位差)，由于变压器二次阻抗很小，将会产生很大的环流而烧毁变压器。因此，不同接线组别的变压器绝对不允许并联。

(2) 变压器的电压比相同，允许差值不得超过±5%

并列运行的变压器如果电压比不同，则并列变压器二次侧电压不相等，相差大于允许值，会在绕组内产生较大循环电流，降低变压器的输出容量，严重时还会烧毁变压器。

（3）变压器的短路电压百分比应相等

变压器的阻抗电压与变压器额定电压和额定容量有关，所以不同容量的变压器短路阻抗各不相同。变压器并列运行时，负载分配与短路电压的数值大小成反比，即短路电压大的变压器分配的负载电流小，而短路电压小的变压器分配的负载电流大，如果并列运行的变压器短路电压百分比不相等时，不能按变压器容量成比例地分配负载，会造成短路电压百分比小的变压器过负载，短路电压百分比大的不能满负载。为了避免阻抗电压差值过大，可能导致阻抗电压小的变压器发生过负载现象，并列运行变压器的阻抗电压允许差值不得超过10%。

变压器的容量比不能超过3:1，如果容量相差过多时，阻抗电压也相差较大，容易使负载分配不合理，造成一台变压器过负载，另一台变压器不能满负载，并列运行还是不经济的。

（4）特殊情况

在特殊情况下，变压器不能完全满足上述条件时，要求：

① 每台变压器承担的负载不应超过本身额定容量的5%，如额定容量为100kVA变压器，负载不可超过105kVA；

② 任何一台变压器在空载时，二次绕组产生的循环电流不应超过任何一台变压器额定电流的10%；

③ 并列运行的变压器承担的总负载不能长时间超过本身额定容量的110%；

④ 并列运行变压器的短路电压差值应不超过其中一台变压器短路电压值的10%；

⑤ 并列运行的变压器的电压比允许相差不超过±0.5%（电压比>3时）或±1%（电压比≤3时）。

4.1.2.3 变压器并列运行注意事项

变压器并列运行，除应满足并列运行条件外，还应注意如下安全操作规范：

（1）新投入运行和检修后的变压器，并列运行前应进行核相，并在空载状态时试验并列运行无问题后，方可正式带负载并列运行。

（2）变压器的并列运行，必须考虑其经济性，不经济的变压器不允许并列运行，并注意不宜频繁操作；

（3）进行变压器并列运行或解列操作时，不允许使用隔离开关和跌开式熔断器，要保证操作正确，不允许通过变压器倒送电；

（4）需要并列运行的变压器，在并列运行前应根据实际情况，预计变压器负载电流的分配，在并列后立即检查两台变压器的运行电流分配是否合理，在需解列变压器或停用一台变压器时，应根据实际负载情况，预计是否有可能造成一台变压器过负载。而且也应检查实际负载电流，在有可能造成变压器过负载的情况下，不准进行解列操作。

4.1.3 变压器异常运行分析及处理

4.1.3.1 变压器过负荷

1. 变压器的正常过负荷能力

变压器正常运行时，在不损害变压器绕组的绝缘和不降低变压器使用寿命的前提下，允许在一定范围内过负荷运行，其允许的过负荷倍数及持续时间应根据变压器的负荷曲线及冷却介质的温度来确定。对室外变压器来讲，过负荷的总值不得超过30%；对室内变压器来讲，过负荷的总值不得超过20%，且应严格遵循允许的时限规定，如表4-7所示。

2. 变压器的事故过负荷

发电厂、变电所或系统发生事故时，由于一方面需要保证对重要用户的连续供电，另一方面又不应限制发电厂的出力，故允许变压器在短时间（消除事故所必须的时间）内过负荷运行，这称为事故过负荷。但运行人员应对事故迅速进行处理，以消除事故过负荷。

事故过负荷会引起变压器绕组的绝缘温度超过允许值，使绝缘的老化速度比正常工作条件下快得多，因而会缩短变压器的使用年限。但考虑到事故发生的机会少，以及发电厂和变电所的变压器平时一般以相当大的欠负荷状态运行，所以短时的事故过负荷不会引起绝缘的显著损害。

变压器事故过负荷的数值和时间，应按制造厂的规定执行。如无制造厂的规定资料时，对于自然冷却和吹风冷却的油浸式电力变压器及干式变压器，可参照表4－8、表4－9、表4－10所示的数值确定。若过负荷数值和时间超过允许值，则应按规定减少变压器的负荷。

表4－7　自然冷却或吹风冷却油浸式电力变压器的过负荷允许时间　min

过负荷倍数	过负荷前上层油温升/℃						
	18	24	30	36	42	48	54
1.05	5：50	5：25	4：50	4：00	3：00	1：30	
1.10	3：50	3：25	2：50	2：10	1：25	0：10	
1.15	2：50	2：25	1：50	1：20	0：35		
1.20	2：05	1：40	1：15	0：45			
1.25	1：35	1：15	0：50	0：25			
1.30	1：10	0：50	0：30				
1.35	0：55	0：35	0：15				
1.40	0：40	0：25					
1.45	0：25	0：10					
1.50	0：15						

注：此表在周围空气温度为40℃及以下时适用。

表4－8　自然冷却油浸式变压器允许的事故过负荷能力

过负荷倍数	1.30	1.45	1.60	1.75	2.00
允许持续时间/min	120	80	45	20	10

表4－9　变压器冷却系统发生事故切除全部风扇后允许的过负荷能力

空气温度/℃	－15	－10	0	10	20	30
额定负荷下允许最长时间/min	60	40	16	10	6	4

表4－10　干式变压器的事故过负荷能力

过负荷倍数	1.2	1.3	1.4	1.5	1.6
允许持续时间/min	60	45	32	18	5

4.1.3.2　变压器的异常响声及故障处理

变压器在正常运行时，由于交流电通过变压器的绕组时，在铁芯里产生周期性变化的交变磁通，这种磁通的变化，会引起铁芯的振动而发出均匀的嗡嗡声。但当变压器出现异常时则不然，比如：

（1）若变压器的声音连续均匀，但比平时增大，内部发出很高而且沉重的嗡嗡声，同时变压器上层油温也有所上升。应查看变压器控制屏电流表、功率表。这种情况一般是变压器过负荷。对有冲击负荷的变电所，变压器的声响还会或高或低。

（2）由于大动力设备启动，负荷变化较大，使变压器内发出哇哇的声音。如变压器带有电弧炉、汞弧整流器等负荷时，由于五次谐波分量很大，所以在变压器内就发出哇哇声。

(3) 电网发生单相接地或产生谐振过电压时，变压器声音也会增大。如声响中夹有杂音，而电流表无明显异常，则可能是内部夹件或压紧铁芯螺丝松动，使矽钢片振动增大。

(4) 若变压器连续的声响中夹有噼啪放电声，这可能是因变压器内部或外部发生局部放电所致。如是外部放电，在夜间或阴雨天气下可看到变压器套管附近蓝色的电晕或火花，说明瓷件有严重污秽或设备线夹接触不良。

(5) 当运行中的变压器发出很大且不均匀的响声，夹有爆裂声和咕噜声。这是由于变压器内部如局部(层间、匝间)绝缘击穿，引线对外壳、引线对铁芯及引线之间局部放电造成的。由于分接开关接触不良引起打火，也会发出类似的声音。

(6) 由于个别零件松动，使变压器内发出异音。如因负荷突变，使某些零件松动，造成变压器内部有不规则的异常叮当声；如因轻负荷或空负荷时，使某些离开叠层的硅钢片端部发生振荡，造成变压器内部有一阵阵的嗡嗡声；如因铁芯的穿芯螺丝夹得不紧，使铁芯松动，造成变压器内部有强烈而不均匀的噪音。

值班员一旦发现运行中的变压器发生外部引线或套管放电，或内部发出不均匀的很大响声，绝缘局部击穿，部件间隙局部放电，分接开关接触不良打火放电，发出异常的噼啪爆裂声和“咕噜”声，应认真判断，必要时立即将变压器停运，等候处理。

4.1.3.3 变压器温度异常及处理

目前35kV变电所双绕组主变压器的绝缘大部分是A级绝缘，绕组极限温度为105℃，运行中绕组温度比油面温度一般约高10~15℃，如油面温度85℃，则绕组温度将达95~100℃。因此，为了保证绝缘不过早老化，运行人员应加强变压器上层油温的监视，严格控制在95℃以下，变压器各部分的温升极限值可参照表4-11。

表4-11 变压器各部分温升极限值

变压器部位	最高温升/℃	变压器部位	最高温升/℃
油(顶部)	55	铁芯	70
线圈	65		

若发现在同样条件下油温比平时高出10℃以上，或冷却装置运行正常，负荷不变但温度不断上升，则认为变压器内部发生故障(但应注意温度计有无误差或失灵)。

当变压器油的温升超过许可限度时，应做如下检查：

(1) 检查变压器的负荷及冷却介质的温度，并与以往同样负荷及冷却介质相比较。

(2) 对新安装或大修后新投运的变压器，检查散热器的阀门是否打开，冷却装置是否正常。

(3) 检查温度计本身是否失灵。

若以上均正常，油温比同样条件下高出10℃，且还在继续上升时，则可断定为变压器内部故障，如铁芯发热或匝间短路等。铁芯发热可能是涡流所致，当夹紧用的穿芯螺栓与铁芯相碰，或硅钢片间的绝缘破坏，片间短路均可能形成涡流发热。一旦发现变压器内部有异常热源应立即停运变压器，等候处理。

4.1.3.4 变压器油位异常及处理

变压器油枕的油位表，一般标有-30℃、20℃、40℃三条线，它是标志变压器未投入运行前不同油温时的三个油面标志，根据这三个标志可以判断是否需要加油或放油。运行中变压器温度的变化会使油体积变化，从而引起油位的上下位移。

常见的油位异常有假油位和油面过低两种。运行中的变压器如发生防爆管通气管堵塞、油标管堵塞，油枕呼吸器堵塞等故障，则在负荷温度正常变化时油标管内的油位就会变化不正常或不变，这些现象称假油位。油面过低一般是由变压器严重渗漏或大量跑油，多次放油后未作补充，原来油量不足又遇温度骤降等原因造成。变压器严重缺油时，内部的铁芯、绕组就可能暴露在空气中使绝缘受潮，同时露在空气中的部分绕组因无油循环散热导致散热不良而引起损坏事故。配有瓦斯保护的变压器，瓦斯继电器装设在油枕下方，当油位降到一定程度时还会发生轻、重瓦斯保护动作。

无论因渗漏油、放油未补充，气温急剧下降等诸因素造成油位指示器看不见油位，都应将变压器退出运行。

4.1.3.5 变压器外表异常的分析及处理

1. 外表异常

渗油漏油是变压器最常见的外表异常现象。由于变压器本体充满油，各连接部位是中间夹有胶垫以防渗漏油，长时间的运行会使胶垫老化龟裂从而引起渗漏油。螺丝松动或放油阀门关闭不严，制造时有沙眼或焊接质量差也是渗漏油的主要原因之一。

套管闪络放电也是变压器常见的外表异常现象。套管闪络放电多数是因制造中有隐伤或安装中发生轻微碰伤，套管表面落有导电尘埃，系统出现内、外过电压引起。套管闪络放电会造成其发热，导致老化，引起套管接地或爆炸。

此外，有时还会发生防爆管玻璃破损的现象，这主要是由内部发生短路故障。更换防爆管玻璃时螺丝拧得太紧、法兰盘表面不平整、呼吸器堵塞等原因造成。当油枕呼吸器堵塞后，油枕上方空气压力发生变化，引起防爆管玻璃破损，这样水蒸气和湿的空气将进入变压器，引起绝缘受潮。

在无月光或阴雨天晚上，有时还会发现套管与引线线夹处发红。这是由于连接部位螺丝松动，接触面氧化严重，使接头过热。一般规定接头连接部位温度不宜超过70℃。可用示温蜡片试验，也可以用红外线测温仪测量。

2. 事故处理

对上述几种外表异常，在运行中，轻者汇报主管部门及调度，加强监视；严重者应请示停用变压器，等候处理。对下列三种特别严重的故障，可先停止变压器运行，再向调度及设备主管部门汇报。

(1) 防爆玻璃破碎向外喷油。运行中的变压器，一旦发现防爆玻璃破碎向外喷油则应立即将其退出运行。

这种情况产生的原因是变压器内部有急骤发出大量热量的部位，如绕组短路击穿，分接开关严重接触不良，起弧发热，使变压器油受热急剧分解出大量气体引起的。

(2) 套管严重破裂、放电。变压器的瓷套管一旦发生严重破损，引起放电，则应认为该变压器已经失去了正常运行的功能，立即退出运行。

(3) 变压器着火。变压器一旦着火，除应立即将变压器从系统中隔离外，还应立即采取正确的防火措施。变压器着火时，若油溢在变压器顶盖上着火，则应打开变压器下部的放油阀放油，并将油引入储油坑内，采取措施防止再燃。变压器火灾的扑灭，应使用1211泡沫灭火剂，以及干粉等不导电灭火剂。

为防止从变压器流出的油着火，变压器油坑内应放卵石，以起到降温散流的作用。

4.1.3.6 变压器分接开关的故障及处理

1. 无载分接开关的故障及处理

值班人员在检查变压器时，如发现变压器油箱内上部有吱吱的放电声，电流表随着响声发生摆动，瓦斯保护可能发出信号，油闪光点迅速降低，可初步判断为分接开关出现了故障。故障的产生通常有如下四个方面的原因：

(1) 弹簧压力不足，滚轮压力不均，使有效接触面积减少，以及镀银层机械强度不够而严重磨损等引起分接开关在运行中被烧坏。

(2) 分接开关接触不良，引出线连接和焊接不良，由于经受不起短路冲击而造成分接开关故障。

(3) 在倒换分接头时，由于分接头位置切换错误，引起分接开关烧坏。

(4) 由于相间绝缘距离不够，或者绝缘材料的电气绝缘强度低，在过电压(大气过电压或操作过电压)的情况下，绝缘击穿，造成分接开关相间短路。

值班人员应监视变压器的运行情况，如电流、电压、温度、油位、油色和声音的变化。试验人员应立即取油样进行气相色谱分析，以鉴定故障的性质。值班人员应将分接开关切换到完好的另一档上(切换后经测量证明)，此时变压器仍可继续运行。

变压器在投入运行前或调换分接头位置时，必须测量各分接头的直流电阻。因为分接开关的接触部分在运行中可能会烧伤，未用的分接头长期浸在油中可能会产生氧化膜等，都会造成倒换分接头后接触不良的现象，所以无载调压的变压器倒换分接头时，必须测量直流电阻，且测得的三相电阻应平衡，如发现不平衡时，其相差值不得超过2%，并应参考历次测试的数据进行核对。在倒换分接头位置时，应核对油箱外的分接指示器与内部分接头连接情况是否一致，以保证接线良好，且应将分接开关手柄转动10次以上，以消除触头部分的氧化膜及油污，然后再调至所需要的分接头位置上并将变压器投入运行。

2. 有载分接开关的故障及处理

(1) 过渡电阻在切换过程中被击穿烧断，在烧断处发生闪络，引起触头间的电弧越拉越长，并发出异常声音。

(2) 分接开关由于密封不严而进水，造成相间闪络。

(3) 由于分接开关滚轮卡住，使分接开关停在过渡位置上，造成相间短路而烧坏。

(4) 调压分接开关油箱不严密，造成油箱内与主变压器油箱内的油相连通，而使两个油位指示器的油位相同，这样，使分接开关的油位指示器出现假油位，造成分接开关油箱内缺油，危及分接开关的安全运行。

以上所述是有载分接开关的各种故障情况，其现象和处理方法与无载分接开关相同，这里就不再赘述。

4.1.3.7 变压器自动跳闸后的处理

为了保证变压器的安全运行及操作的方便，对有备用变压器的变电所应尽快投入备用变压器，恢复向用户供电，然后再查明故障变压器的跳闸原因。对无备用变压器变电所，运行人员应尽快根据掉牌指示，查明何种保护动作，并立即向主管部门和调度汇报。

1. 变压器瓦斯保护动作后的处理

(1) 轻瓦斯动作后的处理

轻瓦斯动作发出信号后，值班人员应首先停止音响信号，并检查气体继电器里气体的性质，从颜色、气味、可燃性判断是否发生故障。若轻瓦斯动作是因非变压器故障引起的，例如因进行滤油或加油而使空气进入变压器、因温度下降或漏油使油面缓慢低落、因外部穿越性短路电流的影响、因直流回路绝缘破坏或接点劣化引起的误动作，在复归信号后，变压器可继续运行；若是因变压器轻微故障而产生少量气体，复归信号后应立即汇报上级。确认为变压器内部故障应将变压器退出运行，并进行必要的检查。

（2）重瓦斯保护动作后的处理

运行中的变压器发出瓦斯保护动作跳闸，则可能是由于变压器发生严重故障，油面剧烈下降或保护装置二次回路故障；也可能是检修后充油速度快、静止时间短，油中空气分离后，使重瓦斯保护动作于跳闸。发出瓦斯信号后，首先应停止音响信号，并检查气体继电器动作的原因。如果不是上述原因造成的，则应收集气体继电器内的气体，并根据气体多少、颜色、气味可燃性等来判断其性质，可参照表4－12。

表4－12 根据气体继电器内的气体性质判断故障性质

气体性质	故障性质	气体性质	故障性质
无色、无味、不燃	变压器内有空气	灰白色、有强烈臭味、可燃	纸质或纸板故障
黄色、不易燃	木质故障	灰色、黑色、易燃	油质故障

检查气体是否可燃时，可打开继电器顶盖上的放气栓，对气体进行可燃性试验。可燃时，有明亮的火焰。须注意火苗应距栓口5～8cm，以免吹熄火苗。

为了进一步判明变压器内部故障性质，应立即取油样进行气相色谱分析并进行必要的测试。保护好事故现场，为事故调查和分析提供依据。

主变压器发生重瓦斯动作跳闸后，不经详细检查与测量、原因不明时不得投入运行。

2. 变压器差动保护动作后的处理

凡容量为10000kVA及以上的主变压器均装有差动保护。主变差动保护是按循环电流原理设计制造的，而瓦斯保护是根据变压器内部故障时会产生或分解出气体这一特点设计制造的。它们都作为主变的主保护相互配合来完成保护主变的任务。

运行经验证明，在变压器故障时（除不严重的匝间短路），差动和瓦斯都能反映出来。因为变压器内部电气故障时，油的流速反映于一次电流的增加，有可能使两种保护启动。

变压器差动保护动作跳开变压器各侧开关。运行人员在拉开主变两侧断路器的隔离开关后，应重点检查：①变压器套管是否完整，连接变压器的母线上是否有闪络的痕迹；②对变压器差动保护区范围内的所有一次设备（即变压器高压侧及低压侧断路器之间的所有设备及引线等）进行检查，以便发现在差动保护区内有无异常。

若上述检查没有结果，在排除误碰情况下应进一步查明变压器内部是否有故障。当变压器内部有损伤时，则不允许将变压器合闸送电。有时，差动保护在其保护范围外发生短路时，也可能会发生误动作。如变压器没有损伤的征象时，跳闸确实是由外部引起的，可在主保护投入情况下，将该变压器空载合闸试送电。合闸后，经检查正常时，方可与其他线路接通。

3. 变压器后备保护动作后的处理

当变压器由于定时限过电流保护动作跳闸时，首先应解除音响，然后详细检查有无越级动作跳闸的可能，即检查各出线断路器保护装置的动作情况，各信号继电器有否掉牌，各操作机构有无卡死等现象。如查明不是因某出线故障引起的越级跳闸，则应将低压侧所有断路器全部拉开，检查低压母线与变压器本体有无异常情况。若查不出有明显故障征象时，则将变压器空载情况下试投一次，正常后再逐路恢复送电；当在试送某一出线断路器时又引起越级跳闸时，则应停送该线，而将其余线路恢复送电。若在检查中发现低压母线有明显的故障征象，而变压器本体无明显故障征象时，应待母线故障消除后再试合闸送电。若检查发现变压器本体有明显故障征象，则不可合闸送电，应向上级汇报，听候处理。

4.2 发电机的运行

同步发电机是电力系统中重要的组成部分，它的安全运行对电力系统的正常工作、用户的不间断供电、保证电能质量方面，都起着非常重要的作用。同步发动机主要由定子和转子两部分组成。它的定子是将三相交流绕组嵌置于由冲好槽的硅钢片叠压而成的铁芯里，它的转子通常由磁极铁芯及励磁绕组构成。

同步发电机的额定参数有：

（1）额定电压 U_N　是指发电机在正常运行时定子三相绕组的额定线电压值，其单位以 V 或 kV 来表示。

（2）额定电流 I_N　是指发电机在额定运行时流过定子绕组的额定线电流，其单位以 A 来表示。

（3）额定功率 P_N　是指发电机在正常运行时输出的电功率，用公式表示为

$$P_N = \sqrt{3}U_N I_N \cos\varphi$$

（4）额定转速 n_N　是指转子正常运行时的转速。发电机在一定极数及频率下运行时，转子的转速即为同步转速，其关系为

$$n_N = \frac{60f}{p}$$

式中　f——额定频率；

p——极对数。

4.2.1 发电机运行方式

4.2.1.1 发电机额定运行方式

发电机按制造厂铭牌额定参数运行的方式，称为额定运行方式。发电机的额定参数是制造厂对其在稳定、对称运行条件下规定的最合理的运行参数。当发电机在各相电压和电流都对称的稳态条件下运行时，具有损耗小、效率高、转矩均匀等性能。所以，在一般情况下，发电机应尽量保持在额定或接近额定工作状态下运行。

4.2.1.2 发电机允许运行方式

由于电网负荷的变化，不可能所有的发电机组都按铭牌额定参数运行，会出现某些机组偏离铭牌参数运行的情况。发电机的运行参数有时就会偏离额定值，但在允许范围内，这种运行方式为允许运行方式。

1. 发电机允许温度和温升

发电机运行时会产生各种损耗，这些损耗一方面使发电机的效率降低，另一方面会变成热量使发电机各部分的温度升高。温度过高及高温延续时间过长都会使绝缘加速老化，缩短使用寿命，甚至引起发电机事故。一般来说，发电机温度若超过额定允许温度 6℃ 长期运行，其寿命会缩短一半(即 6℃规则)。所以，发电机运行时，必须严格监视各部分的温度，使其在允许范围内。另外，由于发电机内部的散热能力不与周围空气温度的变化成正比，当周围环境温度较低，温差增大时，为使发电机内各部位实际温度不超过允许值，还应监视其

允许温升。

发电机的连续工作容量主要决定于定子绕组、转子绕组和定子铁芯的温度。这些部分的允许温度和允许温升，决定于发电机采用的绝缘材料等级和温度测量方法。通常容量较大的发电机，其绝缘材料大多采用B级绝缘，也有的采用F级绝缘，而且测温方法也不完全相同。因此，发电机运行时的温度和温升，应根据制造厂规定的允许值（或现场试验值）确定。若无厂家规定时，可按表4－12执行。

表4－13中，发电机定子铁芯和定子绕组的允许温度同为105℃。因为一方面有部分定子铁芯直接与定子绕组接触，定子铁芯的温度超过105℃时会使定子绕组的绝缘遭受损坏；另一方面定子硅钢片间的绝缘在温度超过105℃时也会迅速损坏，特别是采用纸绝缘时，若温度经常在100℃以上，由于纸的过分干燥而较绝缘漆更易损坏，所以发电机定子铁芯的允许温度不应超过定子绕组的允许温度。

表4－13　发电机各主要部分的温度和温升允许值

发电机部位允许温升/℃		允许温度/℃	温度测试方法
定子铁芯	65	105	埋入检温计法
定子绕组	65	105	埋A检显计法
转子绕组	90	130	电阻法

发电机转子绕组的允许温度为130℃，高于定子绕组的允许温度，其原因是转子绕组电压较低，且绕组温度分布均匀，不会像定子绕组因受定子铁芯温度的影响而可能出现局部过热；其次，定子、转子绝缘材料不同，测温方法也不同。

2．冷却介质的质量、温度、压力允许变化范围

发电机的冷却介质主要有氢气、水和空气。氢气冷却一般用在容量为50～600MW的汽轮发电机中。其中，50～100MW的汽轮发电机一般用氢表面冷却；100～250MW的汽轮发电机一般转子用氢内冷，而定子用氢表面冷却；200～600MW的汽轮发电机采用定、转子氢内冷。较大容量的发电机其定子绕组广泛采用水内冷。空气冷却一般用在50MW以下的汽轮发电机中。目前，国内外大、中型水轮发电机主要采用空气冷却和水冷却。

为保证发电机能在其绝缘材料的允许温度下长期运行，必须使其冷却介质的温度、压力运行在规定的范围内，其冷却介质的质量也必须符合规定。

（1）氢气的质量、压力和温度

机组运行时，为防止氢气爆炸，氢气质量必须达到规定标准：氢气纯度正常时应维持在98%或以上，其湿度在大气压下，含水量不大于$2g/m^3$。氢冷发电机氢气压力的高低，直接影响发电机各绕组的温度和温升。任何情况下，发电机的最高和最低运行氢压不得超越制造厂的规定。为保证机组额定出力和各部分温度、温升不超过允许值，发电机冷氢温度应在不超过额定的冷氢温度下运行。温度太低，机内容易结露，温度太高，影响发电机出力。

（2）冷却水的水质、温度和水压

冷却水的水质对发电机的运行有很大影响，如果导电率大于规定值，运行中会引起较大泄漏电流，使绝缘引水管老化，过大的泄露电流还会引起相间闪络；水的硬度过大，则水中含钙、镁离子多，运行中使管路结垢，影响冷却效果，甚至堵塞管道。为保证发电机的安全运行，对内冷水质有如下规定：

导电率：小于1.5μΩ/cm（20℃）；硬度：小于10μg/L；酸碱度（pH）：pH＝7～9。

水内冷发电机的进水温度的高低对其运行有很大影响，定子内冷水进水温度过高。影响发电机出力，而水温过低，则使机内结露。故发电机的进水温度变化时，应根据规程规定接带负荷。发电机内冷水进水温度一般规定为 40～45℃，有的制造厂规定为 45～50℃。同时发电机定子绕组和转子绕组中的出水温度也不得超过规定值．以防止出水温度过高，引起水汽化而使绕组超温烧坏。

定子内冷水水压的高低，影响定子绕组的冷却效果，影响机组出力，故机组内冷水进水压力应符合制造厂规定。为防止定子绕组漏水，内冷水运行压力不得大于氢压。当发电机的氢压发生变化时，应相应调整水压。

(3) 冷却空气的温度

我国规定发电机进口风温不得高于 40℃，出口风温一般不超过 75℃，冷却气体的温升一般为 25～30℃左右。在此风温下，发电机可以连续在额定容量下运行。当入口风温高于规定值时，冷却条件变坏，发电机的出力就要减少，否则发电机各部分的温度和温升就要超过其允许值。反之，当进口风温低于规定值时．冷却条件变好，发电机的出力允许适当增加。

采用开启式通风的发电机，其进口风温不应低于 5℃，温度过低会使绝缘变脆。密封式通风的发电机，其进口风温一般不宜低于 15～20℃，以免在空气冷却器上凝结水珠。

3．发电机电压允许变化范围

发电机运行时，应运行在额定电压下。实际上，发电机的电压是根据电网的需要而变化的。发电机电压在额定值的 ±5% 范围内变化时，允许长期按额定出力运行。当定子电压较额定值降低 5% 时，定子电流可较额定值增加 5%，因为电压低时，铁芯中磁通密度降低，因而铁损也降低，此时稍增加定子电流，绕组温度也不会超过允许值。反之，当定子电压较额定值增高 5% 时．定子电流应减少 5%。这样，如果功率因数为额定值时，发电机就可以连续地在额定出力下运行。发电机电压最大变化范围不得超过额定值的 ±10%。发电机电压偏离额定值超过 ±5% 时，都会给发电机的运行带来不利影响。

电压低于额定值对发电机运行的主要影响如下：

① 降低发电机并列运行的稳定性和电压调节的稳定性。当电压降低时，功率极限降低。若保持输出功率不变，则势必增大功角运行，而功角愈接近 90°，并列运行稳定性愈差，容易引起发电机振荡或失步。另一方面，电压降低时发电机铁芯可能处于不饱和状态，其运行点可能落在空载特性的直线部分，励磁电流作小范围的调节都会造成发电机电压的大幅变动，且难以控制。这种情况还会影响并列运行的稳定性。

② 使发电机定子绕组温度升高：在发电机电压降低的情况下，若保持出力不变．则定子电流升高，有可能使定子温度超过允许值。

③ 影响厂用电动机和整个电力系统的安全运行，反过来又影响发电机本身的运行。

电压高于额定值对发电机运行的主要影响如下：

① 转子绕组温度有可能超过允许值。保持发电机有功输出不变而提高电压时，转子绕组励磁电流就要增加，这会使转子绕组温度升高。当电压升高到 1.3～1.4 倍额定电压运行时，转子表面脉动损耗增加(这些损耗与电压的平方成正比)，使转子绕组的温度有可能超过允许值。

② 使定子铁芯温度升高。定子铁芯的温升一方面是定子绕组发热传递的；另一方面是定子铁芯本身的损耗发热引起的。当定子端电压升高时，定子铁芯的磁通密度增高，铁芯损

耗明显上升，使定子铁芯的温度大大升高。过高的铁芯温度会使绝缘漆烧焦、起泡。

③ 可能使定子结构部件出现局部高温。由于定子电压过多升高，定子铁芯磁通密度增大，使定子铁芯过度饱和，因而会造成较多的磁通逸出轭部并穿过某些结构部件。如机座、支撑筋、齿压板等，形成另外的漏磁磁路：过多的漏磁会使结构部件产生较大涡流，可能引起局部高温。

④ 对定子绕组绝缘造成威胁。正常情况下，定子绕组的绝缘能耐受 1.3 倍额定电压。但对运行多年、绝缘已老化或本身有潜伏性绝缘缺陷的发电机，升高电压运行，定子绕组的绝缘可能被击穿。

4. 发电机频率允许变化范围

正常运行时，发电机的频率应经常保持 50Hz 运行，但是，因为电力系统负荷的增减频繁，而频率调整不能及时进行，因此频率不能始终保持在额定值上。可能稍有偏差。频率正常变化范围应在额定值的 ±0.2Hz 以内，最大偏差不应超过额定值的 ±0.5Hz。频率超过额定值的 ±2.5Hz 时，应立即停机。在允许变化范围内，发电机可按额定容量运行。频率变化过大将对用户和发电机带来有害的影响。

（1）频率降低对发电机运行的影响

频率降低或过低对发电机运行有如下影响：

① 频率降低时，发电机转子风扇转速随之下降，使通风量减少，造成发电机的冷却条件变坏，从而使绕组和铁芯的温度升高。

② 频率降低时，定子电动势随之下降。若保持发电机出力不变，则定子电流增加，使定子绕组的温度升高；若保持电动势不变，使出力也不变，则应增加转子的励磁电流，这使转子绕组的温度也升高。

③ 频率降低时，若用增加转子电流来保持机端电压不变，这使定子铁芯中的磁通增加，定子铁芯饱和程度加剧。磁通逸出磁轭，使机座上的某些部件产生局部高温，有的部位甚至冒火星。

④ 频率降低时，厂用电动机的转速随之下降。厂用机械的出力降低，这将导致发电机的出力降低。而发电机出力下降又加剧系统频率的再度降低，如此恶性循环，将影响系统稳定运行。

⑤ 频率降低，可能引起汽轮机叶片断裂。因为频率降低时，若出力不变，转矩应增加，这会使叶片过负荷而产生较大振动，叶片可能因共振而折断。

（2）频率过高对发电机运行的影响

频率过高时，发电机的转速升高，转子上承受的离心力增大，使转子部件损坏，影响机组安全运行。当频率高至汽轮机危急保安器动作时，使主汽门关闭，机组停止运行。

5. 发电机功率因数允许变化范围

发电机运行时的定子电流滞后于定子电压一个角度 ϕ，同时向系统输出有功和无功，此工况为发电机的迟相运行，与此工况对应的 $\cos\phi$ 为迟相功率因数：当发电机运行时的定子电流超前于定子电压一个角度 ϕ，发电机从系统吸取无功，用以建立机内磁场，并向系统输出有功，此工况为发电机的进相运行，与此工况对应的 $\cos\phi$ 为进相功率因数。发电机的额定功率因数，是指发电机在额定出力时的迟相 $\cos\phi$，其值一般为 0.8 ~ 0.9。

发电机运行时，由于有功和无功负荷的变化，其 $\cos\phi$ 也是变化的。为保持发电机的稳定运行，功率因数一般运行在迟相 0.8 ~ 0.95 范围内。$\cos\phi$ 也可以工作在迟相的 0.95 ~ 1.0

或进相0.95，但此种工况发电机的静态稳定性差，容易引起振荡和失步。因为，迟相 $\cos\phi$ 值愈高，无功输出愈小，转子励磁电流愈小，定、转子磁极间的吸力减小，功角增大，定子的电动势降低，发电机的功率极限也降低，故发电机的静态稳定度降低。所以，通常规定 $\cos\phi$ 一般不得超过迟相0.95运行，即无功功率不应低于有功功率的1/3。对于有自动调节励磁的发电机，在 $\cos\phi=1$ 或 $\cos\phi$ 在进相0.95~1.0范围内，也只许允许短时间运行。

$\cos\phi$ 低限值一般不作规定，因其不影响发电机运行的稳定。

发电机在 $\cos\phi$ 变化情况下运行时，有功和无功出力一定不能超过发电机的允许运行范围。在静态稳定条件下，发电机的允许运行范围主要决定于下述四个条件：

（1）原动机的额定功率。原动机的额定功率一般要稍大于或等于发电机的额定功率。

（2）定子的发热温度。发热温度决定了发电机额定容量的安全运行极限。

（3）转子发热温度。该温度决定了发电机转子绕组和励磁机的最大励磁电流。

（4）发电机进相运行时的静态稳定极限。发电机进相运行时，考虑运行稳定，发电机的有功输出受到静态稳定极限的限制。

由上述四个条件，可绘出图4－13所示的汽轮发电机安全运行极限，即 $P-Q$ 曲线。$P-Q$ 曲线对运行人员是很有用处的，运行人员可对照 $P-Q$ 曲线，核定某工况下，发电机所带有功和无功是否在允许范围内（G、F、D、C、B点连成的安全运行极限范围内）。

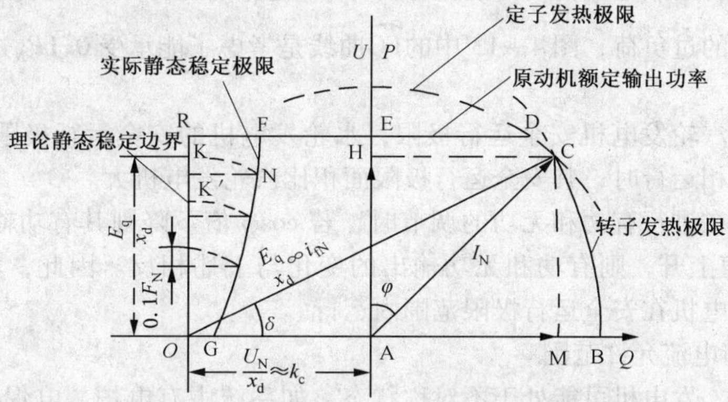

图4－13　汽轮发电机的安全运行极限

在图4－13中，C点为发电机的额定工作点，对应的 $\overline{OC}$ 长度代表转子额定励磁电流 I_f，$\overline{AC}$ 长度代表定子额定电流 I_N。$\overline{AC}$ 长度也代表定子的额定视在功率，$S_N=I_N U_N$。$\overline{AC}$ 在纵轴上的投影AH表示定子的额定有功 P_N，在横轴上的投影AM表示定子的额定无功 Q_N，$\overline{AC}$ 与纵轴的夹角 ϕ 表示功率因数角，故对应A点的 $\phi=\phi_N$。ϕ 角的变化，反应了发电机输出有功和无功的变化，但其工作点不能超出发电机安全运行极限范围。下面对 $P-Q$ 曲线的各安全限制线进行讨论。

（1）转子发热极限

转子发热正比转子铜损，而转子铜损与转子励磁电流的平方成正比。ϕ 角变化，当 $\phi>\phi_N$（$\cos\phi$ 值小于额定值）时，发电机有功输出减小，无功输出增大，如果定子电压和电流维持额定不变（即输出 S_N 不变），则发电机的工作点必须沿着定子发热极限变化，由图4－13可知，此时，转子励磁电流 $i_f>i_{fN}$，转子就会过热，为此，当 $\phi>\phi_N$ 时，工作点应沿着 $i_f=i_{fN}$ 的 $\overset{\frown}{CB}$ 圆弧曲线（转子发热极限）变化，此时，定子电流，$I<I_N$，定子绕组容量未充分

利用。

（2）定子发热极限

定子绕组的发热与定子电流的平方成正比。正常运行时，定子电流不能超过 I_N 运行，所以定子电流 $I=I_N$ 的轨迹圆就是避免定子绕组过热的安全极限。图 4－13 中的 $\widehat{CD}$ 弧线就是这一限制线，当 $\phi<\phi_N$（$\cos\phi$ 值大于额定值）时，发电机有功输出增大，无功输出减小，如果维持转子额定励磁电流不变，则发电机工作点应沿着转子发热极限变化。此时，定子电流 $I>I_N$，定子会过热，所以当 $\phi<\phi_N$ 时，工作点应沿着 $I=I_N$ 的 $\widehat{CD}$ 轨迹圆弧变化。此时，转子励磁电流 $i_f<i_{fN}$，转子绕组容量未充分利用。

（3）原动机输出功率极限

汽轮机和水轮机是发电机的原动机，其额定功率稍大于发电机的额定功率。图 4－13 中 $\overline{DF}$ 是原动机的最大安全输出功率 P_m，它比转子发热极限、定子发热极限都小，当 $\phi<\phi_N$ 时，从 D 点起，随着 ϕ 角的减小，发电机的输出不会超过原动机的输出，故工作点只能沿着 $\overline{DF}$ 变化，$\overline{DF}$ 成为发电机的安全限制线。

（4）静态稳定极限

理论上汽轮发电机的静态稳定极限是工角 $\delta=90°$，即垂直线 OR 是理论上静态稳定的运行边界。因发电机有突然过负荷的可能性，需留有裕量，以便在不改变转子励磁电流的情况下，能承受突然性的过负荷，图 4－13 中的 $\widehat{FG}$ 曲线是考虑了能承受 $0.1P_N$ 过负荷能力的实际静态稳定极限。

以上讨论的是汽轮发电机安全运行极限，水轮发电机的安全运行极限与汽轮发电机相似，水轮发电机进相运行时，其安全运行极限面积比汽轮发电机大。

运行中发电机在进行有功和无功的调节时，若 $\cos\phi$ 值下降则其有功输出减小，无功输出增大；若 $\cos\phi$ 值上升，则有功和无功输出的变化与上述相反。因此，功率因数变化时，运行人员应控制发电机在安全运行极限范围内运行。

6. 定子不平衡电流允许范围

在实际运行中，发电机可能处于不对称状态，如系统中有电炉、电焊等单相负荷存在，系统发生不对称短路、输电线路或其他电气设备一次回路一相断线、断路器或隔离开关一相未合上等原因，使发电机三相电流不相等（不平衡）。不平衡电流对发电机的运行有如下不良影响：

（1）使转子表面温度升高或局部损坏。不平衡电流中含有的负序电流所产生的负序旋转磁场，其旋转方向与转子转向相反，对转子的相对速度是两倍同步转速，它将在转子绕组、阻尼绕组、转子铁芯表面及其他金属结构部件中感应倍频（100Hz）电流（见图 4－14）。倍频电流因集肤效应在转子铁芯表面流通，引起损耗使转子铁芯表面发热，温度升高。倍频电流在转子绕组、阻尼绕组中流过时，引起绕组附加铜损，使转子绕组温度升高。转子铁芯中的倍频电流在铁芯中环流时，大部分通过转子本体，也越过许多转子金属部件的接触面，如齿、槽楔、套箍、中心环等，因接触面的接触电阻大，在一些接触面会形成局部高温，造成转子局部损坏，如套箍与齿的接触被烧伤。

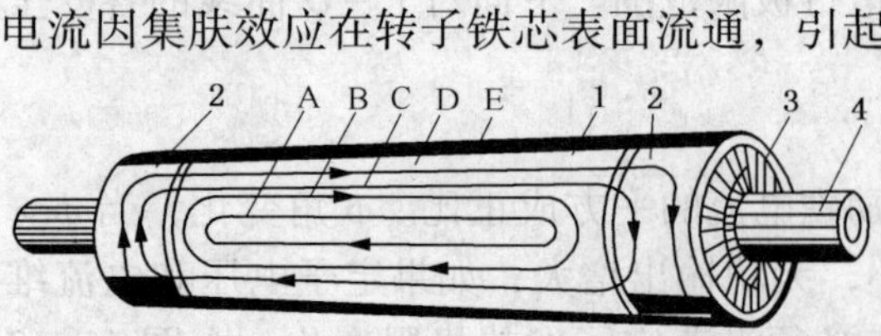

图 4－14　负序磁场引起转子表面环流

1—转子；2—套箍；3—心环（压环）；4—轴；A、B、C、D、E—负序电流的路径发热对汽轮发电机转子的影响尤为显著，因为汽轮发电机为隐极式转子，铁芯为圆柱形且用整个钢锭整体锻制而成，转子绕组放在槽中不易散热。

(2) 引起发电机振动。由于定子三相电流不对称，定子负序电流产生的负序磁场相对转子以 2 倍同步速度旋转，它与转子磁场相互作用，产生 100Hz 的交变力矩，该力矩作用在转子及定子机座上，产生 100Hz 的振动。由于水轮发电机为凸极式转子，沿圆周气隙不均匀，磁阻不等，磁场不均匀，而汽轮发电机为隐极式转子，沿圆周气隙较均匀，磁阻相差不大，磁场比较均匀，故三相电流不平衡运行时，负序磁场引起的机组振动，水轮发电机比汽轮发电机严重。因此，水轮发电机常设置阻尼绕组，利用其对负序磁场的去磁作用，可以减小负序电抗，同时可以降低负序磁场对转子造成的过热，以及减小附加振动力矩。

为此，对发电机三相不平衡电流的允许范围作如下规定：

① 正常运行时，汽轮发电机在额定负荷下的持续不平衡电流(定子各相电流之差)不超额定值的 10%，对水轮发电机和调相机来讲，则不应超过额定值的 20%，且最大一相的电流不大于额定值。在低于额定负荷下连续运行时，不平衡电流可大于上述值，但不得超过额定值的 20%，其具体数据应根据试验确定。

② 长期稳定运行，每相电流均不大于额定值时，其负序电流分量不大于额定值的 8% ~ 10%。水轮发电机允许担负的负序电流，不大于额定电流的 12%。

③ 短时耐负序电流的能力应满足 $I_2^2 \cdot t \leqslant 10$。式中 I_2 是 t 时间内变化着的负序电流有效值与额定值的比值；t 是故障时允许 I_2 存在的时间。

7. 发电机组绝缘电阻允许范围

发电机启动前或停机备用期间，应对其绝缘电阻进行监测，以保证发电机能安全运行。测量对象为发电机定子绕组、转子绕组、励磁回路、励磁机轴承绝缘垫、主励定子绕组、转子绕组、副励定子绕组以及各测温元件。

(1) 发电机定子绝缘电阻的规定。300MW 及以上火电机组，一般接成发变组单元接线，测量发电机定子回路的绝缘电阻(包括发电机出口封闭母线、主变低压侧绕组、高压厂变高压绕组)，一般用专用发电机绝缘测试仪进行测量。测量时，定子绕组水路系统内应通入合格的内冷水，不同条件下的测量值换算至同温度下的绝缘电阻(一般换算至 75℃下)，不得低于前一次测量结果的 1/3 ~ 1/5，但最低不能低于 20MΩ，吸收比不得低于 1.3。发电机定子出口与封闭母线断开时，定子绝缘电阻值不低于 200MΩ。绝缘电阻不符合上述要求时，应查明原因并处理。

不同温度下的绝缘电阻值换算至 75℃下的电阻值的换算公式如下

$$R_{75℃} = R_t / 2^{\left(\frac{75-t}{10}\right)} = K_t \cdot R_t$$

式中 R_t——t℃时的绝缘电阻值；

$R_{75℃}$——75℃时的绝缘电阻值；

K_t——温度系数。

在任意温度下测得的定子绕组绝缘电阻值，也可直接用温度系数 K_t 将其换算为 75℃下的绝缘电阻值，定子绕组不同温度下绝缘电阻温度系数见表 4 - 14。

测量发电机定子回路绝缘电阻也可用 1000 ~ 2500V 摇表进行(定子绕组用空气或氢气冷却)。

(2) 发电机转子绕组及励磁回路绝缘电阻值的规定。用 500V 摇表测量转子绕组绝缘电阻，其值不得低于 5MΩ，包括转子绕组在内的励磁回路绝缘电阻值不得低于 0.5MΩ。

(3) 主、副励磁机绝缘电阻的规定。主、副励磁机定子绕组和主励磁机转子绕组的绝缘电阻值，用500V 摇表测量，其值不得低于1MΩ。

(4) 轴承和测温元件绝缘电阻的规定。发电机和励磁机轴承绝缘垫的绝缘电阻值，用1000V 摇表测量，其值不得低于1MΩ；发电机内所有测温元件的对地绝缘电阻在冷态下用250V 摇表测量，其值不得低于1MΩ。

表 4-14 定子绕组不同温度下绝缘电阻温度系数

t/℃	K_t	t/℃	K_t	t/℃	K_t	t/℃	K_t
10	0.0111	26	0.0333	42	0.1010	58	0.3030
12	0.0126	28	0.0385	44	0.1162	60	0.3571
14	0.0145	30	0.0435	46	0.1333	62	0.4056
16	0.0166	32	0.0500	48	0.1538	64	0.4566
18	0.0192	34	0.0588	50	0.1754	67	0.5747
20	0.0222	36	0.0666	52	0.2041	70	0.7079
22	0.0256	38	0.0769	54	0.2326	72	0.8130
24	0.0294	40	0.0885	56	0.2703	75	1.0000

4.2.2 发电机运行与维护

4.2.2.1 发电机组运行中巡视的内容及方法

发电机运行时，运行值班人员应对发电机的运行工况进行严密监视。运行工况的监视包括对有关表计的监视和通过切换装置对运行参数的测量，对监测的参数进行分析，以确定发电机的运行工况是否正常，并进行相应的调节。

1．通过测量仪表及画面显示进行监视

发电机装有各种测量表计，如有功功率表、无功功率表、定子电压表、定子电流表、转子电压表、转子电流表、频率表、主励磁机转子电压表和电流表、副励磁机交流电压表、AVR 的输出电压表和电流表、AVR 自动励磁与手动励磁输出的平衡电压表、50Hz 手动励磁输出电压表等。此外，还有温度巡检装置、自动记录装置和计算机 CRT 圆面显示等。

发电机运行过程中，值班人员应严密监视发电机各表计、自动记录装置的工作情况，各仪表显示应与计算机 CRT 画面显示相符，各表计指示应不超过额定值，平衡电压表跟踪正常。监盘过程中，根据有功负荷、电网电压等情况，及时做好无功负荷、发电机电压、电流及励磁系统参数的调整，使机组在安全、经济的最佳状态下运行。同时，针对各表计的指示值，结合运行资料，及时分析、判断有无异常。

另外，发电机运行中，应每小时记录一次发电机盘上各表计指示值和发电机各部位温度，应与计算机打印结果相符。通过定时抄录和打印，积累运行资料，提供运行分析数据，以便监视和掌握发电机运行工况，及时发现异常和采取相应措施，保证发电机正常运行。

2．通过检测装置进行监视

发电机运行时，通过检测装置进行的监视有如下几方面：

(1) 转子绕组及励磁回路的绝缘监测

发电机运行时，转子绕组的绝缘是最薄弱的部分。因转子高速运转，离心力大，温度最高，且转子运转中，其通风孔可能被冷却气体中的灰尘和杂物堵塞，这样长期运行会使转子绕组的绝缘降低，故运行中需用转子绝缘监测装置定期(每班一次)对转子绕组回路绝缘电阻进行测量。方法有：

① 用电压表测量。测量时，切换转子电压表控制开关，分别测量出转子正、负极之间的电压 U，转子正极对地电压 U_1，转子负极对地电压 U_2，再通过公式计算出转子绕组的绝缘电阻为

$$R = R_B\left(\frac{U}{U_1 + U_2} - 1\right) \times 10^{-6}$$

式中 R——转子绕组对地绝缘电阻，MΩ；

R_B——转子电压表内阻，Ω。

对于氢冷机组，要求 $R \geqslant 0.5$MΩ。对于水冷机组，各制造厂规定值不同，一般要求 $R \geqslant 100$MΩ。

② 用磁场接地检测装置测量发电机转子和励磁机转子的绝缘

(2) 定子绕组绝缘的监测

定子绝缘监测装置由电压表和切换开关组成，通过测量各相对地电压判断定子绕组绝缘情况。绝缘正常时，各相对地电压相等且平衡。当测量时发现一相对地电压降低(或为零)，而另两相电压升高时，则说明电压降低的一相对地绝缘电阻下降(或发生金属性接地)。也可通过测量定子回路零序电压(发电机电压互感器二次侧开口三角形绕组两端电压)，监视定子绕组的绝缘。零序电压除在交接班时进行测量外，值班时间内至少还应测量一次。

(3) 转子绕组运行温度的监测

转子绕组的运行温度用电阻法进行监测。并按下式计算。转子绕组的电阻值应使用0.2级的电压表和电流表测量。

$$t_2 = \frac{(235 + t_1)R_2}{R_1} - 235$$

$$R_2 = \frac{U_h - \delta}{I_h}$$

式中 t_2——运行中热态转子绕组温度,℃；

t_1——停运时冷态转子绕组温度,℃；

R_2——对应 t_2 的转子绕组直流电阻，Ω；

R_1——对应 t_1 的转子绕组直流电阻，Ω；

U_h——用转子电压表测量的转子电压，V；

I_h——转子电流，A；

δ——电刷压降，可忽略不计。

(4) 定子各部位运行温度的监测

通过发电机温度巡检装置的切换测量或计算机 CRT 画面显示，可监视发电机定子绕组、定子铁芯、冷风区、热风区、氢气冷却器、密封油及轴承等不同部位的运行温度。需要指出的是，为防止机壳内结露影响定子绝缘，在任何情况下均应防止冷氢温度高于内冷水入口温度。

4.2.2.2 运行中发电机的巡视检查与维护

1. 发电机本体的巡视检查与维护

(1) 检查

运行中的发电机，一般应检查下列项目：

① 发电机运行时检查声音应正常，无金属摩擦或撞击声，无异常振动现象。若发现异

常，应及时检查处理。

② 发电机运行时，检查外壳应无漏风，机壳内无烟气和放电现象。由于定、转子运行温度较高，冷却气体的密封可能会损坏，运行中应定期检查定子本体漏风情况。在补氢量较多时，应对本体进行查漏，当发电机内部发生短路故障，如转子端部线圈两点接地而保护失灵时，转子端部绝缘会烧坏，机端转子间隙可能发生喷射黑烟和火苗，并伴随异常振动，故运行中应监视机内无烟气或放电现象。

③ 发电机运行时，应检查机端线圈运行情况。从机端窥视孔观察，机端定子绕组无变形、无流胶、无绝缘磨损黄粉、绑线垫块无松动、线圈无结露、定子绝缘引水管接头不渗漏、无抖动及磨损、机端灭灯观察无电晕等现象。

④ 运行中的发电机，应定期检查液位检测器内的漏水、漏油情况。每班应打开一次液位检测器的排液门进行排液，其内应无水、油排出。否则，应立即排净液体，并检查机端线圈、绝缘引水管、氢气冷却器是否漏水。若漏油严重，说明密封油压不正常，应及时处理。

⑤ 发电机运行时，应检查滑环和电刷。滑环表面应清洁、无金属磨损痕迹、无过热变色现象，滑环和大轴接地的电刷在刷握内无跳动、冒火、卡涩或接触不良的现象，电刷未破碎、不过短，刷辫未脱落、未磨断，刷握和刷架无油垢、碳粉和尘埃等情况。

⑥ 对于水轮发电机组，还应检查水轮机顶盖积水情况，大轴水封松紧是否适当，导水机构各连接部件是否牢固，导水机构动作是否平衡灵活，导水叶套筒轴承应不漏水，检查剪断销信号装置是否完好。检查各油槽油位、油色是否正常，油有无溅漏。检查各空气冷却器温度是否均匀，有无过热、结露及漏水现象。检查风洞内应清洁，无杂物，带电设备有无电晕放电现象和异常声音，有无焦臭味。

（2）维护

运行中的发电机，应做好下述维护工作：

① 清扫脏污。对刷握和刷架上的积灰可用不含水分的压缩空气（压力适中）吹净，也可用毛刷清扫。油污可用棉布蘸少量四氯化碳擦净。操作时注意不要被转动部分绞住，必要时，可依次取出电刷逐个清扫。

② 调整电刷弹簧压力。电刷运行时，应定期用手提拉每个电刷的刷辫，以检查各电刷的压力是否均匀及电刷在刷握中是否有卡涩或间隙过大的情况。刷压过大或过小电刷都会产生火花，对于压力过大的电刷，先将电刷取出，待冷却后再放回刷握，然后适当减小弹簧压力，并稍微增大其他电刷的压力；对于压力过小的电刷，可适当增大弹簧的压力。

③ 定期测量电刷的均流度。运行中的发电机，由于电刷长短、弹簧压力大小不一致，使各电刷与滑环的接触电阻相差较大，各电刷流过的电流不均匀，致使有的电刷电流为零，有的电刷电流很大。零电流电刷越多，其他电刷过载越严重，如不及时处理，大电流电刷会因严重过载而发热烧红，使刷辫熔化，继而形成恶性循环而被迫停机。因此，应定期测量电刷的均流度，并及时处理异常。可用钳形电流表测量。测量前，检查钳嘴部分应绝缘良好。测量时，应注意不要将钳嘴碰到滑环面，也不要接触到接地部分。处理过程中，切忌将大电流电刷脱离滑环面，否则会加大其他大电流电刷的承载电流而造成严重后果。所以，应先处理零电流电刷，使其电流接近平均值，这样处理后，大电流电刷的电流便会自然趋于正常。

④ 更换电刷。处理零电流电刷的方法应根据不同情况而定。电刷过短时，应更换电刷；压缩弹簧压力低或失效时，应更换新弹簧；因电刷脏污引起零电流，用棉布擦拭或用金相砂纸轻擦。更换新电刷的注意事项如下：

a. 更换新电刷时，应执行部颁《发电机运行规程》的有关条文。如工作人员应穿绝缘鞋，站在绝缘垫上工作，工作服袖口扎紧，戴手套，使用良好的绝缘工具等。

b. 更换的电刷必须与原电刷同型号。如几种型号的电刷混用，会因电刷材料硬度和导电性能不同，可能加速滑环面磨损或部分电刷过热而影响机组的正常运行。

c. 更换电刷过程中应防止电极接地及极间短路。严禁同时用两手碰触励磁回路和接地部分或不同极的带电部分，也不允许两个人同时进行同一机组不同极的电刷调换，以免造成励磁回路两点接地短路。

d. 更换后的电刷，要保证电刷在刷握内活动自如，无卡涩，弹簧压力正常。同时，对未更换的电刷，按磨损程度将弹簧压力作适当调整，使压力正常。

e. 在更换电刷过程中，不许用锐利金属工具顶住电刷增加接触效果，即使是短时间也不允许，以免造成滑环面损坏或人身事故。

2. 发电机氢系统的检查与维护

（1）氢气压力的监视与调节。发电机运行时，应随时监视机壳内的氢气压力。即使密封油系统很完善，无泄漏现象，但由于密封油会吸收氢气，机壳内的氢气压力也会逐步下降，故应定时补氢，保持机壳内氢压正常。补氢时，应观察比较不同部位的氢压，正确判断机壳内氢气压力，防止表计假指示而误判断。

（2）定期检查氢气的纯度、湿度和温度。运行值班人员应根据气体分析仪检查机壳内氢气纯度，并每小时记录一次。当氢气纯度低于96%时，应进行排污，并向机内补充纯净氢气，以保持机内氢气纯度。化验人员应对机壳内氢气湿度定期化验，当湿度超过$15g/m^3$时，应排污并补入纯净氢气或适当升高冷氢温度，注意观察并降低氢源湿度，防止发电机绕组受潮。发电机运行时，规定了机内冷氢温度的最高值和最低值，可通过调节氢气冷却器的冷却水调节冷氢温度。

3. 发电机冷却水系统的检查与维护

发电机运行时，氢气压力应高于定子绕组冷却水压力。这是为了防止定子线棒爆管漏水。当氢水压低于报警值时，应调节氢、水压力；当密封油系统故障只能维持氢压运行时，必须保持最低水压；若水压大于氢压，只允许短时运行，但不允许长期运行。

发电机运行时，定子冷却水箱内的水质应合格，水箱内应保持一定的氮压（或氢压）。当水质不合格时，应投入离子交换器运行。水箱内维持一定的氮压，可防止水质污染。

发电机运行时，应检查定子入口冷水温度是否正常，冷却水回路及定子绕组各水支路是否通畅。故运行中应注意定子水冷却器的运行，水回路各段水压降应正常，定子绕组各水支路的水温度平均温度偏差不得超过规定值。若某出水支路水温超过规定值，应立即采取措施，如调整负荷，检查冷却水流量，降低进水温度，并应尽快查明原因予以处理，必要时停机。

4. 发电机励磁系统的检查与维护

（1）盘面检查

检查励磁控制盘面各表计指示应正常，各控制开关位置正确，信号指示与工作方式一致。AVR 处于自动方式时，应重点监视 AVR 直流回路跟踪情况及电压波动时 AVR 的自动调节功能。AVR 无论处于何种运行方式，励磁方式切换开关不允许置于断开位置。

（2）现场检查

① 检查 100Hz 整流柜。整流柜各运行指示灯指示正常；各整流柜冷却风机运行正常，无异常及焦臭味，风机的运行电源符合预先规定；各表计指示正常，各整流柜电流指示值应

接近，电流差值不超过规定值；各整流元件、熔断器及载流接头无过热，整流元件故障指示灯应不亮，熔断器无熔断；整流柜使用冷却水者，其阀门、接头及管路无渗漏水，冷却器水压正常。

② 检查 AVR。AVR 的调节柜、功率柜、辅助柜内各元件无过热、无焦味现象；功率柜冷却风机运转正常；保护信号继电器无掉牌指示；各表计指示正常，功率元件的电流分配应接近平衡(两组整流桥正负电流都相接近)。

③ 检查 50Hz 手动励磁装置正常。

④ 检查主、副励磁机运转正常，对无刷励磁机，用频闪灯检查每个熔断器，以确定旋转硅整流盘中有无零件发生故障。

5. 备用机组的维护

备用中的发电机及其全部附属设备，应按运行机组的有关规定进行定期检查和维护，经常处于完好状态，保证随时能够启动。

4.2.3 发电机异常运行与处理

所谓异常运行，就是指机组脱离正常的运行状态，在运行中机组的某些参数失调，但未造成恶果的运行状态。机组发生异常运行时，通常会发出相应的故障信号，有关表计也会有所指示。运行人员可根据这些指示和信号，分析并消除故障，使机组恢复正常运行。如果故障不能消除，而且有危及机组安全的发展趋势，则应停机处理。常见的异常运行情况有以下几种：

1. 发电机过负荷

发电机正常运行时是不允许过负荷的，但在系统发生事故的情况下，如系统中个别机组跳闸，为维持系统静态稳定，允许发电机在短时间内过负荷运行。发电机按允许的短时间过负荷运行不影响发电机的绝缘寿命。因在额定工况下，其运行温度较其所用绝缘材料的最高允许温度为低，有 10～15℃的裕度，故短时过负荷不影响发电机的绝缘寿命。但短时过负荷值及允许时间应遵守制造厂的规定。

(1) 发电机过负荷时的现象。发电机过负荷运行时有如下现象：中央信号动作，发“发电机过负荷”光字牌信号，并伴随警铃声；发电机定子电流指示超过额定值；发电机有功、无功指示超过额定值。

(2) 发电机过负荷的处理。根据过负荷产生的原因，有针对性地加以处理。首先查明系统是否发生故障，若系统故障，按制造厂规定运行。此时，还应监视检查氢气参数，定子绕组内冷却水参数，定子电压均为额定值，并密切监视发电机各部位温度不超限。如果系统无故障而发生某台机组过负荷，若系统电压正常，应减少无功负荷，使定子电流降低到额定值以内，但功率因数不超过 0.95，定子电压不低于 0.95 倍额定电压。若减少无功负荷不能满足要求时，则请示值长降低发电机有功负荷。若因 AC 励磁调节器通道故障引起定子过负荷时，应将 AC 调节器切至 DC 调节器运行。

2. 发电机三相电流不平衡超限

(1) 发电机三相电流不平衡的现象。发电机不对称运行时，定子三相电流指示互不相等，三相电流差较大，负序电流指示值也增大。当不平衡超限且超过规定运行时间时，负序信号装置发“发电机不对称过负荷”光字牌报警信号。

(2) 三相电流不平衡超限产生的原因。三相电流不平衡超限，可能是下述原因造成的：发电机及其回路一相断开或断路器一相接触不良；某条送电线路非全相运行；系统单相负荷过大等。有时，定子电流表或表计回路故障也使定子三相电流表指示不对称。

(3) 定子三相电流不平衡的处理

① 当发电机运行中三相电流不平衡超限时，若判明不是定子电流表及表计回路故障引起，应立即降低机组的负荷(有功、无功同时调整，保 $\cos\phi$ 为额定值)，使不平衡电流降至允许值以下，然后向系统调度汇报。等三相电流平衡以后，可根据调度命令再增加机组负荷。

② 若发电机并列操作后出现三相定子电流不平衡，应立即检查断路器的合闸位置指示，如果确实是断路器一相未合上，可重新发出一次合闸脉冲，如无效，将机组解列，待查明故障原因后方可将机组重新并列。如果是断路器两相未合上，则应尽快将合上的一相断路器拉开。

③ 发电机解列时，拉开主变压器高压侧断路器后，出现三相定子电流不平衡，则为断路器分闸不正常。应在调整高压侧母线的运行方式后，用母联断路器将机组解列。

3. 发电机温度异常

(1) 温度异常的现象。当发电机运行温度异常时，发电机温度巡测表中(或 CRT 画面显示)发电机绕组或铁芯温度比正常值明显升高或超限；转子绕组运行温度计算值比正常值明显升高或超限；汽机盘发“发电机温度巡测报警”及冷却介质温度报警光字牌信号。

(2) 温度异常的处理。引起发电机运行温度异常的因素很多，运行人员应针对不同情况做出相应处理。

① 判明是否为检测元件故障引起，若是，通知检修人员检验表计；若表计指示正确，应立即减负荷，使温度降到极限值以内。

② 检查三相电流是否平衡，不平衡电流是否超限，若超限，按三相电流不平衡超限处理。

③ 检查三相电压是否平衡，功率因数是否在正常范围内，若不符合要求，应调整至正常。

④ 判明是否为氢气温度和压力异常引起，若进风温度超限，应检查氢气冷却器运行是否正常。若不正常调节氢气冷却器进水压力和流量，降低风温。若因氢气压力低，冷却效果差，应补氢提高氢气压力。

⑤ 判明是否为内冷却水系统故障引起，若定子冷却水回路水温高，应检查和调节冷却水流量、压力、使发电机进水温度符合规定值。

⑥ 判明是否为过负荷引起，若为过负荷引起，按过负荷方式处理。

经上述处理后温度仍继续上升并超限，应汇报调度，减负荷或停机。

4. 发电机仪表指示失常

发电机运行时，有时表计指针突然失去指示或指示异常。此时，运行人员应全面综合分析、判断、处理。

(1) 发电机单一表计指示失常。当运行中的发电机某一表计指示异常而其他表计指示正常时，则可认为该表计或其回路存在故障。应先由仪表检修人员处理，同时加强对发电机运行工况的监视。需要指出的是，温度指示异常不在此列。

(2) 表计回路故障引起表计指示失常。供仪表用的电压互感器和电流互感器二次侧开路会造成表计指示失常。

① 电压互感器二次侧断线引起表计指示失常。电压互感器二次侧断线时，发电机有功、无功、定子电压，频率等表计失去指示，电能表停止计量，而其他表计，如定子电流、转子

电流、转子电压、励磁回路有关表计仍指示正常。此时，运行人员应根据所有表计指示情况作综合分析，判断指示失常的原因。注意监视发电机定子电流、转子电流，不得盲目调节负荷，也不得盲目解列停机，并通知汽机、锅炉运行人员，注意监视机、炉运行参数，然后电气人员处理电压互感器二次回路断线若短期无法消除，应采取相应措施。

② 电流互感器二次开路引起表计指示失常。发电机的电流互感器二次开路时，如一相开路，其定子电流、有功、无功表指示均可能失常，具体情况和程度与电流互感器的故障相别有关。如图4－15所示，功率表和电能表取 u、w 相电流（电压回路为 U_{uv}、U_{wv}）。当 $6TA_u$ 或 $6TA_w$ 二次开路时，功率表指示值降低一半；$6TA_v$ 二次开路时，则表计指示不变，因 v 相电流未接入表计回路，但三相定子电流表随电流互感器开路相别均有相应变化。当 $5TA_u$ 二次开路时，则有功电能表和无功电能表的计量值也降低1/2。此时，应立即通知热机值班人员不要盲目调节负荷，并通知检修人员检查处理。同时加强对发电机运行工况的监视，防止电流互感器二次开路高压对人的伤害。

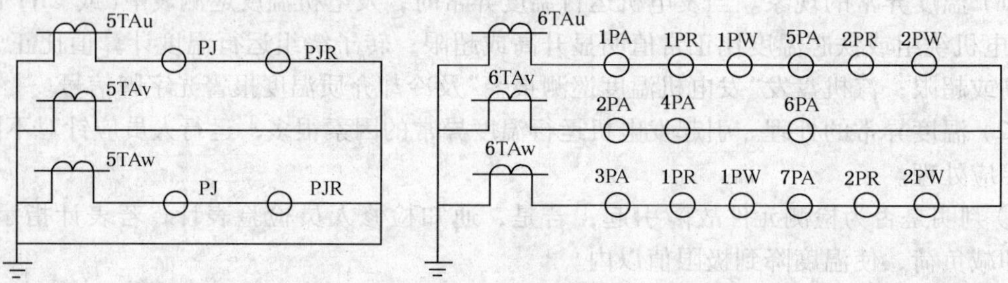

图4－15　发电机表计电流回路

综上所述，当发电机回路、励磁回路、氢、水冷却回路仪表指示突然回零或指示失常时，应根据其他表计指示及对设备检查结果判断设备是否运行正常。若设备运行正常，可通过其他仪表或计算机测点监视发电机的运行。此时，对有关参数不作调整，待查清仪表指示失常的原因，并经处理使仪表指示正常后，方可调整有关参数。

5. 发电机进相运行

当发电机励磁系统由于AVR原因或故障，或人为降低发电机的励磁电流过多，使发电机由发出感性无功功率变为吸收系统感性无功功率，定子电流由滞后于机端电压变为超前于机端电压运行，这就是发电机的进相运行。进相运行也是现场经常提到的欠励磁运行（或低励磁运行）。此时，由于转子主磁通降低，引起发电机的励磁电势降低，使发电机无法向系统送出无功功率，进相程度取决于励磁电流降低的程度。

(1) 引起发电机进相运行的原因。引起发电机进相运行的原因是低谷运行时，发电机无功负荷原已处于低限，当系统电压因故突然升高或有功负荷增加时，励磁电流自动降低引起进相；AVR失灵或误动、励磁系统其他设备发生了故障、人为操作使励磁电流降低较多等也会引起进相运行。

(2) 发电机进相运行的处理。处理方式如下：

① 如果由于设备原因引起进相运行，只要发电机尚未出现振荡或失步，可适当降低发电机的有功负荷，同时提高励磁电流，使发电机脱离进相状态，然后查明励磁电流降低的原因。

② 由于设备原因不能使发电机恢复正常运行时，应及早解列。因通常情况下，机组进

相运行时，由于定子端部漏磁和由此引起的损耗要比调相运行时增大，所以定子铁芯端部附近各金属件温升较高，容易发热，对系统电压也有影响。

③ 制造厂允许或经过专门试验确定能进相运行的发电机，如系统需要，在不影响电网稳定运行的前提下，可将功率因数提高到 1 或在允许的进相状态下运行。此时，应严密监视发电机的运行工况，防止失步，尽早使发电机恢复正常。此外，应注意高压厂用母线电压的监视，保证其安全。由于水轮发电机是凸极式结构，其纵轴和横轴同步电抗不相等，电磁功率中有附加分量，因而使它比汽轮发电机有较大的进相运行能力。

4.3 高压断路器的运行

4.3.1 高压断路器的运行与维护

高压断路器（文字符号为 QF）是电力系统中最重要的控制和保护电气设备，无论被控电路处在任何工作状态，如空载、负载或断路故障状态，断路器都能接通或断开其电路。也就是说，高压断路器不仅能通断正常负荷电流，而且能接通和承受一定时间的短路电流，并能在保护装置作用下自动跳闸，切除短路故障。

按断路器装置地点的不同，高压断路器可分为户内式和户外式两种。

高压断路器按其采用的灭弧介质，可分为以下几种类型：

（1）油断路器　采用油作为灭弧介质的断路器叫油断路器。断路器中的油，除了作为灭弧介质外，还作为触头开断后的绝缘及带电部分与接地外壳之间绝缘介质的，则称为多油断路器。如油只作为灭弧介质和触头开断后的绝缘介质，而带电部分对地之间绝缘采用瓷或其他介质的，则称为少油断路器。

（2）真空断路器　利用真空的高介质强度来灭弧的断路器，称为真空断路器。也是近年来发展最快的断路器。

（3）六氟化硫（SF_6）断路器　采用具有优良灭弧性能和绝缘性能的 SF_6 气体作为灭弧介质的断路器，称为六氟化硫断路器。它是近年来出现的一种新型断路器。

（4）压缩空气断路器（简称空气断路器）　利用压缩空气作为灭弧介质的断路器，叫压缩空气断路器。压缩空气除了作灭弧介质外，还作为触头断开后的绝缘介质。

（5）磁吹断路器　利用狭缝灭弧原理，靠电磁力吹弧，将电弧吹入狭缝中冷却灭弧的断路器，称为磁吹断路器。

其中应用最广的是真空管断路器和六氟化硫（SF_6）断路器。

高压断路器型号的表示和含义如下：

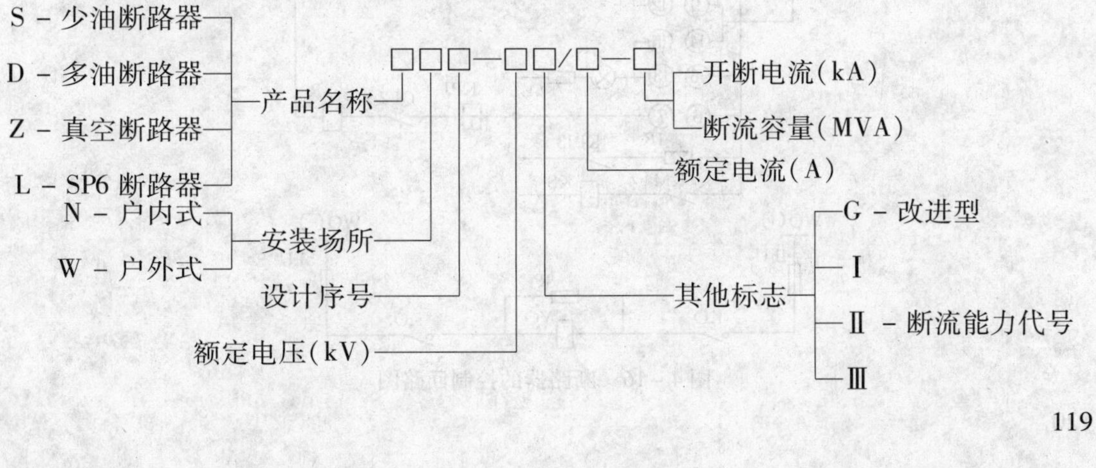

高压断路器是变电所的重要控制和保护设备之一。它的主要作用是在正常情况下可以接通和断开高压电路的空载和负载电流，当系统发生故障时，在继电保护配合下能迅速切断故障电流，减少停电范围，保证电网的安全运行。

4.3.1.1 断路器拒绝合闸

在变电所运行操作中，经常遇到断路器拒绝合闸的情况。断路器拒绝合闸可能是本体和操作机构的原因，也可能是操作回路的原因。此时，如该回路必须马上合闸送电，应报请调度考虑用旁路断路器代供，或听从调度员处理，必须待该断路器处理后方可送电。

断路器发生拒合，应从电气和机械两方面查找原因。对照断路器的控制回路图（如图 4－16）和断路器接点位置图（如图 4－17）查找电气回路的故障和机械方面的原因。

电气回路故障主要有以下四种情况：

1. 指示灯不亮或不正常

首先应检查操作电源的电压值，如与规定值不符，应先调整。进一步从检查指示灯入手寻找故障。

（1）当控制开关的把手置于合闸位置而指示灯不亮，应认为合闸回路没有电压，可能是合闸回路断线或熔断器熔断。

（2）指示“跳闸位置”的绿灯已熄，而表示“合闸后位置”的红灯不亮，应检查红灯的灯泡是否完好。

（3）绿灯熄灭后又重新点亮，可能是电压太低，以致操作机构未能将断路器的提升杆正常地提起，或是操作机构机械部分有毛病和调整不正确。

（4）绿灯已熄，红灯亮后但立刻又熄灭，绿灯闪光。则说明断路器曾合上过，但因机械上的故障，维持机构未能托住。应注意在操作电源的电压过高时，也会发生这种现象，即操作机械在合闸时发生强烈的冲击而不能托住。

2. 合闸接触器不启动

其原因可能是正、负控制母线的熔断器熔断（这种情况下绿灯应不亮）；控制开关 SA_{5-8} 接点接触不良；防跳继电器 KPJ2 接点接触不良；断路器辅助接点 QF1 接触不良或未接通；

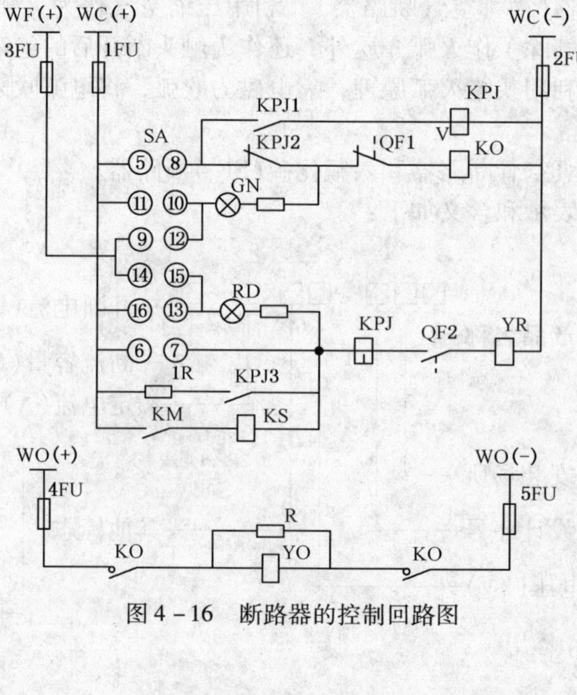

图 4－16　断路器的控制回路图

合闸接触器 KO 或合闸线圈 YO 线圈断线或二次回路断线等。如遇上述情况可用试电笔或万用表测量，并通过分析、判断找出故障点进行处理。

3. 合闸接触器启动，而断路器未动作

其原因可能是正、负合闸母线保险熔断；合闸接触器 KO 接点接触不良；合闸接触器接点被消弧罩卡住；合闸线圈断线；合闸整流器交流保险熔断等。

在跳闸位置的手柄（正面）样式和接头盒（背面）接线图	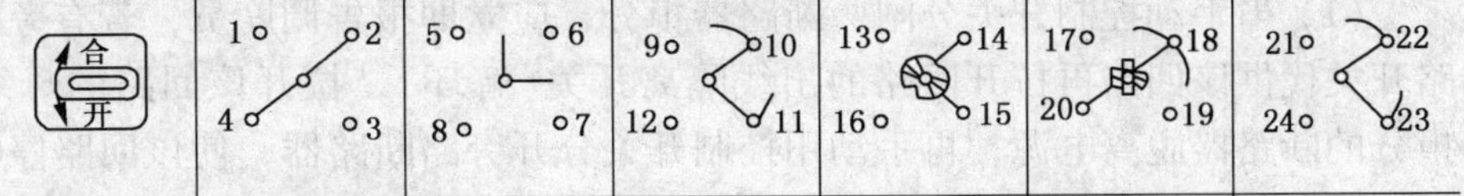																
手柄和接头盒型式	F8	1a		4		6a			40			20			6a		
接点号 / 手柄位置	—	1-3	2-4	5-8	6-7	9-10	9-12	10-11	13-14	14-15	13-16	17-19	17-18	18-20	21-22	21-24	22-23
跳闸后		—	×	—	—	—	—	×	—	×	—	—	—	×	—	—	×
预备合闸		×	—	—	—	×	—	—	×	—	—	—	×	—	×	—	—
合　闸		—	—	×	—	—	×	—	—	—	×	×	—	—	—	×	—
合闸后		×	—	—	—	×	—	—	—	—	×	×	—	—	×	—	—
预备跳闸		—	×	—	—	—	—	×	×	—	—	—	×	—	—	—	×
跳　闸		—	—	—	×	—	—	×	—	×	—	—	—	×	—	—	×

图 4－17　SA（LW2－Z－1a，6，4，6a，40，20，6a/F8 型）接点位置图

×—触点接通；— —触点断开

4. 合闸接触器启动，断路器动作但未合上，除机械原因外，还可能是由于直流母线电压太低，二次回路混线（不应接通的却接通了）把跳闸回路接通，或由于操作不当及 SA 把手返回太早等原因造成的。

机械故障主要有以下几种情况：

（1）由于调整不当，跳闸后机械传动装置的各轴不能复归原位；

（2）合闸铁芯钢套卡涩，铁芯顶杆太低冲力不足，铁芯顶杆太长合闸终期吸力不足等；

（3）开关提升机械有卡涩扭动现象；

（4）断路器辅助接点打开过早，造成机械跳跃。若断路器合闸后立即又跳开，除电气回路故障外，可能是跳闸铁芯卡住，使机械没有复位。跳闸铁芯卡住的原因是由于钢套变形，顶盖弯曲或缺少隔垫，也可能是剩磁使铁芯不能复位。

4.3.1.2　断路器拒绝跳闸

切、合负荷电流和故障电流是断路器的主要任务，特别是对于已投入运行的断路器来说，如果拒绝跳闸，则在该断路器负荷侧发生故障时，势必将越级跳闸，这就扩大了事故和停电的范围。因此，断路器拒绝跳闸比拒绝合闸的后果更为严重，应尽快消除。

1. 断路器不能电动分闸的现象及原因

（1）若红灯不亮，说明跳闸回路不通。此时，应检查操作熔断器是否熔断或接触不良；

操作开关接点和断路器辅助接点是否接触不良；防跳继电器线圈是否断线；操作回路是否发生断线；灯泡，灯具是否完好等。

（2）若操作电源良好，跳闸铁芯动作无力，则是跳闸线圈动作电压过高或操作电压过低，跳闸铁芯卡涩、脱离或跳闸线圈故障。

（3）若跳闸铁芯顶杆动作良好，断路器拒跳，可能是机构卡涩或传动连杆销子脱落等。

2. 断路器拒绝跳闸的处理

（1）当手动控制开关分闸，断路器拒分，应立即报告调度员，若有旁路开关者，采用旁路开关代供该回路再拉开回路的出线隔离开关（解环），拉开该回路的母线侧隔离开关，使拒分的断路器脱离电源，再手动用控制开关分开旁路断路器，使该回路停电。

（2）上一级电源断路器越级跳闸使母线失电，如果根据所内保护信号等确切判明为某断路器拒分，则在失电情况下，拉开拒分母线的馈线断路器两侧的隔离开关，再手动分开所有接于母线的馈线断路器，并报请调度送电。如果无法判明是哪一台断路器拒分时，在失电后，分开接于母线的馈线断路器时可能会发现拒分的断路器，或在恢复馈线送电时再发生越级跳闸时便能发现是哪一台断路器拒分。

应注意：拒绝跳闸的断路器在未处理好之前不能再次送电。

4.3.1.3 断路器误分、误合

1. 断路器误跳闸

若系统无异常，继电保护未动作，值班人员又未进行操作，断路器自动跳闸则应判断为断路器误动作，此时应按下述顺序处理：

（1）检查断路器控制回路是否有两点接地，造成断路器误跳。如果是此原因，则应消除直流接地后再合上断路器。

（2）检查断路器机械箱内闭锁装置是否失灵。可在断路器不带电的情况下拉开电源侧隔离开关，将断路器试送一次以检查机构完好情况，然后，根据检查情况，决定是否可以继续运行。

（3）如果由于人员误碰跳闸，应立即送电（双电源断路器应注意同期问题）。

（4）如果有迹象表明该断路器确是故障造成，而信号继电器未动，则应依照故障情况处理。

2. 断路器误合闸

若停运的断路器未经操作自动合闸，则属误合闸。其原因有：

（1）直流系统两点接地使合闸回路接通；

（2）自动重合闸内继电器接点误闭合；

（3）由于合闸接触器线圈电阻偏高，动作电压偏低，在直流系统发生瞬间脉冲时，使断路器误合闸。

（4）检查断路器本身有无异常，断路器跳闸有无卡涩，触头是否熔焊在一起。

4.3.1.4 断路器过热

断路器过热的主要表现是桶体发热，少油断路器的部分框架也会发热。导致发热的可能原因是触头导电部分接触不良和氧化，应加强监视。如果温度有继续上升的趋势，则应按事故进行处理，停止其运行，并进行检查。多油断路器可以用手摸油箱，少油断路器可以从油位和油色来判断。断路器过热严重时，可能会引起绝缘件被烧坏，瓷瓶烧裂，断路器冒烟、喷油，直至爆炸等事故。因此，运行人员要加强巡视，及早发现，及时解决。

4.3.1.5 断路器的其他故障和处理

1. 油断路器着火

油断路器着火而尚未自动跳闸时，如果刚刚起火，应立即远方操作切断燃烧着的油断路器，如火势较盛，已无法看油位，则应用上级断路器断开该电路，并将断路器两侧的隔离开关拉开，使其与电源及可能波及到的运行设备分开，并用干式灭火机灭火。如火不能扑灭时，再用泡沫灭火器灭火。

造成油断路器着火的主要原因有：

① 断路器外部套管污秽或受潮，而造成对地闪络及断路器内部闪络；

② 断路器分闸时动作缓慢或遮断容量不足；

③ 断路器内油面上的缓冲空间不足；

2. 跳合闸线圈冒烟

手动分合断路器或自动装置动作后，有时会出现跳合闸线圈冒烟的现象。由于跳合闸线圈是按短时通电设计的，因此其冒烟烧毁多是由于长时间带电而引起的。

断路器跳合闸线圈冒烟烧毁后不能再继续运行，应立即报告调度和主管部门，申请更换并在排除故障后方可再次投运。运行人员在操作过程中如遇合闸熔断器熔断，应更换规定规格的熔断器，不能擅自更换大容量熔断器，以防烧毁合闸线圈。

3. 断路器紧急分闸

运行中的油断路器，若发现有下列情况之一的，应立即退出运行：

(1) 断路器瓷套管严重破裂闪络和爆炸；

(2) 连接部分熔化和断开；

(3) 断路器内部有严重放电声；

(4) 断路器严重缺油。

上述几种故障处理后，均应尽快向主管部门和调度部门汇报，并做详细记录。

4.3.2 断路器操动机构

4.3.2.1 电磁操动机构控制回路的装接

1. 电磁操动机构控制回路的装接前的准备

6kV 高压断路器电磁操动机构控制回路如图 4－18 所示。

首先根据电路准备元器件和材料及相应的安装工具。核对工具、元器件及材料是否齐全。检测各元器件是否良好，确认一切正常后开始安装。

2. 电磁操动机构控制回路装接

将元器件和走线槽(板面走线)在盘面上合理布置，其要求如下所述：

(1) 仪表、信号设备、模拟母线等布置要适中、清晰；经常性监视仪表布置高度应适中，以便监视、观察。

(2) 操作调节方便。操作开关之间距离要适中，确保安全；布置高度应适中，以便操作。

(3) 盘上各装置之间应有一定间距，以便拆装、检修。同类装置布置在一起。

(4) 不同装置之间应有明显分界线，不允许混杂布置。

(5) 一般继电器盘将电流、电压继电器放在屏面最上部，中部为中间继电器、时间继电器，下部是调试工作量大的继电器、信号继电器等的顺序布置，通常在控制盘上，把电流、电压和频率表、功率因数表等放在最上几排，下面依次是光字牌、信号灯、控制开关等。

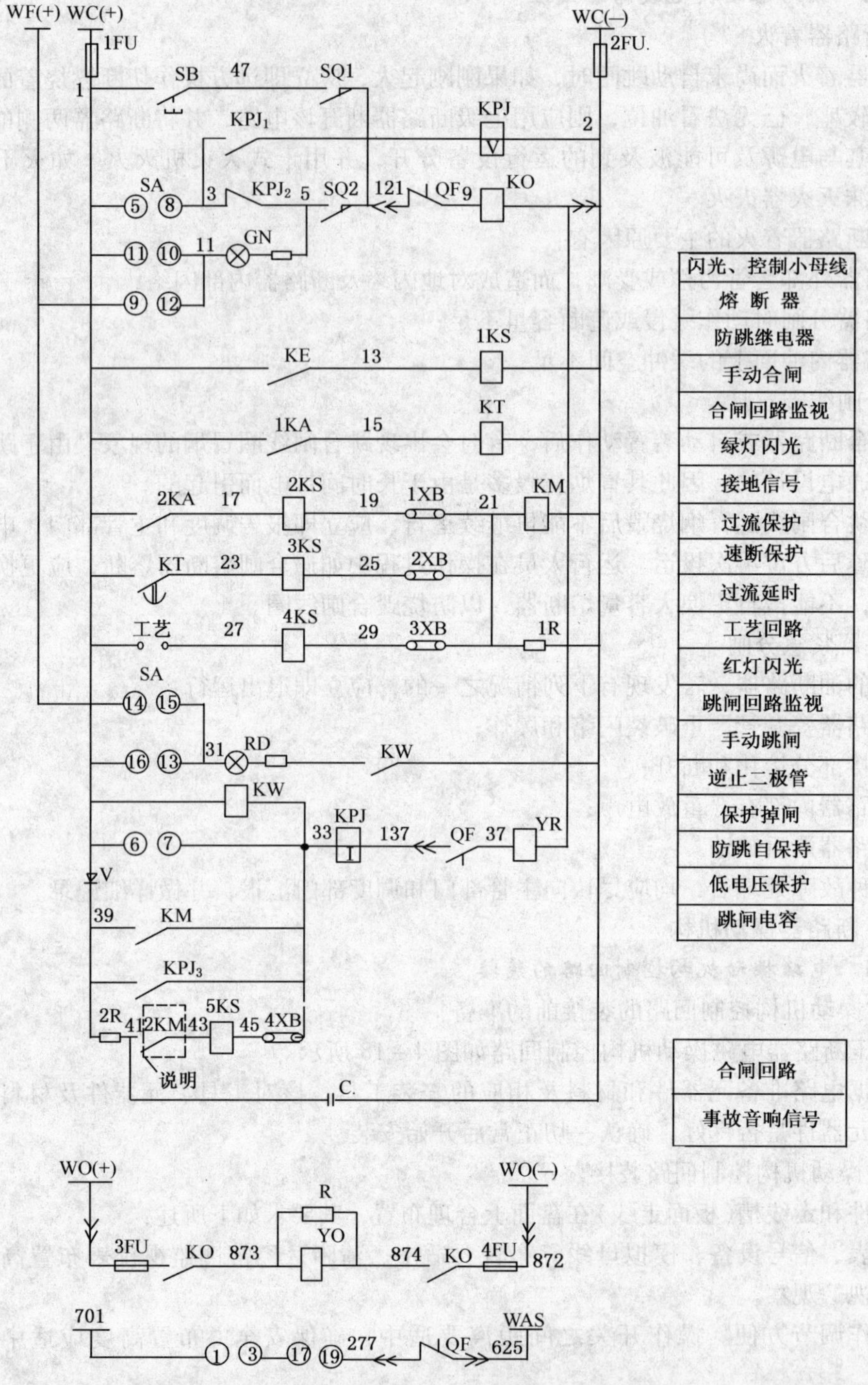

图4－18　电磁操动机构控制回路原理图

根据模拟布置的位置，在盘面上划线，移去各元器件，制作安装孔。然后，将各元器件一一就位，安装固定好。根据电路图施工接线，接线操作方法与一般电气控制板制作相同。其接线要求是：排列整齐、便于检查；连接可靠，安全合理。

4.3.2.2　CD_{10}电磁操动机构故障检修

1. CD_{10}电磁操动机构拒绝合闸检修

拒绝合闸可划分四种状态进行分析：断路器不动；断路器合不到位；断路器合闸后保持不住；断路器跳跃。

(1) 断路器不动

其原因主要是控制回路电器部位出现问题所致，有如下几种可能：

① 电源线接错位或合闸回路接头接触不良；

② 熔片断；

③ 合闸线圈引线断头；

④ 合闸线圈抽头接反；

⑤ 辅助开关未能转换或接触不良。

(2) 断路器合不到位

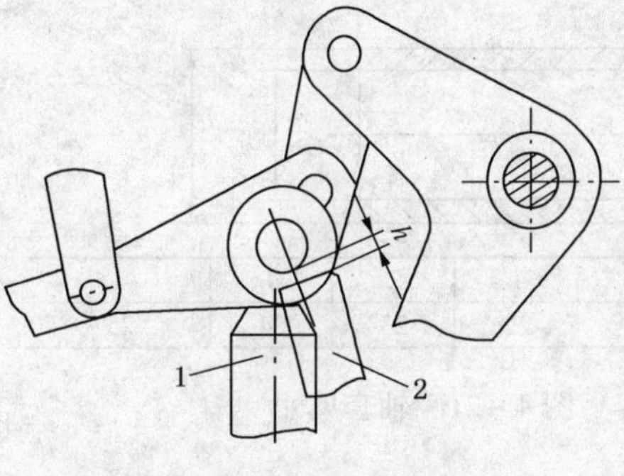

图 4－19　顶点位置
($h=1\sim3$mm)
1—撞杆；2—弯壁

可能有如下原因：

① 合闸线圈端电压过低；

② 线圈接法与电源不匹配；

③ M20 双头螺杆拧得不紧致使框架松动，造成合闸动铁芯被卡滞；

④ 合闸动铁芯撞杆尺寸调短，保证不了顶点位置（顶点位置见图 4－19）；

⑤ 断路器调整不当，如一级拉杆调得太短，造成断路器因合闸止钉，提升杆与直线机构、连板用的轴销（指 SW2～110Ⅱ型）被卡住不动，或因合闸缓冲器到底（指 SW2～60G 型）被卡住不动，而操动机构却仍未合到位。

另外，由于连接拉杆用的轴销因其开口销掉落，而窜出卡在底座架上，亦会造成断路器合不到位。

排除方法如下：

如果出现①，②，③ 的问题只要端电压大于 80%，电源匹配，拧紧 M20 双头螺杆，使合闸动铁芯不被卡住即可解决。

若是原因④，可把撞杆调长，保证顶点间隙 1～3mm，切记要把防止撞杆松动的顶丝顶紧。

对于原因⑤，在分闸位置连接拉杆时，要注意 A 尺寸（SW2～110Ⅱ型），拐距尺寸（SW2～60G 型），并且要使操动机构动铁芯撞杆顶端与四连杆滚子距离调到大约 15mm 左右（见图 4－20，调整一级拉杆可得到此尺寸）。另外，在电动操作之前一定要用手动方法慢分、慢合，观察各部分是否会出现卡滞或卡住现象，同时也要对行程进行初步测量以防过大，并检查各部分开口销要保证劈开，就会避免断路器因调整不当而引起合不到位的状况产生。

(3) 断路器合闸后保持不住

可能有如下原因和排除方法：

① 合闸速度太大，其剩余能量将掣子振开。造成这种现象有两个可能：一是合闸线圈

端电压太高；二是分闸弹簧调整不当(此时分闸速度一定较小)。

排除方法：一是限制线圈端电压，不能超过110%；二是调整分闸弹簧，使其合闸速度降下来。

② 掣子调得太浅或压掣子的弹簧变形。

排除方法：见图4－20，调整调节螺钉1，使掣子3下降至与杠杆5多扣住一些即可，若弹簧变形则需要更换弹簧。

③ 掣子3与杠杆自由间隙过大，此间隙通常为1～1.5mm。

排除方法：应更换轴套，可按图4－21所示轴套尺寸选择加工。

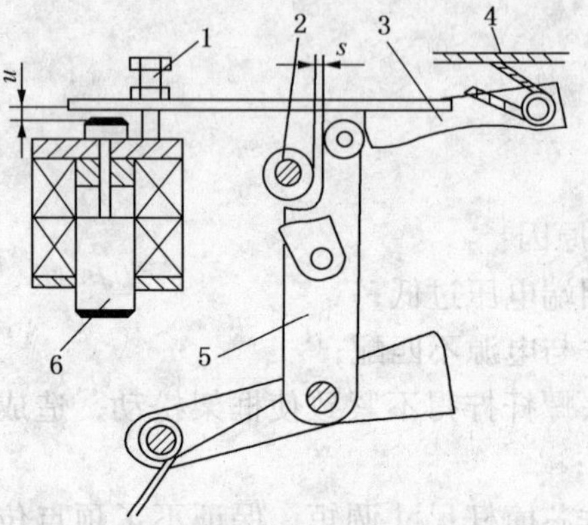

图4－20 保持结构

1—调节螺钉；2—轴套；3—掣子；
4—复位弹簧；5—杠杆；6—动铁芯

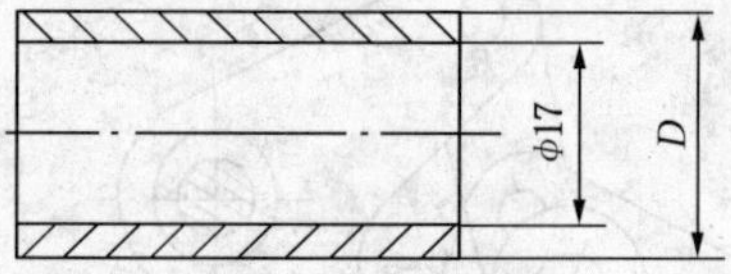

	1	2	3	4
直径 D/mm	22	23	24	25

图4－21 轴套尺寸

④ 分闸动铁芯撞杆与四连杆滚子间的距离(h)过大。在这种状态下，h超过20mm，因此行程必定小。

排除方法：如图4－22所示，应在分闸状态下，把一级拉杆调短，使动铁芯撞杆端面与滚子间的距离h等于15mm左右即可。

⑤ 四连杆没有复位。四连杆不复位，掣子就不能复位，保持机构处于不稳定状态，出现这种情况通常是发生在重合闸时，因为无电流间隙调得太短，不待四连杆机构完全复位，就发出了合闸指令。

排除方法：应调整无电流间隙时间，使其为0.5s(如果大于0.5s就不会出现这个问题)。

⑥ 掣子没有复位。其原因是掣子与杠杆的自由间隙极小或复位弹簧失效。

排除方法：应更换较小的轴套2，如果是弹簧4失效，则需要更换弹簧。

(4) 断路器跳跃

跳跃，即当发出合闸指令时，断路器不待合到位，合闸动铁芯就降落使断路器分闸，然后断路器又合，往返多次，直到切除合闸电源，才消除此现象。造成跳跃的原因是由于组合开关和切换开关调整不当而引起的。

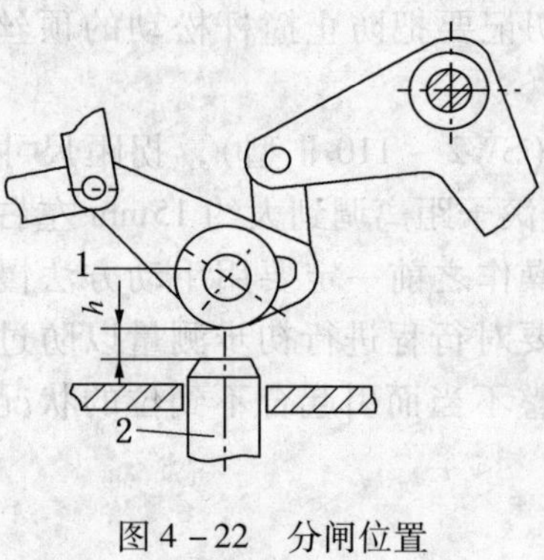

图4－22 分闸位置
(h＝15mm)
1—滚子；2—撞杆

排除方法：应适当调整组合开关和切换开关，保证切换开关闭合后，方允许组合开关闭合触头断开，这样就可以保证断路器合闸到位，不发生跳跃。当断路器合到位后，切换开关就自动切断了合闸回路，使断路器保持在合闸位置。

2. CD_{10}电磁操动机构拒绝分闸故障排除

拒绝分闸分为两种：一是电气原因造成的，它的表现是当发出分闸指令时，分闸动铁芯不动或轻微动一下；二是机构原因造成的，它的表现是当发出分闸指令时，分闸动铁芯能跳起，但是撞不开掣子。

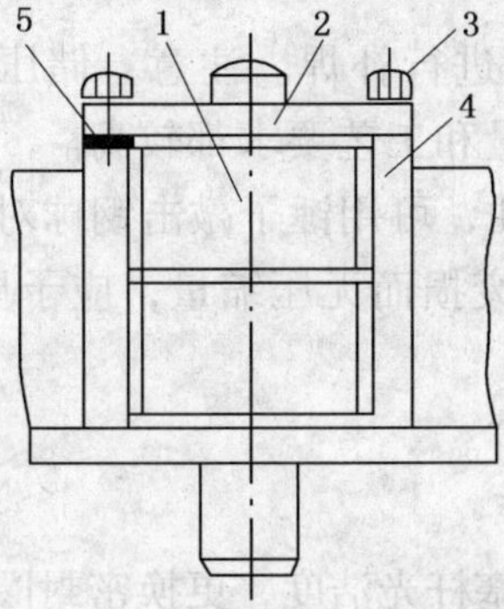

图 4－24　铁芯装配示意图

1—线圈；2—铁芯；3—六角螺钉；4—机行构架；5—间隙

电气原因包括以下几种：

（1）线圈引线在接头处断路或分闸回路有断路之处；

（2）辅助开关未能转换到位或触点接触不良；

（3）分闸线圈抽头接反；

（4）线圈端电压太低。

机械原因包括以下几种：

（1）挚子扣得过深，造成分闸动铁芯空行程过小；

（2）紧固磁轭的 4 个 M8 六角螺钉未拧紧或铁芯的磁轭板与机构架 4 接触部位之间有异物而垫起，产生间隙 5，从而使磁通减少(铁芯装配示意图如图 4－23 所示)。

排除方法：若是电气原因，找出故障点排除即可，如果是因掣子扣得太深，可调节螺钉，增加分闸动铁芯空行程，但不要过多，以防合闸时被振开。如果是有异物垫起铁芯的磁轭，应将铁芯的磁轭板拆下，用锉刀把机构架与磁轭板接触部位锉平，然后接好，切记要将 4 个 M8 螺钉拧紧。

4.3.2.3　CY3 型液压操动机构常见故障检修

1. CY3 型液压操动机构压力异常升高

油压过高的主要原因有以下四点：

（1）额定油压微动开关触点失灵，此时已到(1YLY)位置以上，油泵电机没有停止；

（2）油进到储压器氮气侧(预压力日渐升高)；

（3）压力表失灵(压力表下未装阻尼孔，多次冲击后失灵)；

（4）温度升高。

处理方法：

（1）立即切除电动机电源，检查微动开关(1YLJ)触点接触器及电触点压力表是否有卡涩及损伤情况；

（2）检查氮气预充压力，若预充压力高，则是储压器的 V 型和 O 形密封圈损坏，或是储压器内壁磨损、压板变形等，应将储压器解体检查，查明原因后，再加以处理；

（3）校验或更换压力表；

（4）打压过程中压力短时高升 30～40Pa 仍属正常，可将闭锁压力上限稍调高。

2. CY3 型液压操动机构压力异常降低

除温度变化外，压力异常降低可能有以下几种原因：

(1) 由于焊缝不良或充气阀漏气，使氮气漏失；

(2) 单向逆止阀密封不严，可能使储压筒活塞杆头上 2 个密封圈失灵，从而使氮气进入油中；

(3) 若有大量漏油处，应检查安全阀胶圈一级阀油孔处的漏油情况，一般是因油中有脏物，将阀垫起或密封圈损坏。

处理方法(处理前检查氮气预压力的多少)：

(1) 若是焊接质量问题(可涂肥皂水检查)，应用高压焊条进行补焊。注意：储压筒材料是 40CT(铬钢)，上盖板材料是 45 号钢，焊接材料及焊接质量和工艺要求都较高。

(2) 拆开储压器对单向阀进行检查，如发现此处漏气或漏油，可用锤子敲击钢球对储压器活塞密封圈检查及对活塞与内壁间的 V 形密封圈检查，若因废损而无压缩量，应予更换。如内壁有纵向沟痕，可用 800 号水砂纸细细打磨。

(3) 将油过滤，如仍不好，可解体更换阀座、钢球和胶圈等。

3. CY3 型液压操动机构高压漏油、油泵启动频繁

如果储压筒、工作缸活塞杆等滑动密封处漏油，则应提高活塞杆光洁度，更换密封圈、压紧压圈。如果合闸一级阀、二级阀锥阀处(泄油孔)合闸状态下漏油，或合闸一、二级球阀及工作缸活塞处分闸状态下漏油，则应根据漏油部位检修。如果其他固定密封处(如接头)漏油，则更换固定密封圈，若密封槽太深可加垫橡皮。如油质污秽，则应过滤旧油或换好油。

把油泵上的低压进油管去掉，看油是否从泵里流出。若有油流出，说明四通接头上的逆止阀和泵柱塞座上的逆止阀密封都不良。油泵如在一天内启动两次及以上，即认为密封已不好。

4. CY3 型液压操动机构油泵打压时间长

从油泵压力为零开始打高压油，到油泵停止打油时间超过 3min，说明泵的工作状态已不够好。

(1) 油泵吸油阀作用不良。拆下柱塞座，用手把柱塞来回拉动，吸油阀若有跑气的声音，说明吸油阀不起作用。若发出“啪啦啪啦”的声音，说明吸油阀起作用。若不起作用，可把钢球放在进油口上，用榔头敲钢球一下，使接触面密封良好，吸油阀钢球直径为 5mm，过大或过小都会影响吸油阀的作用。

(2) 油泵逆止阀密封不良。拆下柱塞座，把逆止阀钢球放在阀口上，按住钢球，同时来回拉动活塞，看是否跑气。若跑气，即密封不良，此时用榔头敲钢球一下，可使密封面接触良好，逆止阀钢球直径为 7. 14mm 为宜，过大或过小都会影响逆止阀工作。已敲击过的钢球不能再用，柱塞阀体淬火硬度很高，应换一个新的 Φ7. 14mm 的钢球。

(3) 逆止阀处的聚四氟乙烯垫密封不良，可更换新垫。

(4) 滤油器不够畅通，或是油位太低。

(5) 柱塞与柱座间隙太大，应配新的柱塞。

(6) 只有一个柱塞起作用，另一个柱塞可能因研磨卡住等原因，不能返回，此时要检修柱塞。

(7) 泵内有 8 个 M10 螺钉，检查其是否松动。

5. CY3 型液压操动机构油泵打不上压

油泵打不上压的可能原因是：

(1) 油泵内吸油或单向阀被堵或高压密封圈损坏，或逆止单向阀阀口不严；

(2) 柱塞配合的间隙过大；

(3) 油泵进油管路(包括滤油器)不畅通；

(4) 油泵低压侧有空气存在；

(5) 油泵电动机过载，热继电器脱扣；

(6) 一、二级阀阀口不严，通过阀的排油孔漏油；

(7) 放油阀没有复位。

处理方法：

(1) 将油泵解体检查，清除污物。若逆止阀阀口不严，可用研磨膏研磨。若高压密封圈损坏，则应更换。

(2) 柱塞配合间隙过大时应更换新零件。

(3) 清洗过滤网和进油管路(注意勿使塑料管变形)。

(4) 若泵内有空气，可从低压侧放气螺钉处放气。

(5) 检查热继电器，若已脱扣，可按复归按钮复归。

(6) 检查一、二级阀的密封是否良好。

(7) 可轻敲放油阀，使球阀复位。

6. 断路器合闸后自动分闸

断路器合闸后自动分闸的可能原因是：

(1) 分闸阀阀杆卡涩，动作后不能复位；

(2) 保持油路漏油阀或管接头处密封不好，保持压建立不起来；

(3) 分闸阀下部节流小孔被堵。

处理方法：

(1) 检查分闸阀阀杆，如变形，应加以处理或更换零件，重新调整分闸阀及分闸电磁铁。

(2) 检修渗漏处。

(3) 清洗保持油路并检查管路接头是否有漏油现象。

7. 断路器分闸后自动合上

断路器分闸后自动合上的可能原因是：

分闸阀上的保持油管入口孔径过大、分闸信号保持时间太短，或断路器分闸后，工作缸合闸侧的油经二级阀泄油孔泄放时，同时进入保持管路和活塞上面的空腔，压迫二级活塞动作不够。

处理方法：

(1) 检查分闸阀体，若不符合规格，应予调整；

(2) 将接头内的孔铆死，重新按图纸要求钻孔；

(3) 重新调整分闸行程或检查二次回路设备。

8. 断路器拒分闸或拒合闸

断路器拒分闸或拒合闸的可能原因是：

(1) 分、合闸电磁铁的线圈断线或匝间短路。

(2) 分、合闸电磁铁顶杆或分、合闸阀杆卡涩过短或弯曲。

(3) 动静铁芯间距大，铁芯吸力小或间距过小，打不开球阀，此时应重新调整电磁铁，必须保证阀针在到底时，动静铁芯也正好碰上。不然，调整不对，很容易把线圈烧坏。

(4) 二次回路不良造成的分、合闸回路不通，或辅助开关没有切换。

(5) 合闸一级阀至逆止阀通道堵塞及钢球不正确就位，或逆止不严，造成拒合闸。

(6) 管路堵塞(拒分)。

(7) 压力太低(闭锁)。

(8) 工作缸卡死(若因工作缸尾部研坏，可磨小0.1mm)。

(9) 传动系统卡阻。

找出原因后，分别对症处理。

9. 断路器合闸后失压

故障原因：若一级阀小球托被油流冲倒，钢球不能封死阀口，油压经过一级阀泄油孔泄压，可能造成断路器合闸后失压。

处理方法：将球托重新加工制造，延长导向长度，使小球托与弹簧牢靠地结合。

10. 其他

(1) 压力表值不断降低，且储压筒活塞杆又不往下运动，油泵也不启动。此时若不是气温降低之故，则可能是氮气的泄漏，应予检查处理。

(2) 在安装或运行中若发现断路器本体中间触头移动转向，则会造成导电杆卡住。

4.3.2.4 弹簧储能操动机构常见故障检修

弹簧储能操动机构的常见故障处理如表4-15所示。

表4-15 弹簧储能操动机构常见故障处理

常见故障		故障原因	处理方法
拒合	(1) 合闸铁芯和机构已动作	(1) 主轴与拐臂连接用圆锥销被切断 (2) 合闸弹簧疲劳 (3) 脱扣联板动作后不复归或复归缓慢 (4) 脱扣机构未锁住	(1) 更换新销钉 (2) 更换新弹簧 (3) 检查脱扣联板弹簧有无失效，机构主轴有无窜动 (4) 调整半轴与扇形板的搭接量
	(2) 铁芯动作，但顶不动机构	(1) 合闸铁芯顶杆顶偏 (2) 机构不灵活 (3) 电动机储能回路未储能 (4) 驱动棘爪与棘爪间卡死	(1) 调整连板到顶杆中间 (2) 检查机构联动部分 (3) 检查储能电动机行程开关及其回路是否正常 (4) 调整电动机凸轮到最高升程后，调整棘爪与棘轮间隙至0.5mm，不卡死为宜
	(3) 合闸铁芯不能动作	(1) 失去电源 (2) 合闸回路不通 (3) 铁芯卡滞	检查原因并予以消除
	(4) 合闸跳跃	扇形板与半轴搭接太少	适当调整，使其正常
拒分	(1) 分闸铁芯已经动作	(1) 分闸拐臂与主轴销钉切断 (2) 分闸弹簧疲劳 (3) 扇形板与半轴搭接太多	(1) 更换新销钉 (2) 更换新弹簧 (3) 适当调整使其正常
	(2) 分闸铁芯不能动作	(1) 分闸回路不通 (2) 分闸铁芯卡滞 (3) 失去电源	检查原因并予以消除

续表

常见故障	故障原因	处理方法
分、合速度不够	（1）分合闸弹簧疲劳 （2）机构运行不正常 （3）本体内部卡滞	（1）更换新弹簧 （2）检查原因并予以消除 （3）解体检查

4.4 变电所其他一次设备运行

4.4.1 高压隔离开关的运行与异常处理

高压隔离开关（文字符号为 QS）是一种没有专门灭弧装置的开关电器，它不允许带负荷操作，更不允许断开短路电流，一般与断路器配合使用。

4.4.1.1 高压隔离开关的主要用途

（1）它只能用来隔离电源，以保证安全检修，使被检修的电气设备与电源有明显的断开点；

（2）进行倒闸操作以改变系统的运行方式，如在双母线运行的电路中，可以利用隔离开关将设备或线路，从一组母线切换到另一组母线上去；

（3）在一定情况下，可以用来接通和切断小电流电路，如利用隔离开关可以进行以下操作：

① 投入或切断电压互感器和避雷器回路；

② 接通或切除电压为 10kV，长度为 5km 或电压为 35kV，长度为 10km 以内的空载架空线路的电容电流；

③ 接通或断开电压为 10kV，长度为 5km 或电压为 35kV，长度为 0.9km 以内的单根电缆线路的电容电流；

④ 投入或切除电压为 10kV，容量在 320kVA 及以下或电压为 35kV，容量在 1000kVA 及以下或电压为 110kV，容量在 3200kVA 及以下的空载变压器；

⑤ 接通或切断 10kV 及以下，70A 以下的环路电流。

4.4.1.2 高压隔离开关的分类

高压隔离开关可按安装场所分为户内和户外两种；按极数分为单级和三级两种；按绝缘支柱的数目可分为单柱式、双柱式和三柱式三种；按结构特点分为闸刀式、螺旋式和插入式三种；按作用不同分为带接地刀开关和不带接地刀开关两种；按高压隔离开关配用的操动机构可分为手动、电动和气动操作机构等类型。

4.4.1.3 高压隔离开关的型号含义

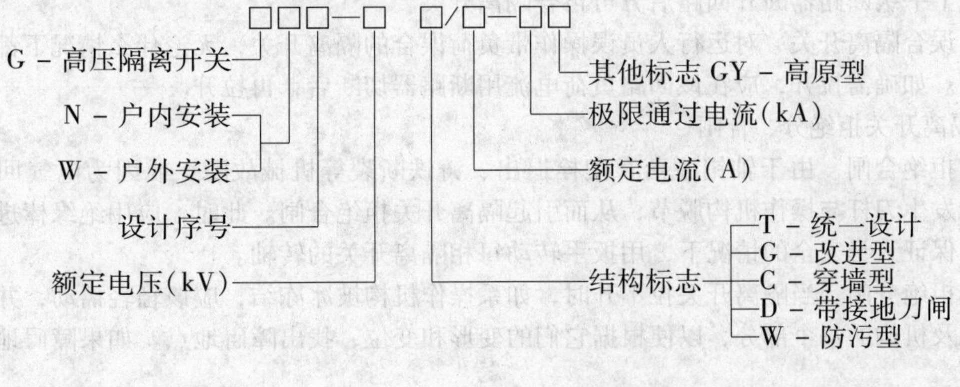

4.4.1.4 高压隔离开关的异常现象与处理

隔离开关没有专门的灭弧装置，不能用来切断负荷电流和短路电流，使用时应与断路器配合，只有在断路器断开后才可进行操作。它的主要作用是配合断路器接通和断开电源，改变设备的运行状态，以及将需要检修的电气设备与带电的电网实现可靠的隔离。使检修设备与带电电网形成明显的断开点，以保证检修人员的安全。另外，由于隔离开关可以拉合小电流电路，故变电所运行人员也用它进行一些其他的操作，如分、合电压互感器和避雷器。正常运行中的隔离开关，应在额定电压、额定电流下能长期工作，在系统发生单相接地时，要有足够的绝缘强度，在满负荷运行时长期发热应能满足热稳定要求。当系统发生短路故障时，在短路电流冲击下其热稳定和动稳定不被破坏。在隔离开关的运行过程中，常见的异常现象有：

1. 隔离开关接触部分过热

正常情况下，隔离开关不应出现过热现象，其温度不应超过 70℃，可用试温蜡片检查试验，若接触部分温度达到 80℃时，则应减少负荷或将其停用。

隔离开关接触部分过热是由于压紧的弹簧、螺栓松动和表面氧化所致，通常发展很快。因为受热的影响，接触部分表面更易氧化，使其电阻增加，温度升高，若不断的发展下去可能会产生电弧，进而发生事故。

在运行中，值班人员如发现隔离开关有发热现象时，应报告调度，同时采取下列措施：

(1) 双母线系统中，当一组母线隔离开关发热时，应将发热的隔离开关切换到另一组母线上去。如是单母线系统的母线隔离开关，则应设法减轻负荷。条件允许的话，最好将隔离开关退出运行，如母线可以停电，应立即进行检修。因负荷重要不能停电检修又不能减轻负荷时，应加强监视。如发现发热温度上升剧烈，应按规程有关规定断开相应的断路器。

(2) 线路隔离开关接触部分过热时，其处理办法与单母线隔离开关相同。所不同的是该隔离开关有串联的断路器作保护，可以防止事故的扩展。因此，隔离开关可以继续运行，但需加强监视，直到可以停电检修时为止。

2. 带负荷误拉、合隔离开关

由于隔离开关本身并没有灭弧能力。因此，变电所运行中，严禁用隔离开关拉、合负荷电流。一旦发生这些现象应按下列方法处理：

(1) 误拉隔离开关　运行人员因走错间隔，违反倒闸操作规定等原因发生带负荷拉隔离开关。处理方法有两种：一是刀片将离开刀口(已起弧)，应立即将未拉开的隔离开关合上，避免弧光短路；二是隔离开关已被拉开，则不允许再合上，保持隔离开关在断开位置，用该断路器或上一级断路器断开回路后方可再合隔离开关。

(2) 误合隔离开关　对运行人员误操作带负荷误合的隔离开关，无论什么情况下都不允许再拉开。如确需拉开，应在该回路负荷电流用断路器切断后，再拉开。

3. 隔离开关拒绝分、合闸

(1) 拒绝合闸　由于轴销脱落、楔栓退出、铸铁断裂等机械故障，或因为电气回路故障，可能发生刀杆与操作机构脱节，从而引起隔离开关拒绝合闸。此时，应用绝缘棒进行操作，或在保证人身安全的情况下，用扳手转动每相隔离开关的转轴。

(2) 拒绝分闸　当隔离开关拉不开时，如系操作机构被冰冻结，应该轻轻摇动，并注意支持瓷瓶及机构的每个部分，以便根据它们的变形和变位，找出障碍地点。如果障碍地点发生在隔离开关的接触部分，则不应强行拉开，否则支持瓷瓶可能受破坏而引起严重事故，此时只有改变设备的运行方式来加以处理。

4. 隔离开关瓷件破损

运行中的隔离开关由于环境污染或安装过程中碰伤，其支柱绝缘子破损或放电。如系闪络放电，应加强监视，待申请停电后清扫；如系支柱瓷瓶破损、断裂，则应用上一级断路器断开电路，使损伤隔离开关退出运行进行修理。

4.4.2 互感器的运行及异常处理

4.4.2.1 电压互感器的异常运行与处理

1. 电压互感器的熔断器熔断或二次回路断线

当中央信号屏发出“TV 电压回路断线”的预告信号，并出现光字牌亮、警铃响时，检查电压表的值班员即可发现：未熔断相电压指示不变，熔断相指示降低或指示为零，与该相有关的线电压表指示为相电压值，与此电压无关的表计指示正常。

根据以上现象，值班人员可以作出电压互感器二次回路断线或熔断器熔断的判断。此时，应按以下步骤处理：

（1）退出电压互感器所带保护与自动装置，防止保护误动作。

（2）检查二次熔断器是否熔断。如已熔断，应立即更换。若再次熔断，应查明原因，且不可将其容量增大；如熔断器完好时，可检查电压互感器二次回路有无短路现象，切换回路有无接触不良。找到故障点后应立即予以处理。

（3）如二次回路正常，应检查一次熔断器是否熔断。更换一次熔断器应用隔离开关将电压互感器退出运行，在做好安全措施后进行。如合闸后再次熔断，则应再次将电压互感器退出运行，并向主管部门和调度汇报，听候处理。

2. 电压互感器高压熔断器熔断原因分析

（1）系统发生单相间歇性电弧接地；

（2）系统产生铁磁谐振；

（3）电压互感器本身内部出现单相接地或相间短路故障；

（4）二次侧发生短路而二次侧熔断器未熔断，也可能造成高压熔断器熔断。

需要指出：3 ~ 35kV 电压互感器高压侧熔断器，是按机械强度设计的，只保护熔断器安装处至电压互感器本体内部处各种故障，对互感器二次回路的故障并不起有效的保护作用。因此，在更换电压回路二次熔断器时一定要选适合的规格。

3. 电压互感器其他事故的处理

当电压互感器发生下列严重事故时，应立即停用，并向上级汇报。注意在停用电压互感器时严禁用取高压熔断器的办法，应使用电压互感器本身的隔离开关退出电压互感器。

（1）电压互感器一次熔断器连续熔断；

（2）电压互感器漏油、漏胶、瓷套管破碎，外部放电；

（3）电压互感器着火、冒烟、有糊味。

4.4.2.2 电流互感器的异常运行与处理

1. 电流互感器二次开路的处理

当运行中的电流互感器发出噪声或怪声，电流型仪表指示摆动或为零时，此电流互感器可能二次开路。

其二次开路后的电流互感器会感应出危险的高电压，危及设备和人身的安全，值班人员应作如下处理：

(1) 在靠近电流互感器最近的端子排上将其二次回路短接。在短接时一定要穿绝缘靴，戴绝缘手套和带绝缘把手的工具，在监护人监护下开展工作；

(2) 若短路后，开路现象仍未消除，则可能是互感器本身接线端子或内部开路，此时应立即报告调度，将该电流互感器退出运行后进行修理。

2. 电流互感器其他故障的处理

当电流互感器发生下列故障时，应立即汇报上级，切断电源进行处理：

(1) 内部发出异味或冒烟、着火；

(2) 内部有放电现象，声音异常或引线与外壳间有火花放电现象；

(3) 主绝缘发生击穿，造成单相接地故障；

(4) 充油式电流互感器漏油、漏胶。

4.4.3 消弧线圈的运行及异常处理

35kV 及以下系统一般采用中性点不接地运行方式。当一些 35kV 和 10kV 线路较长，系统发生单相接地时，接地电容电流就较大，会在接地点形成间隙性电弧并产生内部过电压，危及设备绝缘。为此，在变压器中性点与大地之间装设一感性负荷 ~ 消弧线圈，以补偿系统发生单相接地时产生的电容电流，使故障点流过尽可能小的电流。

消弧线圈的正常运行应包括两方面内容：一是系统正常时，它基本处于无压状态，其油色、油位应正常，各连接部分应完好；二是系统发生单相接地时，如属完全金属性接地，则它基本处于相电压下运行，此时其油色、油位应正常，声音应连续均匀，各连接部分应完好且不过热。

4.4.3.1 消弧线圈的异常运行与处理

1. 油位异常

由于渗漏油、修试放油后未作补充等原因使消弧线圈油位降低，当油面过低或看不见油位时，应视为异常。补充油应在系统正常时拉开变压器中性点的隔离开关，并在做好安全措施后进行。

2. 油温过高

当系统发生单相接地时，消弧线圈便带负荷运行。此时，应对消弧线圈的上层油温加强监视，使其不超过 95℃，并注意消弧线圈带负荷运行时间不应超过铭牌规定的允许时间。若在规定时间内油温不断升高甚至从油枕中喷油，则可能是消弧线圈内部发生故障，如匝间短路、铁芯多点接地及分接开关接触不良等。此时，应停运接地线路，在接地消失后使消弧线圈退出运行，待处理好后再投入。

3. 套管闪络放电或本体内部有放电声

套管闪络放电多是由于套管污秽较重，表面绝缘降低而形成。在系统正常时，应退出消弧线圈，清扫后再投入运行。本体内部放电多数因分接开关接触不良而产生放电火花。在不太严重情况下可继续运行，但要加强监视，待系统正常后再作处理。如放电声很响，油温上升急剧，应立即汇报调度，设法使消弧线圈退出运行。

4.4.3.2 消弧线圈动作的处理

当电网内发生单相接地、串联谐振及中性点位移电压超过整定值时，消弧线圈动作。此时，“消弧线圈动作”光字牌亮及警铃响，中性点位移电压表及补偿电流表指示值增大，消弧线圈本体指示灯亮。若为单相接地故障，则绝缘监视电压表指示接地相电压降低或为零，未接地两相的电压将升高或至线电压。

当发生上述故障时，值班人员应进行如下处理：

(1) 确认消弧线圈信号动作正确无误后，值班人员应立即将接地相别、接地性质(永久性的、瞬间性的及间歇性的)、仪表指示值、继电保护和信号装置及消弧线圈的动作情况向电网值班调度员汇报，并要求将接地故障尽速消除。

(2) 派人巡视母线、配电设备、消弧线圈所连接的变压器。若接地故障持续15min未消除，应立即派人检查消弧线圈本体，其上层油温应正常且无冒烟喷油现象、套管无放电痕迹、接头也无发热现象，并每隔20min检查一次。若上层油温超过95℃，持续运行时间超过规定值时，应要求电网调度员下令停用消弧线圈。

(3) 在消弧线圈动作时间内，不得对其隔离开关进行任何操作。

(4) 电网发生单相接地时，消弧线圈可继续运行时限可根据备档分头值确定，以便运行人员采取措施，查出故障点并及时处理。

(5) 如消弧线圈本身发生故障，应先断开连接消弧线圈的主变压器，然后拉开消弧线圈隔离开关。

(6) 值班人员应监视各种仪表指示值的变动情况，并做好详细记录。

4.4.3.3 欠补偿运行产生串联谐振过电压的处理

消弧线圈在欠补偿运行时，由于线路发生一相导线断线、两相导线同一处断线、线路故障跳闸或断路器三相触头动作不同步，均可能产生串联谐振过电压。

在故障时，消弧线圈动作光字牌亮及警铃响，中性点位移电压表及补偿电流表指示值增大并且指针甩到尽头，消弧线圈本体指示灯亮，绝缘监视电压表各相指示值升高且不同，消弧线圈铁芯发出强烈的吱吱声，上层油温急剧上升。

当发生上述故障时，值班人员应先向电网值班调度员报告，并建议按下列方法之一进行处理：

(1) 降低总负荷，停用连接消弧线圈的主变压器；

(2) 将发电厂或变电所与系统解列。

在停用连接消弧线圈的主变压器后，再拉开消弧线圈隔离开关，停用消弧线圈。

4.4.3.4 消弧线圈的故障停用

有下列故障征象之一者，应停用消弧线圈：

(1) 消弧线圈温度和温升超过极限值；

(2) 消弧线圈从油枕向外喷油；

(3) 消弧线圈因漏油而使油面骤然降低，油位指示器内看不见油位；

(4) 消弧线圈本体有强烈而不均匀的噪声和内部有火花放电声；

(5) 调整消弧线圈的分接头位置后，发现分接开关接触不良。

4.4.4 补偿电容器的运行及异常处理

4.4.4.1 补偿电容器组的运行标准

补偿电容器在正常电压下运行，是发挥其无功补偿作用的重要条件。电容器组允许连续运行的过电压为1.1倍额定电压，即它可以在1.1倍额定电压下长期运行。在运行中，由于倒闸操作、电压调整、负荷变化等因素可能会引起过电压。电容器组允许短时间过电压，其短时过电压的数值由过电压的时间加以限定(见表4-16)。

表 4－16 电容器组允许的工频过电压

工频过电压	最长持续时间	说　明
$1.10U_N$	连续	电容器运行中任何一段时间的最高平均值
$1.15U_N$	每 24h 中 30min	系统电压的调整与波动
$1.20U_N$	5min	轻负荷时电压升高
$1.30U_N$	1min	

通过电容器的电流与其端电压成正比关系。允许的过电流中除包括最高允许过电压引起的过电流外，还应考虑电网谐波引起的过电流。故过电流的限额比过电压的限额要高。电容器运行中由于下列原因常会引起过电流：①电容器的电容值有正偏差；②变电所母线电压较电容器额定电压高；③电网有谐波电压；④电网轻负荷运行引起高电压；⑤电网频率高于额定频率(50Hz)；⑥由于发生故障或操作引起暂态过电压。

电容器组允许在其 1.3 倍额定电流下长期运行。在允许超过额定电流的 30% 中，10% 是由允许的工频过电压所引起，20% 是由高次谐波电压所引起。这个电流限值是从热稳定的要求来确定的。电容器由于没有铜损，也没铁损，仅有介质损耗，因此电容器的发热量由介质损耗决定，亦即由电容量、频率和电压决定，更与其绝缘介质性能直接相关。

温度对于电容器的运行是一个极为重要的因素。补偿电容器温度过高时，会影响它的使用寿命，甚至引起其介质击穿而造成电容器损坏。电容器的周围环境温度要按制造厂的规定进行控制，若厂家无规定的，一般电容器为 －40 ～ ＋40℃，自愈式电容器为 －45 ～50℃。

4.4.4.2　电容器的操作过电压和谐波影响

1. 防止投切电容器组时引起操作过电压

当切断电容器组时，会出现电感、电容回路的振荡现象，从而产生操作过电压。在切断时，如果断路器发生电弧重燃，将会引起强烈的电磁振荡，出现更高的过电压，此过电压的幅值与被切除电容器和母线侧电容的大小有关、与电弧重燃时触头间的电位差有关。因此，实用中应尽量减少电容器组的操作次数。

2. 重视电容器组投入时浪涌电流的危害

当电容器组与电源接通的瞬间，会出现电容器组的过电压和过电流现象。若电容器组接入电网的合闸瞬间电压正巧为最大值时，便可能产生高频和高幅值的过渡电流（也叫浪涌电流）。其时间虽然很短，但浪涌电流的幅值与频率很高（可达数千 Hz），它对于电气设备产生的危害却不可忽视，它还会对开关灭弧室产生很大的机械应力，从而起到一定的破坏作用。

3. 电网谐波对电容器工况的影响

运行中的电容器，常会受到电网内谐波的影响。当对某高次谐波发生谐振时，便会产生很大的谐振电流。谐振电流将会使电容器过负荷、过热、振动并发出异音。

4.4.4.3　运行中电容器可能损坏的类型与规律

补偿电容器运行中可能发生损坏的类型多种多样，一般有：

（1）初期性故障。是指刚送电或送电不久便发生损坏，这多数是由于电容器的制造工艺不良或存在严重缺陷而引起的。

（2）偶发性故障。指电容器由于运行中通风不良、外力破坏、操作过电压或雷击等原因而造成的损坏。

（3）磨耗性故障。包括补偿电容器因运行多年后发生绝缘老化、内部游离等原因，造成电容器绝缘的电气强度降低而引起的损坏等。

补偿电容器损坏的一般规律：高压电容器多于低压电容器；炎热的夏季高于其他季节；安装于户外的多于安装在室内的；过负荷、过电压运行时多于正常运行或轻负荷、低电压运行；电容器开关操作频繁多于偶而操作；补偿电容器管理不善多于运行维护良好。

4.4.4.4 电容器投切原则

正常情况下电容器组的投入和退出，应根据系统无功负荷潮流和负荷功率因数以及电压情况来决定。用户变(配)电所电容器组的投切，原则上应按供电部门对功率因数给定的指标来决定。电业变电所内的电容器组，原则上应按电网电压的实际运行值进行自动投切。

当发生下列异常情况之一时，应立即拉开电容器组开关，以使其退出运行：

(1) 电容器组母线电压超过电容器组额定电压 1.1 倍，以及通过电容器组的电流超过额定电流的 1.3 倍。

(2) 电容器周围环境的温度超出允许范围(一般为 40 ~ 50℃)，或电容器外壳最热点温度超出允许范围(一般为 60 ~ 80℃)。

(3) 电容器接点严重过热或熔化。

(4) 电容器内部或放电装置有严重异常声响。

(5) 电容器外壳有明显的异形膨胀。

(6) 电容器瓷套管发生严重放电或闪络。

(7) 电容器喷油、起火或爆炸。

4.4.4.5 电容器组运行中的注意事项

(1) 电容器组的环境温度不得超过 40℃；24h 内的平均温度不得超过 30℃；一年内的平均温度不得超过 20℃。超过上述要求时，应采用人工冷却或将电容器组与网络断开。安装地点的温度一般通过水银温度计来测量，并且必须做好温度记录。

(2) 电容器组应在额定电压下运行，若暂不可能，则允许在超过额定电压 5% 的范围内继续运行及 1.1 倍额定电压下短期运行。但一昼夜内只允许运行 6h，长时间出现过电压情况则应及早消除。此外，应避免电容器在最高电压和最高温度同时出现的情况下运行，以保障电容器使用寿命。

(3) 电容器应维持在三相平衡的额定电流下工作，如暂不可能，则允许在不超过 1.3 倍额定电流下继续工作。但应设法消除线路中长期出现的过电压和高次谐波，如轻负荷时切除部分电容器或者加装串联电抗器等。

(4) 注意清扫套管表面、电容器外壳、相关电器及铁架上的积灰尘或其他脏物，一般每季必须清扫一次。

(5) 为不致于严重缩短电容器的使用寿命，工频过电压发生的次数不应太多。在电容器整个使用寿命中，高于 1.15 倍额定电压的次数通常不应超过 200 次。

(6) 在轻负荷下投入空载变压器或并联电抗器时，容易发生铁磁谐振而产生过电流。为了消除这种现象，在投入变压器前应先切除电容器。

(7) 在电容器线路上某一接触处出现故障或者螺帽松动，都可能使电容器早期损坏甚至使整个补偿设备发生故障。因此，对电容器线路上所有接触点，均必须定期仔细检查其接触情况。

(8) 每月至少应对保护电容器的熔丝进行一次检查，目的是检查电容器的使用情况，确保电容器的正常进行。如发现有烧坏的熔丝应查明原因并予更换。更换时，应根据电容器或电容器组的电流来决定熔丝规格。

(9) 在用耐压橡胶做密封垫圈的装配式套管上有微量渗油是允许的，并不会影响电容器正常工作。但发现运行中电容器外壳漏油时，应采用锡铅焊料补焊；对于严重漏油的要调换同型号、同容量的电容器。

(10) 电容器室应有人经常巡视，并及时做好运行情况的记录。

4.4.4.6 电容器的异常运行与处理

(1) 运行中电容器常易发生的异常现象

补偿电容器运行时常易发生外壳鼓肚、套管或油箱漏油、出现咕咕声以及温升过高。外壳鼓肚、套管或油箱漏油等均属不正常运行状态，其主要原因是电容器的温度太高所致。温升过高主要是由于环境温度太高、通风不良；或者是电源电压超过额定值，引起过载发热等因素造成。

运行中的电容器不该有特殊或异常声响。若出现咕咕声，则说明电容器内部发生了局部放电现象。其原因是内部绝缘介质由于电离而产生了间隙，这种现象是绝缘崩溃的先兆。此时，应该立即停止补偿电容器的运行，并进行检查或修理。

(2) 运行中电容器鼓肚的原因、危害及处理

补偿电容器运行中有时会出现鼓肚现象，其原因一般是由于电容器制造过程中的真空没有处理好，未能除尽内部气体。以至使用中当电压升高时会发生内部放电，同时引起绝缘材料分解并产生气体，使密封的电容器油箱内部压力增大而造成鼓肚。此外，当电容器运行中的温升过高或电压波形不正常时，也容易引起鼓肚现象。电容器鼓肚后，说明其内部已出了毛病，个别元件已经击穿。因为鼓肚是由于击穿时产生的电弧使油分解出气体，进而使体积膨胀而造成的。

对出现鼓肚现象的电容器应立即停止使用，否则就可能引起电容器爆炸。若采用降低电压的方法继续使用，则内部击穿处仍然会不断产生电弧，从而使体积更加膨胀而导致电容器爆炸。因此，对已经鼓肚的电容器，绝不允许降压后继续使用，应该及时停用，更换上合格的电容器。

(3) 处理故障电容器时的安全注意事项

由于电容器停电后，其两极剩留残余电荷的特点，故处理前必须首先设法将电荷放尽，否则容易引发触电事故。

处理故障电容器时，首先应拉开电容器组的断路器及其上、下隔离开关，如要采用熔断器保护，则应先取下熔丝管。此时，电容器组虽然已经过放电电阻自行放电，但仍会有部分残余电荷，因此还必须进行人工放电。放电时，要先将接地线的接地端与接地网固定好，再用接地棒多次对电容器实施放电，直至无火花和无放电声为止，最后要将接地线固定好。

同时还应注意，电容器如果有内部断线、熔丝熔断或引线接触不良时，其两极间还可能会存有残余电荷。而在自动放电或人工放电时，这部分残余电荷是不会被放掉的。故运行或检修人员在接触故障电容器时，还应先戴好绝缘手套，并用短路线短接故障电容器两极以使其放尽电。此外，对采用串联接线方式的电容器还应进行单独放电。

4.4.5 避雷设施的运行及故障处理

4.4.5.1 避雷针的故障及处理

为了防止直接雷落入变电所造成对所内设备的损坏，各变电所均设有避雷针保护。其形式有两种：一是独立避雷针；二是装在构架上的构架避雷针。它们的作用是利用尖端放电把

变电所上空的雷电流泄入大地，起到保护变电所建筑物及各种设备的作用。

避雷针正常运行时，应直立、安装牢固，针体无弯曲构架无锈蚀，基础无下沉，接地良好且接地电阻值要小于10Ω。对运行中发现的避雷针基础下沉(不均匀)；接地引下线脱焊、锈蚀、截面小于规定标准；接地电阻不合格等缺陷，应在非雷雨季节尽快处理。如急需处理也应注意在雷雨和天空有大片阴云时不得登上避雷针架工作，且在雷雨时，禁止任何人走近避雷针，以防止跨步电压造成对人员的伤害。

4.4.5.2 避雷器的故障及处理

避雷器是防止过电压对电力设施造成危害的保护电器，要求避雷器在工频额定电压下不导通，在规定的过电压下立即导通，并能经受短时间内大电流通过自身的冲击，待电压恢复后立即截止，避雷器的瓷件应完好无损、内外部均无电流通过。

1. 避雷器的常见故障

(1) 避雷器上下引线松脱或折断

避雷器在系统正常运行时不起任何作用，引线的状态无关紧要。但当过电压出现时，引线松脱将使避雷器失去作用。过电压可能对被保护设备造成损坏。因此，在每年雷雨季节到来之前，应对引线进行认真的检查。平时运行中一旦发现引线松脱应尽快处理。

(2) 雷击放电后，连接引线严重烧伤或烧断

切断故障避雷器前应检查有无接地现象，若有接地现象，则不能用隔离开关断开避雷器，应汇报调度和设备主管部门听候处理。

(3) 雷击放电后，避雷器瓷瓶破损或爆炸

这主要是泄漏雷电流太大或是工频续流没有截断，内部发热严重所致。应立即将故障避雷器退出，并予以更换。

2. 阀型避雷器运行中的监视

在运行中对阀型避雷器应经常做一般性检查，尤其是在每次雷电以后和系统发生故障有可能出现过电压的情况下，应进行认真检查。应注意以下几个方面：

(1) 瓷套是否完整；

(2) 水泥接合缝及其上的油漆是否完整；

(3) 连接导线及避雷器的接地引下线是否有烧灼痕迹；

(4) 动作记录器的指示次数及计录器本身是否完整。

对避雷器瓷套表面污秽应引起足够的重视，因为瓷套表面污秽，将使电压分布很不均匀。在有并联分路电阻的FZ型避雷器中，当其中一个元件电压分布增大时，其并联分布电阻中的电流将增大很多，会使电阻烧毁而引起事故。由于电压分布不均匀，还可能造成避雷器不能灭弧，应经常配合线路、设备检修等工作，始终保持避雷器瓷套的清洁。

4.4.6 电动机的运行

4.4.6.1 电动机的允许运行方式

1. 电动机的允许温度和温升

电动机在运行中产生的各种能量损耗(铜损、铁损、机械损耗等)都转化为热量，引起电动机绕组、铁芯和轴承等温度的升高。若电动机绝缘材料的运行温度超过了规定值，将使电动机的使用寿命因绝缘材料的迅速老化而减少。因此，规定了电动机运行的最高允许温度。最高允许温度由电动机使用的绝缘材料等级和温度测量方法来决定。

考虑电动机的绝缘寿命，电动机还规定了最高允许温升。电动机的允许温升系指在一定

环境温度下(一般规定为35℃或40℃)，电动机温度与周围环境温度的差值，即

$$\theta = t - t_n$$

式中 t——允许温度,℃;

t_n——环境温度,℃。

电动机的允许温升由其所使用的绝缘材料来决定，不同绝缘等级的绝缘材料有不同的允许温升。常用的绝缘材料等级有 A、E、B、F 级，对应的耐热极限温度分别为 105℃、120℃、130℃及 155℃，如规定环境温度为 35℃，一般还留有 5℃的裕度(测出的温升为绕组的平均温升，而绕组的最高温升要比平均温升高，故留有 5℃温升裕度)，故上述绝缘等级绝缘材料的允许温升分别为 65℃、80℃、90℃及 115℃。

不同绝缘等级电动机的最高允许温度和温升见表 4－17。

表 4－17 电动机最高允许温度和温升

电动机	各绝缘等级的允许温度和温升/℃									
	A级		E级		B级		F级		H级	
各部件名称	t	θ_N	t	θ_N	t	θ_N	t	θ_N	t	θ_N
定子绕组	105	70	120	85	130	95	155	120	180	145
转子绕组	105	70	120	85	130	95	155	120	180	145
定子铁芯	105	70	120	85	130	95	155	120	180	145
滑 环	$t=105$℃; $\theta=70$℃									
滚动轴承	$t=100$℃; $\theta=65$℃									
滑动轴承	$t=80$℃; $\theta=45$℃									

注：环境冷却空气温度为35℃。表中 t 为最高允许温度；θ_N 为最高允许温升。

电动机运行时，环境空气温度的高低，对其各部分的温度有很大影响。所以，运行中的电动机，还应考虑周围空气温度变化时，其负荷应控制在相应的范围内。表 4－18 为 A 级绝缘的电动机，当周围空气温度变化时，允许负荷变化的百分数(对额定负荷而言)。

表 4－18 周围空气温度变化时允许电动机负荷变化范围

周围空气温度/℃	允许负荷变化百分数/%	周围空气温度/℃	允许负荷变化百分数/%
25 及以下	+10	40	-5
30	+5	45	-10
35	额定负荷	50	-15

由表 4－18 可知，当周围空气温度的额定值为 35℃时，电动机可以在电源电压、频率正常的情况下带额定负荷长期运行。当周围空气温度高于额定值时，电动机的出力应相应降低；当周围空气温度低于额定值时，其出力允许升高，但不能超过额定负荷的 10%。对于大容量的高压电动机，如采用空气冷却器时，其入口温度不得低于 5℃，入口冷却水量以不使空气冷却器出现凝结水珠为标准，以防止电动机定子绕组端部绝缘变脆。

2. 电动机电源电压、频率允许变化范围

(1) 电压的允许变化范围

电动机的电磁转矩与外加电源电压的平方成正比，因此外加电源电压的变化直接影响电动机的运行工况。当电机机启动时，若电压太低，启动转矩小，使电动机的启动时间长，甚至不能启动；对运行中的电动机，若运行电压下降，电动机转矩变小，由于机械负荷不变，电动机转速下降，引起电动机定子电流增大，使电动机发热增大，严重时会烧坏定子绕组。

若电压大幅度下降，也可能造成电动机停转和烧坏定子绕组。

与上述相反，电源电压稍高于电动机的额定电压，对电动机运行无大的影响，但电源电压过高，因磁路高度饱和，激磁电流急剧上升，使铁芯严重发热，将对电动机的绝缘也会造成危害。

此外，三相电源电压不平衡，引起电动机三相电流不平衡，这将导致电动机温升增加和电磁力矩减小(因为负序电流产生的负序磁场对电动机转子产生了制动作用，电动机从电网得到的一部分功率变成了损耗，形成额外发热)，同时，三相电压不平衡还会产生振动和噪声。

基于上述原因，对电动机电源电压变化范围有如下规定：

① 电动机电源电压在额定值的 -5% ~ +10% 范围内变化时，其额定出力不变。当电源电压提高 +10% 时，电动机的电流应减少 10%；

② 电动机额定运行，三相电源电压的不平衡度(任一相电压与三相电压平均值之差，与三相电压平均值之比的百分数)不超过 5%，或相间电压不平衡不超过额定值的 5%；

③ 三相电压不平衡引起的三相不平衡电流不超过额定电流的 10%，且任一相电流不超过额定值。

(2) 频率的允许变化范围

电源频率发生变化也影响电动机的运行工况。当电源电压为额定值时，电源频率降低对电动机的运行会产生如下影响：

① 影响电动机的出力。由电动机的电势公式 $E=4.44KfW\phi_m$ 可知，式中 W、K 为常数，故 $E\propto f_1\phi_m$。由于 $E\approx U$ 保持不变，则当电源频率 f_1 下降时，磁通 ϕ_m 将增加。ϕ_m 的增加使定子励磁电流增加，电动机无功消耗增加，则电动机的功率因数降低，故电动机出力降低。另外，由于电动机的异步转速 $n=(1-s)60f_1/p$，当电源频率 f_1 下降时使转速 n 下降，电动机机械负载的出力一般与转速有关(如火电厂的给水泵、风机等)，若负载力矩不变，则电动机的输出功率将因转速 n 的降低而明显降低。

② 降低电动机的散热效果。当电源频率降低时，电动机的转速降低，电动机风扇的风量减小，影响电动机的散热效果，从而使电动机的温度上升。

基于上述原因，电动机对电源频率的变化有如下规定：我国交流电源额定频率为 50Hz，当电源电压为额定值时，电源频率与额定频率的偏差不得超过 ±1%，即电源频率允许在 49.5 ~ 50.5Hz 范围内变化，电动机出力可维持额定值。如果频率过低，电动机定子电流增加，功率因数下降，效率降低，故不允许电动机在过低频率下运行。

3. 电动机振动与窜动允许值

运行中的电动机有时振动及窜动过大。振动及轴向窜动值过大，可能损坏设备，甚至损坏电动机，故规定运行中的电动机，其振动及窜动值不得超过表 4-19 的规定值。当振动与窜动值超过规定值时，应停止电动机运行，并查明原因予以处理。

表 4-19　电动机振动和窜动允许值

额定转速/(r/min)	3000	1500	1000	750 及以下
振动值/mm	0.06	0.10	0.13	0.16
窜动值/mm	2 ~ 4			

4. 电动机绝缘电阻允许值

检修后的电动机、停电时间长达7天以上的电动机，在送电前必须测量电动机的绝缘电阻。处于备用状态的电动机也必须定期测量其绝缘电阻。以防投入运行后，因电动机绝缘受潮发生相间短路或对地击穿。

电动机绝缘电阻合格的标准是：

（1）高压电动机用2500V摇表测量绝缘电阻，其绝缘电阻应不低于1MΩ/1kV。高压电动机的绝缘电阻，在相同环境温度下测量，一般不应低于上一次测量值的1/3～1/5，否则，应查明原因。还应测量吸收比（R_{60}/R_{15}），其值应大于1.3。

（2）380V/220V交、直流电动机，用500～1000V摇表测量绝缘电阻，其绝缘电阻值应不低于0.5MΩ。

运行中的电动机因长期运行使绕组积满灰尘或碳化物，可能使绝缘下降，绝缘电阻合格与否应与原始记录相比较，当绝缘电阻较以前同样情况下（温度、电压、使用摇表的额定电压均相同）降低50%以上时，则应认为不合格。

4.4.6.2 电动机的运行巡视与检查

1. 电动机使用前的检查

对新安装或久未运行的电动机，在通电使用前必须先做检查，检查内容如下：

（1）看电动机是否清洁，开启式电动机还要注意内部有无灰尘或脏物等，一般可用2个大气压的干燥压缩空气吹净，也可用手风箱吹或干布抹去灰尘。不可用湿布或沾有汽油、煤油、机油的布去抹灰尘。

（2）拆去所有的外部连接线，用兆欧表测量各相绕组相间及对机壳之间的绝缘电阻。

（3）对于绕线转子电动机，要检查电刷和滑环的接触是否良好，电刷压力是否适当，转子电路相间绝缘及对机壳绝缘是否良好，提刷装置手柄是否在启动位置。

（4）对照电动机铭牌数据，检查定子绕组连接是否正确，电源的电压是否符合铭牌数据。

（5）检查电动机接地或接零装置是否良好。

（6）用手扳动电动机转子和传动装置，检查是否有卡阻，以及轴承的润滑情况。

（7）电动机通风系统完好无堵塞，所有紧固件完好不松动。

2. 电动机运行中巡视检查的内容

电动机运行时，一般电动机由该电动机所带机械的值班人员进行巡视检查。重要的电动机，如给水泵、风机等，由电气值班人员进行监视检查。巡视检查的内容如下：

（1）正常运行时，电流、电压不应超过允许值。电流变化正常，电动机的最大不平衡电流值一般应不超过10%；允许电压波动为额定电压的±5%，最大不得超过10%；三相电压的不平衡值不得超过5%。

（2）电动机的温度、温升在规定范围内，测温装置完好。

（3）电动机的声音、振动应正常，无异常气味。电动机绕组温度过高时，会发出较强的绝缘漆气味或绝缘的焦糊味和烟气，手摸电机外壳，手感非常烫手；正常运行时，电动机振动和串动应符合规定；正常运行时的声音应均匀，无杂声和特殊叫声，轴承的声音用听针听也正常。如温度过高、振动或声音异常，应停机检查。

（4）电动机轴承润滑正常。轴承油位、油色正常，油环转动灵活，强力润滑油系统工作正常。

(5) 电动机冷却系统(包括冷却水系统)正常。

(6) 电动机周围应清洁、无杂物、无漏水、无漏油和无漏气等现象。

(7) 电动机各护罩、接线盒、接地线、控制箱应完好无异常。

4.4.6.3 电动机的运行维护

(1) 经常保持电动机本体及周围清洁无杂物。

(2) 按规定定时巡视检查电动机，对巡视检查发现的各种异常、缺陷应作记录，并及时处理。

(3) 对危及电动机安全运行的漏水、漏汽应及时处理，并采取一定措施，防止电动机进水和受潮，危及电动机的绝缘。

(4) 为保持备用电动机健康水平和真正起到备用作用，按规定对电动机应定期进行轮换运行；对停用和备用的电动机定期检查绝缘，绝缘不合格者应及时处理。

(5) 对绕线式异步电动机应注意电刷与滑环的接触、电刷的磨损及火花情况，火花严重时，必须及时清理滑环表面，校正电刷弹簧压力。

4.4.6.4 电动机异常运行及事故处理

1. 电动机不能启动只发出响声，或启动后达不到正常转速

电动机接通电源后，转子不转动，只发出嗡嗡声，或能转动但转速慢，其可能的原因是：

(1) 定子回路一相断线。如供电变压器的低压侧一相断电；低压线路一相断线；熔断器一相熔断；电动机的电缆头、闸刀、开关等一相松脱或接触不良造成一相断电；电动机绕组一相断线或接线盒内接触不良而烧断等。

(2) 转子回路断线或接触不良。如鼠笼式电动机，转子鼠笼条与端环间的连接部分已断开；绕线式异步电动机，转子变阻器回路已断开，启动设备与转子回路间的电缆连接点已断开，电刷与滑环接触不良。

(3) 电动机转子或被拖动的机械被卡死。如转子和定子有相碰的部位。

(4) 电动机定子回路接线错误。如将△形接线误接为Y形，或将Y形接线的三相绕组一相接反。

(5) 电动机电源电压过低。因转矩与电压的平方成正比，电压太低，使电动机无法启动。

根据上述可能的原因，首先检查电源是否正常，然后检查开关、闸刀、熔断器及一次回路接线，检查启动设备及回路是否正常，并逐一消除缺陷。如系电动机内部故障，应立即检修处理。

2. 电动机运行温度过高或冒烟

电动机运行时，其绕组及铁芯有时温度过高，用手摸电机外壳，感到烫手，有时还会出现电动机冒烟现象。运行温度过高或冒烟的可能原因有：

(1) 电源方面　电源电压过高或过低，两相运行。

(2) 电动机本身　绕组接地或相间、匝间短路；定、转子铁芯相擦，或装配质量不好引起卡转；绕线式转子绕组接头松脱或鼠笼转子断条。

(3) 负载方面　机械负载过重或卡死。

(4) 通风散热方面　环境温度过高，散热困难；电动机绕组灰尘太多，影响散热；风扇损坏或装反；通风孔堵塞，进风不畅；电动机冷却器有故障，进水量不足，出水门误关闭，

冷却器有堵塞等。

3. 电动机轴承运行温度过高

轴承运行温度过高的原因及处理方法是：

（1）轴承损坏，应更换轴承。

（2）轴承润滑不良。润滑油过少、过多或有杂质。处理方法是增、减润滑油或更换润滑油。

（3）轴承中心偏斜不正或轴承油环被卡住，应检修处理。

（4）皮带过紧或靠背轮安装不符合要求。应适当放松皮带或校正靠背轮。

4. 电动机运行发出异常噪声或强烈振动

电动机运行发出异常噪声或强烈振动的原因是：

（1）定、转子相擦或所拖动机械有严重磨损变形。

（2）电动机或所拖动机械部分的地基、地脚不符合要求。如地基不平，基础不坚固或地脚螺丝松动等。

（3）电动机与所拖动机械的轴中心未对准，转轴弯曲，靠背轮连接松动。

（4）转子偏心，如转子不平衡或所拖动机械不平衡，轴承偏心等。

（5）轴承缺油或损坏。

（6）鼠笼转子导体条断裂或绕线转子绕组断开。

（7）两相运行或过负荷运行；定子绕组断线，三相电路不平衡。

出现上述情况，应停机检修处理。

4.5 母线的运行

母线是变电所最重要的设备之一，它起着汇集和分配电能的作用。母线一旦发生故障，将会造成部分或全所停电。因此，加强对母线的运行和维护，对保证全变电所的安全运行至关重要。母线在通过额定电流时，其本身温度不应超过70℃。

母线的异常运行与处理方法如下：

1. 母线过热

（1）局部过热

母线与隔离开关连接处如接触不良将会局部过热。另外，母线接头处如因长期氧化或固定螺栓松动等原因使接触电阻加大，也将引起局部过热。

（2）大面积过热

当运行中母线负荷超过允许值时将会造成母线大面积过热。特别是通风不良的户内母线，在过负荷情况下，过热更易产生。

发现母线过热时，对因过负荷引起的应尽快汇报调度，请求倒母线或转移负荷；对局部过热，汇报后应加强监视并尽快处理。如发现发热严重甚至局部发红时，应立即停电，在做好安全措施，进行处理后再恢复运行。

2. 硬母线变形

硬母线产生变形有两方面原因：一是由于外力造成机械损伤；二是由于母线通过较大的短路冲击电流产生的电动力作用。硬母线变形后，原来相与相、相对地间的安全距离将无法保证，可能造成相间短路或接地短路等后果。因此，发现硬母线有变形情况时，一方面应尽快汇报调度及设备主管部门请求处理，另一方面应尽可能找出变形原因，以利于消除缺陷。

3. 母线绝缘子破损

母线用在什么电压等级完全取决于绝缘子的绝缘水平。因此，绝缘子一旦破损，会造成母线接地或相间短路，严重的可能由于绝缘子击穿放电而将母线烧坏、烧断。值班员对运行中的母线绝缘子应加强巡视，当发现有放电、裂痕等异常情况时，应及时申请停电处理。在退出运行前，应加强对破损绝缘子的监视。

4. 母线电压不平衡

母线电压不平衡时，一般情况下将有接地信号出现和警铃动作。造成母线电压不平衡的原因主要有：

（1）输电线路发生单相金属性接地或非金属性接地故障

在小电流接地系统中，正常运行对称的三相系统，当任何一相绝缘受到破坏而接地时，各相对地电压改变，对地电容电流也发生变化，中性点电位不再为零，其对地的电压值视故障点的接地情况而异。完全金属性接地时，接地相对地电压为零，其余两相对地电压升高到原来的$\sqrt{3}$倍。非金属性接地时，接地相对地电压大于零小于正常相电压，其余两相对地电压大于正常相电压而小于正常线电压值。当发生间隙性接地时，接地相电压时增时减，非故障相电压时减时增，或有时正常。发生弧光接地时，非故障相的相电压，有可能升高到额定电压的2.5～3倍。

（2）电压互感器一、二次熔断器熔断

当一次侧熔断器熔断一相时，熔断相的接地电压表指示为零，其他两相正常或略低，电压回路断线信号动作，功率表、电能表读数不准确，用电压切换开关切换时，三相电压不平衡，接地信号动作（电压互感器的开口三角形线圈有电压33V）。当二次侧保险熔断一相时，熔断相的接地电压表指示为零，其他两相电压表的指示数值不变，电压断线信号动作，功率表、电能表读数不准确，用电压切换开关切换时三相电压不平衡。

（3）空母线或线路三相对地电容电流不平衡，有可能出现假接地现象。

5. 母线电压消失

这是变电所和电网最严重的故障之一。当变电所母线失压时（排除电压互感器二次断线因素），该电压级下与该母线有关的进出线所有电流表，电压表、功率表全部指示为零。如全所只有一台接在该母线上的所用变压器，则全所停电。

在母线电压消失时，运行人员应根据仪表指示、信号掉牌、继电保护和自动装置的动作情况，以及失压时的外部迹象，来判明母线失压的故障原因和故障性质。

（1）若是所内的故障，处理时应立即拉开和该母线连接的所有断路器，并汇报调度。由母线短路或由母线到断路器间的引线段发生短路而引起母线电压消失时，其外部迹象除表计反映短路现象外（仪表剧烈摆动，光字牌亮），在故障地点还会有爆炸声、冒烟、起火等现象，并可能使连接在故障母线上的主变压器的断路器及线路断路器跳闸，并出现闪光，喇叭响等信号。此时，应切除故障母线，汇报调度，等候处理。切忌在处理母线失压故障时忽视对母线本身的检查，严防因母线本身故障没被发现对故障母线充电的现象。

（2）若是所内无故障，是因线路故障断路器拒动而引起越级跳闸的母线失压，应将故障线路手动切除后，恢复向其他线路送电。

若无法判明故障线路，则在拉开所有断路器后合上母线进线断路器对母线进行充电，然后逐条线路试送。若送到某条线路又使进线断路器跳闸时，则说明该回线即为故障线路。在手动切除该回线后，再合母线进线断路器，使母线带电，接下去逐条线路恢复送电。

4.6 绝缘子的运行

1. 运行中污闪事故的成因和对策

空气中存在着大量的尘埃微粒，这就不可避免地会使配电装置的外绝缘以及送电线路的绝缘子表面逐渐积聚污垢物或形成污垢层。它们在一定的条件下如被湿润后便能使绝缘子表面的电导率增加，绝缘性能下降，造成沿绝缘子表面的放电现象，即所谓“闪络”。连续不断的闪络，便形成了相对地的击穿事故，从而导致送电线路保护装置动作、线路自动跳闸。这种户外配电装置的外绝缘及送电线路的绝缘子，在不良气候与不良运行条件下形成污秽闪络，以致造成接地的现象，称为“污闪事故”。

由于大气中含有多种物质的固态、液态或气态微粒，如工业生产的烟雾尘埃、地面飞起的尘土、海水的飞沫等等。其中尤以化学工业与冶金工业的烟雾灰尘、海水飞沫及盐碱地区的尘埃等类污垢对绝缘的破坏性最为严重。这类尘埃中游离物质的含量较高，空气中的水分与游离物质会结合生成电解质，由此便增加了绝缘子表面的电导率。迷雾、露水和毛毛雨使绝缘子表面的污垢物被湿润，更容易引起闪络。而大雨则有助于冲洗绝缘子污垢，对保持绝缘性能有利。

发生污秽闪络事故的季节性很强，如许多地区常冬季多雾，春季又多雨夹雪，污秽闪络事故就多在这段时间里发生，且闪络大部分又出现在后半夜和清晨，因为这时气温较低、湿度大，所以有的人还把闪络事故叫做“日出事故”。

防止绝缘子发生污闪事故的对策是：

（1）坚持做好定期清扫绝缘子的工作　即在每年污秽闪络季节到来之前，必须对绝缘子（包括变电所瓷瓶）进行一次普遍清扫，在污秽严重地区还应增加清扫次数。清扫的方法有停电擦拭法和不停电水冲洗法（系一种带电作业项目），一般配电线路多采用停电擦拭法。

（2）提高绝缘水平，增加泄漏距离　即对污秽严重的地区应适当提高绝缘水平，如增加每串悬垂绝缘子个数，采用电压等级高一级的针式绝缘子或瓷套管，配电线路耐张杆或终端杆增加悬式绝缘子等，这样可以增加泄漏距离，提高绝缘水平，减少闪络事故。

（3）采用有防尘涂料的绝缘子　如采用有硅根油#880，二甲基硅油或石蜡等涂料，可以提高绝缘子的抗污性能。防尘涂料的作用是，雨水在绝缘子表面会形成水珠滚下，不易使绝缘子表面湿润。此外，防尘涂料还有包围污秽微粒的作用，使它们孤立起来并与雨水隔离，能有效地防止污秽闪络。

（4）定期对绝缘子进行测试，并及时更换不良的绝缘子　一般1~2年要用绝缘子测试棒在不停电的情况下，对绝缘子进行一次直接测试。但在潮湿、下雨、下雪或大风时，则不宜进行。

（5）划分污区等级并按污区等级调整泄漏爬距　对污区的划分还应进行定期调整，以防止失去控制。

2. 绝缘子损坏的原因和裂纹判断法

变电所配电装置以及架空线路，在运行中有时会发生绝缘子损坏现象。究其原因，不外乎下列几种：

（1）绝缘子安装使用不合理，如机械负荷超过规定，电压等级不符合和安装位置不当等。

(2) 由于天气骤冷骤热以及冰雹等外力破坏。

(3) 由于绝缘子污秽，在雷雨、雾天时引起闪络。

(4) 电气设备短路，因电动机械应力过大而引起绝缘子损坏。

绝缘子损坏现象中，除了明显的本体(尤其是瓷质)缺损外，主要是出现了裂纹。裂纹有大有小，有的无法看出来。对绝缘子裂纹的判断方法通常有：

① 明显的裂纹可以在巡视中察看到。

② 可以根据放电声响情况加以判断。

③ 可以用望远镜进行细致观察。

④ 可以在停电后摇测其绝缘电阻。

⑤ 可以采用固定火花间隙带电测量绝缘子。

凡破损或出现了裂纹的绝缘子，其绝缘电阻便多为零值。由于它应用在配电装置或架空线路上，故起不到使带电的导体(线)与大地及杆塔构件间的应有绝缘作用。

线路上如果有零值或低值绝缘子存在，就相应地失去或降低了绝缘水平，容易发生闪络或接地短路事故。因此，一经发现(包括通过巡线检查及耐压试验)破损或出现裂纹的绝缘子，便即应按规定与要求予以更换，以确保配电装置或架空线路能安全可靠地供配电。

4.7 电力电缆的运行

在变电所内，电力电缆绝大部分都敷设于地下。与架空线路相比较，电缆具有成本高，敷设后不易变动，寻找故障点困难及修复时间长等缺点。因此，防止电缆事故显得更为重要。

4.7.1 电缆运行的基本知识

1. 电缆线路易发性故障的原因与处理

电力电缆线路在运行中容易发生下列故障，按故障性质可分为：

(1) 短路性故障　有两相短路和三相短路，多为制造过程中留下的隐患造成。

(2) 接地性故障　电缆某一芯或数芯对地击穿，绝缘电阻低于10kΩ称为低阻接地，高于10kΩ称为高阻接地。此类故障大多由于电缆腐蚀、铅皮裂纹、绝缘干枯、接头工艺和材料等问题造成。

(3) 断线性故障　电缆某一芯或数芯全断或不完全断。电缆受机械损伤、地形变化的影响或发生过短路，都能造成断线情况。

(4) 混合性故障　两种以上的故障。

电力电缆容易出事的地方是电缆头和中间接线盒，一方面可能是施工时质量不好，另一方面是容易受外力影响。例如，由于电缆头漏油使绝缘干枯，绝缘性能下降；由于中间接头受力线被拉断等。这些故障都是容易发现的，处理起来也比较方便。原则上是绝缘降到一定程度应降压使用或报废，由于中间头和终端头短路、接地、断线造成的故障可视实际情况进行修理，必要时把电缆头切断，重新封端或制作中间接线盒。

2. 电缆运行中造成击穿的主要原因

电力电缆线路在运行中被击穿，最根本的原因是绝缘强度的降低。造成绝缘强度降低致使电缆被击穿的主要原因有：

（1）电压过高　选择电缆时，电缆的额定电压要大于网路电压，电缆的最高工作电压不得超过电缆本身额定电压的15%。如果电缆电压选择不当或在运行中突然有高压窜入，都可能使电缆的绝缘强度遭到破坏，而将电缆击穿。

（2）超负荷运行　电缆在运行中，如果长期超负荷，由于油温升高产生膨胀油压，电缆铅包扩展，使电缆内部产生空隙。这些空隙在电场的作用下极易发生气体游离。使绝缘性能变坏，导致电缆击穿。另外，超负荷运行加速了绝缘的老化，缩短了电缆的使用寿命。

（3）电缆头漏油　电缆头漏油破坏了密封性，使绝缘干枯，潮气浸入。当电缆绝缘中的水分从3‰增加到7‰时，电气强度平均降低20%～25%，绝缘电阻变化更为严重，这也是电缆被击穿的重要原因之一。

（4）外力损伤　包括外部机械损伤和地形变化受到的拉力。此外，还有一些是制造或敷设过程中造成的隐患，如磕碰、扭伤等。

（5）事故伤害　如发生过接地或短路，当时损坏好像不太严重，但经过一段时间的运行就可能被击穿。

（6）保护层失效　由于时间久了，麻被脱落，钢甲和铅皮被腐蚀，以致失去对绝缘层的保护作用，最终被击穿。

4.7.2　电力电缆的巡视检查

电缆内部故障虽不能通过巡视直接发现，但对电缆敷设环境条件的巡视、检查、分析，仍能发现缺陷和其他影响安全运行的问题。因此，加强巡视检查对电缆安全运行有着重要意义。

（1）巡查周期　电缆线路及电缆线段的巡查周期为：

① 敷设在土中、隧道中以及沿桥梁架设的电缆，每3个月至少1次，根据季节及基建工程特点，应增加巡查次数。

② 电缆竖井内的电缆，每半年至少1次。

③ 对挖掘暴露的电缆，应按工程实际情况酌情加强巡视。

④ 发电厂与变电所的电缆沟、隧道、电缆井、电缆架及电缆线段等的巡查，至少每3个月1次。

⑤ 电缆终端头由现场根据运行情况每1～3年停电检查一次。污秽地区的电缆终端头的巡视与清扫的期限，可根据当地的污秽程度予以决定。

（2）巡查主要内容如下：

① 对敷设在地下的每一电缆线路，应查看路面是否正常，有无挖掘痕迹及路线标桩是否完整无缺等。

② 电缆线路上不应堆置瓦砾、矿渣、建筑材料、笨重物件、酸碱性排泄物或砌堆石灰坑等。

③ 对于备用排管应该用专用工具疏通，检查其有无断裂现象。

④ 人井内电缆铅包在捧管口及挂钩处。不应有磨损现象。需检查衬铅是否失落。

⑤ 对户外与架空线连接的电缆和终端头应检查终端头是否完整，引出线的接点有无发热现象和电缆铅包有无龟裂漏油，靠近地面一段电缆是否被车辆撞碰等。

⑥ 多根并列电缆要检查电流分配和电缆外皮的温度情况，防止因接点不良而引起电缆过负荷或烧坏接点。

⑦ 隧道内的电缆要检查电缆位置是否正常，接头有无变形漏油，温度是否异常，构件

是否失落，通风、排水、照明等设施是否完整。

⑧ 查看电缆是否过负荷，电缆原则上不允许过负荷。

⑨ 敷设在房屋内、隧道内和不填土的电缆沟内的电缆，要特别检查防火设施是否完善。

4.7.3 电力电缆的缺陷处理

检查出来的缺陷、电缆在运行中发生的故障，以及在预防性试验中发现的问题，都要采取对策予以及时消除。

（1）为防止在电缆线路上面挖掘损伤电缆，挖掘时必须有电缆专业人员在现场守护，并告知施工人员有关施工的注意事项。特别是在揭开电缆保护板后，就不应再用镐、铁棒等工具，应使用较为迟钝的工具将表面土层轻轻挖去。用铲车挖土时更应随时提醒司机注意，以防损伤电缆。

（2）对于户内外电缆及终端头要定期清扫电缆沟、终端头及瓷套管，并检查电缆情况；检查终端头内有无水分并添加绝缘剂；检查终端头引出线接触是否良好，接触不良者应予以处理；用摇表测量电缆绝缘电阻；油漆支架及电缆夹；修理电缆保护管；检查接地电阻；电缆钢甲涂防腐漆。

（3）隧道及电缆沟应及时抽除积水，清除污泥；油漆电缆支架挂钩；检查电缆及接头情况。要特别注意接头有无漏油，接地是否良好。

（4）电缆线路发生故障(包括做电缆预防性时击穿的故障)后，必须立即进行修理工作，以免水分大量侵入，扩大损坏的范围。处理步骤主要包括故障测寻、故障情况的检查及原因分析、故障的修理和修理后的试验等。

消除故障务必做得彻底，电缆受潮气侵入的部分应预以割除，绝缘有炭化现象者应全部更换。否则，修复后虽可投入使用，但时间稍长，故障不免重发。

电缆故障与缺陷处理的注意事项如下：

（1）发现电缆故障与缺陷后，应按电缆运行规程的规定与要求及时进行对症处理，不得拖延。

（2）电缆故障修复后，必须核对相位并做耐压试验，经合格后方可恢复运行。

（3）电缆无论为运行或试验故障，其故障部分经发现割除后，应妥善保存，进行研究并分析原因，采取防止对策。

（4）修理电缆线路故障，除更改有关装置资料外，必须填写故障测试记录及修理记录，并分别存档。

第 5 章　变电所交直流系统

5.1　变电所所用电交流系统

变电所的所用电系统是保证变电所安全可靠地输送电能一个必不可少的环节。变电所大型变压器的强迫油循环冷却系统需要 380V 的电源；变电所的高压断路器和隔离开关的分合操作需要 380V 电源，以保证储能和驱动电动机；变电所的照明、检修等工作也需要电源。另外，装有调相机的变电所中维持调相机正常运行的油泵、水泵也需要电源。仅从上述这些情况就可看出，所用电源一旦失去，就会影响变电所的正常运行，严重的甚至引起系统停电和设备损坏事故，给国民经济造成重大的损失。变电运行工作人员对所用电的作用，必须有足够的重视。

5.1.1　变电所所用电接线方式

因一个变电所内所需的电能不会很多，所以变电所的所用变压器容量都不会很大，但因其重要性突出，必须能长期不间断地供电，并且要求万一所用电工作电源失去时，能有一个备用电源立即顶替其工作，因此变电所的所用电应至少取用两个不同的电源系统，配备两台所用变压器，这两台所用变压器的电源分别取自由两台不同主变压器分别供电的母线。当某一台主变压器发生停电情况或由此主变压器供电的母线或所用变本身发生故障时，另一台相对独立的所用变压器就应能立即替代，带全所所用电负荷运行。每台所用变均应能带全部所用负荷，并留有余量。

500kV 变电所由于其在电网中的重要性，其所用变一般应有三台及以上，且第三台所用变的供电线路应为专用线且电源可靠，以保证即使在所内发生重大事故时，该电源也不受波及且能持续供电。

（1）高压侧接线

220kV 变电所，一般采用所用变压器的高压侧通过母线隔离开关接上 35kV 正副母线。所用变压器的高压侧没有断路器，而采用高压熔断器作保护，熔断器前装接限流电阻。但在 35kV 安装 GIS 的变电所，所用变压器高压侧，就由母线隔离开关接上 35kV 母线，通过 GIS 的开关，经过一段电缆直接接上所用变压器高压侧。

（2）低压侧接线

所用电的低压侧母线一般采用单母线分段接线，两台工作所用变压器分别接入两段工作母线，正常时分列运行，单独供电，采用隔离开关分段。备用所用变压器分别接入两段工作母线，正常工作时不投入运行，处于备用状态。事故情况下备用所用变压器可以投入工作母线，继续供电，如图 5－1 所示。另外，也有所用电低压侧采用多分段接线，各段母线之间利用隔离开关分段，每一段低压母线下有各种负载。

所用电系统从变电所较低电压等级的高压母线上接出，直至所内各项负载的接线，如图 5－1 所示。

对所用电供电负载中的重要负载，在设计中都考虑了由所用电一、二段同时供电的方式，以保证其供电的可靠性。

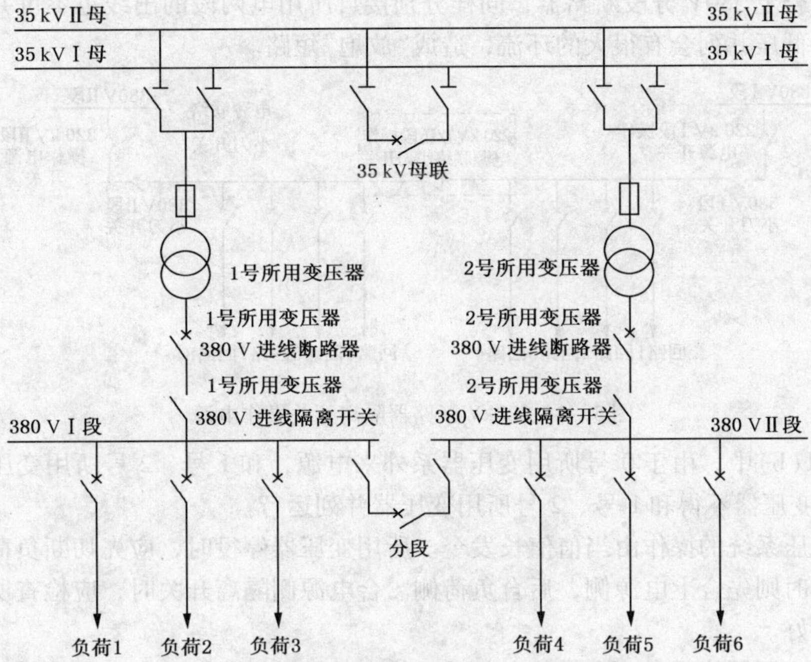

（a）两台所用变压器

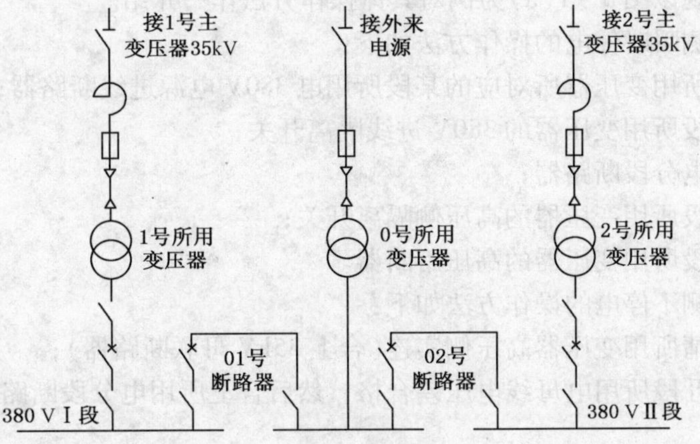

（b）三台所用变压器

图5-1　所用电系统接线图

5.1.2　变电所所用电运行操作及注意事项

如图5-1(a)所示，通常所用电380V系统设有两段母线，其中每段母线由一台所用变压器供电，Ⅰ、Ⅱ段母线之间通过分段联络。正常情况下，两段母线分列运行。图5-1(b)中，0号所用变压器通过01号、02号断路器(放置手动投入)作为Ⅰ、Ⅱ段母线的备用电源。另外，对重要负荷必须保证其供电的可靠性和灵活性，所用电Ⅰ、Ⅱ段母线都应有一路线供给该负荷。例如220kV、500kV等设备的操作电源，分别接用所用电Ⅰ、Ⅱ段母线并构成环路，但正常运行时应为开环运行方式，见图5-2。

所用电系统属所管辖设备，但高压侧的运行方式由调度发令确定。

正常运行时，所用电Ⅰ、Ⅱ段应分列运行。图5-1(a)，在两台所用变压器高压侧未实连时，切不可合上380V分段断路器，同样分别接自所用电两段的出线也不可并列，因为高压侧未并列，低压并列会有很大的环流，造成“放炮”短路。

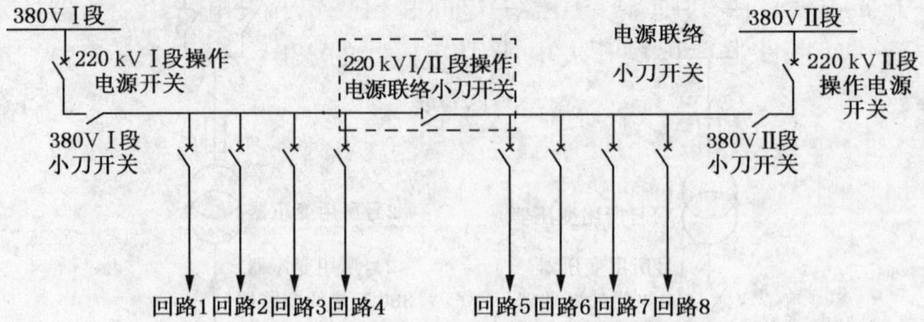

图5－2　220kV断路器隔离开关操作电源

在图5－1(b)中，由于0号所用变压器系外来电源，和1号、2号所用变压器相角等不同，0号所用变压器不得和1号、2号所用变压器并列运行。

所用电低压系统的操作由当值值长发令。所用变压器停役时，应先切断负荷侧，后切断电源侧；复役时则先合上电源侧，后合负荷侧。合电源侧隔离开关时，应检查所用变压器高压熔丝是否完好。

一台所用变压器停役时，有不停电与瞬时停电的两种操作方法，一般宜采用低压侧瞬时停电的操作方法。现以图5－1(a)为例对具体操作方法作一介绍。

第一种，低压侧瞬时停电的操作方法如下：

(1) 拉开停役所用变压器所对应的某段所用电380V电源进线断路器；

(2) 拉开需停役所用变压器的380V进线隔离开关；

(3) 合上所用电分段断路器；

(4) 拉开需停役所用变压器的高压侧隔离开关；

(5) 拉开需停役所用变压器的高压熔断器。

第二种，低压侧不停电的操作方法如下：

(1) 向调度申请所用变压器高压侧实连(合上35kV母联断路器)；

(2) 测量Ⅰ、Ⅱ段所用电母线电压差合格，然后合上所用电分段断路器，使所用电Ⅰ段和Ⅱ段并列运行；

(3) 拉开停役所用变压器所对应的某段所用电380V电源进线断路器；

(4) 拉开需停役所用变压器的380V高压隔离开关；

(5) 拉开需停役所用变压器的母线隔离开关；

(6) 拉开需停役所用变压器的高压熔断器。

通常当运行所用变压器停役后，应检查相应所用电配电盘上的电压无指示，然后才能合上另一台所用变压器的低压隔离开关和断路器(或分段断路器)。在所用变压器改为检修后，应做好防止倒送电的安全措施。

操作自落熔丝时，要戴好绝缘手套和护目镜，停电时先拉中间相，后拉两边相，送电时顺序相反。遇到大风时应先拉中间相，再拉背风相，最后拉迎风相。

对所用变压器装设低压总刀开关的，因其为分相操作的刀开关，操作时应先拉中间相，再拉两边相。

未经当值值班员许可，不准私自拉接电源。

5.1.3 所用变压器系统异常及事故处理

1. 异常运行处理

在图 5-1(a) 中，当一台所用变压器失电时，可先拉开失电所用变压器所对应的该段所用电 380V 电源进线断路器，再拉开失电所用变压器的 380V 进线隔离开关，最后合上所用电分段断路器。

在图 5-1(b) 中，当 1 号所用变压器失电时，由 0 号所用变压器供Ⅰ段母线。当 2 号所用变压器失电时，由 0 号所用变压器供Ⅱ段母线。

2. 过负荷处理

所用变压器过负荷运行时，如所用变压器容量较小又遇扩建或增加负荷的，应查找原因，设法转移负荷或停用不重要的负荷。

3. 所用电系统电压过高或过低处理

所用电系统电压过高或过低，对装设有载调压装置的所用变压器，可进行有载调压，以保证负荷的电压质量。

4. 所用变压器故障处理

所用变压器发生喷油、冒烟、着火或内部有炸裂声等故障时，应立即转移负荷，隔离故障所用变压器，然后汇报调度和运行主管部门并进行检查。对严重故障的所用变压器，可待其高压熔丝熔断后，再进行高压侧的隔离，严禁用隔离开关进行隔离。

5. 所用电故障总开关跳闸处理

低压回路断路器跳开，应先查明原因。如为热脱扣动作跳闸，可待稍冷却后合上；如为过电流保护动作跳闸，应判明故障原因并设法消除再进行试送，如不成功则汇报上级请有关部门抢修。所用电故障跳闸，无法找到明显故障点时，可采用逐路送电查找的办法，即先切除所连接母线上的所有负荷小开关，再送母线，正常后逐个送各路负荷的办法查找，但禁止用不带熔丝的小刀开关送电的方式查找，发现故障支路后，应隔离并尽早修复。

6. 支路开关跳开或熔丝熔断处理

支路空气开关跳开或熔丝熔断，允许强送一次，如不成功则应检查原因并设法消除故障后再送。更换熔丝不允许增大熔丝规格，更不允许用铜丝代替。

7. 所用变压器高压侧熔断器熔断处理

所用变压器禁止两相运行；所用变压器高压侧一相熔断器熔断发生两相运行时，应立即将该所用变压器退出运行，并查明原因。所用变压器高压侧熔断器熔断两相或三相在未查明故障点前，禁止将该所用变压器投入运行。

所用电高压熔丝熔断后，应检查所用变压器有无故障现象。更换熔丝时，先以 1000V 摇表测量所用变压器高压绕组对地绝缘正常，熔丝更换后应用万用表测量接触电阻良好。

巡视中如发现所用变压器高压熔丝内部发出异常放电响声时，运行人员应立即汇报调度，要求停用所用变压器并寻找原因。

8. 所用电失电处理

(1) 事故现象

所用电屏上三相交流电压指示为零，电流指示为零，硅整流跳闸，通信逆变器启动，直流电压稍有下降，主变压器冷却电源相应段失电及预告示警光字牌亮起。

(2) 事故处理

查明工作所用变压器是否同时失电。若发生所用电某一段失电，应拉开失电所用变压器的低压进线断路器和隔离开关，合上所用电 380V 母线的分段断路器；检查主变压器冷却电源及油泵风扇等是否恢复正常，恢复硅整流投入。失电的所用变压器进线断路器和隔离开关操作按钮或手柄设置"禁止合闸，有人工作"警告牌，然后检查失电所用变压器有无异常或故障现象，如有则应汇报调度后隔离失电所用变压器，并进行进一步检查。在合上所用电 380V 母线的分段断路器前，必须注意的是许多变电所 380V 母线的分段断路器在两侧低压母线有电的情况下，是被闭锁的；而在所用电一侧母线失电的情况下，要合上所用电分段断路器，分段合闸选择小开关需投向有电侧后才能合闸。

如果所用电全部失电，立即查明失电原因，并设法使其中一台所用变压器尽快恢复送电。在处理过程中要注意蓄电池的电压不能过低，关闭非必要的事故照明。对有第三台所用变压器的，应首先考虑用第三台所用变压器送电，操作前应拉开失电的两台所用变压器 380V 低压进线断路器和隔离开关，然后用第三台所用变压器恢复送全所所用电，待正常后再查明失电原因。

5.2 变电所直流系统

在变电所中，直流系统可为各种控制、自动装置、继电保护、信号等提供可靠的直流电源，并作为工作电源；它还为操作提供可靠的操作电源；当所内的所用电失去后，直流电源还要作为应急的后备电源。不难看出，直流系统在变电所运行中的重要作用是显而易见的。如果把所用电系统比作人体的循环系统的话，那么直流系统就像人体的神经系统。

5.2.1 直流电源系统的组成

变电所内的直流系统一般由蓄电池组、充电设备、直流负荷三大部分组成。变电所直流系统的工作电压通常为 220V 或 110V，弱电直流电压为 48V。

5.2.1.1 蓄电池

蓄电池是一种化学电源，它能把电能转变为化学能并储存起来。使用时，再把化学能转换为电能供给用电设备，变换的过程是可逆的。当蓄电池完全放电或部分放电后，两极表面形成了新的化合物，这时如果用电源以适当的反向电流通入蓄电池，可以使已形成的新化合物还原成原来的活性物质，又可供下次放电之用。这种用电源将反向电流通入蓄电池使之储存电能的做法，叫作充电；蓄电池提供电流给外电路使用，叫做放电。放电就是将化学能转变为电能；充电则是将电能转变为化学能。

目前，变电所中广泛使用的是铅酸蓄电池，尤其以 GGF 型防酸隔爆式铅酸蓄电池和 GFM 阀控式密封铅酸蓄电池最为普遍。

1. 阀控密封式铅酸蓄电池的运行方式

(1) 初充电

新安装的蓄电池或大修中更换的蓄电池组第一次充电，称为初充电。初充电电流为 $1.0I_{10}$（I_{10}为 10h 率放电电流），单体电池充电电压到 2.3～2.4V 时电压平稳，即转为浮充电运行。

(2) 浮充电

阀控电池组完成初充电后，转为浮充电方式运行，浮充电压值为 2.23～2.27V 之间，根据制造厂要求和运行具体使用情况而定。浮充电流值为 0.3～2mA/(A·h) 作为电池内部的自放电和外壳表面脏污后所产生的爬电损失，从而使蓄电池组始终保持 95% 以上的容量。

(3) 均衡充电

阀控电池在长期浮充运行中，如发生以下几种情况，需对蓄电池进行均衡充电：

① 安装结束后，投入运行前需要进行补充充电；

② 事故放电后，需要在短时间内充足蓄电池容量；

③ 单格电池的浮充电压小于2.20V，需要进行均衡充电；

④ 浮充运行中蓄电池间电压偏差超过规定标准时，即个别电池硫化或电解液的密度下降，造成电压偏低，容量不足；

⑤ 当交流电源中断时，放电容量超过规定后的5%～10% C_{10}以上。

上述情况，可按程序进行均衡充电。第④种情况如果设有电池监测装置能判断时，根据该装置检测情况进行均衡充电。如果无准确的电池监测装置时，则根据制造厂的要求，一般在浮充运行3个月(720h)后即进行均衡充电。

2. 在投运前对电池进行初充电

在投运前应用恒流为1.0I_{10}进行充电。当单体电池电压上升到2.35V时转为恒压充电，此时充电电流减少，转为正常运行状态，即浮充电压为2.25V。当运行720h后，进行均衡充电，即先以恒流1.0I_{10}对电池充电，至电池电压为2.35V转为恒压充电，电压恒定一段时间又转为正常浮充状态。当交流电源发生中断恢复后，此时自动进行均衡充电，以恒流1.0I_{10}充电。电池电压上升至2.35V与上述运行初充后均衡充电的过程相同。上述两阶段充电，其浮充转均充的判断大多采用时间来整定，即不论放电幅度如何，一旦由恒流阶段转入恒压阶段后，延时若干个小时，则自动转为浮充。实际情况是充电所需时间与放电幅度有关。因此，事故放电的深度是随机的，若用一个固定的时间来操作，则有可能造成电池的过充或欠充，所以采用蓄电池回路的充电电流作为均充终期的判据是较合理的。如在同一放电深度情况下，以1.0I_{10}和1.25I_{10}的定电流充电，均衡充电电压取2.28～2.40V，其充电时间只差3～5h，所以对充电时取消降压电阻提供了更有利条件。

根据上述充放电过程，对电池进行充放电，可以得到各种特性曲线，同时也可推算求得选择蓄电池容量的换算曲线。

3. 蓄电池组定期检查项目

(1) 浮充电期间蓄电池总电压。

(2) 外观检查，包括：

① 检查容器和盖板是否有损坏或裂纹；

② 检查有无灰尘和污染等；

③ 检查配电盘、电池架、连接板和连接线及端子上有无锈斑；

④ 检查各连接件有无过热。

4. 新GFM固定型阀控密封式铅酸蓄电池的验收标准及安装要求

验收标准，主要有以下几点：

① 电池外壳、上盖及端子无物理性损伤；

② 无漏液爬酸现象；

③ 充足电的情况下，一次循环内达到额定容量的100%；

④ 开路电压差$\Delta U \leqslant 0.02$V/单格；

⑤ 采用2.23V/单格、25℃恒压充电时，浮充电压差6个月内$\Delta U \leqslant 0.05$V/单格；

⑥ 电池在浮充电运行中无发热、槽膨胀变形、溢酸现象。

安装要求，主要有以下几点：

① GFM 系列蓄电池可以立式安装，也可以卧式安装；

② 蓄电池均荷出厂，在搬运过程中严防短路；

③ 安装前检查电池批号是否一致，多组电池安装时，应分清组号，按组号安装；

④ 电池组电压较高，在安装及维护过程中应使用绝缘工具，防止电击；

⑤ 当负荷变化范围为 0 ~ 100% 时，充电设备应达到 ±1% 的稳压精度；

⑥ 蓄电池在安装前，先用细钢丝刷将极柱端子刷至出现金属光泽；

⑦ 连接电缆应尽可能短，以防产生过多的压降；

⑧ 在安装末端连接件和导通电池系统前，检查电池系统总电压及正负极，确保极性安装正确无误；

⑨ 如需要将两只或两只以上电池并联使用，要与制造厂联系。

5. 阀控密封式铅酸蓄电池的维护

(1) 补充充电

补充充电也叫均衡充电。为了弥补运行中因浮充电流调整不当，补偿不了电池自放电和爬液漏电所造成电池容量的亏损，设定 1 ~ 3 个月自动进行一次恒流充电 – 恒压充电 – 浮充电的补充充电，确保电池组随时均有 95% 以上的额定容量，保证运行安全可靠。

阀控电池的均充电压为 2.3 ~ 2.4V，通常取 2.35V。均衡充电电流 ≤1 ~ 1.25I_{10}A。

(2) 容量监控考核

新安装的蓄电池组，按规定的恒定电流进行充电，将电池充满容量后，按规定的恒定电流进行放电，当其中一个电池放至终止电压为止。

$$C = I_f t$$

式中 C——蓄电池组容量，A · h；

I_f——恒定放电电流；

t——放电时间。

长期按浮充电方式运行的阀控电池，从每一只电池的端电压来判断电池的现有容量、内部是否失水和干裂是很难的，可靠的办法是通过核对性放电找出电池存在的问题，判断电池的容量。核对性放电试验应将蓄电池组脱离运行，容量计算方法同上。

(3) 容量计算

将一个充足电的酸性蓄电池连续放电至电压达到极限终止电压(1.75 ~ 1.8V)时，放电电流和放电时间的乘积为酸性蓄电池的容量。

6. 阀控密封式铅酸蓄电池一般故障处理(如表 5 – 1)

表 5 – 1　一般故障处理

序号	故障原因	故障现象或造成后果	处理方法
1	浮充运行电压太高(>2.30V)	耗水量大，温度升高，电池漏液，寿命缩短	调整电压控制值，或更换有问题的电压控制元件
2	均衡充电或补充电时电压控制太高(>2.40V)	结果同浮充运行电压太高相似，但更严重一些	调整电压控制值
3	浮充运行电压太低(<2.20V)	硫酸盐化，容量降低	调整电压控制值，均衡充电
4	充电电流过大	耗水量大，温度升高，电池变形，甚至爆裂，寿命减少	降低充电电流，停电修理设备

续表

序号	故障原因	故障现象或造成后果	处理方法
5	平均环境温度过高	由于蒸发，水损增大，浮充电流增大，腐蚀加速，减少寿命	加强环境通风或使用空调
6	充电不能按时断开	耗水量增大，温度升高，长期可能导致电池组损坏	停电修理设备
7	充电长期(不足)中断	硫酸盐化，电池组放电快，有深放电和硫酸盐化的危险	立即进行必要的充电，人工进行均衡充电
8	出厂后电池长期未能使用	自放电，硫酸盐化，电压不均	充电，包括均衡充电然后浮充
9	深放电	硫酸盐化，容量下降	均衡充电，或采用比正常充电量大的电量进行充电
10	深放电频繁(如每月一次)	使用寿命缩短	绝对避免，安装容量更大的电池
11	电池放电后开路放置24h以上不进行充电	硫酸盐化	应立即充电，小心地进行均衡充电
12	高交流脉动电流，导致温度升高5℃左右	浮充电压下降特别是对放过电的电池，若经常如此电池全部损坏	检查充电器，减少交流成分
13	整个电池组或单个电池外部短路	熔断端子，以至损坏电池组或电池	应绝对避免，使用绝缘工具检查连接导线
14	部分或电池组接反极	反极性充电会损坏电池，可能损坏整流器及电器，后果与短路相同	应绝对避免，一旦发现应立即将电池极性换过来
15	新、老电池在同一电路上运行	充电电压不均，减少电池寿命	新、旧电池不宜串联在同一列电池组中运行
16	螺栓不紧固	火花烧损，导线或电池发热，甚至引起火灾	将所有部件清洁处理并吹干后紧固螺栓
17	安全阀处漏液	减少电解液	及时清除电解液，拧紧安全阀，非常严重应更换安全阀
18	端子处爬酸	腐蚀连接件	及时清除并做防腐处理，严重时应更换电池连接件

5.2.1.2 充电设备

近几年来，新建或直流系统改造的变电所已普遍使用高频开关电源。高频开关电源具有稳压、稳流精度高，体积小、效率高，输出纹波及谐波失真小，自动化程度高等优点，同时也与综合自动化和无人值班变电所监控的发展要求相适应。

高频开关电源先将输入的工频交流电经整流滤波后得到直流电压，再通过功率变换器变换成高频脉冲电压，经高频变压器和整流滤波电路最后转换为稳定的直流输出电压。因其采用脉冲宽度调制(PWM)电路来控制大功率开关器件(功率晶体管、MOS管、IGBT等)的导通和截止时间，故可以得到很高的稳压和稳流精度及很短的动态响应时间。高频开关电源内部还应用了软开关技术和无源功率因数校正(PFC)技术，所以开机浪涌基本消除，功率因数大幅提高，是晶闸管、磁饱和类直流电源系统的更新换代产品。

高频开关电源直流与晶闸管直流系统相比，具有如下特点：

1. 技术性能比较(如表5-2)

2. 供电可靠性比较

(1) 晶闸管相控电源采用硅堆调压，响应速度慢，反应时间为几十毫秒，输入电压突变时在输出端会产生冲击，容易烧坏二次设备。高频开关电源直流系统采用无级调压方式，响应速度快，输入电压突变时，模块在 200μs 内调整完成，过冲小于 5%。

表 5-2 两种电源系统的技术性能对照表

技术性能	高频开关电源直流系统	晶闸管直流系统	技术性能	高频开关电源直流系统	晶闸管直流系统
稳压精度	≤ ±0.5%	≤ ±1%	可靠性	高	低
稳流精度	≤ ±0.5%	≤ ±2%	噪　音	低	高
纹波系数	≤0.05%	≤2%	开机浪涌	无	有
效　率	≥94%	≤75%	微机监控	智能电池管理、“四遥”功能	无
功率因数	≥0.9	≤0.7	系统结构	模块化结构	传统柜结构
动态响应	好	较差	系统通信接口	RS232、RS485	无

（2）晶闸管相控电源采用硅堆调压，一般 6～10V 为一级降压，因而输出最少有 3～5V 的误差。而高频开关电源直流系统采用无级调压方式，输出电压稳定，输出精度高；降压范围大，输入电压可到 320V，可降压 100V；当输入电压低到 180V 仍能够输出稳定的 220V。

（3）晶闸管相控充电装置发生故障时，必须将整台充电装置退出运行，然后进行维护和检修，降低了系统的可靠性。高频开关电源直流系统由于采用模块化结构和 $N+1$ 备份方式，使系统的可靠性得到大大提高，并为系统扩容提供了极大方便。当运行的电源系统中某一整流模块出现故障时，该模块自动退出，其他模块继续均衡工作，对系统供电不产生影响，且模块可以带电插拔。当用户需要扩展电源系统容量时，只需增加整流模块即可以实现。

（4）高频开关电源直流系统能够满足更多变化的系统运行方式，彻底解决了人们长期以来对直流系统的种种顾虑。

3. 对蓄电池寿命影响的比较

发电厂和变电站的直流系统目前主要使用的是镍镉蓄电池或免维护铅酸蓄电池，这两种蓄电池对充电设备的要求较高。高频开关电源直流系统对蓄电池寿命的影响比晶闸管直流电源系统要小，这是因为晶闸管直流电源系统输出纹波大，输出电压含有的交流成分较大，影响了蓄电池的使用寿命，而高频开关电源由于输出纹波小、输出稳定，再加智能化管理能延长电池的使用寿命。

4. 效益比较

高频开关电源的设备容量和运行成本比相控电源要低得多。

单蓄电池组单母分段接线方式的直流系统配置有两台整流装置，一台作浮充，一台作主充；双蓄电池组单母分段接线方式的直流系统配置有三台整流装置，两台作浮充，一台作主充。

对主充电和浮充电装置的一般要求如下：

（1）整流装置的输出电压、电流的调节范围应满足蓄电池组在充电、浮充电、均衡充电等运行状态下的要求。

（2）整流器应具有定电流恒电压性能，能以自动浮充电、自动均衡充电、手动充电三种方式运行。

（3）整流器输出直流的纹波系数不大于 2%。

（4）整流器内应设必要的短路保护、缺相保护、过电压保护和故障信号。

主充电整流的性能除了满足蓄电池的初充电事故放电后的充电、核对性放电之后的充电外，还应满足浮充电及均衡充电的要求。主充电整流器的电压调节范围应满足蓄电池在充电时所需的最高和最低电压的要求。

浮充电整流器的输出直流应能承担直流母线的最大负荷电流和蓄电池的自放电电流。浮充电整流器的电压调节范围，一般和主充电整流器的电压调节范围取得一致。

5.2.1.3 直流母线接线与直流馈线网络

直流母线的接线方式和蓄电池的组数、直流负荷的供电方式以及充电、浮充电设备的配置情况等因素有关。直流母线通常采用单母分段接线方式，其优点如下：

（1）接线简单、清晰。

（2）容易分割成两个互不联系的直流系统，有利于提高直流系统的可靠性。

（3）查找直流系统接地方便。

（4）两段母线之间有隔离开关联络，当一组蓄电池因故退出运行时，合上分段联络隔离开关由另一组蓄电池供两段母线负荷。

在220kV及以下的变电所中，直流系统一般只装设一组蓄电池，直流母线多采用两段母线接线，对直流负荷采用环形供电的形式，见图5－3(a)。

500kV(包括220kV枢纽变电所)变电所的直流系统与220kV及以下变电所的直流系统相比最突出的特点是：500kV变电所的直流系统，考虑了双重化的问题。在500kV变电所中，为了谋求高度的可靠性，500kV线路和变压器保护都采用了双重化的配置方式，从保护配置、直流操作电源，直到断路器的跳闸线圈都按双重化原则配置，这就要求直流电源也必须是双重化的。所以，在500kV变电所中每个直流电压等级都装设两组蓄电池，并且直流母线的接线方式以及直流馈电网络的结构等也相应按双重化的原则考虑，采用直流分屏，直流负荷采用辐射状供电方式。如图5－3(b)所示，直流馈线、蓄电池组及充电、浮充电设备可以任意接到其中一段母线上。在正常运行情况下，两段母线间的联络隔离开关断开，整个直流系统分成为两个没有电气联系的部分，在每段母线上接一组蓄电池和一台浮充电整流器，两组蓄电池共用一台主充电整流器，主充电整流器经两把隔离开关分别接到两组蓄电池的入口，可分别对其进行充电。每段母线设有单独的电压监视和绝缘监察装置。对配有双重化保护的重要负荷，可分别从每段母线上取得直流电源；对于没有双重化要求的负荷，可任意接在某一段母线上，但应注意使正常情况下两段母线的直流负荷接近，当其中一组蓄电池因检修或充放电需要脱离母线时，分段隔离开关合上，两段母线的直流负荷由另一组蓄电池供电。以下就图5－4(b)介绍直流系统的运行操作注意事项。

5.2.2 直流系统运行操作注意事项

正常运行中，直流Ⅰ段、Ⅱ段应单独运行，不得两段母线并列运行而降低可靠性。1号、2号浮充机分别经Ⅰ、Ⅱ段直流母线对1号、2号蓄电池组进行浮充，Ⅰ、Ⅱ段直流母线联络隔离开关拉开。主充机正常运行时作为备用，其连接于一段母线或1号蓄电池组的双投隔离开关和连接于Ⅱ段母线或2号蓄电池组的双投隔离开关都在拉开位置(中间位置)，直流母线上各路负荷各按规定要求投入。

直流系统设有电压监视装置、绝缘监察装置，正常时均应投入运行。

正常运行时，直流母线电压应保持在额定电压的±4%～5%。

在Ⅰ、Ⅱ段直流母线运行中，如因直流系统工作，需要转移负荷时，允许用Ⅰ、Ⅱ段母线联络隔离开关进行短时间并列。但必须注意的是两段电压一致，且绝缘良好，无接地现象。工作完毕后应及时恢复，以免降低直流系统可靠性。现以 1 号蓄电池组进行核对性充放电，1 号硅整流器和 1 号蓄电池组退出为例，其并列操作步骤如下：

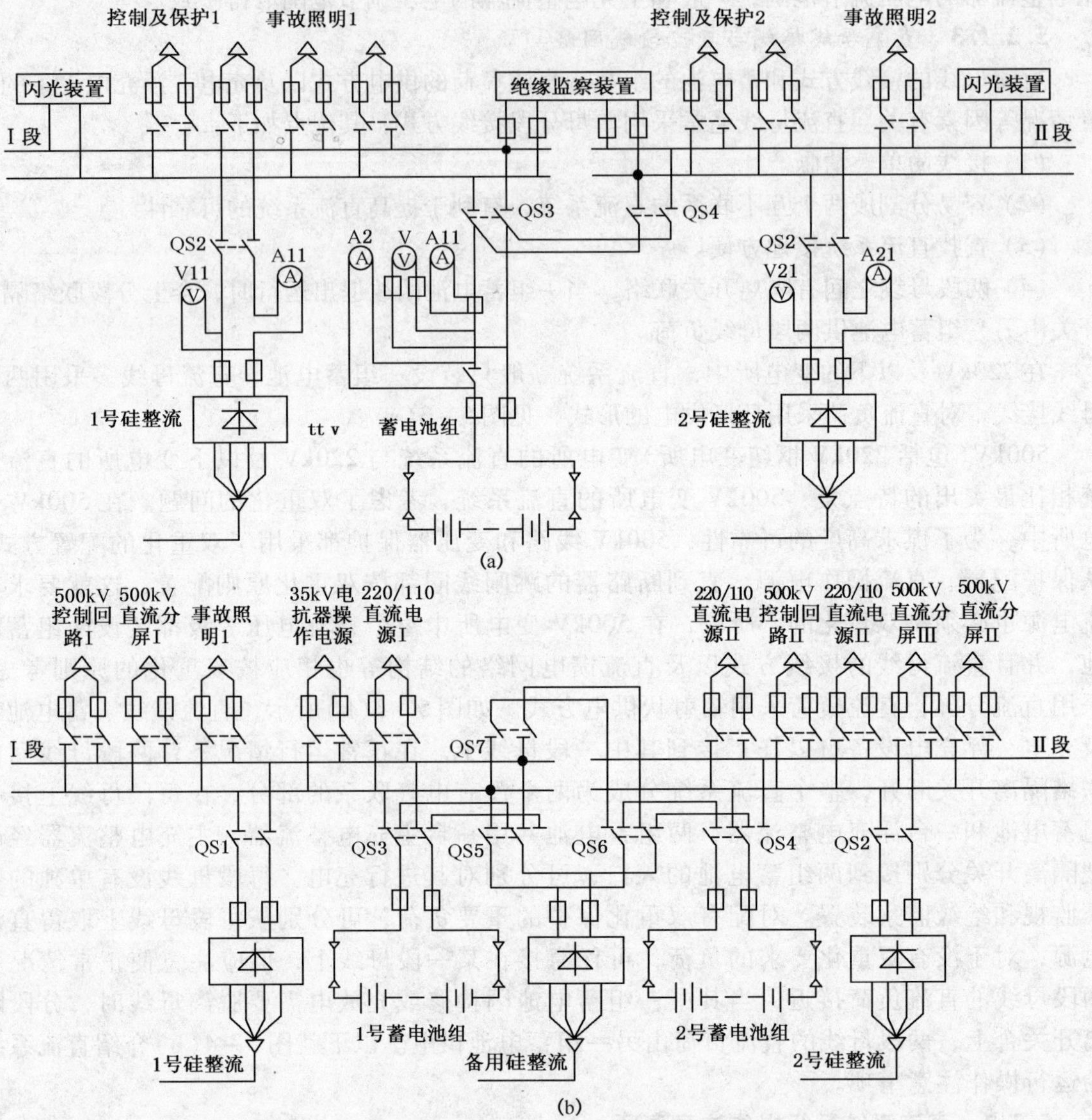

(a) 单蓄电池组直流系统　(b) 双蓄电池直流系统

图 5-3　直流系统图

① 调整并使 I / II 段母线电压一致，合上 I ，II 段母线联络隔离开关 QS7；

② 拉开 1 号硅整流器交流输入开关；

③ 拉开 1 号硅整流器直流输出隔离开关 QS1；

④ 拉开 1 号蓄电池组母线隔离开关 QS3。

直流系统在正常运行方式下，I 、II 段直流母线不允许通过负荷回路并列，以免因合环电流过大而熔断负荷回路熔丝，造成负荷回路断电而引起的异常或事故。

直流系统允许的特殊运行方式如下：

① 一组蓄电池、一组浮充机带Ⅰ、Ⅱ段直流母线并列运行；

② 一组浮充机带两组蓄电池组，Ⅰ、Ⅱ段直流母线并列运行；

③ 任一段直流母线因故退出，另一段直流母线除带本母线负荷外，还带停役母线的所有可倒换的负荷运行，但必须做好隔离安全措施；

④ 浮充机全停，电池组短时带全部负荷运行。

充电机在正常浮充运行时，其调节方式均应在自动稳压方式，尽可能避免手动调节方式，以减少交流电压的变化，自动稳流一般在对蓄电池均衡充电时使用。

应采用"浮充电"方式运行。所谓"浮充电"运行，即蓄电池与充电设备并联运行，负荷由硅整流充电设备供电，同时以很小的浮充电流向蓄电池充电，以补偿蓄电池的自放电损耗，使蓄电池处于充足电状态。正常浮充电流一般为0.3~0.5A，可监视直流母线电压来控制浮充电流。浮充电流必须经常保持稳定，当不具备自动稳压、稳流条件时，浮充电流要加强监视，并且随时调整到正常值。

充电运行的蓄电池，虽然全组蓄电池都处在同样条件下运行，但由于某种原因，有可能造成全组蓄电池不平衡。在这种情况下，应采用均衡充电的方法来消除电池之间的差别，以达到全组电池的均衡。均衡充电不只限于上述情况，当出现下述情况时，也要进行均衡充电：

① 浮充电机退出运行，蓄电池组供给直流负荷；

② 由于某种原因迫使蓄电池组以较大电流放电；

③ 放电后未能及时进行充电；

④ 发现个别电池电压、电解液密度偏低，组间电池产生差别时；

⑤ 蓄电池维护上的定期充放电的周期延长后，在实行定期放电之前。

有关蓄电池维护检查的内容和要求，可按相关《蓄电池、直流系统运行规程》执行。

5.2.3 直流系统故障及异常情况处理

5.2.3.1 直流系统接地故障处理

1. 直流系统接地危害

直流系统发生一点接地是直流系统常见的异常运行状态，虽不立即产生恶果，但潜在危险性很大。直流系统发生一点接地后，若在同一极的另一点再发生接地时，即构成两点接地短路，此时虽然一次系统并没有故障，但由于直流系统某两点接地短接了有关元件，就会造成继电保护的误动作，甚至造成断路器误动、拒跳和直流熔丝熔断等严重情况。因此，当直流系统中有一极接地时，运行人员应尽快找出接地点，隔离故障点并消除故障，防止发展成两点接地故障。

现以图5-4为例分析直流系统两点接地的危害性。

(1) 两点接地可造成断路器或保护误动。当直流接地点同时发生在A、B两点时，断路器控制开关SA的6-7触点、KO线圈、QF触点被短接，跳闸线圈励磁，使断路器跳闸。此时，一次系统并未发生故障，所以称为断路器误跳。当B、C两点及A、E两点接地时，都能使断路器误跳闸。同样，当两点接地使保护出口动作时，即造成保护误动作。

(2) 两点接地可造成断路器或保护拒动。当直流接地点同时发生在D、E两点或B、D两点时，跳闸线圈回路被短接，此时若一次系统发生故障，保护动作，不能使跳闸线圈励磁，将造成断路器拒动。

(3) 两点接地可造成直流熔丝熔断。当接地点发生在A、D两点时，会引起熔断器熔断，当接地点发生在 D、E 两点时，保护动作时，不但断路器拒跳，而且熔断器熔断，同时有烧坏继电器的可能。

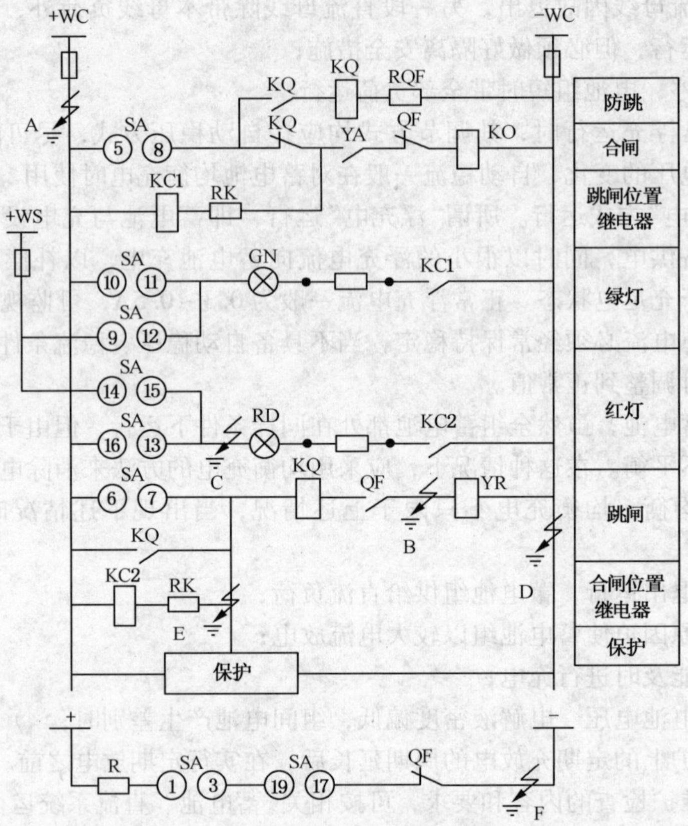

图 5－4　直流系统两点接地

（4）两点接地可造成误发信号。在正常运行中断路器控制开关触点 SA 的 1－3、19－17 触点是接通的，而断路器的辅助触点 QF 是断开的，中央事故信号回路不通，不发信号。但当发生 A、F 两点接地时，QF 被短接，中央事故信号回路误发断路器跳闸信号。

2. 直流系统接地处理

（1）直流系统接地处理的一般原则

① 首先，应确定接地性质，是正接地还是负接地以及是哪段母线接地。然后应按当天的运行方式、操作情况、气候影响、施工范围等进行判断，找出可能会造成接地的因素。最后按现场实际情况，确定查找方法。

② 装有微机接地检测装置的，可用该检测装置查找接地点。在尚未安装微机接地检测装置的变电所内，可采取按路寻找、分段处理的方法。按先拉不重要电源后拉重要电源；先室外部分后室内部分；先对有缺陷的分路，后一般分路；先对新投运设备，后对投运已久设备，先对有工作的回路，后对正常运行的回路的原则进行查找。

③ 在试拉各专用直流回路（如继电保护、操作电源、自动装置电源等）时，应事先取得调度同意，必要时应做好相应措施，切断时间不得超过 3s，试拉后再合上时间间隔也应不少于 1～2s，以防保护误动。

④ 处理直流接地时，运行人员不得拆动任何直流回路或继保二次小线，只能操作电源小开关、熔断器或连接片。

(2) 查找接地点时的注意事项

① 查找和处理至少需有两人进行。当直流系统发生接地时，应立即停止在二次回路上的工作。

② 当查找直流系统接地点时，应与调度取得联系。对保护回路的试拉，应在调度同意后进行，试拉前应做好防止保护装置误动的措施。

③ 为防止保护误动作，在直流接地试拉中，当拉信号、闪光或控制开关、熔丝时，应正负极同时拉开。

④ 查找接地，禁止使用灯泡寻找的方法。

⑤ 在处理直流系统接地故障时，不得造成直流短路和新的接地点。

⑥ Ⅰ、Ⅱ段母线同时发生接地时，严禁并列操作。

⑦ 500kV 断路器控制与保护的直流电源采用双重化配置，在直流接地试拉中不得造成断路器控制与保护直流电源的交叉失电。

⑧ 当拉路查找不到接地点时，应考虑两点接地或绝缘下降而出现的虚接地，在必要时应通知继保专业人员到场，协助查找并及时消除接地现象，以保证直流系统的正常工作。

5.2.3.2 可控硅整流装置故障处理

(1) 检查交流电源熔丝是否熔断或电源是否缺相，空气开关是否断开；交流接触器是否失电、损坏；热元件是否动作；控制开关触点是否良好，应及时停机处理，并将直流输出调节到最小位置。初步处理后可试送一次，如不成功则应停机作进一步检查。

(2) 检查直流母线电压是否过高，若过高，可降低后试送。

(3) 如故障时电流表指示为零而电压表有指示时，为过电流保护动作，可按复归按钮告警解除，将电流调节旋钮逆时针回零。再缓缓恢复正常值。如故障重复，则停机后安排检修。

(4) 当浮充机故障退出时，应改用主充机代替其运行。

5.2.3.3 直流母线电压过低过高处理

直流母线电压过高会使长期带电的电气设备过热损坏，或继电保护、自动装置可能误动；若电压过低又会造成断路器保护动作及自动装置动作不可靠等现象。

(1) 直流系统运行中，若出现母线电压过低的信号时，运行人员应检查浮充电流是否正常并进行调节，使母线电压保持在正常规定值。

(2) 当出现母线电压过高的信号时，应降低浮充电流，使母线电压恢复正常。

5.2.3.4 蓄电池常见故障(非免维护型)处理

运行人员在检查中，若发现下列故障(见表 5－3)时，应及时汇报上级部门，由专业检修人员进行处理。

表 5－3 蓄电池常见故障处理(非免维护型)

故障现象	故障象征	发生原因	处理方法
绝缘降低	(1) 局部放电 (2) 绝缘电压低	(1) 支架潮湿 (2) 绝缘处积有导电性灰尘	进行清洗
极板短路	(1) 测得个别电池电压很低，或为零 (2) 充电或放电时电压较低，有时为零 (3) 充电过程中电解液密度不能升高；充电时冒气泡少而且气泡发生晚	(1) 极板上活性物质脱落卡在极板间 (2) 沉淀物质过多使极板下部短路 (3) 极板弯曲使隔离板破损	(1) 更换隔离板 (2) 清除沉淀物

续表

故障现象	故障象征	发生原因	处理方法
极板硫化	(1) 测得个别电池反极性 (2) 充电时冒气泡过早或一开始充电即冒气泡 (3) 充电时电压过高(2.8~3.0V 或更高)；放电时电压降低很快而且电解液比重下降低于正常值 (4) 极板呈浅褐色还带有白色	(1) 经常充电不足 (2) 充放电电流过大 (3) 放电后未及时充电 (4) 电解液不纯 (5) 电解液密度过高 (6)电解液面低落以致极板上部硫化	(1) 采用过充电以恢复活性物质 (2) 调整电解液密度 (3) 以小电流反复充电 (4) 采用水处理法
极板弯曲	(1) 极板弯曲 (2) 极板龟裂 (3) 阴极板石棉肿起并成苔状瘤子	(1) 充放电电流超过极限 (2) 长期过充电 (3) 长期过放电 (4) 充电温度过高 (5) 电解液不纯	(1) 更换电解液 (2) 用板插入矫正极板 (3) 更换极板
沉淀物过多	(1) 容器下部有大量沉淀物 (2) 电池容量降低，充放电时电压低 (3) 极板有短路现象	(1) 充放电电流过大 (2) 电解液不纯 (3) 充电时电解液温度过高	(1) 用硝酸银对电解液作定性检查是否有氯银 (2) 掌握好充放电流 (3) 清除沉淀物
容器破损	(1) 电解液漏出 (2) 绝缘电阻低 (3) 电压降低	(1) 安装不正确 (2) 容器质量差，局部发热	(1) 短接故障电池 (2) 更换容器

5.2.4 直流系统维护

直流回路、充电设备的全面检查每年不少于一次。检查直流回路各连接点的连接情况，有无发热、氧化现象，分、合闸电缆是否符合要求；检查充电装置各元部件有无异常，仪表是否在校验有效期内。

1. 直流系统绝缘电阻

测量直流系统绝缘电阻时，先将直流系统二次回路断开，使用500V 兆欧表进行绝缘测试，绝缘电阻符合规定要求。

2. 仪表及保护校验及二次线检修

安装在直流控制盘或硅整流盘上的仪表应符合下列要求：

对于仪表准确度，直流仪表不应低于1.5 级，交流仪表不应低于2.5 级。对于仪表附件的准确度，与仪表连接的分流器、附加电阻和仪表用互感器不应低于0.5 级，但仅作电流或电压测量时，1.5 级或2.5 级仪表可用1.0 级互感器。仪表校验应按照仪表校验规程校验。

保护回路检查包括：

① 保护回路检查各项功能符合规定要求；

② 保护回路定值符合技术要求，实验合格；

③ 二次线检修，即检查二次线压紧螺丝紧固，绝缘皮无破损，布线整齐；检查二次回路各项功能合格，且保护可靠。

3. 直流母线及隔离开关检修

(1) 直流母线及隔离开关检修

① 对直流母线进行清洁；

② 紧固母线螺丝，使母线连接紧密，检查母线连接处无发热情况；

③ 清扫并检查母线固定座(框)无裂痕及损坏；

④ 紧固直流母线二次接线压线螺丝，检查二次接线绝缘皮无破损，接线整齐；

⑤ 对直流母线进行绝缘测试(绝缘测试前，直流母线二次接线应断开)，并应符合要求；

⑥ 检查隔离开关分、合灵活，无卡涩情况，且分闸位置、合闸位置正确；

⑦ 检查隔离开关机构连接和调整螺丝，应紧固，无松动，机构无变形；

⑧ 检查隔离开关动、静触头接触紧密，无发热、烧伤痕迹，清洗并涂上导电膏。

(2) 直流接触器的检修与调整

① 用毛刷清除灰尘；

② 灭弧罩应完整，其卡簧应能可靠夹住，弧角与静触头应有 1 ~ 2mm 间隙，吹弧线圈的绝缘良好，匝间无短路现象，并用布擦净；

③ 动静触头的接触面应用锉及砂布将烧痕修整好，触头的 4 个边应有 1 ~ 2mm 圆角，烧痕严重的要及时更换；

④ 检查衔铁的变位弹簧应完好，衔铁在定位卡板上下之间应有 1 ~ 2mm 间隙，左右间隙不大于 0.5mm，拆下返回弹簧用手按动闭合衔铁时，应无轻微卡涩现象；

⑤ 检查线圈的绝缘应良好，无破损，无烧焦痕迹，接线完好，线圈的直流电阻、绝缘电阻及动作电压应符合要求；

⑥ 组装后用力按动衔铁，检查动触点在灭弧罩内应无卡涩磨擦现象；

⑦ 测量触点闭合同期差、开距及压缩行程应符合要求。

5.3 UPS 电源的运行维护

5.3.1 UPS 电源的组成

5.3.1.1 UPS 的作用和功能

UPS 是交流不停电电源的简称。目前，它已成为发电厂计算机、热工保护、监控仪表及某些不能中断供电的重要负荷不可缺少的供电装置。它还广泛用于通信、信息处理系统、卫星地面站、数控系统及某些工厂的复杂控制检测系统。以上用电设备及系统对供电的可靠性、连续性及供电质量要求很高，一般电网及常规的保安电源已不能满足要求。特别是随着工矿企业用电量的增加，非线性负荷越来越多。这些负荷对电网产生种种干扰，致使电网波形畸变，电噪声日益严重。有时甚至突然中断供电，这将造成计算机停运，各种控制系统失灵等一系列严重后果。UPS 装置就是为此而开发的。它的主要功能是在正常、异常和供电中断情况下，均能向重要用电设备及系统提供安全、可靠、稳定、不间断，不受倒闸操作影响的交流电源。

5.3.1.2 UPS 的组成及工作原理

UPS 由整流器、逆变器、隔离变压器、静态开关、手动旁路开关等设备组成，其系统原理接线见图 5 -6。

UPS 的工作原理是正常工作状态下，由厂用电源向其输入交流，经整流器整流滤波为直流后再送入逆变器，变为稳频稳压的工频交流，经静态开关向负荷供电。当 UPS 的交流输入电源因故中断或整流器发生故障时，逆变器由蓄电池组供电，则仍可做到毫无间断地继续向负荷提供优质可靠的交流电。如果逆变器发生故障，还可自动切换至旁路备用电源供电。当负载启动电流太大时，UPS 也可自动切换至旁路电源供电，启动过程结束后，再自动恢复由 UPS 供电。

UPS 的技术性能在很大程度上取决于逆变器的性能，它对 UPS 装置的输出波形及其谐波含量、装置效率、可靠性、对负荷变化的瞬态响应能力、噪声，甚至装置的体积、质量均有决定性影响。迄今为止，已能制造多种形式的逆变器。其中有代表性的逆变器型式有方波型、纯正弦型、准方波型（QSW）、稳压变压器型（CVT）、阶梯波型（SW）、脉宽调制型（PWM）、脉宽调制阶梯波型（PWSW）、微处理器控制合成正弦波型。

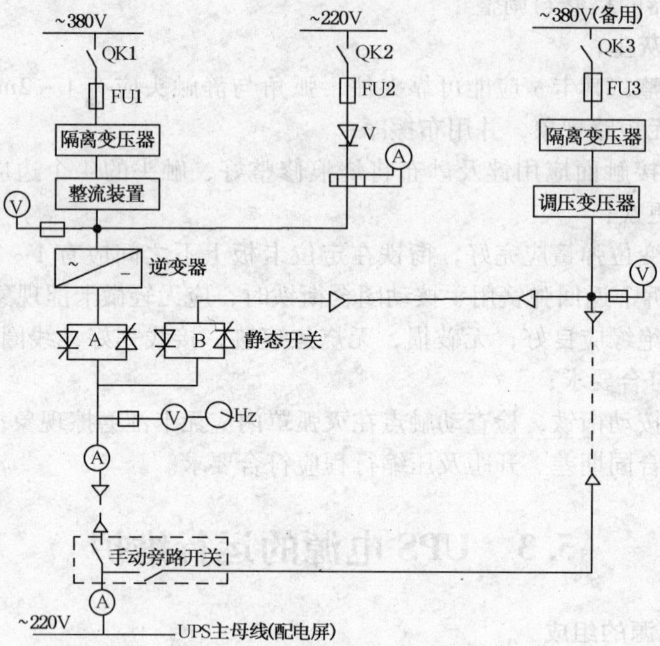

图 5－5　UPS 系统原理接线图

5.3.1.3　UPS 系统原理接线图

如图 5－5，供电电源为 3 路，其中 2 路交流电源来自厂用保安段（或其中 1 路来自一独立的市电电源），这两路交流电源可经静态开关自动切换或经手动旁路开关手动切换。第三路电源来自 220V 的直流屏，由蓄电池组供电，经隔离二极管 V 引到逆变器前。3 路电源配合使用，保证 UPS 系统在设备故障、电源故障乃至全厂停电时，均能不间断地向 UPS 配电屏的负荷供电。

5.3.1.4　UPS 组成元件简介

1. 整流装置

整流器又称充电器，按其接线有三相全控桥式整流形式，也有三相半控桥式整流形式。如为三相半控桥式整流器，当输入电压发生变化或负载电流发生变化时，能向逆变器提供一稳定的直流电源。这种整流装置由输入变压器、整流器及控制板、输出滤过器组成，其原理见图 5－6。

（1）输入变压器　用来改变交流电源输入电压的大小，以提供给整流器一个合适的电压值。

（2）整流器　由三个二极管和三个可控硅组成三相全波半控桥式整流电路。在每个半波内以固定的时间发出触发脉冲来调节可控硅的导通角（导通时间）。改变导通角的大小，使设备能随输入的变化而维持恒定的输出，一个较长的导通时间能增大直流输出电压。相反，一个较短的导通时间能降低直流输出电压。

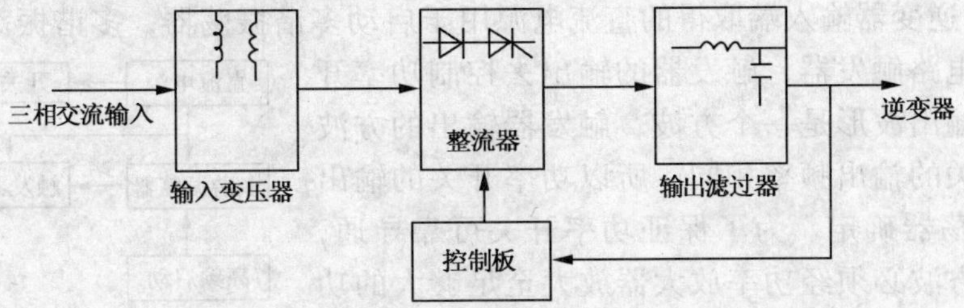

图 5-6　三相半控桥整流装置原理框图

（3）输出滤过器　用来减小整流器输出的波纹系数。该滤过器是由一个电感线圈和一组电容器组成的 L 型滤过器。

（4）控制板　用来提供触发可控硅的脉冲，脉冲的相位角是可控硅输出电压的一个函数。控制板把整流器输出的电压值与内部的给定值比较，产生一个误差信号，进而调整整流器可控硅的导通角。如果整流器的输出下跌，控制板将产生一个相应的信号量去增大可控硅的导通角，从而可以增加整流器的输出电压至正常值。控制板还有保护功能，若整流输出电压异常高，则能立即关闭触发脉冲。

2. 逆变器

以稳压变压器型（CVT）逆变器为例，它由输入回路、功率开关、振荡器、输出回路组成。

（1）输入回路　它是一个直流电源滤过器，给功率开关提供稳定的直流电源。提供给逆变器的电源除交流电源（通过整流器整流的电源）外，还有蓄电池直流电源。在这种逆变器的输入回路中还有一个逻辑二极管，用于控制蓄电池的投入或停用。

（2）功率开关　其交替反极性导通能将直流电源转换成功率很大的方波，它的工作过程可用机械开关来仿真，如图 5-7（a）所示，开关 1 和 1′操作起来是同步的，开关 2 和 2′操作起来也是同步的。当开关 1 和 1′闭合时，开关 2 和 2′打开，负荷电流的方向如图中的箭头所示；开关 2 和 2′闭合时，开关 1 和 1′打开，负荷电流方向为逆反向。随着每一组开关交替地合上和打开，使负荷电流反复颠倒极性，一个电流的交替正、反向就被电路实现了。图 5-7（b）表示机械仿真开关被一个电气开关（可控硅）所代替。其中的 L 和 C 分别表示换向电感和换向电容，其作用是当相反的一对可控硅导通时，能可靠地关闭另一对可控硅。V1、V1′、V2、V2′是相位二极管，其作用是使负荷电压近似等于电源电压的幅值。

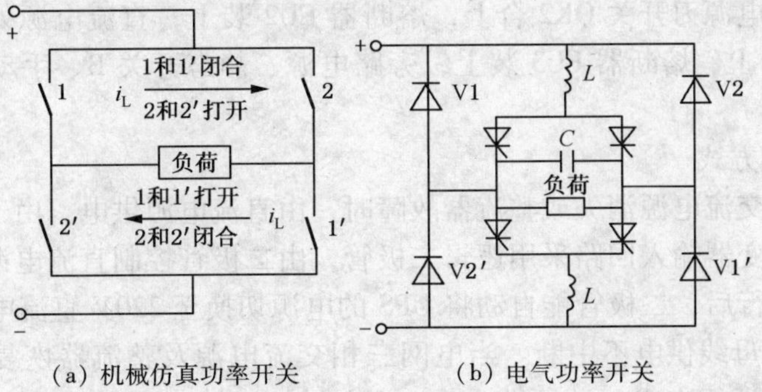

（a）机械仿真功率开关　　（b）电气功率开关

图 5-7　功率开关

（3）振荡器　是逆变器的核心，由它发出一定频率的导通脉冲去控制功率开关电路。在图5－8中，由逆变器输入端取得的直流电源用于启动多谐振荡器，多谐振荡器的输出被微分后送入集成电路触发器，触发器的输出去控制功率开关。触发器的输出波形是一个方波，触发器输出的方波频率与功率开关的输出频率相同，所以功率开关的输出频率由多谐振荡器确定。为了保证功率开关可靠导通，触发器输出的方波必须经功率放大器放大至足够大的功率，而开关电路用来确保放大器在最初启动时，使触发电路能输出一个完整的脉冲。图5－9中的高频启动被用来重复多谐振荡器频率，以防止逆变器输出回路铁磁谐振稳压器的饱和。

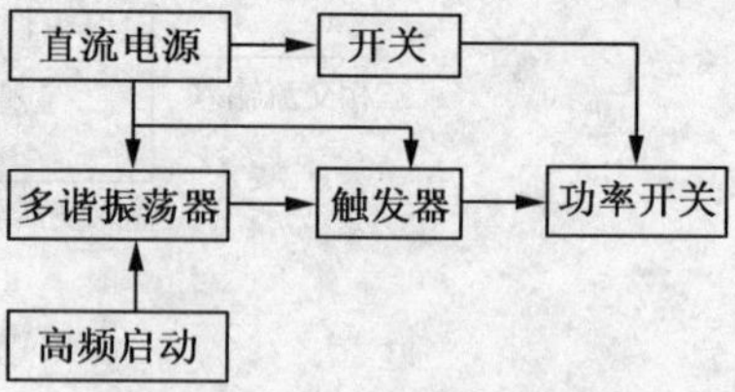

图5－8　振荡器方框图

（4）输出回路　由恒压变压器及滤波电容器组成。其作用是滤去功率开关输出方波中的高次谐波，使输出波形近似于正弦波，并保持输出电压的恒定。

3. 静态开关

静态开关的电路如图5－9所示。静态开关的基本元件由可控硅组成。一般机械开关有固有动作时间，而静态开关的动作时间为零，所以静态开关提供了有效的零秒切换。当可控硅V1、V2导通时，由旁路电源向负荷供电。反之，由逆变器向负荷供电。由于静态开关的V1、V2和静态开关的V3、V4动作时间为零秒，而且静态开关还具有先闭合后断开的功能，故当由逆变器供电切换至旁路电源供电时，其间无供电中断，保证了供电的连续性。当然，静态开关的切换必须满足同步条件，即旁路电源与逆变器输出电压的频率和相位应相等。上述的一切过程都是自动完成的。

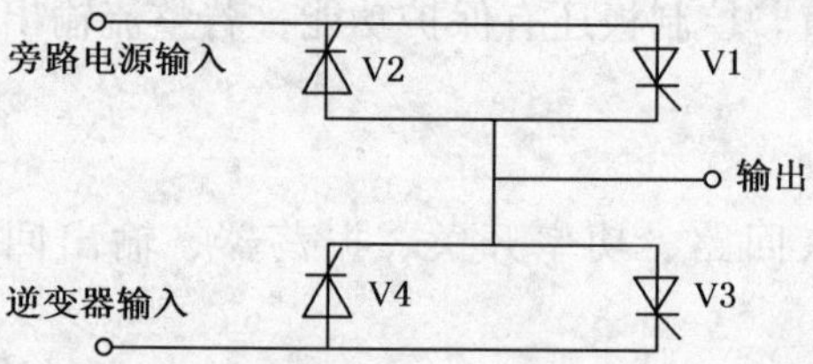

图5－9　静态开关的电路

5.3.2　UPS系统运行操作

5.3.2.1　UPS系统运行方式

如图5－6所示，UPS系统为单相两线制系统，输入电源为三相交流或直流，输出电压为单相交流。

1. 正常运行方式

正常运行时，刀开关QK1合上，熔断器FU1装上，电网三相交流电源通过整流器整流后送给逆变器，经逆变器转换，输出50Hz、220V的单相交流电压，再经静态开关A向UPS配电屏供电。直流电源刀开关QK2合上，熔断器FU2装上，直流电源处于备用状态；旁路电源刀开关QK3合上，熔断器FU3装上，旁路电源、静态开关B、手动旁路开关处于备用状态。

2. 非正常运行方式

（1）电网三相交流电源消失或整流器故障时，由直流电源供电。由于直流电源回路采用二极管切换，或逆变器输入回路采用逻辑二极管，由二极管控制直流电源的投入或停用。当整流器自动退出运行后，二极管能自动将UPS的电源切换至220V直流电源供电。经逆变器转换后，保持UPS母线供电不中断。当电网三相交流电源及整流器恢复正常时，则又自动恢复到UPS的正常运行方式。

（2）当UPS装置需要检修而退出运行时，由旁路电源经静态开关B直接向UPS配电屏供电，或静态开关故障，旁路电源用手动旁路开关向 UPS 配电屏供电。UPS 检修完毕，或静态开关故障处理完毕，退出旁路电源供电，恢复 UPS 正常运行方式。

5.3.2.2　UPS 系统运行监视与维护

（1）监视 UPS 装置运行参数正常。如单相 50kVA 型的 UPS 装置，其输入交流电压为 380V，126A，50Hz；输入直流为 210～280V，245A；输出单相交流 220V，227A，50Hz，运行温度 0～40℃。正常运行时，监视运行参数应在铭牌规定的范围内。

（2）检查 UPS 系统开关位置正确，运行良好。

（3）保持 UPS 装置及母线室温度正常，清洁，通风良好。

（4）检查 UPS 装置内各部分无过热、无松动现象，各灯光指示正确。

5.3.2.3　UPS 系统的操作

1. UPS 系统投入运行前的检查

（1）收回有关工作票，拆除与检修有关的临时安全措施，检查盘内应清洁、无杂物，检测绝缘应符合要求。对新投入和大修后的 UPS 整流器，在投运前还应核对相序和极性。

（2）检查系统接线相序、极性正确，接头无松动。

（3）检查系统各开关应均在“断开”位置。

（4）检查 UPS 柜内整流器电源输入电压应正常。

（5）检查 UPS 各元件完好，符合投运条件。

（6）检查旁路调压器升、降压调节应灵活、完好。

2. UPS 系统投入运行的操作

经过投入运行之前的检查且一切正常之后，UPS 系统投入运行的操作按下列顺序进行（见图 5－6）：

（1）合上 UPS 系统控制、保护及信号电源小开关（或熔断器）；

（2）合上 UPS 正常输入工作电源开关 QK1，装上电源熔断器 FU1；

（3）按下“充电器运行”按钮（即整流器充电按钮），充电器投入，对应的状态指示灯亮；

（4）合上直流电源（蓄电池组）至 UPS 系统的刀开关 QK2，装上直流电源熔断器 FU2，对应的指示灯亮；

（5）按下“逆变器运行按钮”，逆变器运行灯亮，大约 10s 后向负荷供电；

（6）合上 UPS 系统备用电源刀开关 QK3，装上备用电源熔断器 FU3，调整输出电压为规定值；

（7）检查同步灯亮（表示旁路电源与逆变器输出的频率和相位相等，满足静态开关切换所必须的同步条件）；

（8）全面检查 UPS 运行符合所需运行方式，各信号灯光指示正确。

3. UPS 系统退出运行的操作

（1）断开备用电源刀开关 QK3，取下备用电源熔断器 FU3；

（2）按下“逆变器停止”与“复归”按钮，使逆变器停止，全部报警器复位；

（3）断开直流电源刀开关 QK2，取下直流电源熔断器 FU2；

（4）按下“充电器停止”按钮，使充电器关机；

（5）拉开正常交流工作电源进线刀开关 QK1，取下电源熔断器 FU1；

（6）将手动旁路开关（手动备用开关）切换至“旁路位置”；

（7）全面检查，灯光熄灭，电源均断开。

4. UPS系统切至旁路的操作

（1）检查UPS系统旁路回路正常，处于备用状态；

（2）合上“手动备用开关”，使UPS转入备用电源供电；

（3）8s后，UPS系统切至旁路运行；

（4）检查灯光指示正确，输出电压正常；

（5）拉开正常交流工作电源进线刀开关QK1；

（6）全面检查。

5.3.3 UPS电源故障处理

UPS的品牌及型号较多，原理及操作方法也不一致，故障现象及处理方法也难以统一，可参照UPS说明书的要求进行处理。从运行的经验来看，UPS电源的故障中，绝大多数是由于电池故障引起。因此，平时应加强对UPS蓄电池的维护，定期对蓄电池组进行检测，定期进行电池活化，保证蓄电池完好。

UPS本身的故障多为内部故障，包括控制回路故障和主回路故障。这些故障通常都需由经过专门培训的UPS专业维修人员进行处理。在故障发生后，我们需参照UPS操作指南，及时将故障UPS退出运行，将UPS所带负荷改由维修旁路供电，保证负荷电源的稳定供应。

通常UPS的输出都是跟踪旁路电源，从而保证在故障时可以实现无间断地由逆变输出到旁路电源供电的切换。因此，平时应经常检查旁路的电源的质量，保证旁路电源的电压、频率在切换允许范围之内。

第 6 章　变配电所事故处理

6.1　变配电所常见事故的处理原则及规定

6.1.1　设备正常、异常及事故状态

设备的正常工作状态是指在规定的外部环境条件下（如额定电压、电流、介质、环境温度等）保证连续正常地达到额定工作能力的状态。在正常工作状态下，由于环境和温度的影响，设备将逐渐步入老化阶段。随着时间的推移或外部环境的改变，设备即使在规定的外部条件下，也会部分或全部失去额定的工作能力，进入异常状态，其表现如设备不能承受额定电压；出力达不到铭牌要求；达不到规定的运行时间等。设备发生轻微异常时还可继续运行，但发展较为严重时，将造成设备部分损坏，引起系统运行异常，中止对用户供电。

设备运行的异常现象是设备故障和事故的前兆。运行人员的主要职责就是要及时发现和消除缺陷，把事故隐患消灭在萌芽状态，确保安全供用电。严重的事故不仅导致设备的损坏和用户长时间停电，而且可能造成人身伤亡。

综上所述，变电所内某一设备或全所发生异常运行状态时，运行人员必须尽早做出判断，尽快予以处理。在异常和事故处理中，时间是十分宝贵的，提早一分一秒，都会制止异常状态的进一步扩展，减少系统和用户的损失。

6.1.2　常见事故的类别和起因

变配电所发生的每一次事故都有其一定的原因，大多数是由于设备、人员等内因所致。如设计、安装、修试存在问题；运行中设备缺陷发展成事故等；人员违章误操作；运行管理混乱或人员素质差引发事故等。一般常见事故的类别及其起因如下：

1. 断路　断路故障大都出现于运行时间较长的变配电设备中，原因是由于受到机械力或电磁力的作用，以及受到热效应或化学效应的作用等，使导体严重氧化而造成断线。断路故障可能发生在中性线或相线上，也会发生在设备或装置内部。

2. 短路　由于绝缘老化、过电压或机械作用等，都可能造成设备及线路的短路故障。因短路可能出现一相对地、相与相之间，以及设备内部匝间短路等故障。

3. 错误接线　错误接线故障绝大多数是由于工作人员过失而造成。在检查、修理、安装、调校等过程中，可能会发生接线错误。所以，在每次接线后都应注意进行仔细核对。常见的错误接线有相序接错、变压器一次侧接反或极性的错接等。

4. 错误操作　常见的错误操作，如对隔离开关的带负荷拉刀闸引起操作电压等。凡出现误操作故障，大都是因为未能严格按照安全规程及措施（包括技术措施及组织措施）认真去做而引起的。

根据历年来的运行实践和事故调查统计分析，主要事故有以下几种：

（1）主要电气设备的绝缘损坏事故；

（2）电气误操作事故；

（3）电缆头与绝缘套管的损坏事故；

（4）高压断路器与操作机构的损坏事故；

（5）继电保护及自动装置的误动作或因缺少这些必要的装置而造成的事故；

（6）绝缘子损坏或脏污所引起的闪络事故；

（7）雷害所引起的事故；

（8）倒杆、倒塔所引起的事故；

（9）导线及架空地线的断线事故；

（10）配电变压器事故；

（11）刀闸接触不良或机构失灵引起的事故。

变配电值班人员对变配电所发生的各种故障或事故，应能正确分析、及时处理。

6.1.3 事故处理的一般原则

发生事故时运行人员必须沉着、迅速、准确地进行处理，不应慌乱匆忙或未经慎重考虑即行处理以免扩大事故。

6.1.3.1 事故处理的具体措施

（1）迅速查明事故原因，并消除对人身和设备的威胁；

（2）限制事故的发展与扩大停电范围，用一切可能的方法保持设备继续运行，以保证对用户的正常供电，首先确保站用电源；

（3）尽快对已停电的用户恢复供电，对重要用户应优先恢复供电；

（4）调整系统的运行方式，使其恢复正常。

变电值班人员在事故处理中，对各装置的动作信号必须在记录完毕后再复归，以便查问核对，确保对事故的正确分析处理。

6.1.3.2 对运行人员的要求

（1）处理事故时除现场领导和运行人员外，其他外来工作人员应退出事故现场。

（2）发生事故时，当值调度员是处理事故的指挥人。重要操作必须由值班调度员命令方可执行。对解救触电人员、扑灭火灾、挽救危险设备，值班员有权先行处理，然后再报告调度员。

（3）在事故处理过程中，值班员除积极处理外，还应有明确地分工，要将事故发生情况及处理的过程，详细地记入设备操作记录簿内。

（4）如逢交接班时发生事故，则应由交班人员处理，接班人员做助手，等恢复正常时再交班。但若一时恢复不了，则要经有关领导同意后方可交接班。

异常及事故是威胁电力系统正常运行的大敌，而且又是运行中不可避免的现象。因此，能正确处理异常及事故，是每个运行人员最重要的基本功，要学会事故的分析、判断与处理的一般方法与原则，不断提高判断事故与处理事故的能力，以满足现场工作的需要。在判断事故原因时，应根据事故发生的部位（配电室、户外构架、馈电出线）收集事故现场观察到的各种信息资料，整理出与事故有关的各种数据（电流表摆动或电压下降的幅度、电弧闪络或着火、喷油的部位等），这些原始资料不仅可以提供有关事故部位的确切信息，而且对以后编写事故报告、分析事故原因也是不可少的。

变电所运行值班人员在判断事故点时，除了应根据现场发现故障现象外，还要根据控制盘上的灯光信号仪表指示，以及继电保护和自动装置的信号表示情况，迅速判断事故部位、故障性质，了解停电范围，确定处理事故的方案。

在根据继电保护和自动装置的动作情况判断事故性质时，要考虑继电保护范围和灵敏度，要注意是否存在非故障设备的越级跳闸和故障设备的拒动等情况。

如果在事故发生时出现一些互相矛盾的信号或事故波及的范围很大，以至值班人员不可能在很短的时间内摸清情况，一时无法采取有效措施，可把注意力集中在主要的问题上(例如消除对人员的人身威胁，扑灭火灾，恢复对重要用户的供电，制止事故蔓延等)，并采取有针对性的措施。

在事故处理过程中，如果条件允许，应抽出时间及时向主管和调度汇报发生的事故情况及事故处理过程。在紧急情况下，值班员尚未弄清楚事故情况或值班员必须采取某种紧急措施，无法作详细汇报，则要用简洁的语言先报告调度(如我们这里发生了事故，情况正在查明等)。

变电所运行值班人员在处理事故时，在技术上应严格遵循运行规程，并与主管和调度在事故处理中对电网相关联部分所采取的操作指令协调一致。

6.1.4 事故处理的一般程序

(1) 根据信号、表计指示、继电保护动作情况、微机保护打印报告及现场设备的外部象征，判断事故的性质和全面情况。

(2) 当事故对人身和设备造成严重威胁时，必须迅速解除，有必要时停止设备运行。当发生火灾事故时，应立即通知消防人员并进行必要的现场配合。

(3) 优先调整运行方式，启动备用电源或备用设备，保证运行系统设备和站用重要负荷的正常运行，保持线电压的正常、监视设备有无过载情况。

(4) 迅速进行检查和试验判明故障的性质、地点和范围，应力求不做试验即能判明故障原因，对故障设备进行隔离后，使停电设备迅速恢复送电。

(5) 对继电保护及自动装置的动作情况和其他信号打印报告进行详细分析，并对事故现场进行检查，以便进一步判断故障的性质和确定下一步的处理程序。

(6) 事故处理过程中，应如实准确地做好下列记录：

① 有关表计变化情况；

② 保护及自动装置动作情况及信号掉牌、微机保护信号指示灯、光字牌指示名称；

③ 事故发生的时间及各项处理操作的执行时间；

④ 事故情况及每一项处理过程和与事故有关的现象；

⑤ 开关跳闸的名称和数量。

(7) 事故处理过程中，密切监视直流系统运行情况，及时启动和调整跳闸后或备用的硅整流装置，保证直流母线电压在正常水平。

(8) 为防止事故的扩大，必须将事故处理的每一阶段迅速而正确地报告上级调度，以求正确协助。

(9) 事故处理完毕后，恢复正常运行方式，将对隔离的故障设备实施安全措施，通知检修人员进行故障设备的抢修工作。

6.2 变配电所的事故分析及处理

6.2.1 变配电所常见事故分析及处理规定

6.2.1.1 线路故障跳闸事故的处理

(1) 装有重合闸的线路断路器跳闸后，因重合闸失灵而不重合或重合闸因故未投入时，可不经检查断路器设备而立即强送电一次，然后报告调度。

（2）线路发生跳闸不得强送，应立即通知有关单位进行巡视，必须找出故障原因。

（3）如断路器跳闸次数已达到规定限额时，应立即将线路重合闸停用。

（4）线路发生故障保护动作但其断路器未能跳闸而越级跳闸时，应立即手动断开故障线路的断路器，合上越级跳闸的断路器。

（5）终端线路断路器被误拉或误碰跳闸时，应立即合上该断路器，然后报告值班调度员。

6.2.1.2 变压器及电压互感器事故的处理

（1）变压器差动保护及重瓦斯保护同时动作跳闸，在未经查明原因和消除故障点之前不得对主变强送电。

（2）变压器差动保护动作跳闸，在检查主变外部无明显故障，检查瓦斯气体并证明变压器内部无明显故障者，可以试送一次。

（3）变压器的重瓦斯动作跳闸或变压器差动动作跳闸同时轻瓦斯发信，未经查明原因和消除故障之前，不得强送，原则上也不得试送电。在经检查确认变压器内部无故障，在系统急需时可以试送一次，有条件尽量进行零起升压。

（4）变压器后备过电流保护动作跳闸，在找到故障并有效隔离后，一般可对变压器试送一次。

（5）变压器过负荷及其他异常情况，运行人员一方面应汇报调度，另一方面应按现场规程进行处理。

6.2.1.3 小电流接地系统单相接地故障的处理

（1）小电流接地系统单相接地故障处理的一般规定

在中性点不接地或经消弧线圈接地的电网中，当发现有单相接地时，应在待接地运行的同时，迅速寻找接地的故障点并加以排断，以防止接地故障发展成多相接地短路。

系统发生接地故障后，允许运行时间的规定如下：

对于经消弧线圈接地系统，应按消弧线圈当时使用分接头所允许的持续时间而定，一般不宜超过2h。如属断线接地的情况，为防止发生人身和设备事故，应立即切断故障点。

（2）小电流系统单相接地故障的处理程序

当判定系统有单相接地而有关变电所查后又没有发现接地故障点时，应按下列程序查出故障设备：

① 两个变压器系统并环运行者，可将两系统解开，以判别接地故障的区域；

② 将故障系统的分路逐一倒出，找出故障线路；

③ 如有备用变压器可启用，则可利用备用变压器将各分路逐一分开检查故障设备；

④ 使用“跳闸 - 重合闸”方式（接地试拉）逐一检查各分路；

⑤ 如果有接地选线装置应按接地选线装置的提示进行拉路处理。

6.2.1.4 母线故障的处理

当母线差动保护动作、母线停电后，现场值班人员应立即报告有关调度，将故障母线上的断路器全部拉开，并对停电的母线进行检查，找出故障点。

如果母线停电是由于线路断路器拒动，断路器失灵保护动作跳闸，则将拒跳断路器拉开，立即向母线试送电，良好后再送出分路。

6.2.1.5 电话中断时事故处理的规定

当变电所与调度间通信中断并发生变电事故或系统事故时，变电所值班人员可按照事故处理的有关规定进行检查和处理。

当断路器设备发生故障而不能继续送电、在电源容量许可多供电时，可先用旁路代供，事后向调度汇报。

对具有两个及以上电源的变电所，当一个电源突然失电而引起所内停电时，可自行将本所主变压器倒至另一电源供电。

6.2.2 变配电所常见事故处理实例

现以6kV变电所常见事故处理为例，说明事故分析及处理方法。图6-1为某6kV变电所主接线系统图。此变电所采用ABB公司综合保护继电器，这种组合型多功能综合保护继电器是一种辅助继电器装置，它与被保护电气设备回路的电流互感器相连，它连带测量被保护回路的三相电流和中线电流。在发生故障状态下，这个保护继电器发出报警或使断路器跳闸。通过对输出继电器矩阵适当的编程可以得到启动、优先报警或禁止启动信号等各种触点启动功能。保护配置如下(详细定值单见本书第七章图7-37)：

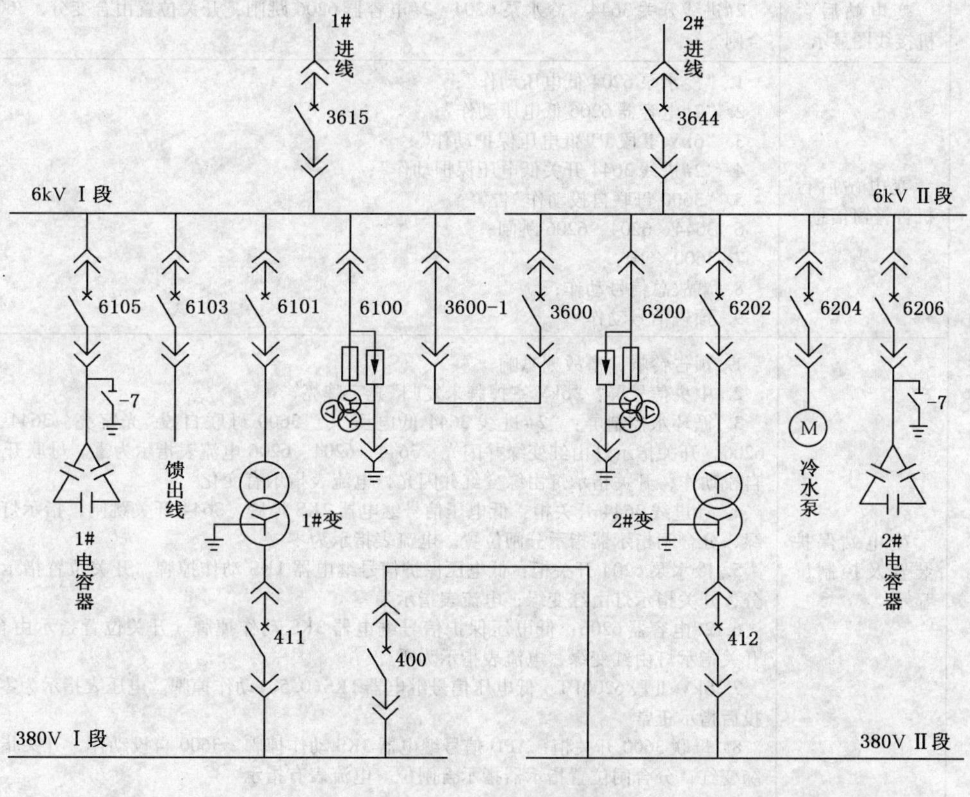

图6-1 某6kV变电所主接线系统图

(1) 变压器保护，包括过流速断保护、突发压力保护、接地保护、温度保护。

(2) 高压电动机保护，包括过流速断保护、接地保护、失压保护。

(3) 电源进线保护，包括时限速断保护、低电压保护。

(4) 母联保护，包括速断保护、接地保护。

(5) 6kV馈出线保护，包括过流速断保护、接地保护。

(6) 6kV电容器保护，包括过流速断保护、过电压保护、欠电压保护、零序电流保护。

(7) 6kV电压互感器的保护，即当系统发生单相接地时，进行绝缘监察，发出报警预告信号。

（8）自动装置设定：

① 当6kVⅠ（Ⅱ）段失压时，3615（3644）进线断路器限时3s跳闸；

② 当6kVⅠ（Ⅱ）段失压跳闸后，启动3600母联断路器，限时0.5s合闸；

③ 当3615（3644）开关由于过流保护跳闸时，3600母联不自投；

④ 当3615（3644）开关由于过流保护跳闸，3644（3615）进线失压时，3600母联不自投。

6.2.2.1 进线故障

<table>
<tr><td>事故名称</td><td colspan="2">6kV 2#进线失压故障，母联自投</td></tr>
<tr><td>处理原则</td><td colspan="2">电源恢复正常后，及时恢复正常运行方式</td></tr>
<tr><td>运行方式</td><td colspan="2">两条电源带两台变压器的正常运行方式
1. 6kV系统：双电源供电单母线运行，3600母联BK开关切至“自动”位
2. 380V系统：单母线分段两台变压器解列运行，400母联BK开关切至“自动”位</td></tr>
<tr><td rowspan="3">事故现象</td><td>变电站后台机接线图显示</td><td>2#进线开关3644、冷水泵6204、2#电容器6206跳闸，开关位置由合变分，3600自投合闸</td></tr>
<tr><td>变电站后台机告警窗信息</td><td>1. “冷水泵6204低电压动作”；
2. “2#电容器6206低电压动作”；
3. “6kV Ⅱ段PT低电压保护动作”；
4. “2#进线3644开关低电压保护动作”；
5. “3600母联自投动作”告警；
6. 3644、6204、6206跳闸；
7. 3600合闸；
8. 事故总信号动作；
9. 预告信号动作</td></tr>
<tr><td>变电站保护装置及控制屏显示</td><td>1. 预告铃响，事故喇叭响
2. 中央信号屏：“6kV室掉牌未复归”光字牌亮
3. 循环水控制屏：“2#进线3644低电压”、“3600母联自投”光字亮。3644、6204、6206、开关指示灯由红变绿并闪光、3644、6204、6206电流表指示为零。母联开关3600自投动作，开关指示灯由绿变红并闪光，电流表指示有变化
4. 2#进线3644开关柜：低电压信号继电器2KS掉牌。3644开关跳闸，指示灯由红变绿，分合闸指示器指示分闸位置。电流表指示为零
5. 冷水泵6204开关柜：低电压保护信号继电器1KS动作掉牌。开关位置指示由合变分，开关指示灯由红变绿，电流表指示为零
6. 2#电容器6206：低电压保护信号继电器3KS动作掉牌。开关位置指示由合变分，开关指示灯由红变绿，电流表指示为零
7. 6kV Ⅱ段6200PT：低电压信号继电器1KS（0.5s）动作掉牌。电压表指示为零，待自投后指示正常
8. 母联3600开关柜：APD信号继电器3KS动作掉牌。3600自投动作，开关指示灯由绿变红，分合闸位置指示器指示合闸位。电流表有指示</td></tr>
<tr><td>事故原因</td><td colspan="2">上级故障跳闸，造成2#进线失压，母联自投</td></tr>
<tr><td>处理方法</td><td colspan="2">1. 将2#进线开关3644、冷水泵6204、2#电容器6206开关控制把手复归至分闸后位置
2. 将6kV母联自投开关“BK”拨至“手动”位
3. 复归事故音响
4. 检查并记录保护动作情况
5. 汇报车间及生产调度
6. 经值长（班长）或车间值班人员同意后，复归光字牌和掉牌继电器
7. 询问上级2#进线失压原因
8. 恢复冷水泵、2#电容器运行
9. 检查1#进线负荷电流及该站运行情况
10. 待上级电站恢复正常恢复本站双电源正常运行</td></tr>
</table>

续表

处理要求	1. 判断准确，处理果断 2. 及时汇报领导，以便及时检修 3. 做好事故记录
操作过程	执行该站恢复双电源、双变压器正常运行方式操作过程
备　注	

6.2.2.2 母线故障

事故名称	6kVⅡ母 AB 相永久故障	
处理原则	隔离故障母线，保证正常部分供电。待故障消除后，及时恢复正常运行方式	
运行方式	两条电源带两台变压器的正常运行方式 1. 6kV 系统：双电源供电单母线运行，3600 母联 BK 开关切至“自动”位 2. 380V 系统：单母线分段两台变压器解列运行，400 母联 BK 开关切至“自动”位	
事故现象	变电站后台机接线图显示	2#进线开关 3644、冷水泵 6204、2#电容器 6206、412 跳闸，开关位置由合变分，400 合闸
	变电站后台机告警窗信息	1. “6kV2#进线 3644 速断保护动作”告警 2. “循 6kVⅡ段 PT 低电压保护动作” 3. “冷水泵 6204 失压动作” 4. “2#电容器 6206 低电压动作” 5. “6kV 过电流闭锁” 6. “412 低电压动作” 7. “400 低压母联自投” 8. 3644、6204、6206、412 开关分闸 9. 400 合闸 10. 事故总信号动作 11. 预告信号动作
	变电站保护装置及控制屏显示	1. 事故喇叭响 2. 中央信号屏：“6kV 掉牌未复归”光字牌亮，6kV 循Ⅱ电压表指示均为零 3. 循环水控制屏：“2#进线 3644 低电压”，“2#低压进线 412 低电压”，“低压母联 400 自投动作”，“6kV 过电流闭锁备自投”光字牌亮。3644、6204、6206 开关跳闸位置指示由合变分，指示灯由红变绿并闪光，412 开关跳闸位置指示由合变分，指示灯由红变绿，电流表指示为零。400 开关合闸位置指示由合变分，指示灯由绿变红，电流表指示有变化 4. 故障录波屏：对应 3 号录波器动作，录波指示灯亮，录波次数 1 次 5. 2#进线 3644 开关柜：综合保护器显示“速断 4 保护动作”，报警 TRIP 灯亮。对应告警指示灯亮，同时开关柜上速断信号继电器 1KS 掉牌。开关位置指示由合变分，绿灯亮。电流表指示为零。分合闸指示器指示分闸位置 6. 2#电容器 6206：低电压保护信号继电器 3KS 动作掉牌。开关位置指示由合变分，绿灯亮。电流表指示为零 7. 冷水泵 6204 柜：低电压保护信号继电器 1KS 动作掉牌。开关位置指示由合变分，绿灯亮。电流表指示为零。分合闸指示器指示分闸位置 8. 6kV Ⅱ段 6200PT 柜：低电压信号继电器 1KS(0.5S)、2KS(9S)动作掉牌。电压表指示全部为零 9. 低压 2#进线开关柜：412 失压跳闸，开关指示灯由红变绿，分合闸位置指示器指示分闸位。电流表、电压表指示为零 10. 低压母联开关柜：400 自投动作开关由分变合，开关指示灯由绿变红，分合闸位置指示器指示合闸位。电流表有指示

续表

事故原因	2#进线近区 AB 两相短路
处理方法	1. 将 2#进线开关 3644、冷水泵 6204、2#电容器 6206 开关控制把手复归至分闸后位置 2. 将 6kV 母联自投开关“BK”至“手动”位 3. 复归事故音响 4. 检查并记录保护动作情况 5. 汇报车间及生产调度 6. 经值长(班长)或车间值班人员同意后，复归光字牌和掉牌继电器 7. 将 2#变压器 6202 开关手动分闸 8. 按 6kVII 段母线检修进行倒闸操作 9. 用摇表对 6kV Ⅱ段母线进行绝缘测试 10. 检查结果显示 6kV Ⅱ段母线 AB 两相接地短路 11. 联系检修人员处理母线故障 12. 故障处理完毕后恢复 6kV Ⅱ段母线及该站正常运行
处理要求	1. 判断准确，处理果断 2. 及时汇报领导，以便及时检修 3. 做好事故记录
操作过程	1. 执行Ⅱ段母线检修停电的操作过程 2. 故障处理完毕，执行Ⅱ段母线恢复供电运行的操作过程 3. 执行该站恢复双电源、双变压器正常运行方式操作过程
备　注	

6.2.2.3 主变故障

事故名称	2#主变高压侧外部相间短路故障，一段保护拒动	
处理原则	隔离故障变压器，保证正常部分供电。待故障消除后，及时恢复正常运行方式	
运行方式	两条电源带两台变压器的正常运行方式 1. 6kV 系统：双电源供电单母线运行，3600 母联 BK 开关切至“自动”位 2. 380V 系统：单母线分段两台变压器解列运行，400 母联 BK 开关切至“自动”位	
事故现象	变电站后台机接线图显示	6202、412 跳闸，开关位置由合变分。400 合闸
	变电站后台机告警窗信息	1. “6kV2#变压器过流保护动作”告警 2. “低压 2#进线低电压”告警 3. 低压母联 400 自投动作 4. 6202、412 开关跳闸 5. 400 开关合闸 6. 故障录波 3 动作 7. 预告信号告警 8. 事故告警
	变电站保护装置及控制屏显示	1. 事故喇叭响 2. 中央信号屏：“6kV 掉牌未复归”光字牌亮 3. 循环水控制屏：“2#低压进线低电压”“低压母联自投动作”光字牌亮。6202 开关跳闸，绿灯闪光。412 失压跳闸，开关指示灯由红变绿。电流表指示为零。400 合闸，红灯亮，电流表有指示 4. 故障录波屏：对应录波器 3 动作 1 次 5. 2#变压器 6202 开关柜：综合保护器显示“过流 2 保护动作”，对应告警指示灯亮，同时开关柜上过流信号继电器 4KS 掉牌。6202 开关跳闸，指示灯由红变绿，分合闸指示器指示分闸位置。电流表指示为零

事故现象	变电站保护装置及控制屏显示	6. 低压2#进线开关柜：412失压跳闸，开关指示灯由红变绿，分合闸位置指示器指示分闸位。电流表、电压表指示为零 7. 低压母联开关柜：400自投动作，开关指示灯由绿变红，分合闸位置指示器指示合闸位。电流表有变化
事故原因	2#变压器高压侧AB两相短路	
处理方法	1. 将2#变压器6202开关控制把手复归至分闸后位置 2. 复归事故音响 3. 检查并记录保护动作情况 4. 汇报车间及生产调度 5. 经值长(班长)或车间值班人员同意后，复归光字牌和掉牌继电器 6. 将2#变压器开关6202拉出至检修位 7. 将低压2#进线开关412拉出至检修位 8. 用摇表对变压器及其高压电缆进行绝缘测试 9. 对2#变压器进行直阻测试 10. 检查结果显示2#变压器AB两相高压套管闪络短路 11. 联系检修人员处理变压器故障 12. 检查2#变压器开关6202速断保护拒动故障 13. 故障处理完毕后恢复2#变压器运行	
处理要求	1. 判断准确，处理果断 2. 及时汇报领导，以便及时检修 3. 做好事故记录	
操作过程	1. 执行2#变压器由运行转为检修的操作过程 2. 故障处理完毕，执行2#变压器由检修转为运行的操作过程	
备　注		

6.2.2.4 馈出线故障

事故名称	6kV冷水泵近区AB相间永久故障，开关拒动	
处理原则	隔离故障设备，恢复2#进线供电	
运行方式	两条电源带两台变压器的正常运行方式 1. 6kV系统：双电源供电单母线运行，3600母联BK开关切至“自动”位 2. 380V系统：单母线分段两台变压器解列运行，400母联BK开关切至“自动”位	
事故现象	变电站后台机接线图显示	2#进线开关3644、2#电容器6206、412跳闸，开关位置由由合变分，400合闸
	变电站后台机告警窗信息	1. “2#进线3644开关过流保护动作” 2. “6kV母联3600过电流闭锁” 3. “6kV 6204冷水泵过流保护动作” 4. “6kV 6204冷水泵速断保护动作” 5. “6kV 6204冷水泵低电压保护动作” 6. “循环水6kV Ⅱ段PT低电压保护动作” 7. “2#电容器6206低电压动作”告警 8. “412低电压保护动作” 9. “400备自投动作” 10. 3644、6206、412跳闸 11. 400合闸 12. 事故总信号动作 13. 预告信号动作 14. 3#故障录波器动作

<table>
<tr><td>事故现象</td><td>变电站保护装置及控制屏显示</td><td>1. 预告铃声响，事故喇叭响
2. 中央信号屏："6kV 掉牌未复归"光字牌亮。6kV 循Ⅱ段电压表指示均为零
3. 循环水控制屏："2#低压进线 412 低电压"、"低压母联备自投动作"、"2#进线 3644 过流"、"6kV 过电流闭锁备自投"、光字亮。2#进线开关 3644、2#电容器 6206 开关指示灯由红变绿并闪光、低压 2#进线开关 412 失压跳闸，开关指示灯由红变绿（低压指示不闪光），电流表指示为零。低压母联开关 400 自投动作，开关指示灯由绿变红，电流表有指示
4. 故障录波屏：对应 3 号录波器动作 1 次
5. 2#进线 3644 开关柜：综合保护器显示"过流 2 保护动作"，对应告警指示灯亮，同时开关柜上过流保护信号继电器 1KS 掉牌。开关分闸，分合闸位置指示器指示分闸位。红灯灭绿灯亮。电流表为零
6. 2#电容器柜：6206 低电压保护信号继电器 3KS 动作掉牌。开关分闸，分合闸位置指示器指示分闸位。红灯灭绿灯亮。电流表为零
7. 冷水泵 6204 开关柜：综合保护器显示"速断保护动作"、"过电流保护动作"，对应告警指示灯亮，"过流 速断"信号继电器 3KS 掉牌，低电压保护信号继电器 1KS 动作掉牌。电流表指示为零
8. 6kV Ⅱ段 6200PT 柜：低电压信号继电器 1KS（0.5S）、2KS（9S）动作掉牌。所有表计指示为零
9. 412 开关柜：开关指示分闸位，红灯灭绿灯亮。电流表、电压表指示为零
10. 400 母联柜：开关指示合闸位，指示灯红灯亮，电流表有指示</td></tr>
<tr><td>事故原因</td><td colspan="2">6KV 冷水泵近区 AB 相接地短路，开关拒动（跳闸回路完好，机械原因拒动）</td></tr>
<tr><td>处理方法</td><td colspan="2">1. 将 2#进线开关 3644、2#电容器 6206 开关控制把手复归至分闸后位置
2. 将母联 3600 自投开关"BK"切至"手动"位
3. 复归事故音响
4. 检查并记录保护动作情况
5. 汇报车间及生产调度
6. 经值长（班长）或车间值班人员同意后，复归光字牌和掉牌继电器
7. 检查 6kV Ⅱ段母线各出线，确认为冷水泵故障
8. 手动分开冷水泵 6204 开关
9. 将冷水泵开关 6202 拉出至检修位
10. 合上母联 3600 开关
11. 合上低压 412 开关
12. 断开低压母联 400 开关
13. 联系总变电站，要求合环上级母联
14. 合上 2#进线开关 3644
15. 断开母联开关 3600
16. 恢复 6kVⅡ段母线其他各配出开关运行
17. 用摇表对冷水泵及其电缆进行绝缘测试
18. 检查结果显示电缆 AB 两相接地短路
19. 联系检修人员处理电缆故障
20. 联系检修人员处理冷水泵 6204 开关拒动的故障
21. 故障处理完毕后恢复冷水泵运行</td></tr>
<tr><td>处理要求</td><td colspan="2">1. 判断准确，处理果断
2. 及时汇报领导，以便及时检修
3. 做好事故记录</td></tr>
<tr><td>操作过程</td><td colspan="2">1. 执行冷水泵由运行转为检修的操作过程
2. 执行用 6kV 母联开关 3600 带 6kV Ⅱ段母线运行操作过程
3. 执行恢复 380V 低压双电源、双变压器运行操作过程
4. 执行恢复 6kV 系统双电源双变压器运行的操作过程
5. 故障处理完毕，执行冷水泵由检修转为运行的操作过程</td></tr>
<tr><td>备　注</td><td colspan="2"></td></tr>
</table>

第 7 章　电气二次回路识读

7.1　电气二次回路图识读的原则与方法

7.1.1　电气二次回路图的分类

一次设备是指直接参与电能的发、输、配的电气设备，如发电机、变压器、电力电缆、输电线路、断路器、隔离开关、电流互感器、电压互感器、避雷器等。由这些设备连接在一起构成的电路，称为一次接线或称主接线。

二次设备是指对一次设备的工况进行监测、控制、调节、保护，为运行人员提供运行工况或生产指挥信号所需要的电气设备，如测量仪表、继电保护、控制及信号设备、自动装置等。这些设备通常是由电流互感器和电压互感器的二次绕组的出线以及直流回路按一定的要求连接在一起构成的电路，称之为二次接线或二次回路。描述二次回路的图纸称为二次接线图或二次回路图。二次回路一般包括控制回路、继电保护回路、测量回路、信号回路、自动装置回路。按交、直流来分，二次回路又可分为交流电压和交流电流回路以及直流逻辑回路。

二次回路图按其不同的绘制方法可分为三大类，即原理图、展开图、安装接线图。根据二次回路各部分不同的特点和作用，绘制不同的图。

1. 原理图

二次回路的原理图是体现二次回路工作原理的图纸，且是绘制展开图和安装图的基础。在原理接线图中，与二次回路有关的一次设备和一次回路，以及同二次设备和二次回路画在一起的所有的一次设备和二次设备，都以整体的形式在图纸中表示出来，例如相互连接的电流回路、电压回路、直流回路等是综合在一起的。这种接线图的优点是能够使看图者对整个二次回路的构成以及动作过程有一个整体概念。

2. 展开图

由于原理图的局限，在实际工作中广泛应用的是展开图。展开图是以二次回路的每一个独立电源来划分单元而进行编制的。例如交流电流回路、交流电压回路、直流控制回路、继电保护回路、信号回路等。根据这个原则，必须将属于同一个仪表或继电器的电流线圈、电压线圈以及触点，分别画在不同的回路中，线圈、触点等都采用相同的文字符号。

3. 安装接线图

为施工、维护运行的方便，在展开图的基础上还应绘制安装接线图。安装接线图包括屏面布置图、屏后接线图、端子排图三部分。

7.1.2　电气二次回路的编号

7.1.2.1　二次回路编号的基本原则

编号一般采用数字或数字和文字组合，它表明了回路的性质和用途。

凡是设备间要用控制电缆经端子排进行联系的，都要按回路原则进行编号。此外，某些装在屏顶上的设备与屏内的连接，也需要经过端子排，此时屏顶设备就可看作屏外设备，而在其连接线上同样按照回路编号原则给以相应的编号。

（1）二次回路编号用三位或三位以下的数字组成，需要表明回路的相别或某些主要特征时，可在数字编号的前面（或后面）增注文字符号。

（2）按“等电位”的原则标注，即在电气回路中，连于一点上的所有导线须标以相同的回路编号。

（3）电气设备的触点、线圈、电阻、电容等元件所间隔的线段，即看为不同的线段，应给予不同的编号；对于在接线图中不经过端子而在屏内直接连接的回路，可不编号。

（4）直流回路和交流回路采用不同的编号方法，而在交、直流回路中，对各种不同的回路赋予不同的数字符号，因此在二次回路接线中，我们看到编号后就可以知道这一回路的性质，方便维护和检修。

7.1.2.2　直流回路编号的原则

直流回路的编号原则如表7－1所示。

表7－1　直流回路编号原则

回路名称	回路编号组			
	一	二	三	四
正电源回路	1	101	201	301
负电源回路	2	102	202	302
合闸回路	3～31	103～131	203～231	303～331
绿灯或合闸回路监视继电器回路	5	105	205	305
跳闸回路	33～49	133～149	233～249	333～349
红灯或跳闸回路监视继电器回路	35	135	235	335
备用电源自动合闸回路	50～69	159～169	259～269	359～369
开关设备的位置信号回路	70～89	170～189	270～289	370～389
事故跳闸音响信号之路	90～99	190～199	290～299	390～399
保护回路	001～099			
发电机励磁回路	601～699			
信号及其他回路	701～799			

（1）对于不同用途的直流回路，使用不同的数字范围，如控制和保护回路用1～599及001～099。

（2）控制和保护回路使用的数字编号，按熔断器所属的回路进行分组，每99个数分为一组，如101～199，201～299，301～399…其中每段里面先按正极性回路（编为奇数）由小到大，再编负极性回路（偶数）由大到小，如101、103…133…142、140…

（3）信号回路的数字编号，按事故、位置、预告信号进行分组，按数字大小进行排列。

（4）开关设备、控制回路的数字编号组，应按开关设备的数字序号进行选取。例如有三个控制开关1SA，2SA，3SA，则1SA对应的控制回路数字编号选101～199，2SA所对应的选201～299，3SA对应的选301～399。

（5）正极回路的线段按奇数编号，负极回路的线段按偶数编号；每经过回路的主要压降元（部）件（如线圈、绕组、电阻等）后，即行改变其极性，其奇偶顺序即随之改变。对不能标明极性或其极性在工作中改变的线段可任选奇数或偶数。

（6）对于某些特定的主要回路，通常给予专用的编号组。如：正电源为101、201，负电源为102、202；合闸回路中的绿灯回路为5、105、205；跳闸回路中的红灯回路编号为35、135、235等。

（7）对接于断路器控制回路内的红灯或绿灯回路，如直接由控制回路电源引接时，该回路可标注与控制回路电源相同的编号。

（8）在没有备用电源自动投入装置的接线图中，编号 50～69 可作为其他回路的编号，但当回路编号不够用时，可以向后递增。

7.1.2.3 交流回路编号细则

交流回路的编号原则如表 7－2 所示。

表 7－2 交流回路编号原则

回路名称	互感器的文字符号及电压等级	回路编号组				
		U 相	V 相	W 相	中性线	零 序
保护装置及测量表计的电流回路	TA	U401～U409	V401～V409	W401～W409	N401～N409	L401～L409
	1TA	U411～U419	V411～V419	W411～W419	N411～N419	L411～L419
	2TA	U421～U429	V421～V429	W421～W429	N421～N429	L421～L429
	9TA	U491～U499	V491～V499	W491～W499	N491～N499	L491～L499
	10TA	U501～U509	V501～V509	W501～W509	N501～N509	L501～L509
	19TA	U591～U599	V591～V599	W591～W599	N591～N599	L591～L599
保护装置及测量表计的电压回路	TV	U601～U609	V601～V609	W601～W609	N601～N609	L601～L609
	1TV	U611～U619	V611～V619	W611～W619	N611～N619	L611～L619
	2TV	U621～U629	V621～V629	W621～W629	N621～N629	L621～L629
隔离开关辅助触点和隔离开关位置继电器触点后的电压回路	110kV	U(V、W、N、L)710～719				
	220kV	U(V、W、N、L)720～729				
	35kV	U(V、W、N、L)730～739				
	6～10kV	U(V、W)760～769				
绝缘监察电压表的公用回路		U700	V700	W700	N700	
母线差动保护公用的电流回路	110kV	U310	V310	W310	N310	
	220kV	U320	V320	W320	N320	
	35kV	U330		W330	N330	
	6～10kV	U360		W360	N360	
控制、保护、信号回路		U1～U399	V1～V399	W1～W399	N1～N399	

（1）交流回路按相别顺序编号，它除用三位数字编号外，还加有文字编号以示区别。例如 U311、V311、W3ll，如表 7－3 所示。

表 7－3 交流回路加有文字编号

类 别	U 相	V 相	W 相	中 性	接地线	保护线	零 序
文字编号	U	V	W	N	E	PE	L
脚注编号	u	v	w	n	e	pe	l

（2）对于不同用途的交流回路，使用不同的数字组，如表 7－4 所示。

表 7－4 不同用途的交流回路的编号

回路类别	控制、保护、信号回路	电 流 回 路	电 压 回 路
编号范围	1～399	400～599	600～799

电流回路的数字编号，一般以十位数字为一组。如 U401～U409，V401～V409，W401～W409，…，U591～U599，V591～V599。若不够亦可以 20 位数为一组，供一套电流互感器之用。

几组相互关联的电流互感器的并联回路，应先取数字组中最小的一组数字编号。不同相的电流互感器并联时，并联回路应选任何一相电流互感器的数字组进行编号。

电压回路的数字编号，应以十位数字为一组。如 U601 ~ U609，V601 ~ V609，W601 ~ W609，U791 ~ U799…以供一个单独互感器回路编号之用。

（3）电流互感器和电压互感器的回路，均须在分配给它们的数字编号范围内，自互感器引出端开始按顺序编号，例如“1TA”的回路编号用 411 ~ 419，“2TV”的回路编号用 621 ~ 629 等。

（4）某些特定的交流回路（如母线电流差动保护公共回路、绝缘监察电压表的公共回路）给予专用的编号组。

7.1.2.4 直流小母线的编号（如表 7 – 5 所示）

表 7 – 5　直流小母线的文字编号

小母线名称		文字符号
控制回路电源小母线		+　　–
信号回路电源小母线		+700　　–700
事故声响信号小母线	用于不发遥远信号者	M708
	用于直流屏	M728
	用于配电装置	M7271、M7272、M7273
	用于发遥远信号者	M808
预告信号小母线	用于配电装置（瞬时动作信号）	M7291、M7292、M7293
	瞬时动作的信号	M709、M710
	延时动作的信号	M711、M712
控制回路断线预告信号小母线	M7131、M7132、M7133、M713	
灯光信号小母线	M726（–）	
配电装置内的信号小母线	M701	
闪光信号小母线	M100（+）	
合闸电源	+　　–	
“掉牌未复归”光字牌	M703、M716	
厂用电源辅助信号	+701、–701	
母线设备辅助信号	+702、–702	

7.1.3 电气二次图的识读方法

7.1.3.1 电气二次图看图要领

1. “先交流，后直流”

是指先看二次接线图的交流回路，把交流回路看完弄懂后，根据交流回路的电气量以及在系统中发生故障时这些电气量的变化特点，向直流逻辑回路推断，再看看直流回路。一般来说，交流回路比较简单，容易看懂。

2. “交流看电源，直流找线圈”

是指交流回路要从电源入手，交流回路由电流回路和电压回路两部分组成，先找出它们是由哪些电流互感器或哪一组电压互感器来的，在两种互感器中传变的电流或电压量起什么作用，与直流回路有什么关系。这些电气量是由哪些继电器反应出来的，它们的符号是什么，然后再找与其相应的触点回路。这样就把每组电流互感器或电压互感器的二次回路中所接的每个继电器一个个地分析完，看它们都作用在什么回路，跟哪些回路有关。在头脑中有个轮廓，再往后就容易看了。直流回路要从线圈入手，然后找到对应控制触点，分析其逻辑控制关系。

3. “抓住触点不放松，一个一个全查清”

就是说找到继电器的线圈后，再找出与之相对应的触点。根据触点的闭合或开断引起回路变化的情况，再进一步分析，直至查清整个逻辑回路的动作过程。

4. “先上后下，先左后右，屏外设备一个不漏”

这个要领主要是针对端子排图和屏后安装图而言。看端子排图一定要配合展开图来看，展开图有如下的规律：

（1）直流母线或交流电压母线用粗线条表示，以区别于其它回路的联络线；

（2）继电器和每一个小的逻辑回路的作用都在展开图的右侧注明；

（3）继电器和各种电气元件的文字符号与相应原理接线图中的文字符号一致；

（4）继电器的触点和电气元件之间的连接线段都有数字编号（称回路编号）；

（5）继电器的文字符号与其本身触点的文字符号相同；

（6）各种小母线和辅助小母线都有编号；

（7）对于展开图中个别的继电器，如该继电器的触点在另一张图中表示，或在其他安装单位中有表示，都在图纸上说明去向，对任何引进触点或回路也说明来处；

（8）直流正极按奇数顺序编号，负极回路则按偶数顺序编号。回路经过元件（如线圈、电阻、电容等）后，其编号也随着改变；

（9）常用的回路都给以固定的编号，如跳闸回路用 33，133，233，333 等，合闸回路用 3，103，203，303 等；

（10）交流回路的编号除用三位数外，前面加注文字符号。交流回路使用的数字范围是电压回路为 600 ~ 799；电流回路为 400 ~ 599。它们的个位数字表示不同的回路；十位数字表示互感器的组数。回路使用的编号组，要与互感器文字符号前的“数字序号”相对应。如 1TA 电流互感器的 U 相电路编号应是 U411 ~ U419；电压互感器 2TV 的 U 相回路编号是 U621 ~ U629。

展开图上凡与屏外有联系的回路编号，均应在端子排图上占据一个位置。端子排图仅是一系列的数字和符号的集合，把它与展开图结合起来看，就知道它的连接回路了。

7.1.3.2 识读原理图

图 7－1 所示是某 10kV 线路的过电流保护原理图。由图可见，整个保护装置采用不完全星形接线方式。

电路的工作原理和动作顺序为：当线路故障时，流过它的电流增大，使流过接于电流互感器二次侧的电流继电器的电流也相应增大，在二次电流超过保护装置的整定值时，电流继电器 KA1 ~ KA2 动作，其常开触点接通时间继电器 KT 线圈，经过预定的时限，KT 的触点闭合发出跳闸脉冲使断路器跳闸线圈 YR 带电，断路器 QF 跳

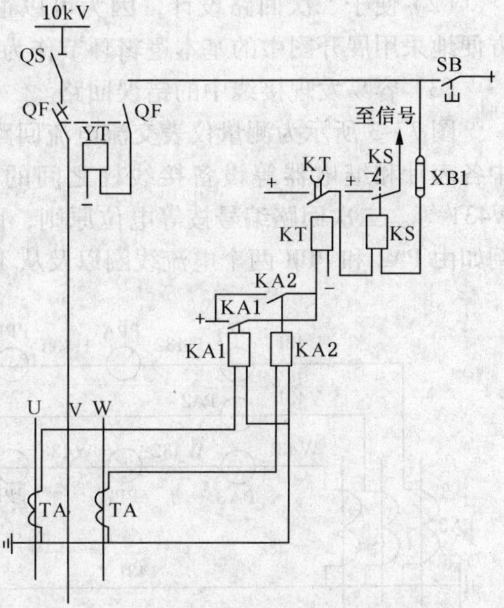

图 7－1　10kV 线路的过电流保护原理图

闸，同时跳闸脉冲电流流经信号继电器 KS 的线圈，其触点闭合发出信号。

从图 7－1 中可以看出，一次设备和二次设备都以完整的图形符号表示出来，能使我们对整套保护装置的工作原理有一个整体概念。但是这种图存在着许多缺点：

（1）只能表示继电保护装置的主要元件，而对细节之处则无法表示；

（2）不能表明继电器之间连接线的实际位置，不便维护和调试；

（3）没有表示出各元件内部的接线情况，如端子编号、回路编号等；

（4）标出的直流“＋”、“－”极比较分散，不易看图；

（5）对于较复杂的继电保护装置(如距离保护等)很难用原理接线图表现出来，即使画出了图，也很难看清楚。因此，在实际工作中受到限制。

7.1.3.3 识读展开图

实际应用中，大多采用展开图来表示回路的某一部分或整个装置的工作原理。例如发电机的控制、保护、监测回路展开图，中央信号展开图等。

图 7－2 所示为某 10kV 线路过电流保护展开图，即与图 7－1 对应的展开图。由图可以看出，展开图是按交流电压回路、交流电流回路和直流回路分别绘制的，设备的触点和线圈分散布置，按它们动作的顺序相互串联从电源的“＋”极到“－”极，或从电源的一相到另一相，依次从上到下排列成若干行(当水平布置时)或从左到右排列成若干列(当垂直布置时)。

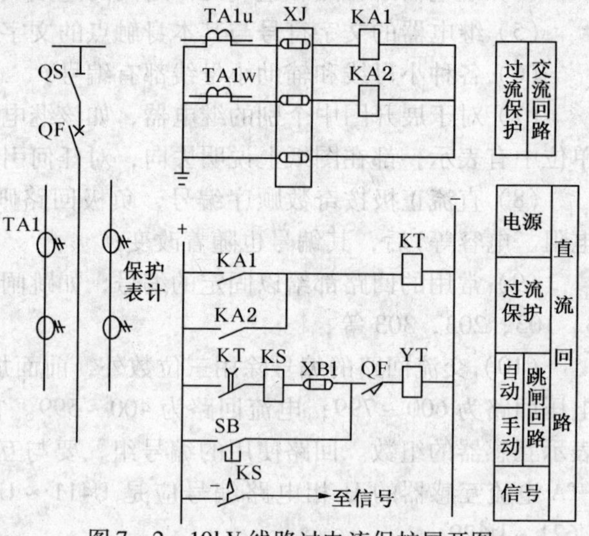

图 7－2　10kV 线路过电流保护展开图

展开图具有如下优点：

（1）容易跟踪回路的动作顺序；

（2）便于二次回路设计，因为可以很方便地采用展开图中的基本逻辑环节作为单元电路来构成满足一定技术要求的接线；

（3）容易发现接线中的错误回路。

图 7－3 所示为测量仪表交流电流回路展开图。为了绘制二次回路安装接线图，展开图中各表计和继电器等设备接线柱之间的连接线都给以编号，如电流回路 U431、V431 和 W431 等。二次回路编号按等电位原则，即电路图中从同一点出发的各条线都编同一个号，例如由 PA2 和 PPR 两个电流线圈以及从 TA3 中性点引出的连接线都编为 N431。

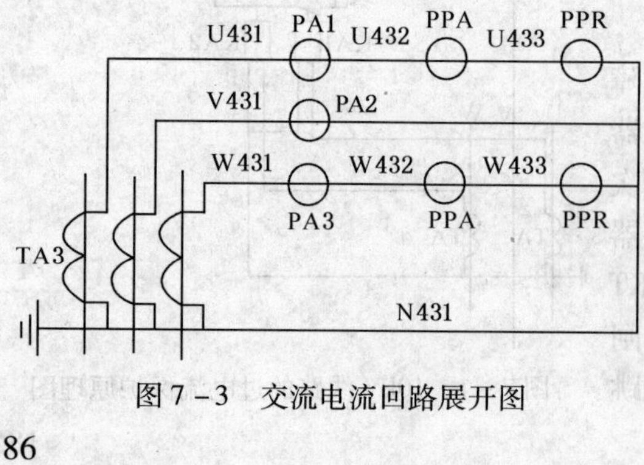

图 7－3　交流电流回路展开图

图 7－4 是交流电压回路展开图。每组电压互感器的二次 U630、W630 和 U640、W640 经重动继电器 2KCW 和 4KCW 的常开触点(N630、L630 和 N640、L640 也要经重动继电器的常开触点，图中未画出)，合并为 U710 和 W710 接到测量和保护回路。重动继电器是切换回路的中间继电器，装在线路重合闸屏上或母差屏上。当用隔离开关将线路由Ⅰ组母线切换到Ⅱ组母线时，2KCW

常开触点断开，4KCW 常开触点闭合，使测量和保护取得 TV2 的电压。

7.1.3.4 识读安装接线图

安装接线图是二次回路设计的最后阶段，用来作为设备制造、现场安装的实用二次接线图，也是运行、调试、检修等的主要参考图纸。在这种图上设备和器具均按实际情况布置。设备、器具的端子和导线、电缆的走向均用符号、编号加以标志。两端连接不同端子的导线，为了便于查找其走向，通常采用“对面原则”的编号方法。

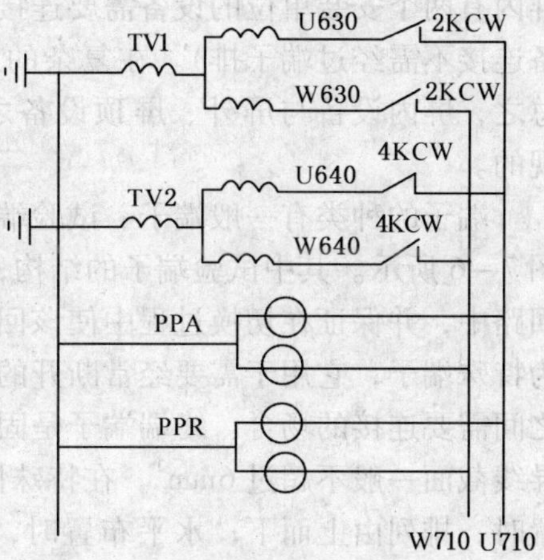

图 7－4　交流电压回路展开图

安装接线图包括屏面布置图、屏后接线图、端子排图。端子排图通常表示在屏后接线上。屏面布置图表示屏上设备的布置情况，要求按实际尺寸照一定的比例绘制。屏后接线图是在屏上配线时所必需的图纸，应标明屏上各设备在屏后引出端子间以及与端子排间的连接情况。

1. 安装接线图中设备标志和编号

安装接线图中的屏面布置图如前所述，二次设备的位置是按一定比例画出的，而屏后接线图显然是屏面布置图的反面，其设备的排列与屏面布置图的位置是相对应的，也即是说屏后接线图是屏面布置图的背视图。

屏后接线图的标志方法分以下几个部分来叙述：

（1）设备标志的方法和编号

设备标志方法，如图 7－5 所示，在图形符号内部标出接线用的设备端子号，但端子号必须与制造厂家的元件编号一致。在设备图形符号上方画一个小圆，将该圆分为上下两个部分，上部标出安装单位编号，通常用罗马字母Ⅰ、Ⅱ、Ⅲ等来表示；在安装单位编号右下脚标出设备的顺序号，如 1、2、3…小圆下部标出设备的文字符号，如 KA、KT、KS、PPA、PA、PPR 等和同型设备的顺序号，如 1、2、3…如无同型设备，则同型设备的顺序号可不标出。

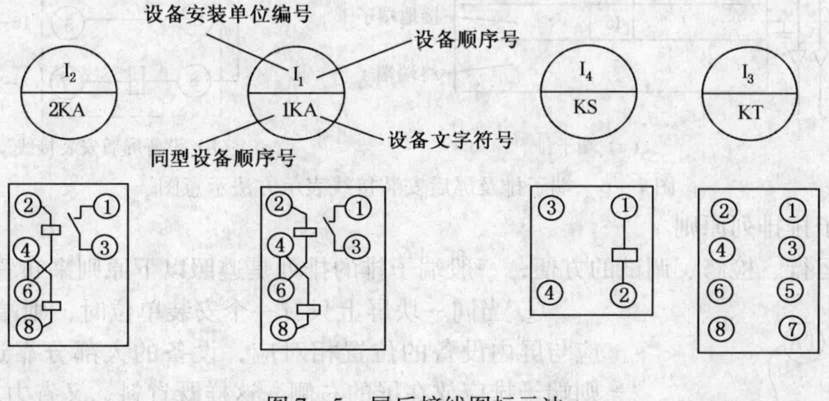

图 7－5　屏后接线图标示法

（2）端子排标志的方法和编号

某一安装单位的屏内设备与屏外、屏顶设备需要连接时，一定要经过端子排；如果同一屏内有两个安装单位的设备需要连接时，也一定要经过端子排(同一屏内同一安装单位的设备连接不需经过端子排)。在复杂的屏后二次回路接线中，端子排能起到泾渭分明的效果。总之，屏内设备与屏外、屏顶设备之间的连接是通过端子排再加上控制电缆(导线)来实现的。

端子的种类有一般端子、试验端子、连接端子、特殊端子和终端端子等，它们的标志如图7－6所示。其中试验端子的结构，如图7－7所示，它用于需要接入仪表或继电器的电流回路中，并保证在切换过程中使该回路不致开路。如在试验端子上拆除左右两片连接片，成为特殊端子，它用于需要经常断开的回路中。绝缘座间有缺口的，就是连接端子，用于端子之间需要连接的场合。终端端子是固定端子排用的，无导电片。一个端子允许接一根导线，导线截面一般不超过6mm^2。在特殊情况下，个别端子允许最多接两根导线。端子排垂直布置时，排列由上而下；水平布置时，排列由左而右。其顺序是交流电流回路、交流电压回路、控制回路、信号回路和其他回路等。每一安装单位的端子排应编有顺序号。

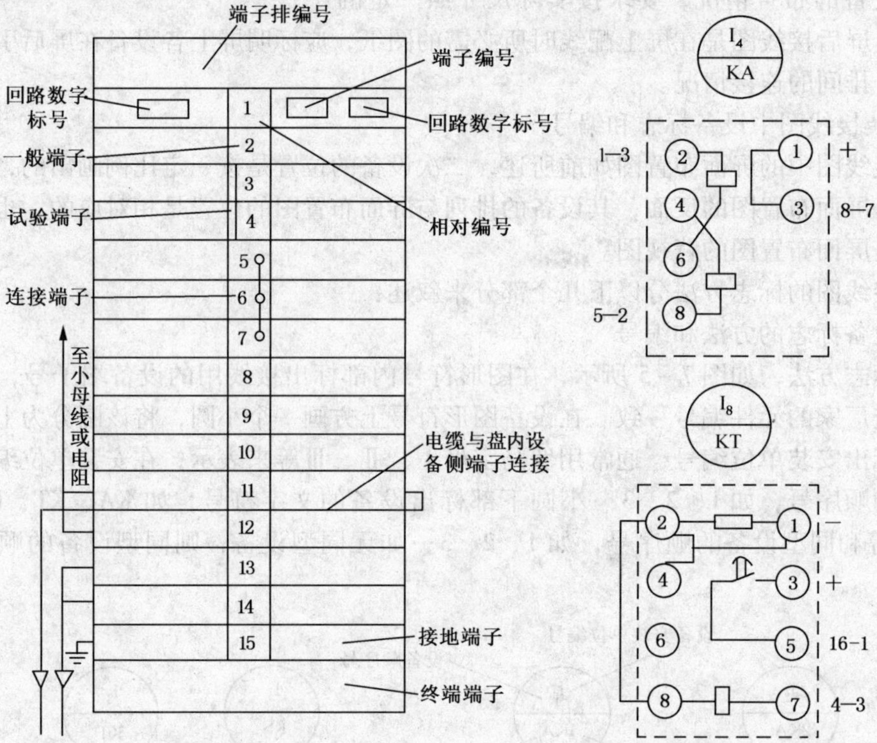

(a) 端子排　　(b) 设备屏后安装接线

图7－6　端子排及屏后安装接线表示方法示意图

(3) 端子排排列原则

为满足运行、检修、调试的方便，一般端子排的排列是遵照以下原则来布置和排列的：

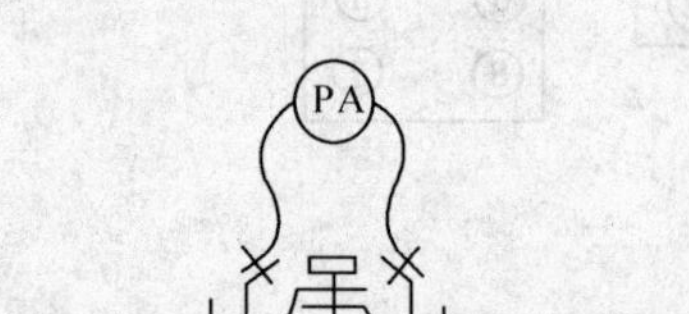

图7－7　试验端子结构示意图

① 当同一块屏上只有一个安装单位时，则端子排的放置应与屏内设备的位置相对应，设备的大部分靠近屏的右侧，则端子排应放在屏的右侧，这样既省料、又省力。

② 当同一块屏上有几个安装单位时，则每一安装单位应用独立的端子排，它们的排列与屏面布置相配合。最后留2～5个端子作为备用端子，在端子排的两端应装终端端子。

③ 端子形式的选用，需根据具体情况决定，一般来说，交流电流回路应经试验端子；预告和信号回路及其他需要断开的回路，则应经特殊端子或试验端子。

④ 每一安装单位的端子排上，必须预留一定数量的备用端子。否则，万一需要增加接线时，则势必将造成很大的麻烦。同时，必须在端子的两端装设终端端子。

⑤ 当一个安装单位的端子过多（按《电力工程设计手册》要求，屏每侧装设端子的数目最多不得超过155个）或一块屏上只有一个安装单位时，可将端子布置在屏的两侧。但此时应按交流电流、交流电压、信号、控制等回路所属的各个组别成组地分开。

⑥ 正、负电源之间，经常带正电的正电源，合闸和跳闸回路之间的端子排应不相毗邻，一般需用一个空端子隔开。特别是户外的端子箱中更应该如此，以免端子排因受潮造成短路，而使断路器误动作。

⑦ 一个端子的每一个接线螺钉，一般只接一根导线；特殊情况下，最多可接两根导线。接于端子的导线截面，一般不应超过$6mm^2$。

⑧ 端子排上的回路安装顺序应与屏面设备相符，以避免接线迂回曲折。端子排垂直布置时，应按自上而下的顺序分组排列。

⑨ 对于交流电流回路，按每组电流互感器分组，对同一保护方式的电流回路一般排在一起，按数字大小从上至下，并按相序U、V、W、N排列，如U411、V411、W411、N411、U421、V421、W421、N421。

⑩ 对于交流电压回路，按每组电压互感器分组，对同一保护方式的电压回路一般排在一起，按数字大小从上至下并按相序U、V、W、N排列，如U611、V611、W611、U621、V621、W621。

2. 相对编号法

安装接线图是表示各设备之间互相连接的图纸。表示方法系采用相对编号法。相对编号法是这样表述的，如有甲乙两个设备的接线端子需要连接起来，那么在甲设备的接线端子上，标出乙设备接线端子的编号，同时，在乙设备该接线端子上标出甲设备接线端子的编号，即两个接线端子的编号相对应，这表明甲乙两设备的相应接线端子应该连接起来。此编号法目前在二次回路中已得到广泛的应用。

例如图7－6(b)，电流继电器KA的编号为4，时间继电器KT的编号为8。KA的3号接线端子与KT的7号接线端子相连。在KA的3号接线端子旁标上“8－7”，亦即与第8号元件的第7个端子相连。而第8号元件正是KT。与之对应，在KT第7号端子旁标上4－3，这正是KA的第3个端子，查找起来十分方便。

3. 安装接线图识读的注意事项

安装接线图是二次回路的重要图纸，应用十分广泛。看安装接线图时应注意以下事项：

(1) 与展开图对照起来看。首先要弄通展开图，然后去看安装接线图。看安装接线图时，先从左、右两旁的端子排看起。从上到下，每个端子的编号，都可以在展开图上找到相应的回路，然后查找屏面布置图，看这个电气元件是在本屏，还是在其他屏。如果属于本屏上的元件，根据相对编号法则，即可找到对应元件；如果是外屏设备，就通过电缆引出去。根据电缆去向，找到另外一张安装接线图，并在该图上找到相应的端子编号。按照这个办法，一个端子一个端子看下去，理顺每个端子的来龙去脉，就能把整张安装图看懂。

(2) 牢牢记熟相对编号法则，凡本屏上的设备，都是用相对编号法则编号。寻找本屏上的电气元件，只要正确应用相对编号法，就一定能找到。

（3）由于安装接线图表示了屏上所有设备，因而图纸较大，线条较多，比较复杂，容易看花眼。为了避免看花眼或看漏端子，可准备一个直尺或三角板，将直尺或三角板压在你所看的端子上，每走通一个回路就用铅笔在旁边作上记号，逐个端子看下去，就不会遗漏了。

7.2 典型电气二次回路图识读

7.2.1 典型电气二次保护回路图

7.2.1.1 电流互感器与继电器的几种常用接线方式

根据继电保护装置的不同要求，电流互感器与继电器可以接成多种接线方式，下面介绍几种常用的接线方式：

1. 星形接线

如图 7-8(a)所示，它由三个电流互感器和三个电流继电器组成。这种保护接线方式在中性点直接接地的电力系统中，对于任何形式的短路故障都能起到保护作用。在中性点不直接接地的电力系统中，对单相接地以外的任何故障也能起到保护作用。

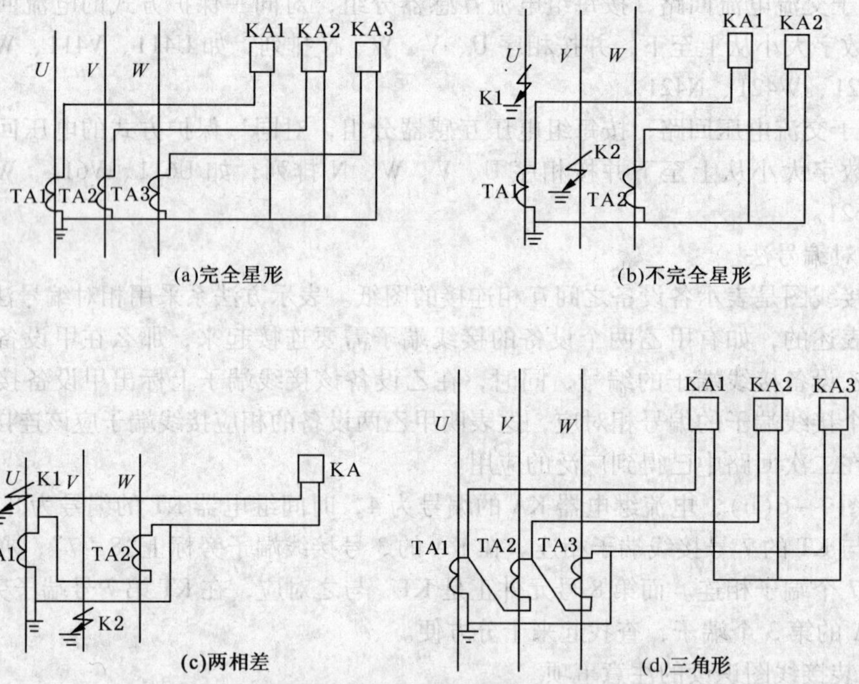

图 7-8 电流互感器与电流继电器的常用接线方式

这种接线常用于 35kV 以上中性点直接接地的电力系统，以及在中性点不直接接地的电力系统中，作为容量较大的发电机和变压器的保护。

2. 不完全星形接线

如图 7-8(b)所示，它由两个装于 U、W 相上的电流互感器和两个电流继电器组成。采用这种接线方式在中性点不直接接地的系统中，除某种形式的两点接地故障(如图 7-8(b)所示的不同地点 K1 及 K2 点接地)外，对其他各种相间短路故障均能起到保护作用。它的缺点是在保护 Y/△接线及 Y/y_n 接线的变压器时，在某些故障情况下灵敏度较低。因此，对于 35kV 容量较小的变压器，可采用不完全星形接线。但在 10kV 中性点不接地系统中，作为变压器保护的灵敏度一般都能满足要求，而且这种接线简单、投资少，因此被广泛采用。

3. 两相差接线

如图7－8(c)所示，两只电流互感器分别装在U、W两相上。采用一只电流继电器KA，接于两相电流差回路。在中性点不直接接地的系统中，除图7－8(C)中所示的K1、K2两点接地短路保护不动作外，对其他任何形式的相间短路故障均能起到保护作用。但这种接线仅适于作为线路或电动机的保护，而不适应于Y/△或Y/y_n接线的变压器，因为变压器二次侧U、V相间短路或V相对地短路时，流过继电器的故障电流为零。

4. 三角形接线

如图7－8(d)所示，它由三个电流互感器和三个电流继电器组成。在中性点直接接地的电力系统中，对于任何形式的短路故障都能起到保护作用。在中性点不直接接地的电力系统中，对于单相接地以外的任何短路故障也都能起到保护作用。由于这种接线较复杂，投资多，因此一般情况下均不采用，但对于容量较大的Y/△接线的变压器采用差动保护时，为了改变星形侧电流的相位，则须采用此接线。

7.2.1.2 电压互感器二次回路图

1. 中性点N接地的电压互感器二次电路图

图7－9所示为中性点N接地的电压互感器二次电路图，QA为三相自动开关；C为电容器；SM为LW2－5、5/F4－X型切换开关；QS1为隔离开关。

该图适应于110kV及以上中性点直接接地的电力系统，在110kV及以上的电力线路中，一般装设有距离保护，如果在电压互感器二次回路末端发生短路故障，由于二次回路阻抗较大，短路电流较小，则熔断器不能快速熔断，但在短路点附近电压比较低或接近于零，可能引起距离保护误动作。所以，对于110kV及以上的电压互感器，在二次绕组三相引出端装设快速自动开关，如图中QA作短路保护用。由于正常运行时，辅助二次绕组中的电压为零或接近于零，其二次回路末端短路时，短路电流很小，自动开关难于实现自动切断该回路，所以在辅助二次回路中没有装设自动开关。

在电压互感器二次侧某一相(图中W相)上并联电容器的目的是要使按零序滤过器原理构成的断线保护在电压互感器二次侧发生三相断开时，也能发出信号。但此种方式电容量的选择是依据现场试验确定，其方法较复杂。而目前的距离保护中，可采取闭锁措施，当互感器二次侧断线时，均可将距离保护"＋"电源断开。另外，也可采用DZ4－25特OKX.182.010的快速自动空气开关，利用其辅助触点发出其断线信号。因而并联电容器在目前设计的二次回路中予以取消。PV为绝缘监视仪表，对于中性点直接接地系统，为简化接线，图中引用U、V、W三相回路，通过切换开关SM实现三个线电压监视，来判断绝缘情况。

2. V相接地的电压互感器二次电路图

图7－10所示为V相接地的电压互感器二次电路图。KE为接地继电器；KS为信号继电器；FU1～FU3为熔断器；F为击穿保险；QS1为隔离开关。

此电路适应于6～35kV电压等级的中性点非直接接地系统。在中性点非直接接地系统中，一般不装设距离保护，不用担心在交流电压二次回路末端短路时，因熔断器熔断较慢而造成距离保护误动作的问题。对于6～35kV的电压互感器，可以在二次绕组各相引出端装设熔断器，如图中FU1～FU3。由于正常运行时，辅助二次绕组输出端没有电压或只有很小的不平衡电压，难于实现熔断器监视，所以辅助二次回路中不装设熔断器。在二次回路中串联隔离开关辅助触点的目的是防止一次侧隔离开关 QS1 断开时，二次侧电压反馈到一次侧。

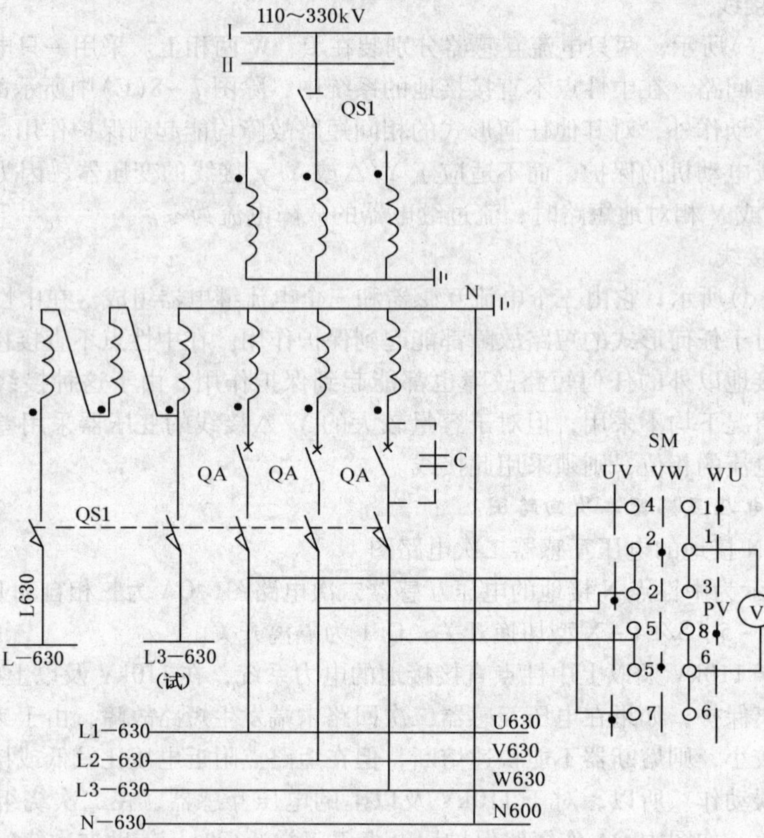

SM:LW2-5/F4-X

触点盒型式			5			5		
触点号			1-2	2-3	1-4	5-6	6-7	5-8
位置	UV	←	—	•	—	—	•	—
	VW	↑	•	—	—	•	—	—
	WU	→	—	—	•	—	—	•

图 7－9　中性点 N 接地的电压互感器二次回路图

对于 6～35kV 的电力系统，单相接地保护通常由接地继电器 KE 构成，KE 接于电压小母线 L－630 和 L2－600 之间，当单相接地时，KE 启动，接通信号回路，KS 动作发信号，H1 亮指示单相接地故障。电压小母线 L1－630、L2－600、L3－630、N－630、L－630 共 5 根，供给测量仪表、远动装置、继电保护和自动装置的测量电压，其对应的回路编号为 U630、V600、W630、N630、L630。

3. 三相五柱式电压互感器的接线方式

三相五柱式电压互感器是具有五个磁柱的三相三绕组电压互感器，其接线图和电压向量图如图 7－11 所示。这种接线方式可以接入线电压和相电压，在接成零序的辅助二次绕组引出端 a1 和 x1 上，可以接入接地保护用继电器和信号指示器。其一次绕组接入系统相电压，主二次绕组额定相电压为 $100/\sqrt{3}$V，辅助二次绕组电压按 100/3V 设计。

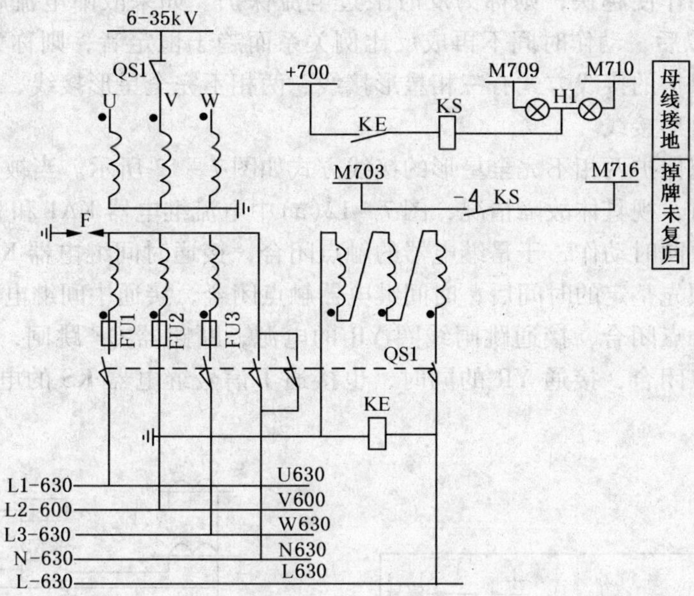

图 7-10　V 相接地的电压互感器二次回路图

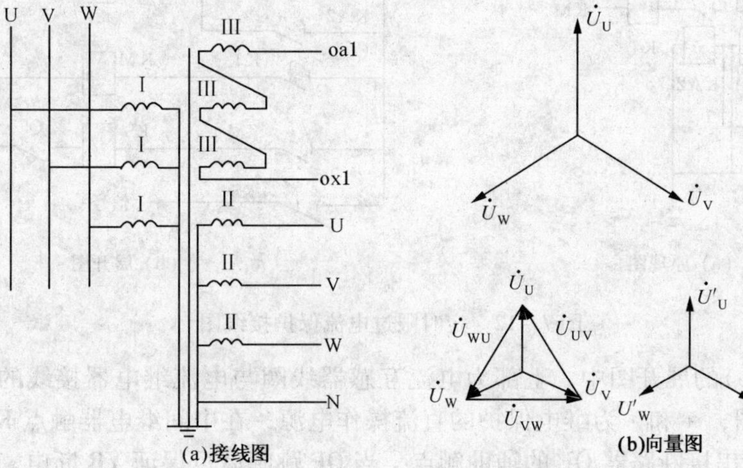

图 7-11　三相五柱式电压互感器

必须指出：电压互感器二次侧接地是保护接地。从理论上讲，二次侧任何一相端头或中性点直接接地都可以，变电所的电压互感器二次侧采用中性点直接接地。发电厂的电压互感器，对于中性点直接接地系统，二次侧也是采用中性点直接接地的方式；对中性点非直接接地或经消弧线圈接地的系统，二次侧一般采用 V 相直接接地及中性点经火花间隙接地，如图 7-10 所示。

7.2.1.3　过电流保护

系统中发生短路时，其特征之一是线路中的电流剧增。过电流保护就是利用这一特征，在电流增长到超过事先按最大负荷电流整定的数值而引启动作的一种保护装置。它按时限特性可分为定时限过电流保护和反时限过电流保护。所谓定时限过电流保护是指不管故障电流超过整定值多少，其动作时间总是一定的；若动作时间与故障电流值成反比，即故障电流超过整定值越多，动作便越快，则称为反时限过电流保护。如果故障电流超过整定值若干倍(一般约为6倍)以后，动作时间不再成反比例关系而趋于恒定者，则称为有限反时限过电流保护。过电流保护的接线方式有三相星形接线、两相不完全星形接线、两相差接线，常用的是两相不完全星形接线。

定时限过电流保护两相不完全星形的接线方式如图7-12所示。当被保护线路发生两相短路或三相短路时，视具体故障情况，图7-12(a)中电流继电器KA1和KA2两块继电器中有一块动作或两块同时动作，于是继电器的触点闭合，接通时间继电器KT的电源，时间继电器启动，经过预先整定的时间后，时间继电器触点闭合，接通中间继电器KM的电源，中间继电器动作，触点闭合，接通跳闸线圈YR的电源，断路器QF跳闸，将故障线路停电。在中间继电器触点闭合，接通YR的同时，也接通了信号继电器KS的电源，其触点闭合，给出信号。

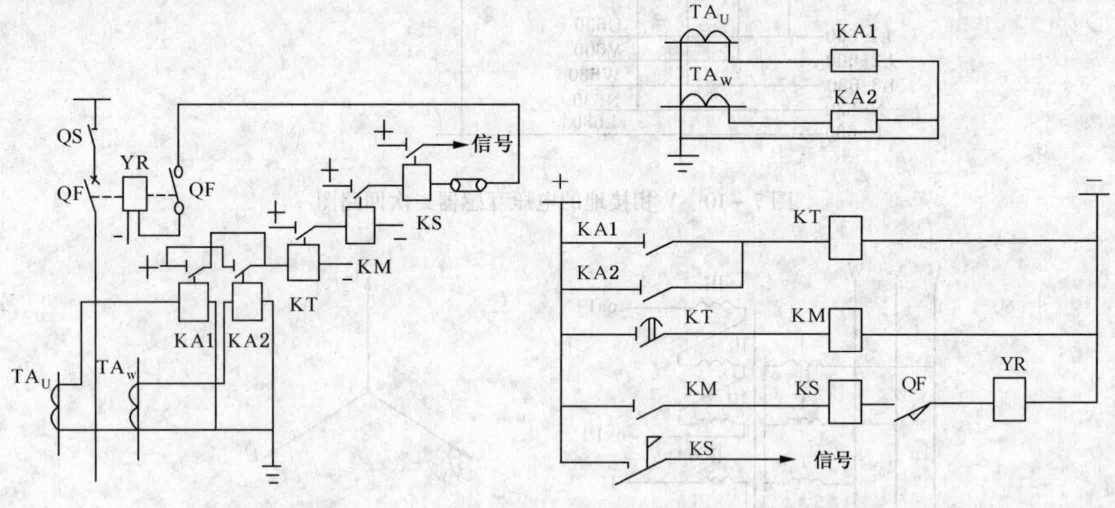

(a) 原理图　　(b) 展开图

图7-12　定时限过电流保护接线图

在图7-12(b)的展开图中，上部为电流互感器线圈与电流继电器接线的展开图，下部为保护动作展开图，+和-为继电保护的直流操作电源，在中间继电器触点KM及信号继电器线圈KS回路中串接断路器QF的辅助触点，当QF跳闸后可保证YR断电。

7.2.1.4　带时限电流速断保护

电流速断保护的接线方式如图7-13所示。它是防止相间短路故障的保护，故按不完全星形的两相两继电器接线方式构成。由于电流继电器1、2的触点容量小，不能直接闭合断路器的跳闸线圈YR回路，必须经过中间继电器3。由于瞬时电流速断保护不能保护线路全长，线路末端的死区必须依靠过电流保护来起到保护作用。但有的线路过电流保护因整定时间较长，当末端发生三相短路时要依靠它来切除故障速度太慢，这时可装设带时限的电流速断保护来作为线路末端的主保护。

带时限电流速断保护的接线方式与图7-12所示的定时限过电流保护的接线方式完全相同。带时限电流速断保护必须和下一相邻线路的瞬时电流速断保护相配合，其动作时间比下一相邻线路的瞬时电流速断保护的动作时间大一个时限阶差0.5s。

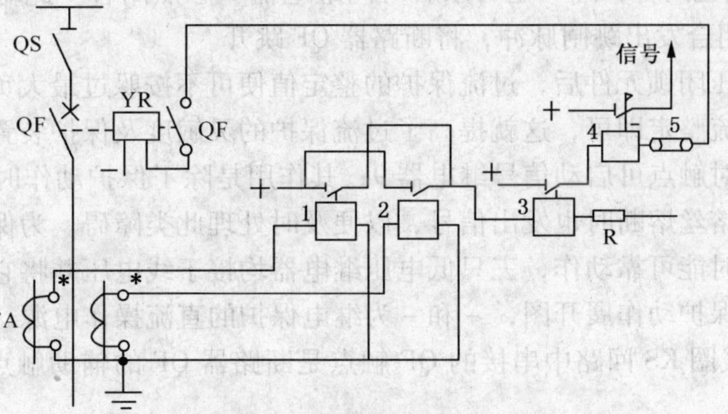

图 7－13　电流速断保护原理图

1、2—电流继电器 DL－11 型；3—中间继电器 DZ－17/110 型（串电阻 R 为 20W、2000Ω）；4—信号继电器 DX－11/1 型；5—连接片

7.2.1.5　低电压闭锁的过电流保护

过流保护的动作电流是按躲过最大负荷电流来整定的，但某些情况下不能满足灵敏度要求。为提高保护动作的灵敏度和改善躲过负荷电流的条件，可采用低电压闭锁的过流保护装置，其原理接线见图 7－14。它由低电压继电器、中间继电器及信号继电器构成低电压闭锁回路，由电流继电器、时间继电器和信号继电器构成过电流保护。正常情况下（电压正常且没过负荷），低电压继电器 1、2、3 和电流继电器 5、6 触点都处于断开位置，保护不动作。若有大型电机启动，启动电流会使最大负荷电流超过电流继电器的整定值并使其动作，但由于母线电压不会有显著下降，故低电压继电器触点不会闭合，中间继电器 4 不启动，因此也不会启动出口中间继电器 8，保护装置不动作。只有当被保护线路发生短路故障时既产生大电流、又伴有母线电压下降，这时低电压继电器 1、2、3 闭合，中间继电器 4 触点闭合且电

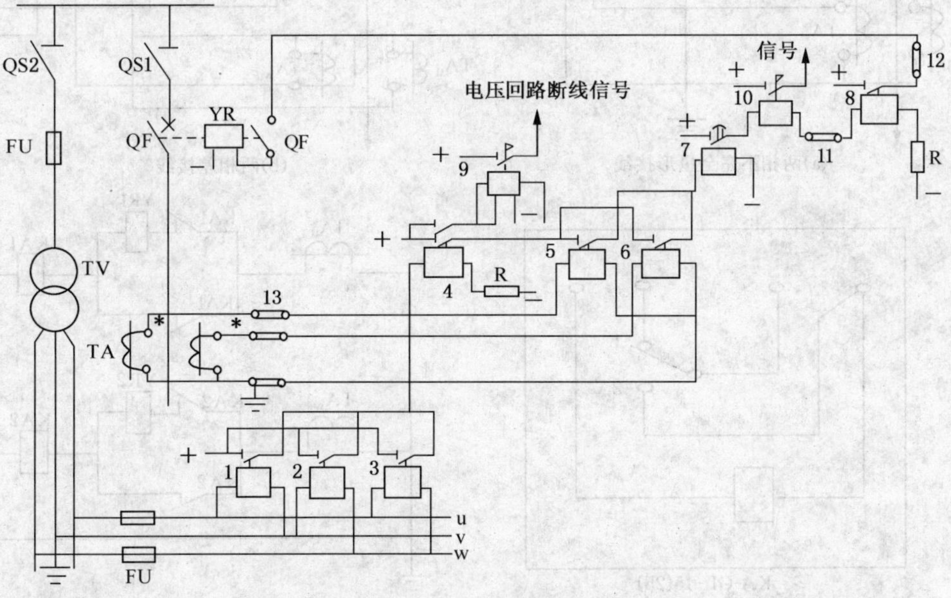

图 7－14　低电压闭锁的过电流保护原理图

1～3—电压继电器；4—中间继电器；5、6—电流继电器；7—时间继电器；8—出口中间继电器；9—电压信号继电器；10—电流信号继电器；11、12—连接片；13—电流试验端子；FU—熔断器

流继电器 5、6 触点也闭合，经一定时限后时间继电器 7 触点闭合。此时，便启动出口中间继电器 8，其触点闭合发出跳闸脉冲，将断路器 QF 跳开。

可见装设了低压闭锁元件后，过流保护的整定值便可不按躲过最大负荷电流来整定，而按正常持续负荷电流整定即可，这就提高了过流保护的灵敏度及保护装置动作的可靠性。中间继电器 4 的另一对触点可启动信号继电器 9，其作用是除了保护动作时发出信号外，还可在电压回路断线或熔丝熔断时也发出信号，以便及时处理此类障碍。为保证低压闭锁元件在发生各种相间短路时能可靠动作，三只低电压继电器均接于线电压并将它们的触点并联。低压闭锁过流保护的保护动作展开图，+ 和 - 为继电保护的直流操作电源，在中间继电器触点 KM 及信号继电器线圈 KS 回路中串接的 QF 触点是断路器 QF 的辅助触点，当 QF 跳闸后可保证 YR 断电。

7.2.1.6　反时限过电流保护

若采用 GL 型继电器构成电流保护，则由于它本身兼有速断元件，因此电流速断保护和过电流保护可共用一套继电器而不必另装电流速断保护装置，其接线方式见图 7 - 15。由图 7 - 15(a)和图 7 - 15(d)可见，当被保护线路发生短路事故时，电流互感器一、二次侧流过很大电流，电流互感器 TA_u、TA_w 二次侧电流经 KA1、KA2 的常闭触点和电流线圈成回路。继电器电流线圈流过的电流达到继电器的整定电流后，继电器动作，常开触点闭合，常闭触点打开。于是 TA_u、TA_w 的二次电流经过闭合的常开触点、跳闸线圈 YR1、YR2 和继电器的电流线圈而成回路，于是 YR1、YR2 动作，断路器跳闸。

图 7 - 15(b)为两相差接线方式的过电流保护，动作原理与图 7 - 15(a)相似。

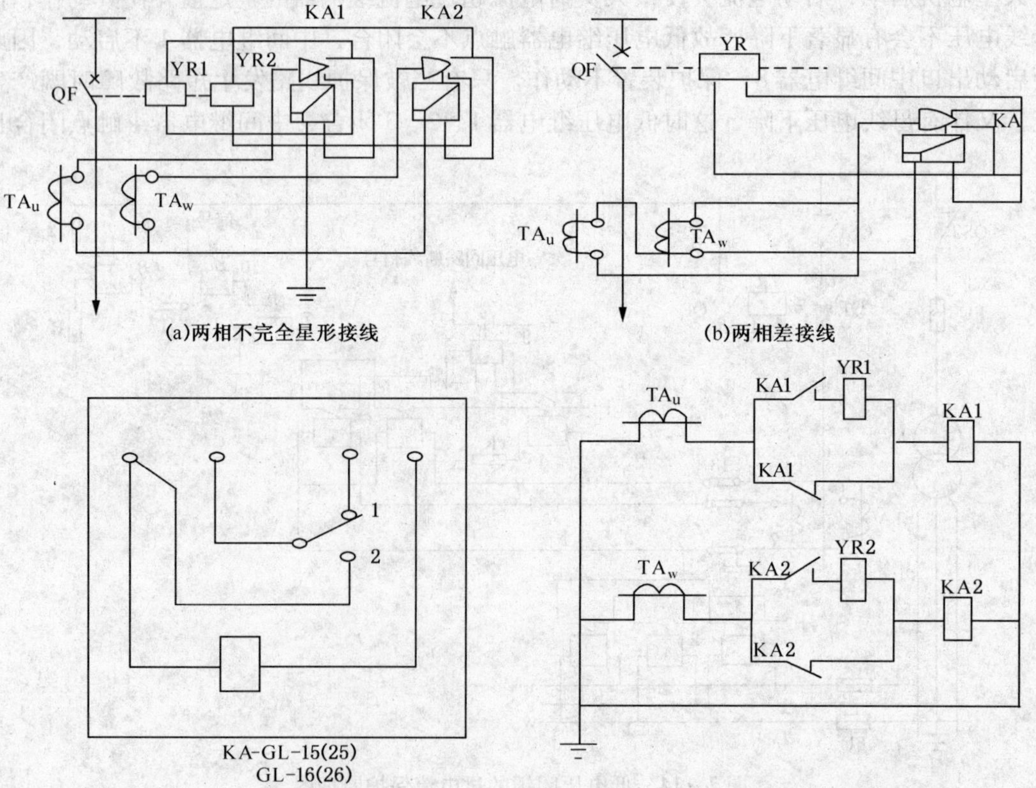

(a)两相不完全星形接线　(b)两相差接线

(c)GL继电器内部接线　(d)两相不完全星形展开图

图 7 - 15　反时限过电流保护接线图

只是当被保护线路发生三相短路时，流过继电器电流线圈和跳闸线圈的电流为两相电流的向量之差(为一相电流的$\sqrt{3}$倍)，而当发生U、W相两相短路时，流过电流继电器的电流为一相电流的两倍，其余情况均与图7－15(a)的动作情况相同。采用两相差接线可以节省一只继电器和一只跳闸线圈。

7.2.1.7 变压器差动保护

1. 电流速断保护的缺陷分析

电流速断保护是利用变压器负荷侧外部故障时，通过电源侧和受电侧引线短路电流相差很大的原理构成的。其动作电流按两个条件来整定，选用较大者作为保护的动作电流。

(1) 按躲过外部三相短路时的最大短路电流$I_{K.max}^{(3)}$整定

$$I_{op} = K_{rel} I_{K \cdot max}^{(3)}$$

式中 K_{rel}——可靠系数，对于DL型电流继电器$K_{rel}=1.3\sim1.4$。

(2) 按躲过变压器空载投入时的励磁涌流整定，一般取

$$I_{op} = (3 \sim 5) I_N$$

式中 I_N——变压器额定电流，A。

(3) 保护的灵敏度按下式校验

$$K_{sen} = \frac{I_{K \cdot min}^{(2)}}{I_{op}} \geqslant 2 \text{ 为合格}$$

式中 $I_{K.min}^{(2)}$——保护安装处发生金属性两相短路时，流过保护装置的最小短路电流，单位A。

从第一个动作电流整定条件可知：$I_{K.max}^{(3)}$实际上取变压器受电侧母线短路时的短路电流，1.3～1.4倍的$I_{K.max}^{(3)}$实际上相当于变压器内部绕组上的短路电流。因此，变压器受电侧有一部分绕组和受电侧引出线、断路器都不在其保护范围内。在两相短路情况下，变压器的保护范围就更小。因此，GBJ 71—84《小型水力发电站设计规范》规定2000kVA及以上的变压器应装设差动保护装置。2000kVA以下的变压器装设电流速断保护，当灵敏度不符合要求时，宜装设差动保护。

2. BCH－2型差动继电器的接线图

图7－16为BCH－2型差动继电器构成的三绕组变压器差动保护接线图，构成变压器差

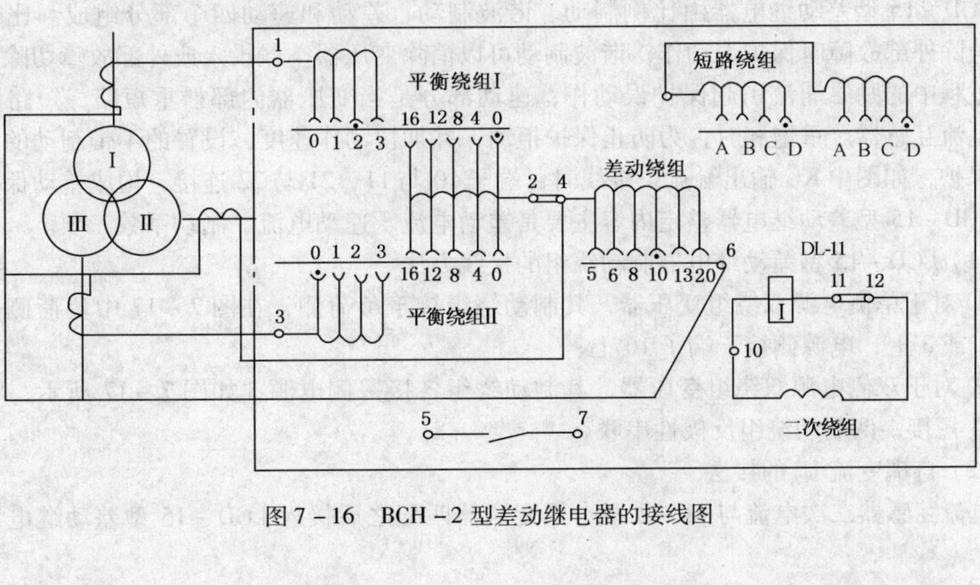

图7－16 BCH－2型差动继电器的接线图

动保护要用三只差动继电器，为简单起见，图中只画了单相接线图。BCH－2 型差动继电器由 DL－11 型电流继电器和中间速饱和变流器组成。DL－11 为执行元件，后者具有短路绕组，使差动保护具有躲过变压器励磁涌流的性能。变流器的导磁体是一个三柱形铁芯，在导磁体的中柱上放置工作绕组（差动绕组）、平衡绕组Ⅰ、Ⅱ和短路绕组，此短路绕组与右侧边柱上的短路绕组相连接，即图中两组绕组相串接，二次绕组绕在导磁体的左边柱上。现介绍三种绕组的接线方法：

（1）差动绕组　差动绕组接于基本侧（基本侧是指变压器额定二次电流为最大的一侧，剩下的即为非基本侧），根据计算结果，按图中（产品）实有抽头，选择小而相近的匝数作为差动绕组的整定匝数，如图中整定为 10 匝，那么计算匝数不小于 10 匝。

（2）平衡绕组　平衡绕组接于非基本侧，非基本侧绕组等于差动绕组与平衡绕组之和，由于基本侧电流最大，所以匝数最少。平衡绕组有 20 匝，共有 9 个抽头；绕组匝数等于各组平衡绕组两个整定螺钉对应的数字之和。如图中绕组Ⅰ为 0＋2＝2 匝；绕组Ⅱ为 4＋0＝4 匝，相应类推。

（3）短路绕组　对于小型变压器接 D－D 或 C－C 抽头，如图中选 D－D 抽头。对于大型变压器选用 B－B 或 A－A 抽头，容量大取小抽头，容量小取大抽头。当电流互感器不同或采用套管式电流互感器时，应采用较多匝数。

BCH－2 型差动继电器同样适应于双绕组变压器，但是其差动绕组和平衡绕组的接法有所不同。

方法一是将两侧电流互感器分别接两组平衡绕组后再接入差动绕组，如图中端子 1、3，中性线接端子 6 上。例如基本侧计算匝数为 12 匝，可选差动绕组为 10 匝，平衡绕组为 2 匝；非基本侧计算匝数为 14 匝，可选差动绕组为 10 匝，平衡绕组为 4 匝。

方法二是将基本侧接入差动绕组，即端子 4。非基本侧接入差动绕组和一组平衡绕组，即端子 1 或 3；中性线接端子 6。

短路绕组接法同三绕组变压器。

3. LCD－15 型差动继电器的接线图

图 7－17 为双绕组变压器采用 LCD－15 型差动继电器构成差动保护的接线图，LCD－15 型差动继电器仅适用于双绕组变压器的差动保护，为单相元件。图中仅为单相接线图。

LCD－15 型差动继电器由比例制动、谐波制动、差动和速动四个部分组成。比例制动可以消除外部故障时保护误动作；谐波制动可以消除变压器空载投入或外部故障切除后电压恢复过程中的励磁涌流引起保护误动作；速动部分是当变压器内部严重短路，短路电流很大，电流互感器严重饱和时，为防止保护拒动，并加快动作速度，设置的不带制动的差电流速动保护，如图中 KC 输出触点，接线时，端子 10 与 11，21 与 22 连接，构成差动保护。因此，LCD－15 型差动继电器整定内容主要是差动电流、速动电流、制动系数三项。

（1）LCD－15 型差动继电器制动绕组的接线方法

① 对于单侧电源双绕组变压器，其制动绕组接于负荷侧，在图 7－17 中负荷侧，接于端子 1 或 3 上，电源侧接于端子 16 上；

② 对于双侧电源双绕组变压器，其制动绕组各接一侧电源，如图 7－17 所示，将端子 12、14 短接，两制动绕组反极性串联。

（2）自耦变流 U_A 的接法

电流互感器二次电流与 FL－8 型自耦变流器匹配之后接入 LCD－15 型差动继电器，消

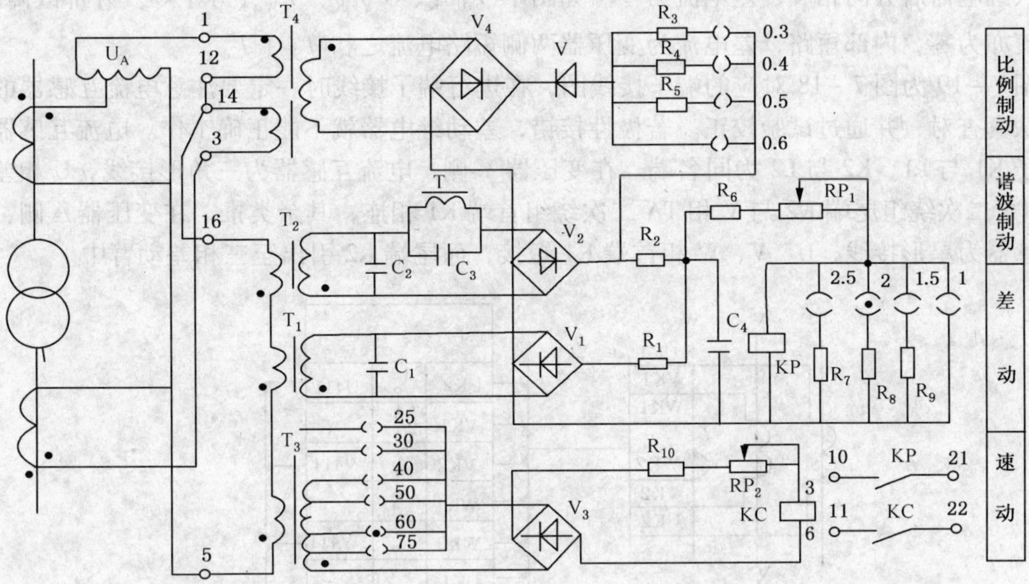

图 7－17　LCD－15 型差动继电器的接线图

除了变比差电流。由于 FL－8 型自耦变流器具有变比多、调节方便、有上千种变比的特点，其初级电流在 8～1.2A 范围内变化，因而，自耦变流器可以装于变压器任意侧，对于双绕组变压器一般装于二次电流较小的一侧。其接线抽头二次绕组为 a、b，一次绕组要经过具体计算选择。

4. 差动保护回路中电流互感器二次接线方案

在 Y/△－Ⅱ双绕组变压器的差动保护回路中，变压器两侧电流相位相差 30°，因此会产生不平衡电流。为了消除这种不平衡电流对差动保护的影响，通常是将变压器星形侧的三个电流互感器接成三角形，将变压器三角形侧的三个电流互感器接成星形，并适当选择电流互感器同名端，按图 7－18 接线，即可把电流的相位校正过来。

采用图 7－18 接线后，在互感器△侧的差动臂中，电流增大$\sqrt{3}$倍。此时，为了保证正常运行及外部故障情况下，差动回路中没有差电流，就必须将该侧的电流互感器变比增大$\sqrt{3}$倍，以减少二次电流，使之与另一差动臂电流相等。

在图 7－18 的接线方案中，电流互感器首端 L1 接母线侧、尾端 L2 接变压器。当工作电流从高压侧流入或流出时，两侧电流互感器二次侧电

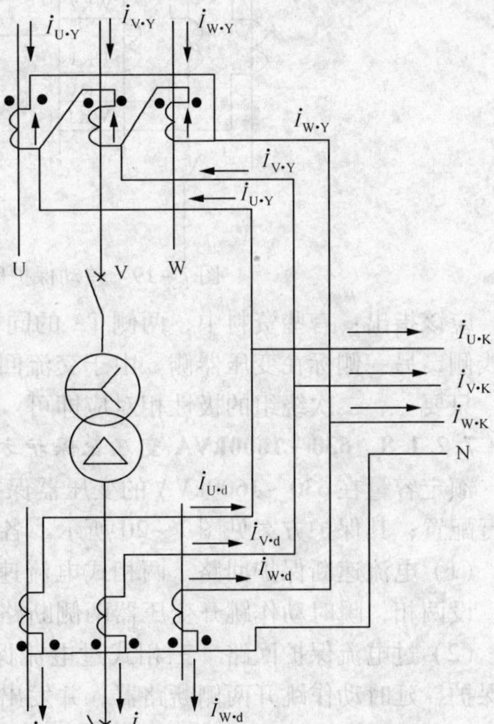

图 7－18　差动保护回路中电流互感器的接线

流接入继电器后方向相反，差电流为零。如图中 $\dot{I}_{U \cdot K}$、$\dot{I}_{V \cdot K}$、$\dot{I}_{W \cdot K}$等于零。外部故障时，差电流亦为零，内部短路，差电流为变压器两侧短路电流之和 $\dot{I}_Y + \dot{I}_d$。

图 7-19 为图 7-18 对应的端子接线图，在进行端子接线时一定要注意电流互感器的极性，认真查对，并通过试验校正。若极性接错，差动继电器就不能正确工作。电流互感器绕组端子 K1 与 L1、K2 与 L2 为同名端。在变压器 Y 侧，电流互感器为三角形接线，U 相差动臂中 TA 二次绕组尾端 K2 与 V 相 TA 二次绕组首端 K1 相连，其余类推。在变压器△侧，电流互感器为星形接线，U、V、W 相首端 K1 短接，而尾端 K2 引出至三相差动臂中。

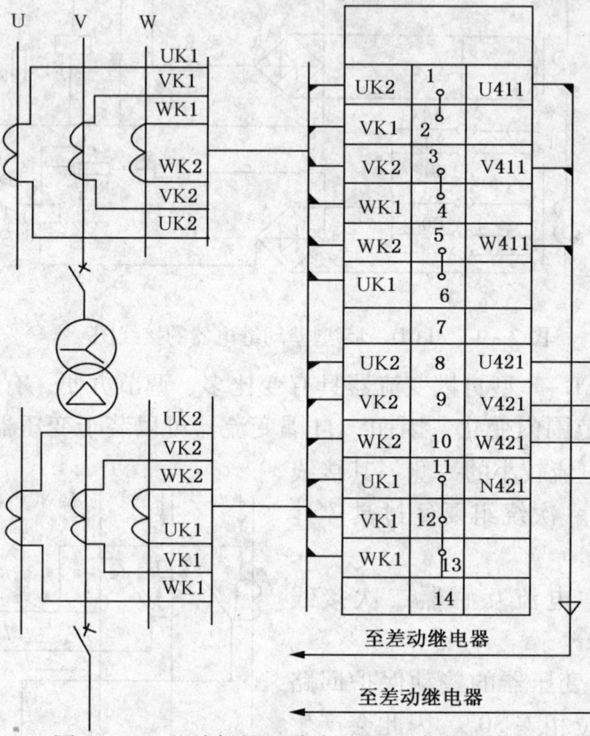

图 7-19　差动保护回路中电流互感器的端子图

应该指出：有些资料中，两侧 TA 的同名端不是均标在母线侧或变压器，而是一侧标在母线侧，另一侧标在变压器侧。由于交流回路没有正、负极之分，同名端可以标在首端或尾端，只要一、二次绕组的极性相对应即可。

7.2.1.8　630～1600kVA 变压器保护方案

额定容量在 630～1600kVA 的变压器保护方案按 GBJ 71—84《小型水力发电站设计规范》进行配置；其保护方案见图 7-20 所示。各回路设计特点如下：

（1）电流速断保护回路　两相式电流速断保护由 KA1、KA2、KS1、XB1 组成。为主保护，设两相，瞬时动作跳开变压器两侧断路器并发事故信号。

（2）过电流保护回路　三相式过电流保护由 KA3～KA5、KT1、KS3、XB3 组成，为后备保护，延时动作跳开两侧断路器，并发出事故信号。

（3）瓦斯保护回路　瓦斯保护分重瓦斯和轻瓦斯保护，重瓦斯保护动作瞬时跳两侧断路器，并发出事故信号。轻瓦斯保护动作发预告信号。保护由 KG1、KG2、KS2、KS4、XB2、R2 组成。630kVA 的变压器厂家不配瓦斯保护。

（4）油温过高保护　保护由温度继电器 KR 构成，与轻瓦斯保护共用二个信号继电器。

630、800kVA 变压器不设油温过高保护。

（5）过负荷保护　对于降压变压器通常需装设过负荷保护，延时发出预告信号，图 7－20 未详细示出。

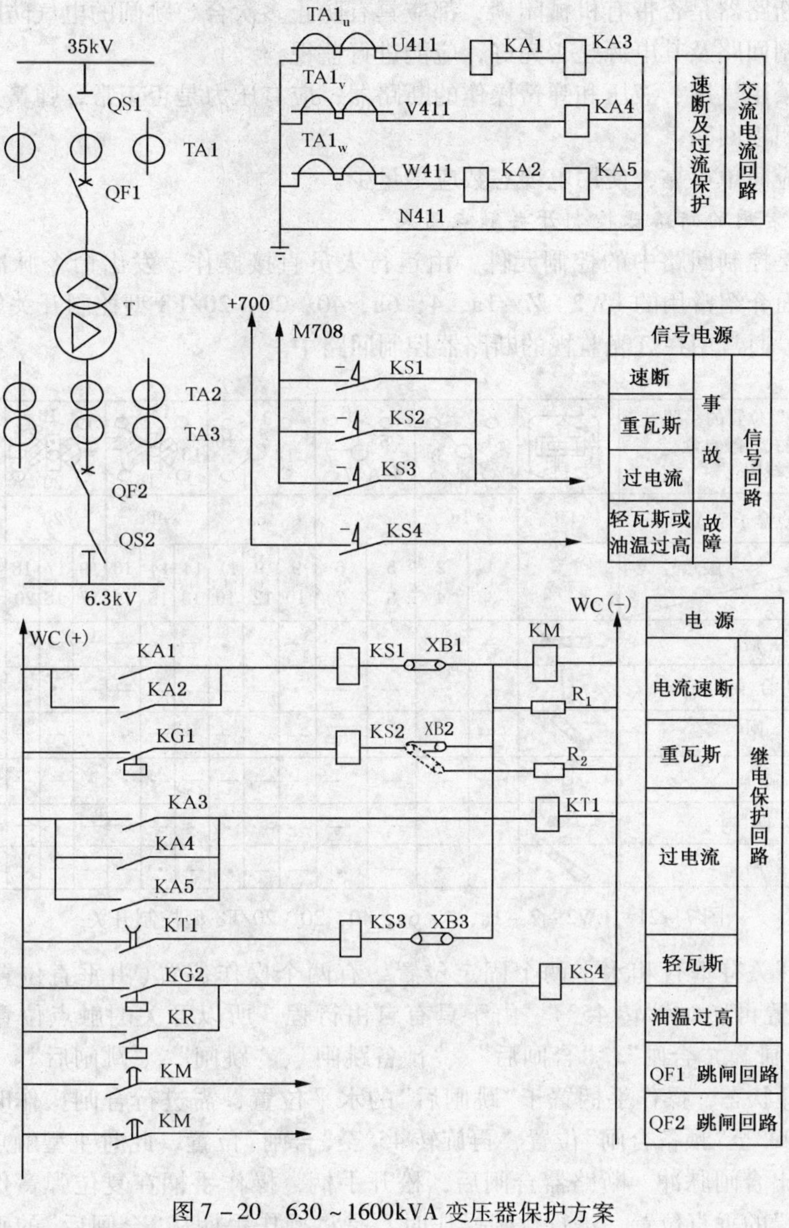

图 7－20　630～1600kVA 变压器保护方案

7.2.2　典型断路器控制与信号回路

7.2.2.1　对断路器控制回路的基本要求

断路器的控制回路必须完整、可靠，因此应满足下面一些要求：

（1）断路器的合、跳闸回路是按短时通电设计的，操作完成后，应迅速切断合、跳闸回路，解除命令脉冲，以免烧坏合、跳闸线圈。为此，在合、跳闸回路中，接入断路器的辅助触点，既可将回路切断，又可为下一步操作做好准备。

（2）断路器既能在远方由控制开关进行手动合闸和跳闸，又能在自动装置和继电保护作用下自动合闸和跳闸。

（3）控制回路应具有反映断路器状态的位置信号和自动合、跳闸的不同显示信号。

（4）无论断路器是否带有机械闭锁，都应具有防止多次合、跳闸的电气防跳措施。

（5）对控制回路及其电源是否完好，应能进行监视。

（6）对于采用气压、液压和弹簧操作的断路器，应有压力是否正常，弹簧是否拉紧到位的监视回路和闭锁回路。

（7）接线应简单可靠，使用电缆芯数应尽量少。

7.2.2.2 常用的断路器控制开关触点图表

控制开关是控制回路中的控制元件，由运行人员直接操作，发出命令脉冲，使断路器合、跳闸。下面介绍常用的LW2－Z－1a，4，6a，40，20，20/F8型控制开关触点图表，如图7－21所示。通常用在灯光监视的断路器控制回路中。

在“跳闸后”位置的手柄（正面）的样式和触点盒（背面）的接线图	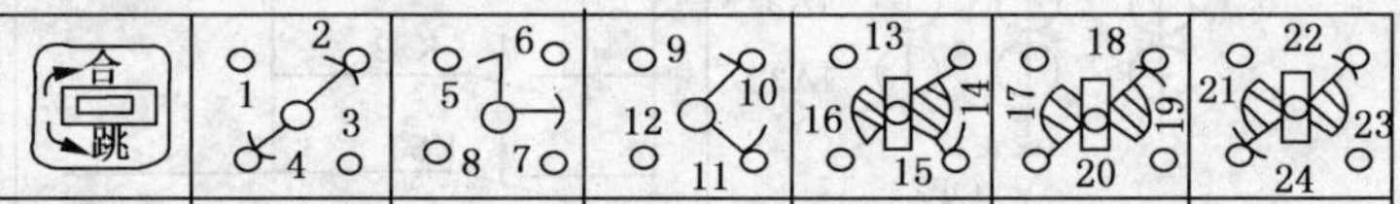																
手柄和触点盒子型式	F8	1a		4		6a			40			20			20		
位置 ＼ 触点号	—	1-3	2-4	5-8	6-7	9-10	9-12	11-10	14-13	14-15	16-13	19-17	17-18	18-20	21-23	21-22	21-24
跳闸后		—	•	—	—	—	—	•	—	•	—	—	—	•	—	—	•
预备合闸		•	—	—	—	•	—	—	•	—	—	—	•	—	—	•	—
合闸		—	—	•	—	—	•	—	—	—	•	•	—	—	•	—	—
合闸后			—	—	—	•	—	—	—	—	•	•	—	—	•	—	—
预备跳闸		—		—	—	—	—	•	•	—	—	—	•	—	—	•	—
跳闸		—	—	—	•	—	—	•	—	•	—	—	—	•	—	—	•

图7－21　LW2－Z－1a，4，6a，40，20，20/F8型控制开关

此种控制开关有垂直和水平两个固定位置，有两个操作位置（由垂直位置再顺时针转45°和由水平位置再逆时针转45°）。由于具有自由行程，所以开关的触点位置共有6种状态，即“预备合闸”、“合闸”、“合闸后”、“预备跳闸”、“跳闸”、“跳闸后”。操作方法为：当断路器为断开状态，操作手柄置于“跳闸后”的水平位置，需进行合闸操作时，首先将手柄顺时针旋转90°至“预备合闸”位置，再旋转45°至“合闸”位置，此时4型触点盒中的触点5－8接通，发出合闸脉冲。断路器合闸后，松开手柄，操作手柄在复位弹簧作用下，自动返回至“合闸后”的垂直位置。进行跳闸操作时，是将操作手柄从“合闸后”的垂直位置逆时针旋转90°至“预备跳闸”位置，再继续旋转45°至“跳闸”位置，此时4型触点盒中的触点6－7接通，发出跳闸脉冲。断路器跳闸后，松开手柄使其自动复归至“跳闸后”的水平位置。这样，合、跳闸操作分两步进行，可以防止误操作。

7.2.2.3 断路器的电气防跳接线图

图7－22示出了断路器的“串联防跳”接线之一，图中KPJ为专设的“防跳”继电器。如果控制开关位于“合闸”或“合闸后”的位置，则此时断路器已经处在合闸状态，如果保护动作，保护出继电器KM的常开触点闭合，使断路器跳闸，此时KPJ的电流线圈带电，其触点

KPJ1 闭合。如果合闸脉冲未解除(例如控制开关未复归，其触点 SA_{5-8}仍接通，SA_{5-8}触点卡住)，则 KPJ 的电压线圈自保持，其触点 KPJ2 断开合闸接触器回路，使断路器不能再合闸。只有合闸脉冲解除，KPJ 的电压线圈断电后，接线才恢复原来状态。触点 KPJ3 的作用是防止断路器辅助触点 QF 断开较慢，保护出口继电器 KM 复归其触点便会去切断跳闸回路电流，从而使 KM 触点烧坏。并接 KPJ3 后就可以避免这个问题。图中 KPJ 型号为 DZB－115 型中间继电器，控制开关型号为 LW2－Z－1a，4，6a，40，20，20/F8 型。

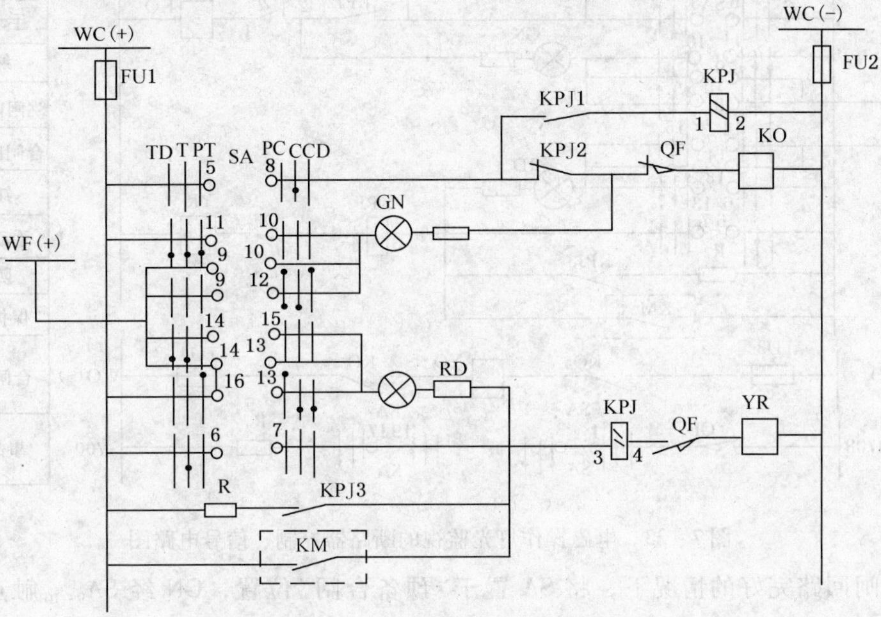

图 7－22 断路器的"串联防跳"接线图

在图 7－22 所示电路中，KPJ 第三对触点回路内串入了电阻 R，其作用是当保护出口继电器 KM 回路中串接有信号继电器时，如果 KPJ 闭合而无电阻 R，信号继电器可能还未可靠掉牌就被 KPJ 触点短路，串联电阻 R 后，可起到保证信号继电器可靠动作的作用。

一般串接信号继电器的型号为 DX－11/0.5 型时，其内阻为 0.712；为 DX－11/1 型时，其内阻为 0.212；为 DX－8 型时，其内阻为 0.212，故电阻 R 选用 1Ω 即可满足上述要求。当为弹簧操动机构时，由于跳闸电流较小，此时为了保证信号继电器可靠动作，电阻 R 应选为 4Ω。

当继电器 KPJ 选用 DZB－15B 型中间继电器时，因其具有与常开触点串联的第二个电流线圈，故可代替 R 的作用，此时 R 应取消。

7.2.2.4 电磁操作灯光监视的断路器控制、信号电路图

图 7－23 示出了电磁操作灯光监视的断路器控制、信号电路图。控制电压为－220V 或－110V，该电路图广泛应用于采用隔镍电池或铅酸蓄电池直流屏的发电厂和变电所。图中 SA 为 LW2－Z－1a，4，6a，40，20，20/F8 型控制开关；RD、GN 为红绿灯；FU1～FU4 为熔断器；R_1、R_2为电阻；KPJ 为 DZB－115 型防跳继电器；KM 为合闸接触器；YO、YR 为合、跳闸线圈。控制、信号回路动作过程如下：

1. 断路器的手动控制

手动合闸前，断路器处于"跳闸"位置，控制开关 SA 置于"跳闸后"位置。正电源经

SA_{11-10}→绿灯 GN→断路器辅助触点 QF→接触器 KO 至负电源形成通路，绿灯 GN 发平光，合闸回路完好。此时 KM 线圈两端虽有一定电压，但由于 GN 内附加电阻的分压作用，不足使 KO 动作。

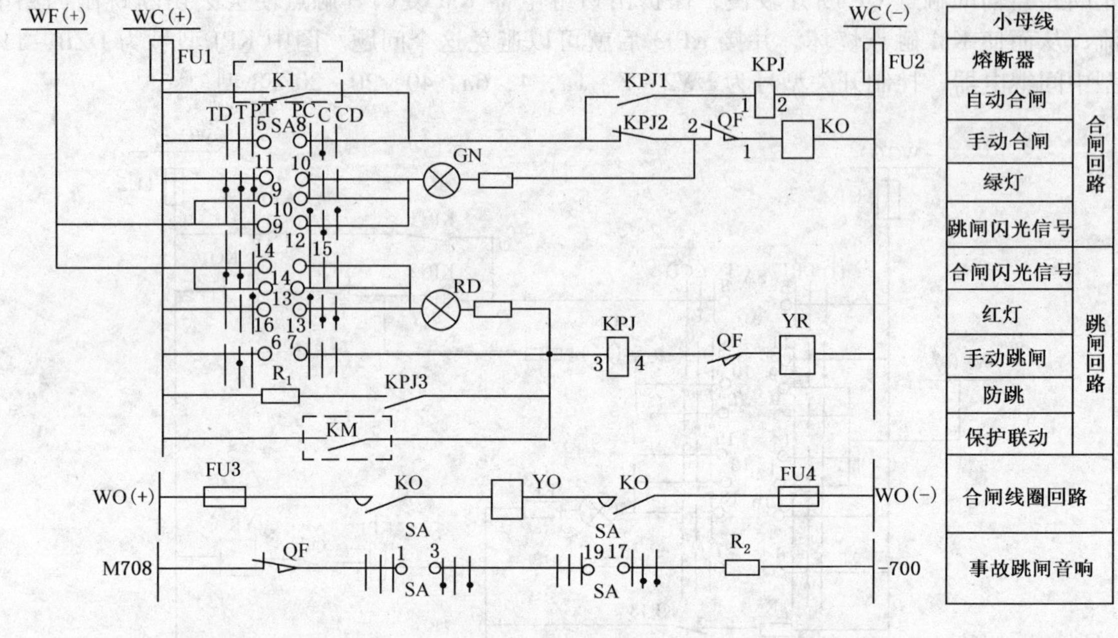

图 7-23　电磁操作灯光监视的断路器控制、信号电路图

在合闸回路完好的情况下，将 SA 置于“预备合闸”位置，GN 经 SA_{9-10} 触点接至闪光母线 WF(+)上，GN 闪光，此时可提醒运行人员核对操作对象是否有误，核对无误后，将 SA 置于“合闸”位置，SA_{5-8} 触点接通，KM 线圈通电，其常开触点闭合，接通合闸线圈回路，使合闸线圈 YO 带电，由操作机构使断路器 QF 合闸，QF 辅助常闭触点断开，绿灯熄灭。

合闸完成后，SA 自动复归至“合闸后”位置，正电源经 SA_{16-13} 触点→红灯 RD→QF 辅助常开触点→跳闸线圈 YR 至负电源形成通路。红灯 RD 发平光。同理由于 RD 内附加电阻的分压作用，不足以使 YR 动作。

手动跳闸操作时，先将 SA 置于“预备跳闸”位置，RD 经 SA_{13-14} 接至 WF(+)上，RD 闪光。核对操作无误后，再将 SA 置于“跳闸”位置，SA_{6-7} 触点接通，YR 线圈通电，经操作机构使断路器跳闸。跳闸后，QF 辅助常开触点断开，RD 熄灭 SA 自动复归至“跳闸后”位置，绿灯 GN 发平光。

2. 断路器的自动控制

当自动合闸装置动作，触点 K1 闭合后，SA_{5-8} 触点被短接，KO 通电动作，启动 YO，使 QF 合闸。此时，SA 仍在“跳闸后”位置，绿灯平光，WF(+)经 SA_{14-15} 触点→RD→QF 辅助常开触点→YR 至负电源形成通路，红灯 RD 闪光，绿灯熄灭。所以，SA 位于“跳闸后”的水平位置，若 RD 闪光，表明 QF 已经合闸。

当一次回路故障，继电保护动作，保护出口继电器 KM 常开触点闭合后，SA_{6-7} 被短接，YR 通电，使 QF 跳闸。此时，SA 位于“合闸后”位置。WF(+)经 SA_{9-10} 触点→GN→QF 辅助常闭触点→KM 至负电源形成通路，绿灯 GN 闪光。与此同时 SA_{1-3}、SA_{17-19} 触点接通事故音响回路，发出事故音响信号。所以，当控制开关 SA 置于“合闸后”的垂直位置，若 GN 闪光，并伴有事故音响信号，表明 QF 已跳闸。因此，总结以上可以得出：当断路器状态与控制开关位置不对应时，一定有灯闪光，这就是断路器与控制开关不对应原则。

3. 断路器的“防跳”

图 7－23 设置了“电气防跳”装置，防跳继电器 KPJ 为 DZB－115 型。

7.2.2.5 弹簧操作灯光监视的断路器控制、信号电路图

图 7－24 为弹簧操作灯光监视的断路器控制、信号电路图。该图控制电压为－220V 或－110V，适应于直流电源为镉镍电池或免维护铅酸蓄电池直流屏的发电厂或变电所中的断路器控制、信号系统。电路图的工作原理与电磁操作的断路器相比，有以下特点：

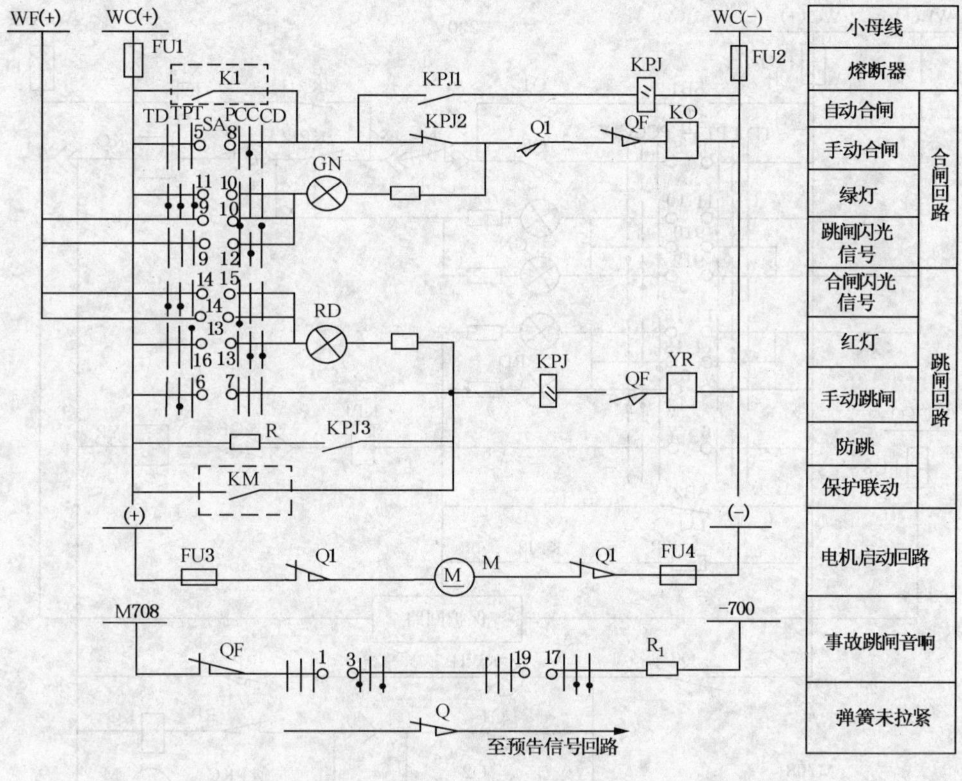

图 7－24 弹簧操作灯光监视的断路器控制、信号电路图

（1）当断路器无自动重合闸装置时，在其合闸回路中串有操动机构的辅助常开触点 Q1。只有在弹簧拉紧到位，Q1 闭合后，才允许合闸。

（2）当弹簧未拉紧时，操动机构的两对辅助常闭触点 Q1 闭合，启动储能电机 M，使合闸弹簧拉紧。弹簧拉紧后，两对常闭触点 Q1 断开，合闸回路中的辅助常开触点 Q1 闭合，电动机 M 停止转动。此时，进行手动合闸操作，合闸线圈 YO 带电，使断路器 QF 利用弹簧存储的能量进行合闸。合闸弹簧在释放能量后，又自动储能，为下次动作做准备。

（3）当断路器装有自动重合闸时，由于合闸弹簧正常运行处于储能状态，所以能可靠地完成一次重合闸的动作。如果重合不成功又跳闸，将不能进行第二次重合，但为了保证可靠“防跳”，电路中仍有防跳措施。

（4）当弹簧未拉紧时，操动机构的辅助常闭触点 Q1 闭合，发“弹簧未拉紧”信号。

7.2.2.6 手车式开关设备直流控制、信号电路图

图 7-25 为手车式开关设备直流控制、信号电路图。操作电源为 -220V，断路器使用为弹簧操动机构。图中控制回路与保护回路分开设置。控制方式设现场和远方控制两种方式，与之对应的信号灯也设两组。Q1、Q2 为手车位置开关，手车合上时接通，Q3 为电机储能方式选择开关，Q1、Q2 为 XN2 型、Q3 为 KN3-A 型。中间继电器 KC 作为行程开关的重复继电器，作用是扩大输出触点，型号为 DZ-15/220 型。手车内装有 QF、合、跳闸线圈 YO、YR，储能电机 M，行程开关 RP，中间继电器 KC 等设备。接线图适用于发电厂、变电所、配电所的断路器控制、信号系统，并且装有镉镍电池或免维护铅酸蓄电池直流设备的场合。

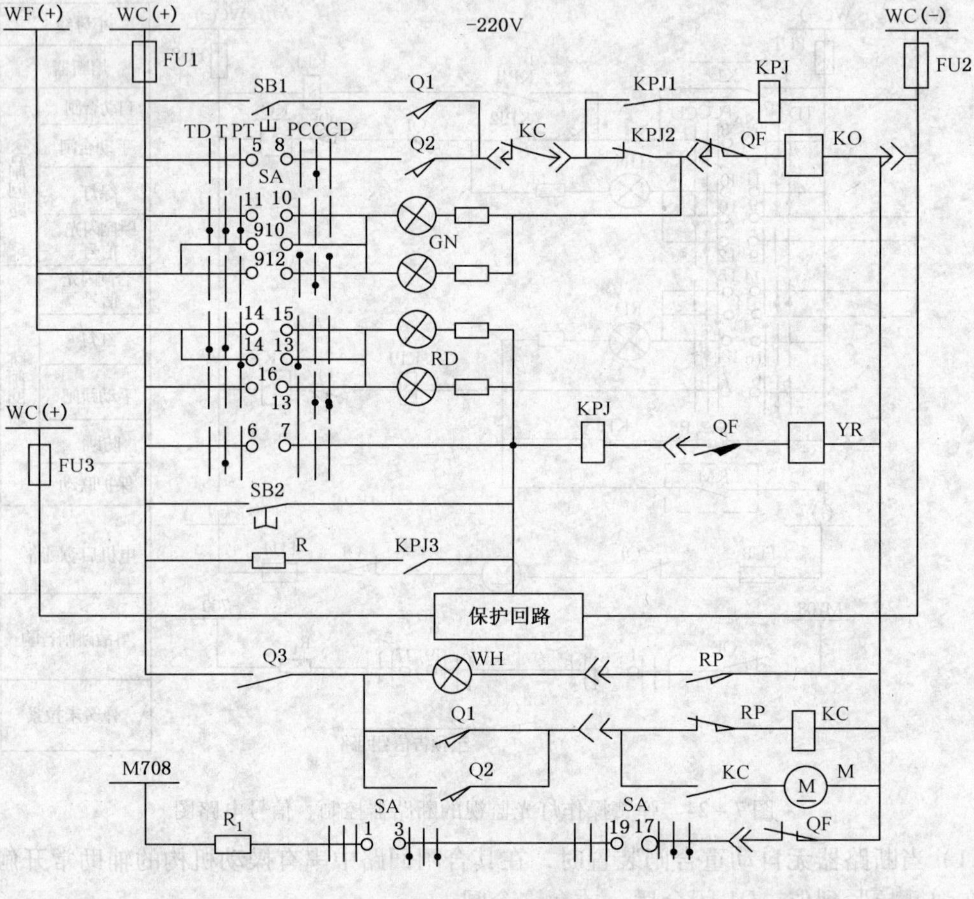

图 7-25 手车式开关设备直流控制、信号电路图

7.2.2.7 液压操作灯光监视的断路器控制、信号电路图

图 7-26 为液压操作灯光监视的断路器控制、信号电路图。图中 S1~S5 为液压操动机构所带微动开关的触点，微动开关的闭合和断开与操动机构中贮压器活塞杆的行程调整和液压有关；S6~S7 为压力表电触点。S1~S7 的动作条件如表 7-7 所示。

表 7-7 微动开关触点及压力表电触点的动作条件

触点符号	S1	S2	S3	S4	S5	S6	S7
动作条件	<17.5 闭合	<15.8 闭合	<14.4 闭合	<13.2 断开	<12.6 闭合	<10 闭合	>20 闭合

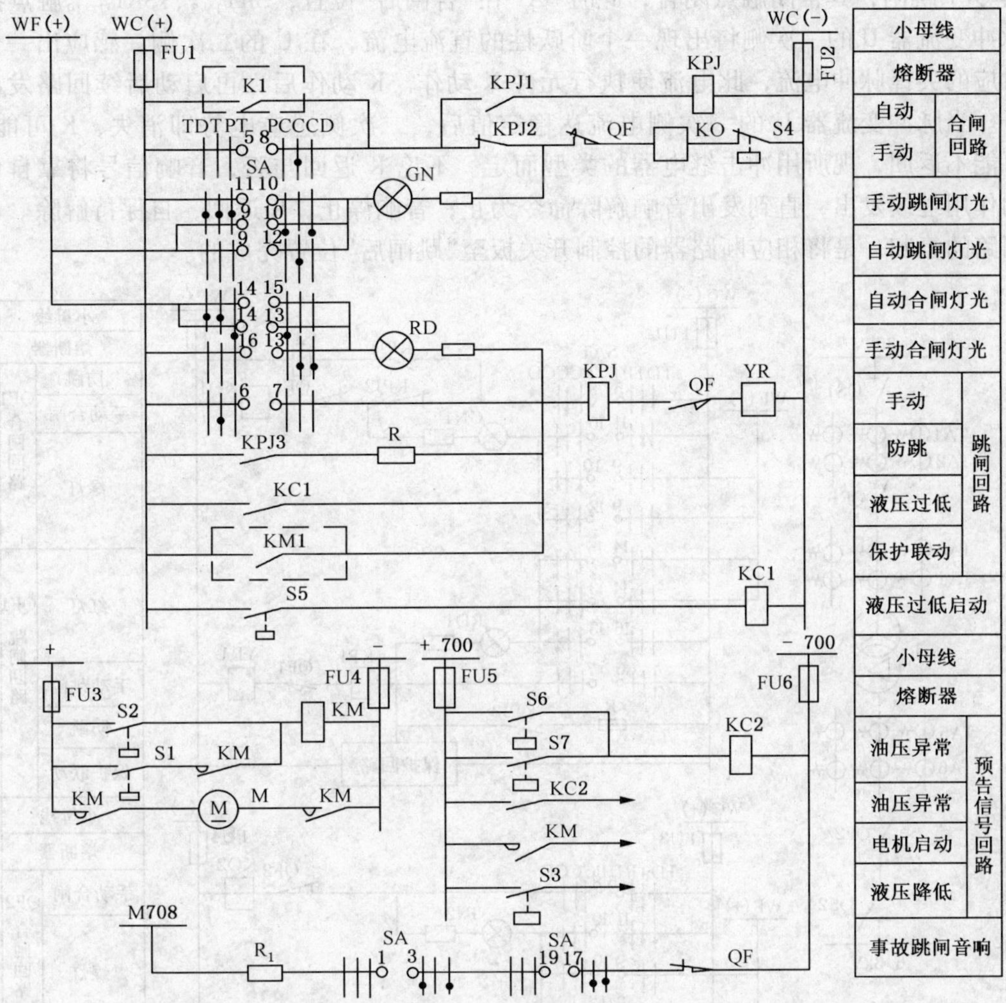

图 7－26　液压操作灯光监视的断路器控制、信号电路图

7.2.2.8　35kV 变电所变压器断路器的控制及信号电路图

35kV 变电所变压器的断路控制、信号电路随着所采用操动机构、操作电源以及一次接线方案等的不同而不同，图 7－27 所示为工程设计中采用较多的一种典型图例。断路器采用电磁操动机构，操作电源为镉镍电池或免维护铅酸蓄电池，电压为－220V（或－110V），电路采用灯光监视、35kV 断路器采用电气“防跳”，6.3kV 断路器采用机械“防跳”，电路设有闪光母线 WF（+）与事故音响回路，保护回路与控制回路公用电源。这种接线由于直流电源较可靠，在工程中得到广泛应用。

7.2.3　典型中央信号回路

7.2.3.1　中央事故音响信号的启动回路

图 7－28 所示为中央事故音响信号的启动回路。图中 U 为冲击继电器的脉冲变流器、K 为出口继电器；+700、－700 为信号小母线；M708 为音响小母线；SA1 ~ SAn 为断路器的控制开关。

当断路器发生事故跳闸时，接于 M708 与－700 之间对应的不对应启动回路接通（如断路器 QF1 跳闸，其常闭触点闭合，此时 SA1 在“合闸后”位置，$SA1_{1-3}$、$SA1_{17-19}$触点接通），在脉冲变流器 U 的一次侧将出现一个阶跃性的直流电流，在 U 的二次侧，感应出一个与之相对应的尖锋脉冲电流，此电流使执行元件 K 动作。K 动作后，再启动后续回路发出音响信号。当脉冲变流器 U 的一次侧电流达稳定值后，二次侧感应电势即消失，K 可能返回，也可能不返回，视所用冲击继电器的类型而定。不论 K 返回与否，音响信号将靠自保持回路的作用继续发出，直到发出音响解除命令为止，音响停止，K 返回，自保持解除。音响启动回路的复归，是将相应断路器的控制开关扳至“跳闸后”位置完成的。

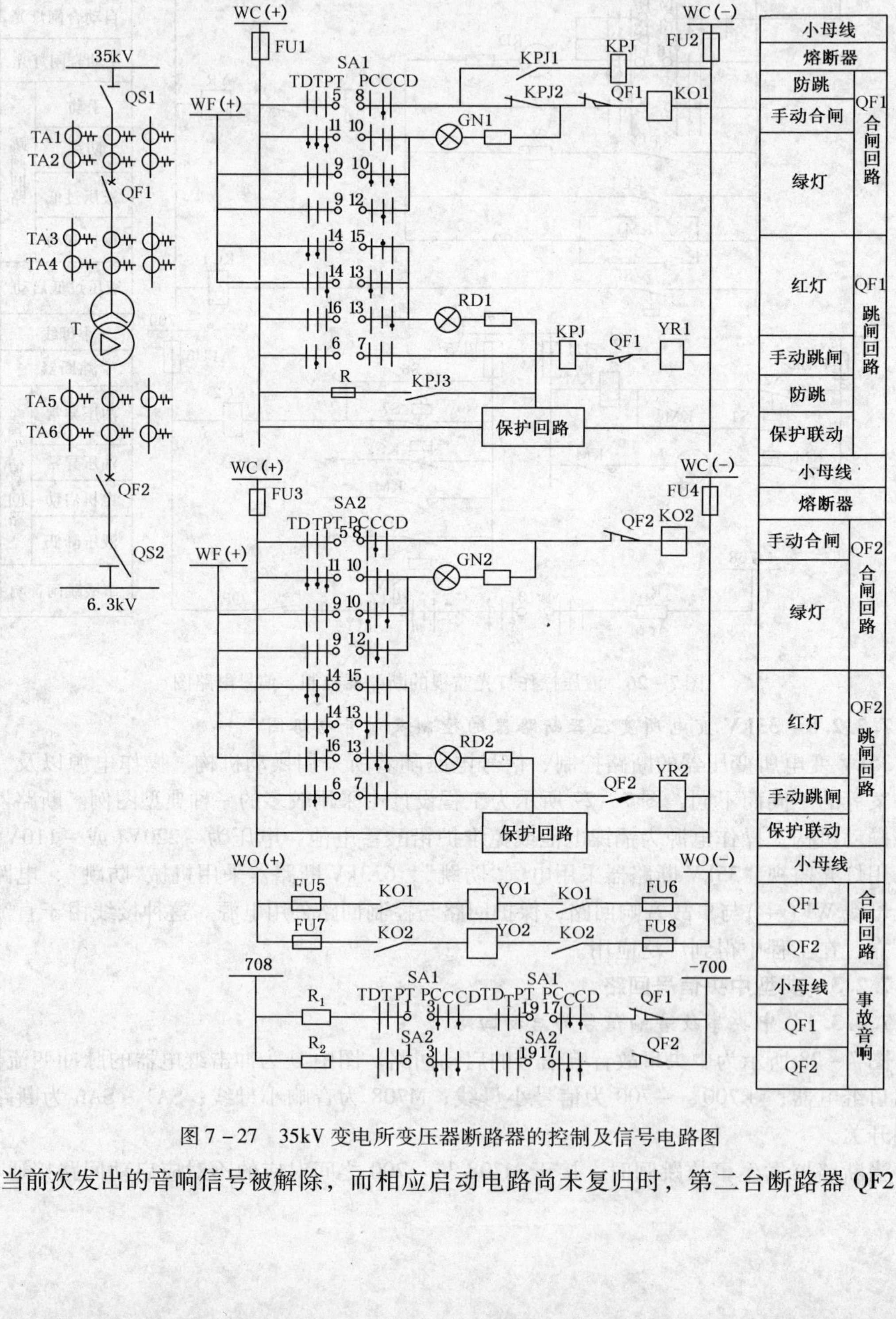

图 7－27　35kV 变电所变压器断路器的控制及信号电路图

当前次发出的音响信号被解除，而相应启动电路尚未复归时，第二台断路器 QF2 又自动跳闸，第二条不对应回路又接通，在 M708 与 –700 之间又并联一支启动回路，从而使脉冲变流器 U 一次侧电流又增大(因为每一支并联回路中均串有电阻 R)，二次侧再感应出尖峰脉冲电流，使 K 再次动作。可见，脉冲变流器不仅接收了事故脉冲并将其变成执行元件动作的尖脉冲，而且把启动回路与音响信号回路分开，以保证音响信号一经启动，即与启动它的不对应回路无关，从而达到了音响信号重复动作的目的。

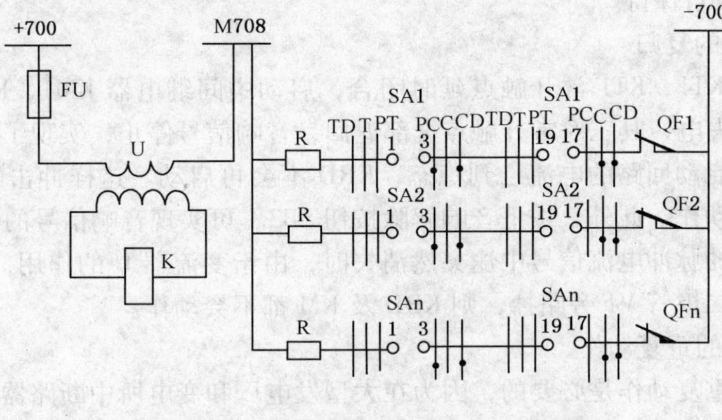

图 7 – 28　中央事故音响信号的启动回路

7.2.3.2　由 ZC – 23 型冲击继电器构成的中央事故信号电路

图 7 – 29 所示为由 ZC – 23 型冲击继电器构成的中央事故信号电路。图中 SB1 为试验按钮；SB3 为音响解除按钮；KI 为冲击继电器；KM1 为中间继电器；KVS1 为电源监视继电器。此电路可以中央复归重复动作。其动作过程如下：

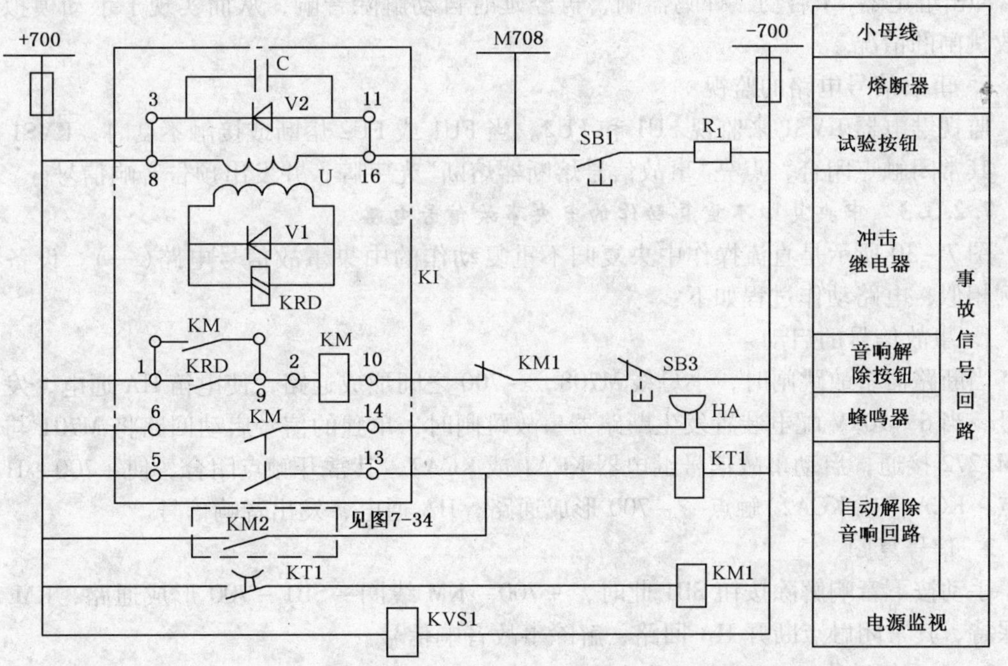

图 7 – 29　由 ZC – 23 型冲击继电器构成的中央事故信号电路

1. 事故信号的启动

当断路器发生事故跳闸时，对应事故单元的控制开关与断路器的位置出现不对应，

M708 与 -700 小母线之间形成通路，通过 KI 中脉冲变流器 U 一次线圈的电流突然增大，经变流器 U 微分后，送入干簧继电器 KRD 的线圈使其动作，其常开触点闭合启动出口中间继电器 KM，使冲击继电器 K 的端子 6 和端子 14 接通，启动蜂鸣器 HA，发出音响信号。当 U 二次侧感应电势消失后，KRD 线圈中的尖峰脉冲电流消失，即 $\frac{di}{dt}=0$，KRD 触点返回，而 KM 经其常开触点自保持。

2. 事故信号的复归

由 KM 启动 KT1，KT1 常开触点延时闭合，启动中间继电器 KM1，KM1 的常闭触点断开，使 KM 线圈失电，其三对常开触点全部返回，音响信号停止，实现了音响信号的延时自动复归。此时，启动回路的电流已到稳态，KRD 不会再启动。这样冲击继电器所有元件都复归，准备再次动作。此外，按下音响解除按钮 SB3，可实现音响信号的手动复归。

当启动回路的脉冲电流信号中途突然消失时，由于变流器 U 的作用，在 KRD 线圈上产生的反向脉冲被二极管 V1 旁路掉，则 KRD 及 KM 都不会动作。

3. 事故信号的重复动作

事故信号的重复动作是必要的，因为在大型发电厂和变电所中断路器的数量较多，出现连续事故跳闸是可能的。当第二个事故信号来临时，则在第一个稳态电流信号的基础上再叠加一个矩形的脉冲电流。在脉冲变流器 U 一次侧电流突变的瞬间，其二次侧又感应出电势，产生尖锋电流，使 KRD 启动。动作过程与第一次一样，即实现了音响信号的重复动作。

4. 音响信号试验

为了确保中央事故信号经常处于完好的状态，在电路中装设了音响试验按钮 SB1 按下 SB1 冲击继电器 KI 启动，蜂鸣器响，再经延时自动解除音响，从而实现了手动模拟断路器事故跳闸的情况。

5. 事故信号电路的监视

监视继电器 KVS1 来监视 FU1 和 FU2。当 FU1 或 FU2 熔断或接触不良时，KVS1 线圈失电，其常闭触点闭合，点亮“事故信号熔断器熔断”光字牌，并发出预告音响信号。

7.2.3.3 中央复归不重复动作的中央事故信号电路

图 7-30 所示是直流操作中央复归不重复动作的中央事故信号电路(一)。设备符号与前例相似，电路动作过程如下：

1. 事故信号的启动

当断路器事故跳闸时，小母线 M708、-700 之间形成通路，使电笛 HA 通电，发出音响信号。当 6~10kV 配电装置发生断路器事故跳闸时，单独的信号启动回路将 M701 与 M7271 或 M7272 接通，启动事故信号继电器 KCA1 或 KCA2，其常开触点闭合，使 +700→HA→KM 触点→KCA1(或 KCA2)触点→-700 形成通路，HA 通电，发出音响信号。

2. 信号复归

手动按下音响解除按钮 SB1 此时，+700→KM 线圈→SB1 -700 形成通路，KM 动作并自保持，其常闭触点断开 HA 回路，解除事故音响信号。

3. 不重复动作

由于 KM 动作后自保持不复归，只有将事故跳闸断路器的控制开关复位至“跳闸后”位置，才使 KM 解除自保持整个电路复归。HL 灯亮，指示 KM 在自保持状态，须用断路器控制开关来复位。如果第一个断路器事故跳闸后启动电路未解除，又发生了第二个断路器事故跳闸，则不会再次发出音响信号。

图7－30所示电路只适应于断路器较少，主接线简单的小型变电所、工矿企业配电所，小型水电站的中央事故信号系统。

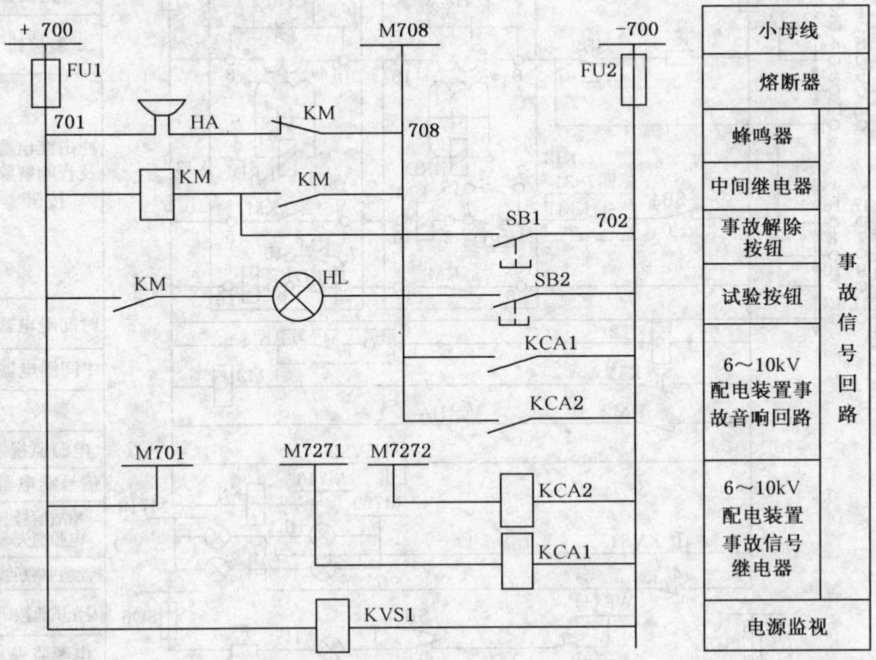

图7－30　中央复归不重复动作的中央事故信号电路(一)

图7－31为中央复归不重复动作的中央事故信号电路(二)。与图7－30不同的是：事故音响信号启动回路在+700与M708之间。HA、KM、HL在M708与－700之间，两图的接线基本一致，只是电源的正、负极对换，而6～10kV配电装置的回路没变，同样图7－31动作过程和图7－30相似，适应场合也一样。

4. 由ZC－23型冲击继电器构成的中央预告信号电路

图7－32为由ZC－23型冲击继电器规程的中央预告信号电路。图中M709、M710为预告信号小母线；SB、SB2为试验按钮；SB4为音响解除按钮；SM为转换开关；KI2、KI3为冲击继电器；KM2、KT2、KS分别为中间、时间、信号继电器；KVS2为电源监视继电器；HL1、HL2为光字牌；HW为监视灯；HA为警铃。

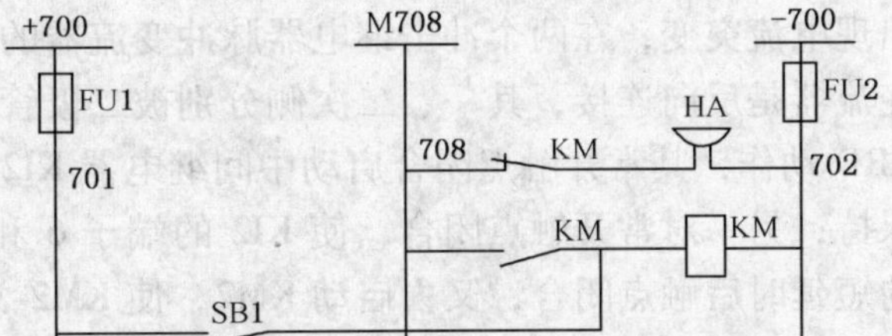

图7－31　中央复归不重复动作的中央事故信号电路(二)

预告信号设置0.2～0.3s的短延时，并使其具有冲击自动复归的特性，以避免某些瞬时性故障误发信号和满足某些异常状态不需要瞬时发信号的要求。本电路中利用了两只冲击继电器反极性串联，就是为了实现其冲击自动复归特性。其动作过程如下：

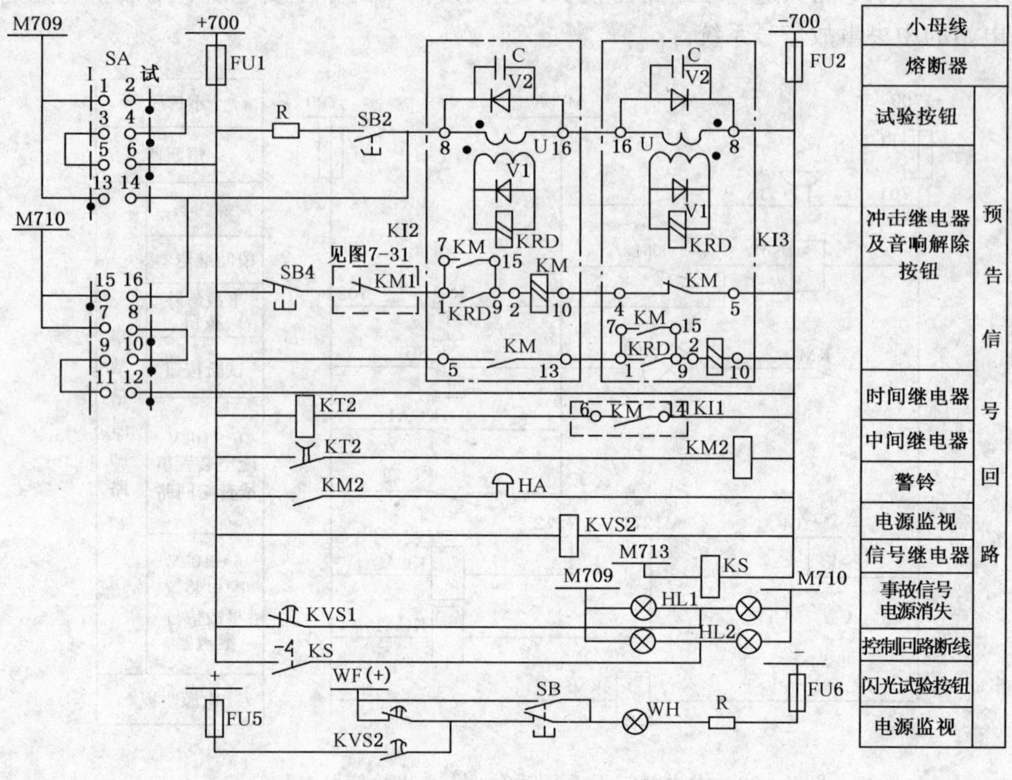

图 7-32　由 ZC-23 型冲击继电器构成的中央预告信号电路

（1）预告信号的启动

将 SA 置于“工作”位置，SA_{13-14}、SA_{15-16}触点接通，如果此时发生异常，使 +700→FU1 经启动回路与 M709 连通→SA_{13-14}（或 M710→SA_{15-16}）→KI2→KI3→FU2→-700 形成通路，出现电流突变，在两个冲击继电器脉冲变流器的二次侧均感应脉冲电动势，由于 KI3 的脉冲变流器是反向连接，其一、二次侧分别被二极管 V2、V1 短路，因此只有 KI2 的干簧继电器 KRD 动作，其常开触点闭合启动中间继电器 KI2-KM，使 KI2-KM 的一对常开触点实现自保持；另一对常开触点闭合，使 KI2 的端子 6 和 14 接通，启动 KT2，使 KT2 经 0.2~0.3s 的短延时后触点闭合，又去启动 KM2，使 KM2 常开触点闭合接通 HA 回路，发出音响信号。

（2）预告信号的复归

如果 KT2 的延时触点尚未闭合，异常消失，启动回路触点返回，则由于脉冲变流器 KI2-U、KI3-U 的一次电流突然减少或消失，在相应的二次侧将感应出负的脉冲电势。此时，KI2-U 二次侧的脉冲电势被其二极管 KI2-V1 短路。相反，干簧继电器 KI3-KRD 动作，启动 KI3-KM，KI3-KM 的一对常开触点闭合自保持；其常闭触点断开（即 KI3 的端子 4 和 5 断开），切断 KI2-KM 的自保持回路，使 KI2-KM 复归，KT2 也随之复归，预告信号即不能发出，实现了冲击自动复归。

如果延时自动复归时，KM2 的另一对常开触点闭合（在图 7-29 的中央事故信号回路中）启动事故信号回路中 KT1（此时间继电器为事故信号和预告信号公用），经延时后又启动 KM1，KM1 的常闭触点断开，在两图中，复归事故和预告信号回路中的所有继电器，并解除音响信号，实现了音响信号的延时自动复归。按下 SB4，可实现音响信号的手动复归。

（3）预告信号的重复动作

预告信号的重复动作是靠突然并入启动回路的一个电阻，使流过冲击继电器中变流器一次侧电流发生突变来实现的。光字牌中的灯泡即为电阻。

（4）光字牌检查

将 SA 置于“试验”位置即可对光字牌中的灯泡进行检查。灯泡全亮表明光字牌完好，灯泡不亮则需更换。

（5）预告信号电路的监视

预告信号回路的电源用 KVS2 监视，正常时 KVS2 带电，其延时断开的常开触点闭合，WH 亮，如果熔断器熔断、接触不良或回路断线，其常闭触点将闭合，WH 变为闪光。

5. 变电所的中央信号电路实例

变电所的中央信号系统的设计方案很多，不同的冲击继电器和操作电源，其电路也有所不同，但基本上是由中央事故信号电路和中央预告信号电路组成。例如，由 ZC－23 型冲击继电器构成的中央音响信号系统可由图 7－29 和图 7－32 组成；由 JC－2 型冲击继电器构成的中央音响信号系统以及由 BC－4 型冲击继电器构成的中央音响信号系统等，本书不再逐一介绍。上述三种组合构成的中央音响信号系统在变电所应用较多。对于 35kV 电压等级的小型变电所，其电路可以简化。图 7－33 为 35kV 变电所中央信号系统的一种典型电路，应用较广，其核心元件冲击继电器为 JC－2 型，此电路主要特点是：

（1）事故信号回路不使用冲击继电器，采用比较简单的中央复归不重复动作的电路，使二次接线简化，设备元件减少，经济可靠。不足之处是不能重复动作，这对于进出线回路少、断路器不多的 35kV 终端变电所来说，不失为一种实用的设计方案。

（2）预告信号回路，没有设置时间继电器，不能实现延时自动复归，同时冲击继电器是瞬时动作的。JC－2 型冲击继电器可实现重复动作，但对瞬时性异常可能误发音响信号。

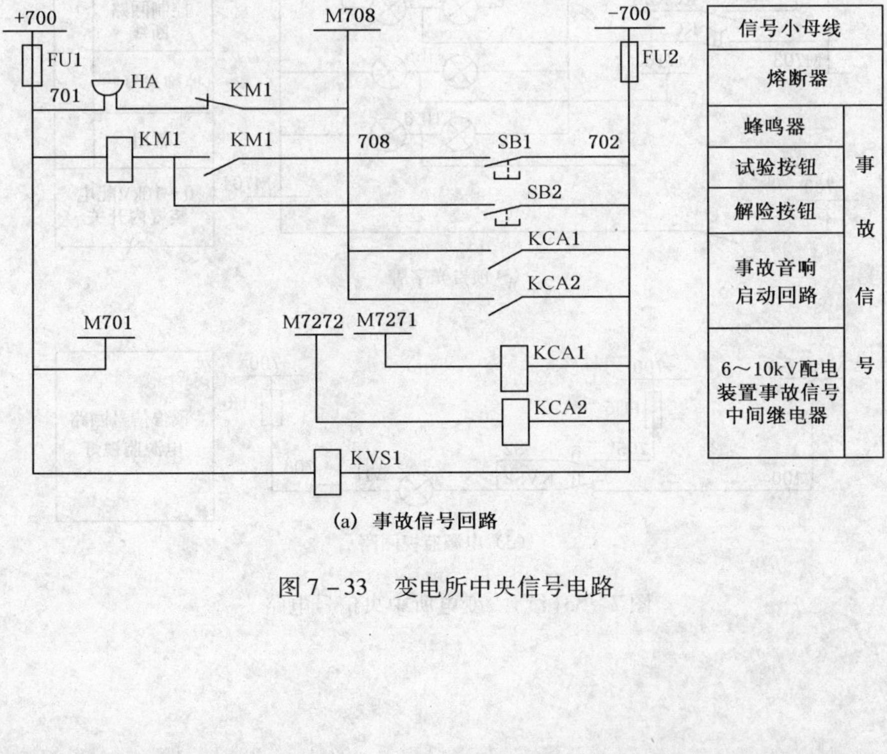

（a）事故信号回路

图 7－33　变电所中央信号电路

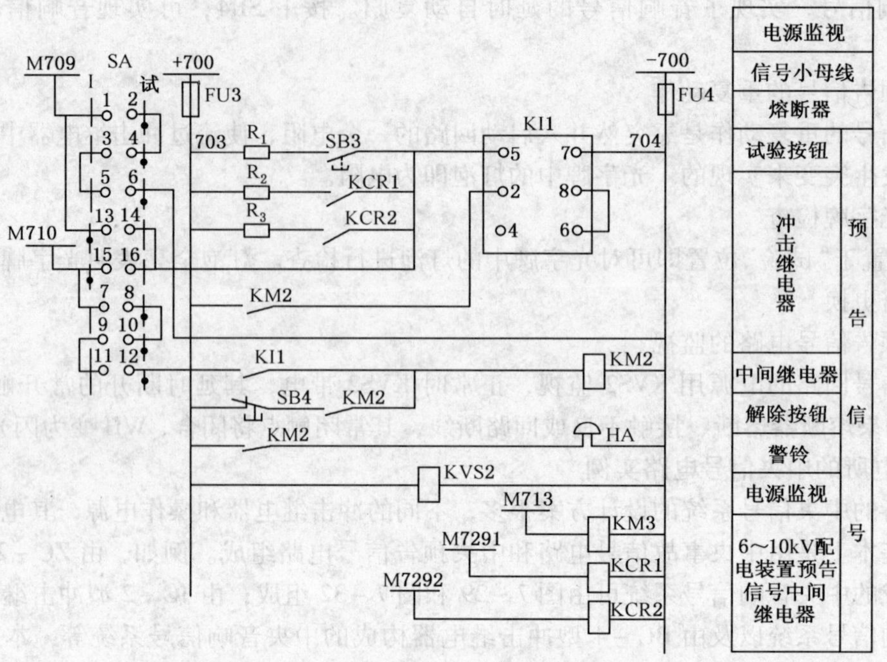

(b) 预告信号回路

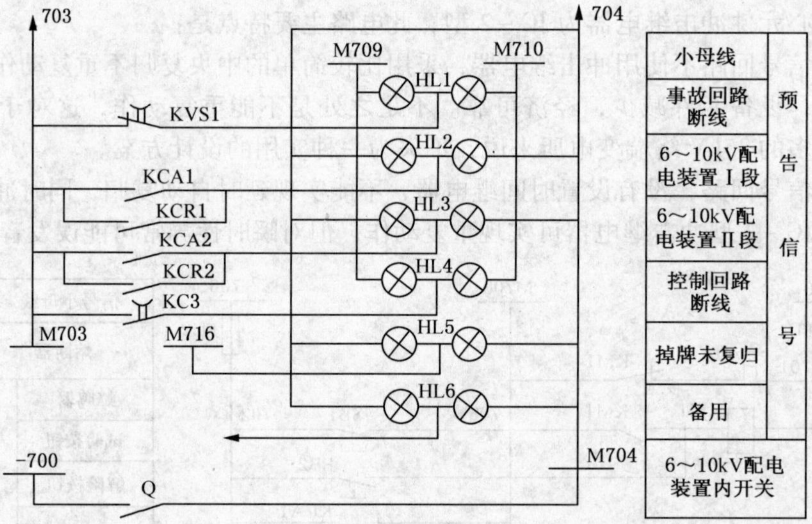

(c) 预告光字牌

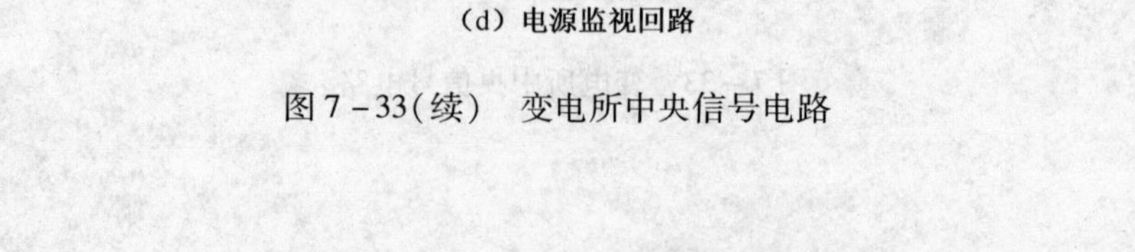

(d) 电源监视回路

图 7-33(续)　变电所中央信号电路

符　号	名　称	型　号	规　格	数　量	备　注
SA	转换开关	LW4－10/E100		1	
SB1.3	按　钮	LA18－22	－220V、白色	2	
SB2.4	按　钮	LA18－22	－220V、黑色	2	
WH	白　灯	XD5	白　色	1	
HL1～6	光字牌	XD10	－220V	6	
FU1.2.5.6	熔断器	R1－10/6	6A	4	屏后元件
FU3.4	熔断器	RM10－25/15	15A	2	屏后元件
R1～3	电　阻	RXY－50	1.8kΩ 25W	3	屏后元件
KI1	冲击继电器	JC－2	－220V	1	
KM1.2	中间继电器	DZ－208	－220V	2	
KM3	中间继电器	DZS－229	－220V	1	
KCA1.2	中间继电器	DZ－208	－220V	2	
KCR1.2	中间继电器	DZ－208	－220V	2	
KVS1.2	中间继电器	DZS－254	－220V	2	
HA	蜂鸣器	DDZ－1	－220V	1	屏后元件
HA	警　铃	UZC4－2	－220V、ϕ75mm	1	屏后元件
Q	组合开关	HZ10－10/6	－220V	1	屏后元件

（e）设备表

图7－33（续）　变电所中央信号电路

（3）在信号小母线－700与M704之间设有组合开关Q，其作用是当6～10kV配电装置就地控制的情况下投入，以便使就地光字牌灯有负电源。如果在控制室操作则Q断开，因为此时不需要光字牌显示。同时，又起分段隔离用，因为全厂、站的－700是公用的，而＋700是分单元设置的。

7.2.4　备用电源自投装置原理

7.2.4.1　备用电源自动投入装置基本要求

备用电源自动投入装置简称APD，它是当工作电源因故障被断开后、备用电源能够自动投入，使工厂不致于因停电而停产。由于石化企业生产过程连续性对供电的特殊要求，备用电源自动投入装置在石化企业得到广泛使用。

备用电源自动投入装置APD应满足下列要求：

（1）工作母线不论因何原因失去电压时，自动投入装置均应启动，但应防止电压互感器熔丝熔断时误动作。

（2）备用电源应在工作电源确实断开后才投入。工作电源如为变压器，则其高、低压侧的断路器均应断开。

（3）备用电源只能自动投入一次。

（4）当备用电源自投于故障母线时，应使其保护装置加速动作，以防扩大事故。

（5）备用电源侧确有电压时才能自投。

（6）兼作几段母线的备用电源，当已代替一个工作电源时，必要时仍能作其他段母线的备用电源。

（7）备用电源自动投入装置的时限整定应尽可能短，可保证负载中电动机自启动的时间要求，通常为1～1.5s。

现以备用变压器的自动投入为例，说明实现上述要求的方法（见图7－34）。

（1）为实现上述要求，在正常运行变压器的低压侧电压互感器上接入两只电压继电器KV1、KV2，分别接在电压互感器二次侧的U、V相和V、W相，该两继电器的常闭触点互相串联。只有当电压 U_{uv} 和 U_{vw} 同时失压时，它们的触点才同时闭合并接通正常运行变压器高、低压次侧的跳闸线圈。当电压互感器一相保险丝熔断时，只有一只电压继电器动作，另一只不动作，故不会使正常运行的变压器跳闸。这就满足了上面提到的第 1 项要求。

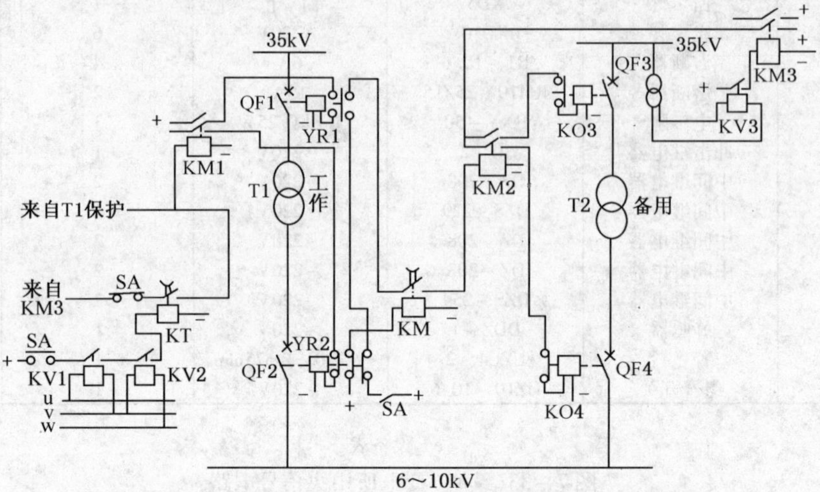

图 7－34　备用变压器自动投入装置的原理接线

（2）在正常运行的变压器跳闸后，其高、低压次侧开关都处于分闸位置，辅助触点闭合，接通备用变压器开关的合闸回路并使其合闸，这就满足了上面提到的第 2 项要求。

（3）备用变压器若在合闸过程中因故又自动跳闸时，为防止再次自动合闸，在自投回路中接入了一只延时打开触点的中间继电器 KM。正常时中间继电器因被励磁，触点闭合。当正常运行的变压器跳闸时，通过其开关的辅助触点将这只继电器的励磁回路切断，过了一段很短的时间（0. 5 ~ 0. 8s），中间继电器延时常开触点断开，切断备用变压器的合闸回路，便使备用变压器不能再次动作合闸，这就满足了前述的第 3 项要求。

（4）实现前述第 5 项要求的办法，是在备用电源母线的电压互感器回路内接入一只电压继电器，当备用母线无电时电压继电器常开触点返回，从而切断了正常运行变压器的跳闸回路。由于正常运行变压器不跳闸，备用变压器也就不可能自动投入。

7. 2. 4. 2　高压侧为内桥接线的桥断路器备自投接线图

图 7－35 所示为高压侧为内桥接线的桥断路器接线图。变压器低压侧为两段母线，低电

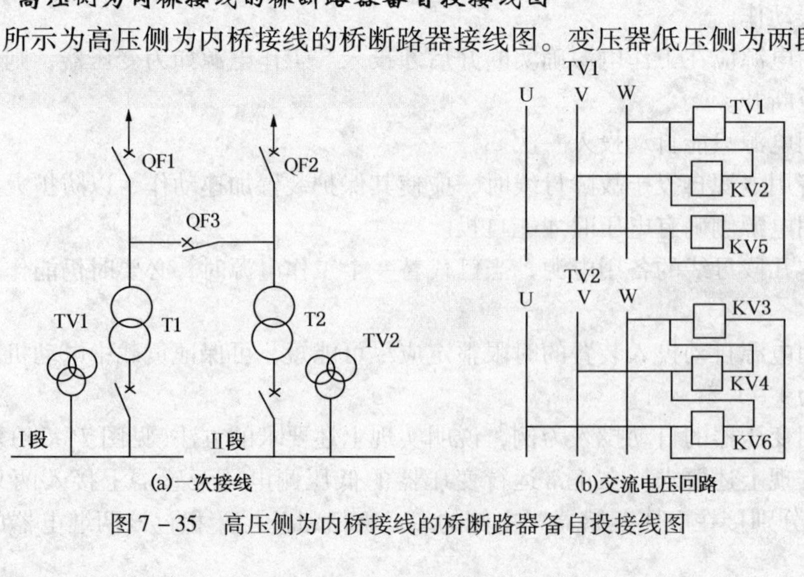

图 7－35　高压侧为内桥接线的桥断路器备自投接线图

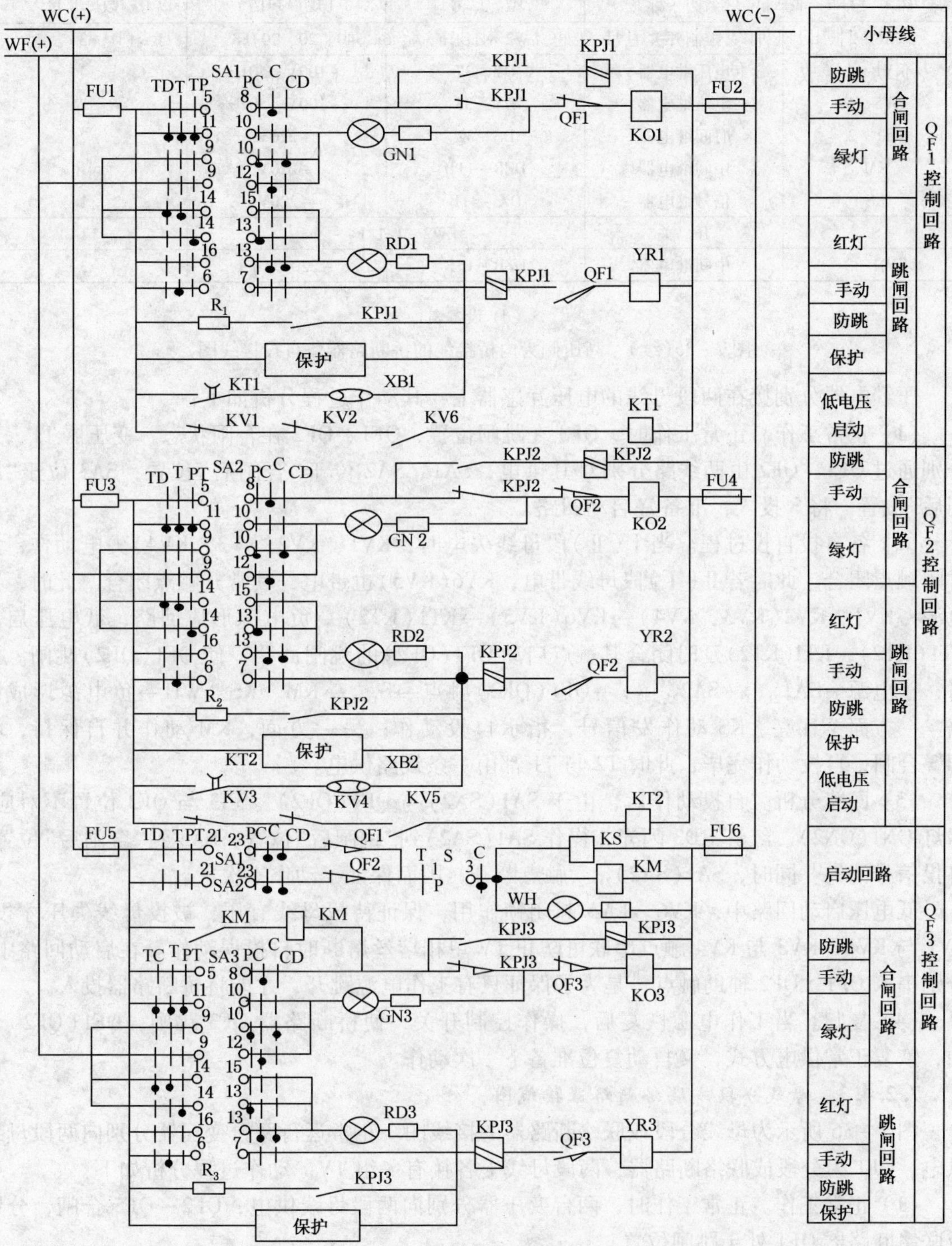

(c)直流回路

图 7－35(续)　高压侧为内桥接线的桥断路器备自投接线图

符号	名称	型号	规格	数量
SA1 ~ 3	控制开关	LW2 - Z - 1a、4、6a、40、20、20/F8		3
KV1 ~ 4	电压继电器	DY - 37	~100V、50Hz	4
KV5、6	电压继电器	DY - 33	~100V、50Hz	2
KT1、2	时间继电器	DS - 32	-220V	2
KM	中间继电器	DZB - 11B	-220V	1
KS	信号继电器	DX - 31B	-220V	1
S	开关	LW2 - 1.1/F4 - X		1
KPJ1 ~ 3	中间继电器	DZB - 15B	-220V、1A	3

(d) 设备表

图 7 - 35(续) 高压侧为内桥接线的桥断路器备自投接线图

压继电器分别接在两段母线的电压互感器上，其动作过程分析如下：

(1) 正常工作。正常工作时，QF3 在跳闸位置，QF1、QF2 在合闸状态，变压器 T1、T2 分别通过 QF1、QF2 由两线路分别对其供电，SA1、SA2 位于“合闸后”位置，SA3 位于“跳闸后”位置，将 S 投入，准备好启动回路。

(2) 备自投自投过程。当Ⅰ(Ⅱ)段母线失电时，KV1、KV2(KV3、KV4)失电动作，其常闭触点闭合，此时若Ⅱ(Ⅰ)段母线带电，KV6(KV5)也带电，其常开触点闭合。此时，正电源→KV1、KV2(KV3、KV4)→KV6(KV5)→KT1(KT2)→负电源形成回路，低电压启动 KT1(KT2)，KTI(KT2)延时闭合其触点启动 QF1(QF2)的跳闸回路，使 QF1(QF2)跳闸。此时，正电源→$SA1_{21-23}$($SA2_{21-23}$)→QF1(QF2)触点→S_{1-3}→KM、KS、WH→负电源形成回路。一方面 WH 亮、KS 动作发信号，指示自投动作；另一方面，KM 动作并自保持，将 QF3 合闸，自投动作完毕，此时 T2 与 T1 都由一条线路供电。

(3) 回路分析。自投动作后，由于 SA1(SA2)与 QF1(QF2)、SA3 与 QF3 位置不对应，绿灯 GN1(GN2)、红灯 RD3 闪光，操作 SA1(SA2)到“跳闸后”位置，SA3 到“合闸后”位置，自投信号消失。同时，$SA1(SA2)_{21-23}$触点断开，因而保证了动作一次。

低电压启动回路中，KV6、KV5 起闭锁作用，保证待投母线有压，被投母线失压才投。KV1 与 KV2，KV3 与 KV4 触点串联可防止 TV 单相熔丝熔断时自投误动作。在启动回路中，分别串入 QF1、QF2 辅助触点，是为了保证只有工作电源跳开，才能将桥断路器投入。

(4) 复归。当工作电源恢复后，操作控制开关，使桥断路器 QF3 跳闸，QF1(QF2)合闸，恢复正常供电方式，又自动复位准备下一次动作。

7.2.4.3 母线分段或联络断路器接线图

图 7 - 36 所示为母线分段或联络断路器的接线图。正常运行两台变压器分别向两段母线供电，QF1 为分段或联络断路器，两段母线上各接有一组 TV。动作过程分析如下：

(1) 正常工作。正常工作时，两台变压器分别向两段母线供电，QF2 ~ QF5 合闸，分段或联络断路器 QF1 处于跳闸位置。

(2) 备自投动作过程。当 T1(T2)内部故障，使 QF2、QF4(QF3、QF5)跳闸；或线路故障，保护动作使 QF4(QF5)跳闸，使工作电源消失，TV1(TV2)失电，KV1、KV2(KV3、KV4)失电返回，而备用电源有电，KV6(KV5)带电，使低压启动回路接通，KT1(KT2)带电延时跳开 QF2(QF3)，或工作电源消失，使 QF2(QF3)跳闸。QF2(QF3)跳闸后，其辅助常闭触点闭合，使回路正电源→KM1→KM2→KS、KM3、HW→QF2(QF3)触点→负电源接通，产生短时脉冲。一方面 HW、KS 指示备自投动作发信号；另一方面 KM3 带电启动 QF1 的合闸回路、使 QF1 合闸。

（3）回路分析。KV1、KV2、KV6 触点串联，保证工作电源消失，备用电源有电才能投备用电源。由于备自投启动回路由 QF2、QF4（QF3、QF5）的辅助常开触点与 KM1（KM2）串联，正常时 KM1（KM2）一直带电，QF2、QF4（QF3、QF5）跳闸时 KM1（KM2）失电，但 KM1（KM2）延时释放触点延时返回，使备自投启动回路只产生短时脉冲，同时 QF2、QF4（QF3、QF5）只要一台跳闸，KM1（KM2）不再启动，保证了备自投只动作一次。

（4）复归。QF2、QF4（QF3、QF5）跳闸，QF1 合闸后，其红、绿灯闪光，操作控制开关使之与断路器位置对应。排除故障后，使 QF1 跳闸、QF2、QF4（QF3、QF5）合闸，恢复正常工作方式。

7.2.4.4 PLC 母联自动投入装置

传统的双电源自动投切二次控制回路设计是采用各种继电器、接触器、开关及触点，按特定的逻辑关系组合来实现其投切功能的。其特点是结构复杂，安全性差，安装困难，维护工作量大，逻辑关系一经确定更改困难，但维护技术要求低，成本不高。

随着现代电力工业的发展和电网的建设改造，电力系统的规模越来越大，结构更加复杂，性能要求越来越高，逻辑关系有时需根据电网结构的变化而更改。沿用传统的设计和器件，已很难满足用户的要求。

采用可编程逻辑控制器（PLC）解决这类问题具有优势，在电气自动化方面具有广阔的应用前景和很大市场潜力。与传统继电控制系统相比较，优势在于体积小型化，高度集成，用软件编程替代连线逻辑，有数字运算、数据处理和数据通讯的功能。随着 PLC 技术越来越成熟，应用 PLC 实现母联开关的自动投入，以其二次接线简单，系统的可靠性高，故障率低，得到广泛的应用。

由于 PLC 本身具有完善的自检机制，能及时监测自身的硬件故障，因此在 PLC 程序调试好后的正常运行期间，PLC 母联自动投入装置的故障通常都发生在 PLC 的外围输入输出部分。一般按以下步骤进行逐点排查：

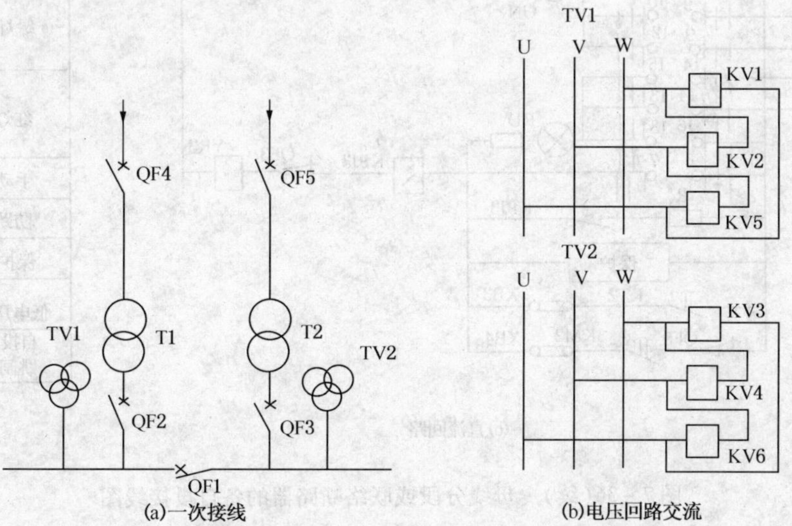

图 7-36 母线分段或联络断路器的备自投接线图

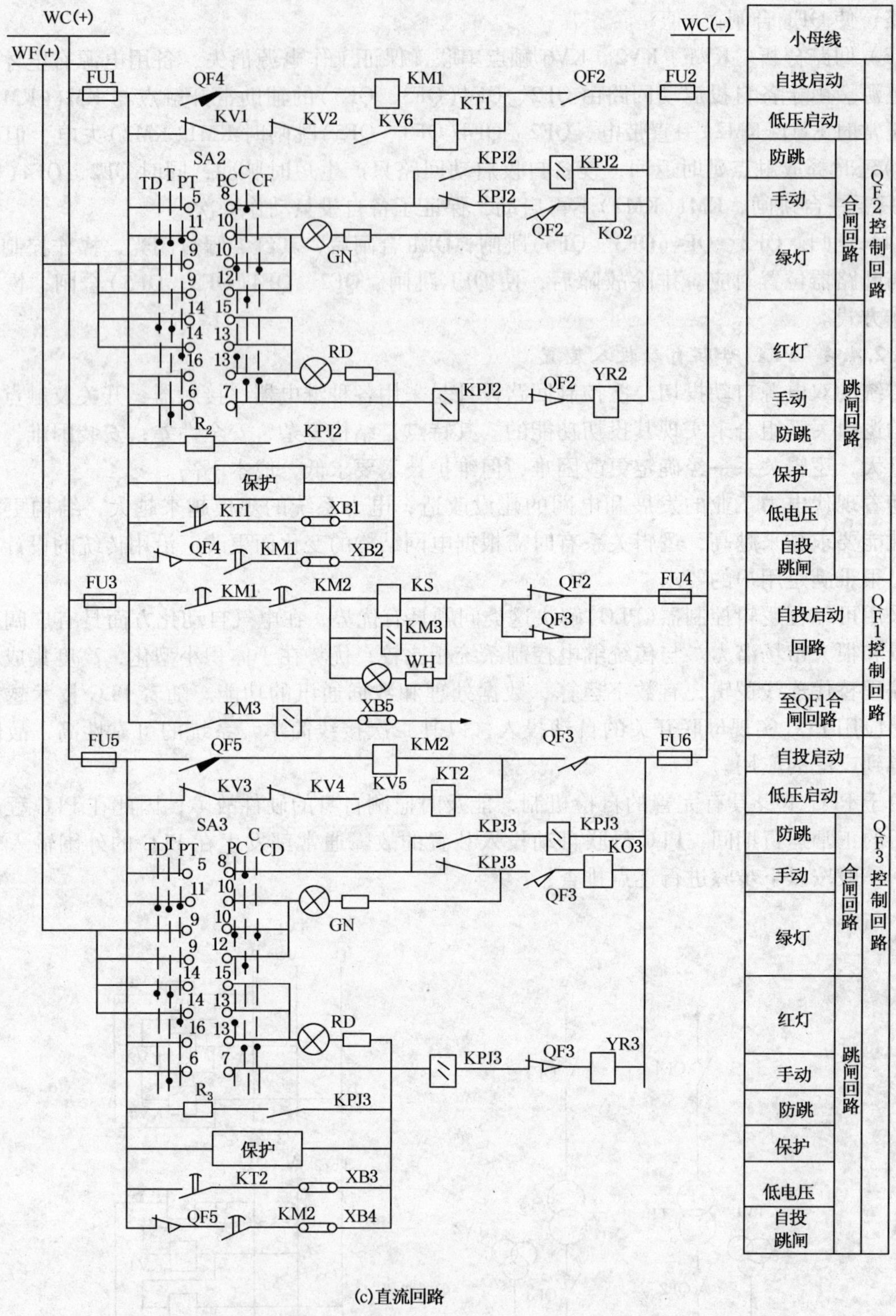

(c)直流回路

图 7－36(续)　母线分段或联络断路器的备自投接线图

(1) 检查 PLC 故障指示；

(2) 检查 PLC 的输入输出电源是否正常；

（3）检查启动条件中各个输入接点状态是否正常；

（4）检查模拟量输入值是否正常；

（5）检查 PLC 输出及扩展继电器动作正常，触点完好；

（6）检查故障闭锁条件是否启动；

（7）检查接线端子、连接片是否连接可靠。

7.2.5 发电机二次回路

7.2.5.1 发电机同期系统

将一台单独运行的发电机投入到运行中的电力系统参加并列运行的操作，称为发电机的并列操作。同步发电机的并列操作，必须按照准同期方法或自同期方法进行。否则，盲目地将发电机并入系统，将会出现冲击电流，引起系统振荡，甚至会发生事故、造成设备损坏。

准同期并列操作，就是将待并发电机升至额定转速和额定电压后，满足以下四项准同期条件时，操作同期点断路器合闸，使发电机并网。

（1）发电机电压相序与系统电压相序相同；

（2）发电机电压与并列点系统电压相等；

（3）发电机的频率与系统的频率基本相等；

（4）合闸瞬间发电机电压相位与系统电压相位相同。

自同期并列操作，就是将发电机升速至额定转速后，在未加励磁的情况下合闸，将发电机并入系统，随即供给励磁电流，由系统将发电机拉入同步。

自同期法的优点：①合闸迅速，自同期一般只需要几分钟就能完成，在系统急需增加功率的事故情况下，对系统稳定具有特别重要的意义；②操作简便，易于实现操作自动化，因为在发电机未加励磁电流时合闸并网，不存在准同期条件的限制，不存在准同期法可能出现的问题；③在系统电压和频率因故降低至不能使用准同期法并列操作时，自同期方法将发电机投入系统提供了可能性。

自同期法的缺点是：未加励磁的发电机合闸并入系统瞬间，相当一个大容量的电感线圈接入系统，必然会产生冲击电流，导致局部系统电压瞬间下降。一般自同期法使用于水轮发电机及发电机—变压器组接线方式的汽轮发电机。在采用自同期法实施并列前，应经计算核对。

发电厂发电机的并列操作断路器，称为同期点。除了发电机的出口断路器之外在一次电路中，凡有可能与发电机主回路串联后与系统（或另一电源）之间构成唯一断路点的断路器，均可作为同期点。例如，发电机－变压器组的高压侧断路器，发电机－三绕组变压器组的各侧断路器，高压母线联络断路器及旁路断路器，都可作为同期点。在同期点应装设准同期装置。对于电压在 110kV 以上的联络线路的断路器，除装设准同期装置外，其重合闸装置应具有检查无压、检查同期的功能。

在发电厂，并列操作比较频繁，在实施并列过程中可直接调节发电机的同期参数。一般同期点应装设带非同期闭锁的手动准同期装置和自动准同期装置。在水电厂，除了装设以上两种准同期装置之外，还应装设自动自同期装置。对于双电源的变电站，一般只装没带非同期闭锁的手动准同期装置。

1. 发电厂准同期回路

发电厂的准同期装置为全厂各同期点的共用设备，其典型接线如图 7－37 所示。图 7－37（a）中下部的同期小母线为同期电压过渡导线，只有在使用同期装置时，此小母线上才有同期电压。图 7－37（a）左侧是同期电压引入回路，中间虚线框内为手动准同期用单相组合式同步表，右侧虚线框内为自动准同期装置（ZZQ－5 型）。

发电厂的电气设备安装结束后，一般设备线路位置不再变动，汽轮机（或水轮机）的转动方向也是固定的，所以投产后的母线路相序是不会改变的。一般只需在第一次并网前测量同期点两侧电压相序。手动准同期和自动准同期可不再考虑相序条件。

发电机准同期并列有三种操作方法：分散式手动准同期、自动准同期及集中式手动准同期。

（1）分散式手动准同期

在图 7－37 中，1QF 为发电机同期点，欲将发电机用分散式手动准同期方法实现并网，首先启动发电机组，逐渐升速至额定转速，汽轮机运行为正常并允许发电机并网。然后按下列步骤操作并网。

① 投入发电机的励磁系统，调节励磁电流使发电机端电压逐渐升至额定值。

② 合上发电机出线刀闸 1QS（或 2QS），投入同期开关 1SAS。此时，1SAS 上下对应单数号码触点接通，I 母线电压互感器（1TV）之 U 相电压经 1SAS 触点 9－11 送至同期小母线 WOS′u；发电机端电压互感器（TV）之 U 相电压经 1SAS 触点 13－15 送至同期小母线 WSTu。

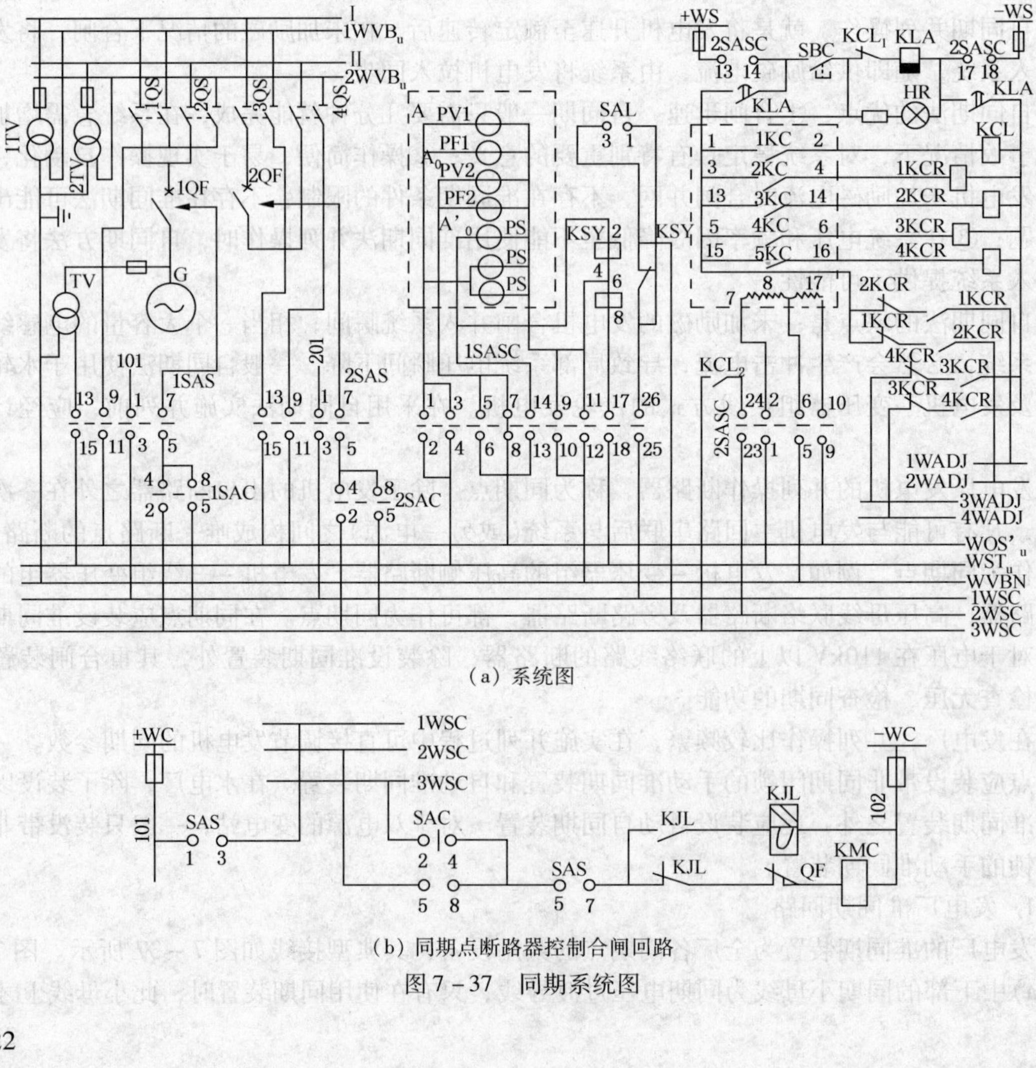

（a）系统图

（b）同期点断路器控制合闸回路

图 7－37　同期系统图

CA10PC4747－7 型

触点＼位置			↑	
		粗	退	细
1－3	1－2			×
24	3－4	×		
5－7	5－6			×
6－8	7－8	×		
9－11	9－10			×
10－12	11－12	×		
13－15	13－14			×
14－16	15－16	×		
17－19	17－18			×
18－20	19－20	－×		
21－23	21－22			×
22－24	23－24	×		
25－27	25－26			×
26－28	27－28	×		

1SASC 触点表

CA10PC4822－7 型

触点＼位置	←	↑
	退	投
1－2		×
3－2	×	
5－6		×
7－6	×	
9－10		×
11－10	×	
13－14		×
15－14	×	
17－18		×
17－20	×	
21－22	×	
23－24		×
25－26	×	
27－28		

2SASC 触点表

图 7－37(续)　同期系统图

③ 将同期闭锁开关 SAL 投向“闭锁”位置，此时 SAL 触点 1－3 断开。手动同期开关 1SASC 投向“粗调”位置，此时 1SASC 之 3－4、7－8、11－12 触点接通，同期电压表和频率表均接入电压 PV1、PF1 分别指示待并发电机电压和频率；PV2、PF2 分别指示系统电压和频率。由于 1SASC 触点 13－14 触点断开，所以在“粗调”位置时同步表 PS 不旋转。同期继电器 KSY 两线圈均无外加电压，其动断触点闭合。但因 1SASC 触点 25－26 断开，合闸小母线 1WSC 与 2WSC 之间不会接通。

④ 根据电压表的指示，用待并发电机的无功调节把手调整待并发电机的电压，使之与系统电压相等；根据频率表的指示，用待并发电机的有功调节把手调整发电机的频率，使之与系统频率基本相等。

⑤ 将 1SASC 投向“细调”位置，其触点 1－2、5－6、9－10、17－18、25－26、13－14 接通。此时同步表 PS 表开始旋转，同期检查继电器 KSY 两线圈分别接入系统电压和发电机电压。根据同步表 PS 表指针旋转的速度和方向，再对发电机进行细调，达到同步表 PS 表指针顺时针缓慢旋转时，将 1QF 的控制开关 1SAC 投向“预备合闸”位置其绿色位置指示灯闪亮。待同步表 PS 表指针接近同期点时刻，KSY 动断触点闭合，迅速将 1SAC 转至“合闸”位置并保持约 2s，再放开手柄，使其自动复位，其触点 5－8 接通，若 2s 后又断开，1QF 合闸后，其红色位置指示灯稳亮。

在同步表指针接近同期点时发出合闸命令，是为满足提前时间的需要。同步表 PS 表指针顺时针旋转，表明发电机频率略高于系统频率。这样，发电机并网后可立即向系统输送少量有功负荷，以利于发电机进入同步。

⑥ 发电机并网后，将 1SAS、1SASC 转至“退出”位置。至此，手动同期装置退出，并网操作结束。

2. 自动准同期

自动准同期是利用自动准同期装置实现发电机按准同期条件并入系统的操作。当发电机电压或频率与系统电压或频率有偏差时，该装置发出调节脉冲，分别调节发电机的电压或频率，直至准同期条件基本满足时，自动准同期装置在适当的提前角度下(满足提前时间)自动发出合闸命令，使发电机平稳并网。

图7-37(a)右侧虚线框内为ZZQ-5型自动准同期装置的对外接线图。使用自动准同期装置时，可同时使用手动同期装置监视其动作的正确性，但在这种操作方式下不允许手动操作同期点开关1SAC合闸。

首先按前述手动准同期方法完成第(4)项之前的操作，然后按以下步骤操作：

(1) 将1SASC投向“细调”位置，1SAC保持在“跳闸后”位置；

(2) 将2SASC转至“投入”位置，此时同期点两侧电压均接入自动准同期装置；

(3) 按一下启动按钮SBC，红灯HR稳亮，中间继电器KLA动作并自保持。直流电源经KLA动合触点送至自动准同期装置的输出回路，自动准同期装置则自动完成以下动作。

当发电机频率偏低或偏高时，触点2KC或3KC分别断续接通，启动中间继电器1KCR或2KCR，以向调速小母线1WADJ或2WADJ发出增(减)脉冲。当发电机电压偏低或偏高时，触点4KC或5KC分别断续接通，启动中间继电器3KCR或4KCR，以向调压小母线3WADJ或4WADJ发出增(减)脉冲。当频差和压差均满足准同期装置整定值时，中间继电器1KC按提前时间动作，启动合闸中间继电器KCL，其动合触点KCL_2接通，使1QF平稳合闸。(合闸电路：+1QF→1SAS触点1-3→1WSC→1SASC触点25-26→KSY触点→2WSC→2SASC触点23-24→KCL_2触点→3WSC→1SAC触点2-4→1SAS触点5-7→1QF合闸回路。)此时1SAC的红灯闪亮。

(4) 1QF合闸后，手动将1SAC转至“合闸后位置”，1SAC之红灯稳亮，将1SAS、1SASC、2SASC旋转至“退出”位置，使手动准同期装置和自动准同期装置均退出工作，至此，自动准同期操作完毕。

3. 自动准同期装置

自动准同期装置的作用是代替准同期并列过程中的手动操作，以实现迅速、准确的准同期并列。现以ZZQ-5型自动准同期装置为例介绍其有关的二次回路。

ZZQ-5型自动准同期装置是功能较为齐全的自动准同期装置，它具有两种功能：①自动检查待并发电机与运行系统之间的电压差及频率差，并在此二量满足准同期合闸条件时，自动提前发出合闸脉冲，使同期点断路器主触头在两侧电压相位差为零的瞬间闭合；②当电压差和频率差过大时，对待并发电机进行调压或调频，以加快并列过程。

ZZQ-5型自动准同期装置由合闸部分、调频部分、调压部分组成，如图7-38所示。当使用该装置时，只需合上2SASC开关，则同期并列过程可自动完成。在2SASC投入瞬间，由于装置内部电容元件充电，可能引起出口合闸继电器1KC误抖动，从而导致错误发出合闸命令。为防止发生这种现象，电源投入时，装置自动闭锁2s后开始工作。装置内部设置有整流电源设备，无需外加直流操作电源。

在合闸部分，首先将发电机电压U_g和运行系统电压u_s变换成方波并形成三角波形的线性整步电压U_d，然后进行鉴别：当频率差和电压差均小于整定值时，以提前时间t_{fw}启动出口中间继电器1KC，其触点启动外电路合闸继电器KCL并发出合闸脉冲(如图7-37(a))。

合闸闭锁由逻辑回路实现，而电压差闭锁量ΔU由调压部分引入。

调频部分的作用是自动鉴别发电机的频率和系统的频率，并向待并发电机发出调速脉冲，使待并发电机的频率接近系统频率。调速脉冲由出口继电器2KC、3KC的触点传递至待并发电机的调速器。为了使待并发电机的频率迅速接近系统频率，同时又不发生过调现象，该自动装置能按比例调节。当频差 Δf 值较大时，单位时间内送出的调节脉冲数较多，随着 Δf 逐渐减小，单位时间内送出的调节脉冲数逐渐减少。同时，为了适应各种不同性能的调速器，调速脉冲的宽度可进行人工手动调节整定。

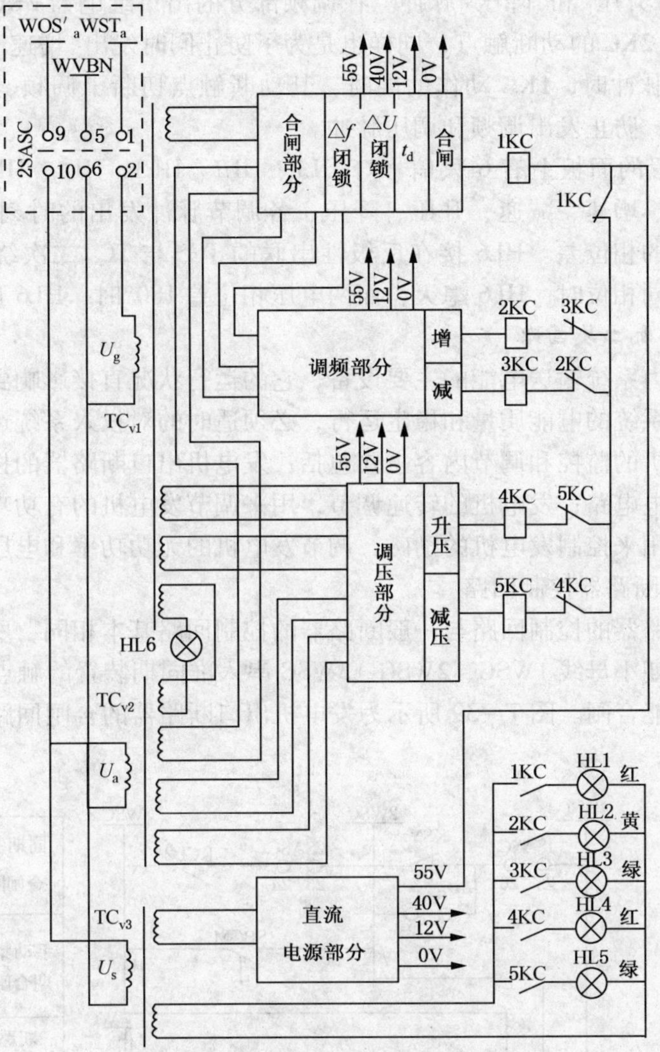

图 7-38　ZZQ-5 型自动准同期装置接线示意图

考虑到当同期点两侧频率长期保持相等时（$\Delta f=0$），如果电压相位角相差较大，发电机将没有机会实施并列。为此，该装置调频部分每隔一定时间自动发出一调节脉冲，以打破并列过程中的静止僵局，使发电机能顺利并网。

调压部分的输入量，为待并发电机的同期电压 U_g 和系统侧同期电压 U_s，将各路输入电压整流后进行绝对值比较得到两组直流量：一组为 U_g-U_s；另一组为 U_s-U_g，再将此两组直流量送至逻辑回路进行检测。

调压部分的作用是比较发电机电压与系统电压的高低，并自动发出调节脉冲，使发电机电压接近系统电压。同时，在电压差小于整定值时，向合闸部分送出解除电压差闭锁的信号。为适应不同调压特性的发电机励磁调节器，调压部分发出的调压脉冲宽度是可调整的。调压脉冲经出口中间继电器4KC、5KC分别启动外电路中间继电器3KCR、4KCR，并将调压信号传递至发电机的励磁装置。

在调压部分的出口继电器4KC、5KC线圈回路中分别串入5KC和4KC的动断触点，是为了防止同时发出“升压”和“降压”脉冲。在调频部分的出口继电器2KC、3KC线圈回路中也分别串入3KC和2KC的动断触点，同样也是为了防止同时发出“增速”和“减速”脉冲。当合闸部分发出合闸脉冲时，1KC动作的同时，其动断触点切断了调频、调压部分出口中间继电器的线圈电源，防止发出调频和调压脉冲。

在ZZQ－5装置的面板上有6只信号灯HL1、HL2、HL3、HIA、HL5、HI6。前五只信号灯分别显示合闸、增速、减速、升压、降压、各调节脉冲发出的时刻，而信号灯HL6显示同期点两侧电压的相位差。HL6接在反极性串联的TC_{v1}与TC_{v2}二次绕组回路中，当发电机电压与系统电压同相位时，HL6熄灭，而两电压相位差180°时，HL6最亮。

7.2.5.2　发电机二次回路

发电机是向电力系统输送电能的主要设备，它的运行状况直接影响到电力系统的运行指标。为了保证电力系统的电能质量和稳定运行，必须适时的对投入系统运行的发电机进行监控、调节。对发电机的监控和调节内容主要包括：发电机出口断路器的控制，用以接通或断开发电机向系统供电电路；发电机的转速调节，用来调节发电机的有功功率和频率；发电机励磁控制和调节，用来控制发电机的励磁，调节发电机的无功功率和电压。

1. 发电机出口断路器控制回路

发电机出口断路器的控制回路与一般断路器的控制回路基本相同，所不同的只是在断路器合闸回路中经同期小母线1WSC、2WSC、3WSC串入准同期装置的触点，以保证只有在满足准同期条件时才能合闸。图7－39所示为发电机出口断路器的合闸回路。该断路器采用电磁式操动机构。

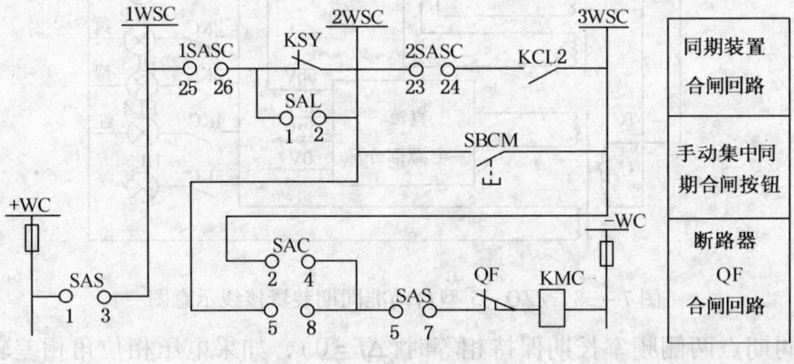

图7－39　发电机出口断路器的合闸回路

发电机出口断路器合闸，可选用自动准同期合闸、分散手动准同期合闸、集中手动准同期合闸等三种合闸操作方法。这里仅介绍分散手动准同期合闸的相关回路的操作方法。

分散手动准同期合闸，是指在待并发电机控制台处，手动操作发电机的同期合闸。

发电机的调速回路如图7－40所示。图中MD为汽轮机的调速电动机，改变它的旋转方向和旋转时间直接控制汽轮机主汽门的开度，从而控制汽轮机和发电机的动力输入。图7－40中的调节小母线1WADJ、2WADJ用以提供自动准同期装置及手动集中同期合闸过渡回路使用。1SAH 是集中与分散手动同期方式切换开关，当置于手动分散同期位置时，其触点 2－4、6－8、10－12 断开：当置于集中同期位置时，触点 2－4、6－8、10－12 接通。2SAH 是手动调速开关，当 2SAH 把手转至“增加”位置时，其触点 3－4、7－8 接通，MD 顺时针旋转；当把手转至“减少”位置时，触点 3－4、9－10 接通，MD 逆时针旋转；用以手动调节待并发电机的有功功率。手动调速不经同期回路的控制，运行中可随时用 2SAH 调节负荷。

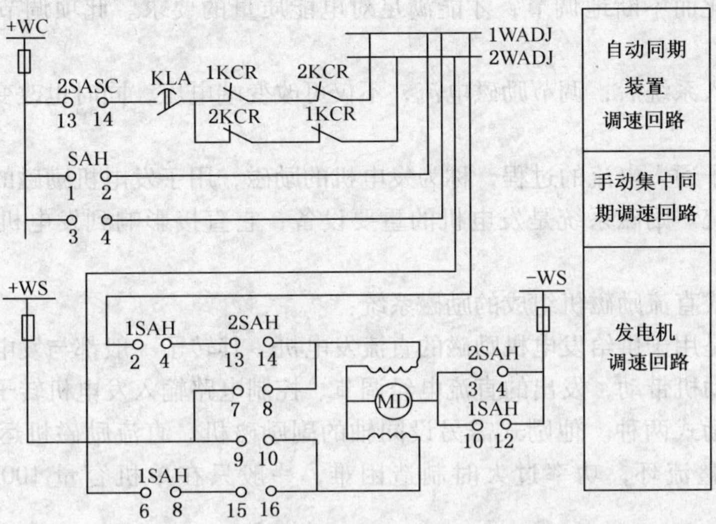

图 7－40　发电机的调速回路

合闸之前先在待并发电机控制台处手动调节发电机的电压、频率，使之与系统电压、频率基本相等，然后投入 SAS 开关及手动同期回路切换开关 1SASC，再细调发电机的频率。根据同期表计的指示，当准同期条件满足时刻迅速操作 SAC 开关使断路器合闸。合闸后，将 SAS 和 1SASC 转至“退出”同期回路位置。

分散手动准同期合闸的电路是正电源→SAS 触点 1－3→1SASC 触点 25－26→KSY 动断触点→SAC 触点 5－8→SAS 触点 5－7→QF 辅助触点→QF 辅助合闸线圈 KMC。

2. 发电机励磁系统控制回路

同步发电机是将机械动力功率转换成三相交流电功率的机电设备。原动机（汽轮机或水轮机）带动发电机的转子旋转后，只有在转子绕组内通入电流才能产生旋转磁场，从而在定子绕组产生电能。也就是说只有对转子绕组励磁，发电机才能进行机械功率与电功率的转换。

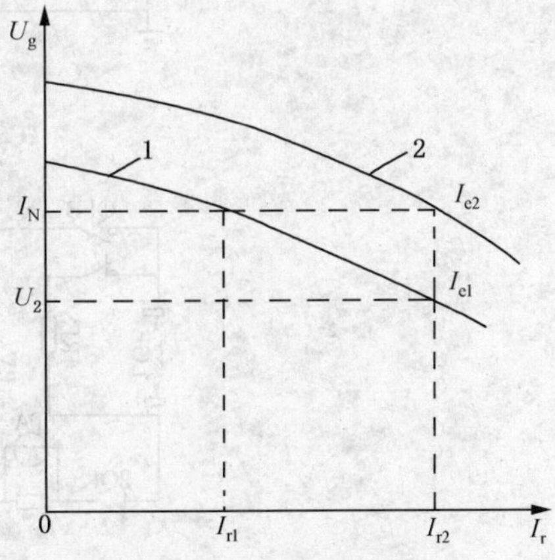

图 7－41　同步发电机的外特性

运行中同步发电机的负荷电流中，包含有功电流（I_a）和无功电流（I_r）两部分，因此同步发电机具有下降的外特性（见图 7－41）。随着负荷电流的增加端电压降低，是由于无功分量电流的电枢反应去磁作用所致。当励磁电流，I_e保持恒定时，在一定的功率因数下，发电机的端电压将随着负荷电流 I_r 的增大而不断下降，而电能质量要求发电机的端电压应基本不变，这个矛盾只有用调节励磁电流的措施来解决。若保持励磁电流为，I_{e1}不变，当负荷电流为 I_{r1}时发电机端电压为额定值 U_N，负荷电流变化时，端电压 U_g 将按特性曲线 1 运行。负荷电流增至 I_{r2}，发电机端电压将降至 U_2，就不能满足用户对电能质量的要求。当无功负荷电流增加至 I_{r2}时，欲维持端电压仍然为 U_N，必须将励磁电流增大到 I_{e2}，使发电机按曲线 2 运行。同理，如果保持增加后的励磁电流 I_{e2}不再改变，则当无功负荷减少时，发电机的端电压又可能上升到不允许的数值。所以，同步发电机的励磁电流必须随着负荷的变化而不断地调节，才能满足对电能质量的要求。此项调节是由励磁系统实现的。

当发电机并入系统后，调节励磁电流，不仅可改变端电压，同时也改变了系统中无功功率的分配。

向发电机转子通入电流的过程，称为发电机的励磁，用于发电机励磁的设备及其构成的电路，称励磁系统。励磁系统是发电机的重要设备，它直接影响到发电机及电力系统的安全、稳定运行。

现介绍自励式直流励磁机组成的励磁系统：

直流励磁机是用于供给发电机励磁的直流发电机。其转子一般都与发电机处在同一根主轴上，由同一原动机带动，发出的直流电经调节、控制电路输入发电机转子绕组。直流励磁机有自励式和他励式两种。他励式需另设同轴的副励磁机。直流励磁机运行可靠，便于调节，但由于存在整流环，功率过大时制造困难，一般只在单机容量 100MW 以下机组上采用。

图 7－42 所示为由直流励磁机励磁的发电机励磁系统及其控制回路图。励磁机无附加励磁绕组。该系统中，在自励式励磁机与自动电压调节器的连接方式下，运行中励磁机和调节器共同负担励磁机励磁绕组 LEE 的电流，所以可减少自动电压调节器的容量。该励磁系统

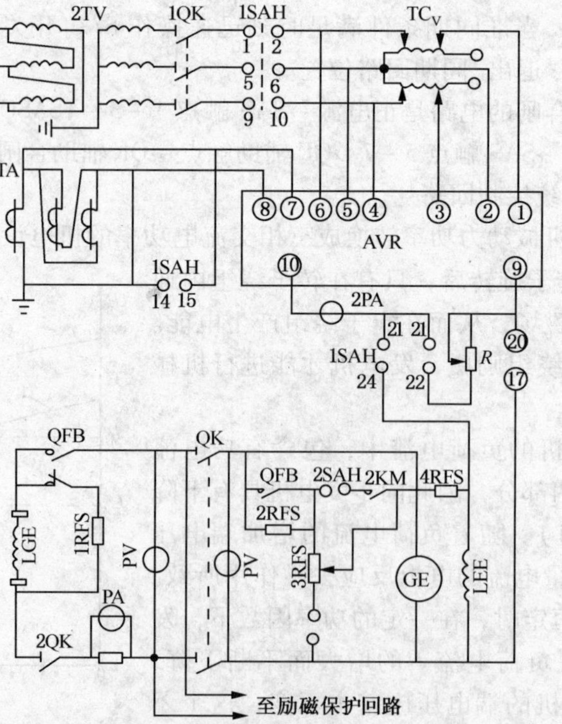

图 7－42　直流励磁机励磁的发电机励磁系统及其控制回路图

分为三部分：①发电机励磁绕组主回路（图 7－42 中粗实线部分）；②与励磁机磁场电阻 3RFS 串连的回路，称手动调节回路，用于手动调节励磁机的励磁电流；③自动电压调节器 AVR 及其输入、输出回路，用于自动调节励磁机的励磁电流。

3. 发电机转子绕组绝缘监视回路

发电机转子绕组发生一点接地故障时，没有电流通过故障点，励磁绕组端电压仍保持正常，发电机可以继续运行。但发生一点接地故障之后，作用于励磁绕组对地绝缘介质上的电压有所升高。对于大型发电机，由于其额定励磁电压较高，在一点接地后继续运行时，易发生第二点接地故障。当转子绕组发生两点接地故障时，由于励磁绕组的部分线圈被短路，使转子磁场发生畸变，大轴力矩不平衡，引起机组的强烈振动，易发生电气和机械事故。同时，由于接地故障点通过很大的短路电流而产生电弧，使转子绕组和铁芯烧坏，甚至造成汽轮机汽缸磁化。因此，对发电机转子绕组应装设一点接地的检查或保护装置和两点接地保护装置。当发生一点接地后，再投入两点接地保护，如果再发生第二点接地，则保护动作跳闸。

对于转子绕组一点接地的监视，有三种不同类型的设备：①手动式转子绕组绝缘监视装置，多用于小容量的它励式发电机；②转子一点接地保护装置，用于较大容量的自并励式发电机；③自动定时绝缘检测装置，用于大容量无刷励磁的发电机。

（1）手动式转子绕组绝缘监测装置

该装置使用的设备为一只电压表和一个转换开关。测试时手动操作转换开关分别测量励磁回路正极和负极对地电压。根据测得的电压表读数来判断励磁绕组的绝缘状况。

（2）转子一点接地保护装置

图 7－43 所示为广泛应用的 ZBZ－2 型转子绕组一点接地保护装置接线图。该保护装置由变压器 TCV、电容器 C1、C2、电流继电器 KE、信号继电器 KS、指示灯 HL、按钮 SB 等器件构成。变压器起电气隔离和降低电压的作用。图中虚线框内为装置壳内设备。

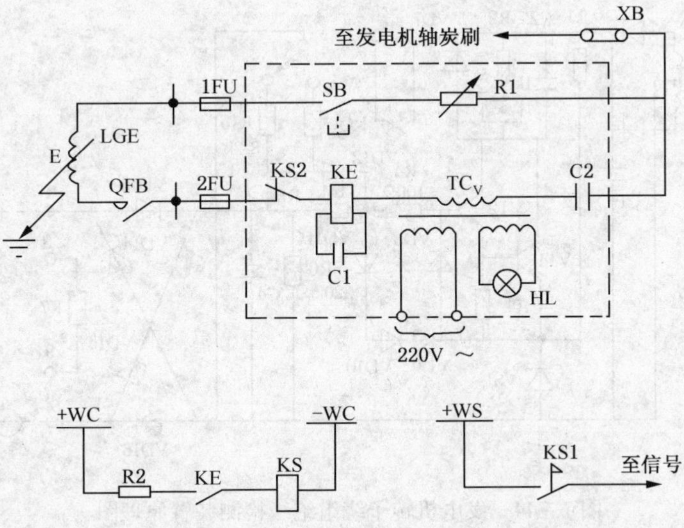

图 7－43　发电机转子一点接地保护（ZBZ－2 型）

正常情况下，转子绕组绝缘良好，变压器 TC_V 二次侧虽有感应电压，但不能构成电流回路，KE 线圈回路无电流通过，保护装置不动作。当转子绕组绝缘破坏并发生一点接地时

(设图 7－43 中 E 点接地)，变压器 TC_V二次侧构成电流回路(电流路径为：TCV 的二次绕组始端→KE 线圈→KS 的动断触点→灭磁开关 QFB 的主触点→转子绕组 LGE→故障点 E→发电机大轴接地点→连接片 XB→电容器 C2→TC_V的二次绕组末端)，使 KE 动作。KE 的动合触点又使 KS 动作，其动合触点 KS1 接通并发出转子一点接地故障信号，其动断触点 KS2 断开了 KE 的线圈电路，防止电流长期通过。

在设备运行中，可利用按钮 SB 检查保护装置是否完好。按下 SB 时，接地保护装置动作并发出信号，表明保护回路完好。

信号灯 HL 用于监视交流电源。

执行元件 KE 是电磁式电流继电器，它有两个并联的动作线圈和两个串连的阻尼线圈。阻尼线圈与电容器 C1 串连，形成延时回路，使继电器动作具有约 0.15s 的延时，以防转子回路发生暂态过程可能引起的误动作。

(3) 自动定时绝缘检测装置

这里介绍与 SWTA 型发电机自动励磁调节器成套应用的转子绕组自动绝缘检测装置作为一实例，说明装置的动作原理及构成原则。该装置由自动检测电路板及检测切换回路组成。电路板装于调节器内，检测切换设备装于调节器辅助屏内。此种发电机转子绕组绝缘检测装置原理图如图 7－44 所示。图中，三极管 VT1、VT2 组成检测器的触发器；两个三极管发射结串联后两端输入触发电压(VT2 的基极与 VT1 的射极)。微型中间继电器串连于两个三极管的集电极电路。降压电阻 R1 为 VS1 的稳压电阻，使 VS1 两端保持恒定电压；二极管 VD8 为三极管的反向电压保护管；二极管 VD9、VD10、VD11 为三极管的正向电压保护管。当转子绕组绝缘良好时，不论是否进行检测，由于触发器的输入电压小于其触发电平，触发器不翻转，VT1、VT2 仍保持截止状态，微型中间继电器 KOU 处于返回位置；当触发器的输入电压等于或大于触发电平时，触发器迅速翻转，VT1、VT2 导通，中间继电器 KOU 动作。

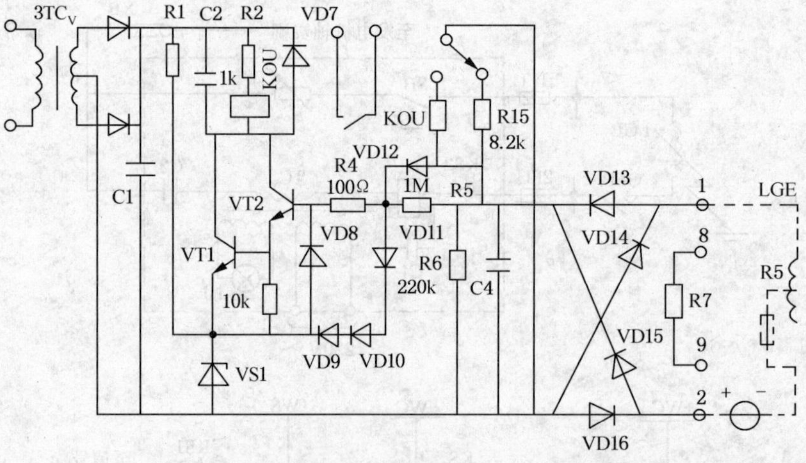

图 7－44　发电机转子绕组绝缘检测装置原理图

进行绝缘测量时，发电机的励磁绕组与直流测试电源串联连接后施于检测装置端子1－2之间。若励磁绕组对地绝缘损坏，相当有一个对地附加电阻 R_s连接于电路中，测试直流电压经 VD15、R15、VD14、部分 LGE 绕组及 R_s形成回路，电路电流在 R15 产生压降，由于

R6 阻值远大于 R15 以电阻回路电流 $I_{R15} \geqslant I_{R6}$。电阻压降 U_{R15} 经 VD12、R4 及 VS11 施于触发器的触发极。当此电压达到触发电平时，触发器翻转，VT1、VT2 由截止变为导通，使检测板出口中间继电器 KOU 动作，其触点发出信号。图 5 – 11 中，检测板选择开关置于 R15 档，对应的面板标准 2mA，表示外加电源测试过程中若励磁绕组对地泄漏电流等于或大于 2mA，R15 上的压降足以使接地检测装置动作。检测板有 10 档选择位置，从 0.1mA 至 10mA 递增选择。

为了对转子绕组进行绝缘检测，在发电机大轴上装设两个检测用滑环，一个与转子绕组连接，另一个与大轴连接。滑环上装有炭刷，其引出线与测试回路相连。为延长炭刷和滑环的使用寿命，炭刷与滑环之间平时不接触，只有在检测时炭刷才与滑环接触。在与 SWTA 型调节器配套使用中，设定为每隔 24h 自动检测一次，每次检测时间为 1min。由于发电机的额定励磁电压较高，当出现外加测试电压与励磁绕组电压反极性串联时，会降低测试灵敏度，所以在测试过程中，需将外加测试电源的极性自动反接后再测试一次。

7.2.6 低压综保典型二次回路

ZEV 系列电动机保护器接线示意图见图 7 – 45。图中 A1、A2 为额定控制电压端子，即通过其接入工作电源。控制器是保护器的核心，线路中的电流通过电流互感器、采样电路进入控制器，对线路可能发生的过载、三相不平衡、断相等故障进行判断；T1、T2 为热敏电阻输入端子，与预埋在电动机绕组中的热敏电阻相连，无论线路中出现何种故障，只要导致绕组发热便会反映到热敏电阻，控制器即可检测到热敏电阻值的变化而做出判断；C1、C2 为接地保护端口，外接零序电流互感器将信号送入控制器。当出现上述故障时，控制器做出

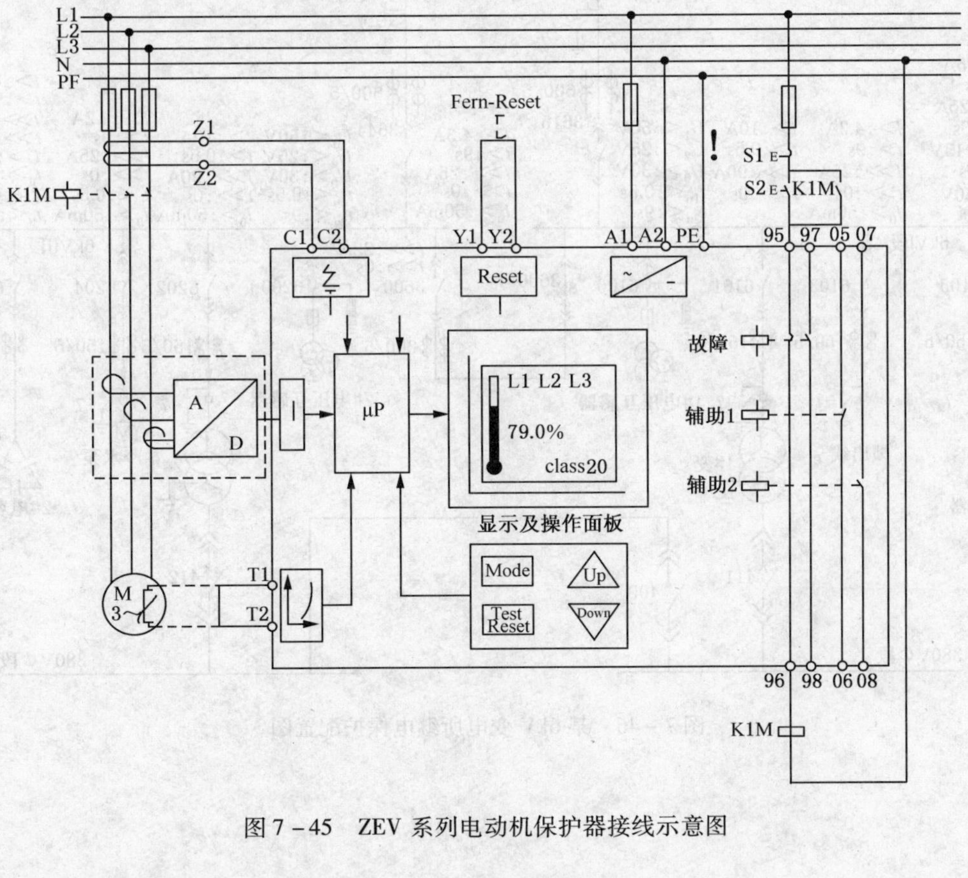

图 7 – 45　ZEV 系列电动机保护器接线示意图

判断并控制相应的输出触点动作，例如发生故障时，触点 95、96 断开，触点 97、98 闭合。05、06、07、08 为可自由定义功能的常闭、常开输出触点，即可由用户自行设定出现何种故障或其他情况时动作。将上述输出触点接入接触器的控制线圈回路或信号灯回路就可实现故障时分断电路或报警；Y1、Y2 为远程或手动复位端子，外接按钮即可在规定的复位时间后按动按钮就地或远距离使保护器复位而重新开始工作(例如接通电路等)。图中还示意了显示器和面板操作按钮，通过面板按钮可对保护器进行额定电流在内的多种参数的设定且通过显示器上观测，报警条件和脱扣延时也可灵活设定。

7.2.7　继电保护配置图

继电保护配置图将电气一次系统主接线与保护配置结合在一起，系统、直观反映电力网中的继电保护配置的地点、种类、定值配合情况等。通过继电保护配置图，可以使我们系统了解电网继电保护的配置情况，有助于在事故情况下迅速准确的判断故障原因。

图 7－46 为某 6kV 变电所的继电保护配置图。图中的符号代表的含义如下：

$I>$——过电流；　　$t>$——过电流延时；
$I\gg$——电流速断；　　$t\gg$——电流速断延时；
$I_0>$——零序过电流；　　$t_0>$——零序过电流延时；
$I_0\gg$——零序电流速断；　　$t_0\gg$——零序电流速断延时；
$U>$——过电压；　　$t_U>$——过电压延时；
$U<$——低电压；　　$t_U<$——低电压延时；

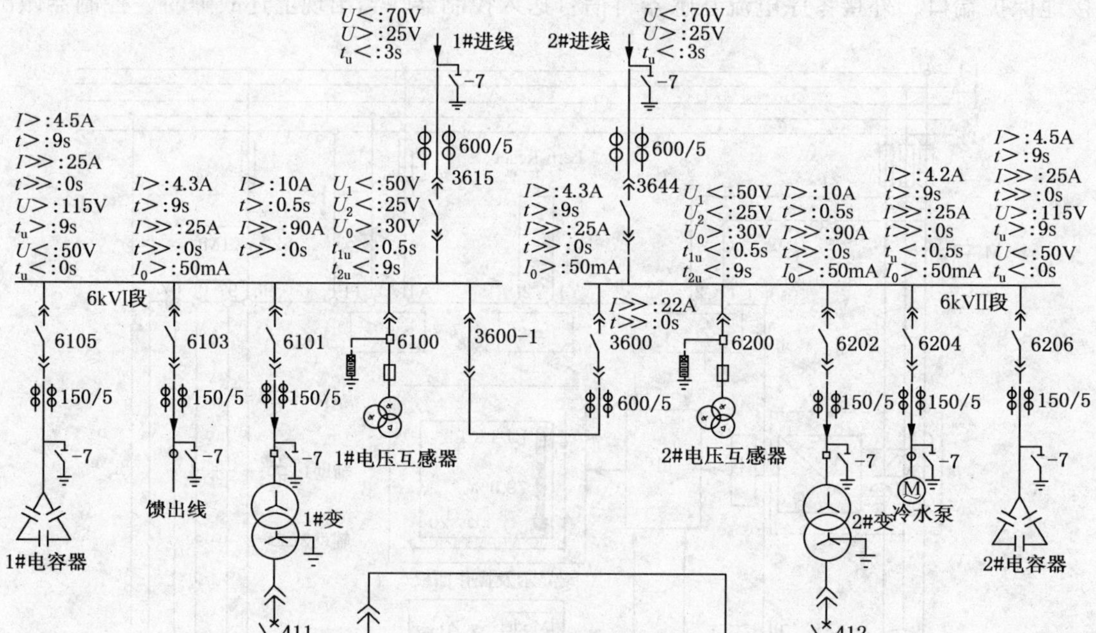

图 7－46　某 6kV 变电所继电保护配置图

7.3 微机保护及变电站综合自动化

7.3.1 微机保护装置的特点及应用

7.3.1.1 微机保护的硬件原理

微机保护系统的硬件一般包括以下三大部分：

（1）模拟量输入系统。也称数据采集系统，包括电压形成、模拟滤波(ALF)、采样保持(S/H)、多路转换(MPX)以及模数转换(A/D)等功能块，完成将模拟输入量准确地转换为所需的数字量。

（2）CPU 主系统。包括微处理器(MPU)、只读存储器(一般用 EPROM)、随机存取存储器(RAM)以及定时器等。MPU 执行存放在 EPROM 中的程序，对由数据采集系统输入至 RAM 区的原始数据进行分析处理，以完成各种继电保护的功能。

（3）开关量(或数字量)输入/输出系统。由若干并行接口适配器(PIA 或 PIO)、光电隔离器件及有接点的中间继电器等组成，以完成各种保护的出口跳闸、信号警报，外部接点输入及人机对话等功能。

微机保护的硬件可参见图 7－47 所示。

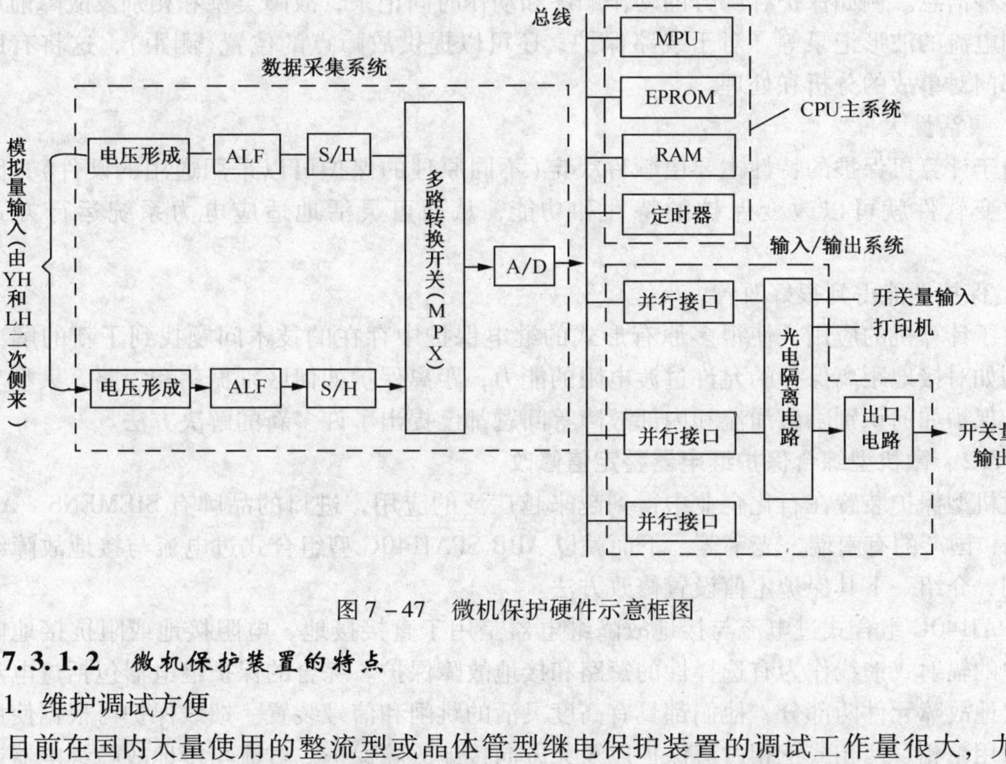

图 7－47 微机保护硬件示意框图

7.3.1.2 微机保护装置的特点

1. 维护调试方便

目前在国内大量使用的整流型或晶体管型继电保护装置的调试工作量很大，尤其是一些复杂的保护，例如超高压线路的保护设备，调试一套保护常常需要一周，甚至更长的时间。究其原因，这类保护装置都是布线逻辑的，保护的每一种功能都由相应的硬件器件和连线来实现。为确认保护装置是否完好，就需要把所具备的各种功能都通过模拟试验来校核一遍。微机型保护则不同，它的硬件是一台计算机，各种复杂的功能是由相应的软件(程序)来实现的。换言之，它是用一个只会做几种单调的、简单操作(如读数，写数以及简单的运算)的硬件，配以软件，把许多简单操作组合而完成各种复杂功能的，因而只要用几个简单的操作就可以检验微机的硬件是否完好。或者说如果微机硬件有故障，将会立即表现出来。如果硬件完好，对于已成熟的软件，只要程序和设计时一样(这很容易检查)，就必然会达到设计的要求，用不着逐台做各种模拟试验来检验每一种功能是否正确。实际上如果经检查，程序和设计时的完全一样，就相当于布线逻辑的保护装置的各种功能已被检查完毕。微机型保护装置具有自诊断功能，对硬件各部分和存放在EPROM中的程序不断地进行自动检测，一旦发现异常就会发出警报。通常只要给上电源后没有警报，就可确认装置是完好的。所以，对微机保护装置可以说几乎不用调试，从而可大大减轻运行维护的工作量。

2. 可靠性高

计算机在程序指挥下，有极强的综合分析和判断能力，因而它可以实现常规保护很难办到的自动纠错，即自动地识别和排除干扰，防止由于干扰而造成误动作。另外，它有自诊断能力，能够自动检测出本身硬件的异常部分，配合多重化可以有效地防止拒动，因此可靠性很高。

3. 易于获得附加功能

应用微型计算机后，如果配置一个打印机，或者其他显示设备，可以在系统发生故障后提供多种信息。例如保护各部分的动作顺序和动作时间记录，故障类型和相别及故障前后电压的和电流的波形记录等。对于线路保护，还可以提供故障点的位置(测距)，这将有助于运行部门对事故的分析和处理。

4. 灵活性大

由于计算机保护的特性主要由软件决定(不同原理的保护可以采用通用的硬件)，因此只要改变软件就可以改变保护的特性和功能，从而可灵活地适应电力系统运行方式的变化。

5. 保护性能得到很好改善

由于计算机的应用，使很多原有形式的继电保护中存在的技术问题找到了新的解决办法。例如对接地距离保护的允许过渡电阻的能力，距离保护如何区别振荡和短路，大型变压器差动保护如何识别励磁涌流和内部故障等问题都已提出了许多新的解决方法。

7.3.2 微机型综合保护继电器整定值修改

微机型保护装置在石化企业中得到越来越广泛的应用，进口的品牌有SIEMENS、ABB、SEL等，国产的有南瑞、光宇等。下面就以ABB SPAJ140C型组合式过电流与接地故障继电器为例，介绍一下其保护定值设置修改方法。

SPAJ140C组合式过电流与接地故障继电器是用于直接接地、电阻接地或阻抗接地电力系统中的辐射式馈线作为有选择性的短路和接地故障保护。综合的保护继电器包括过电流元件和接地故障元件两部分，他们都具有高度灵活的跳闸和信号装置。馈线保护可根据使用要求，采用单相、两相或三相过流保护以及无方向接地故障保护。过流与接地故障继电器还包含有断路器失灵保护。

7.3.2.1 开关组设定

如图7-48所示，通过对启动、跳闸、控制和闭锁信号进行编程，从而得到所需的保护功能。闭锁信号和启动信号的功能由开关组SGF、SGB和SGR的开关来选择。各开关组的功能如表7-8、表7-9、表7-10所示。

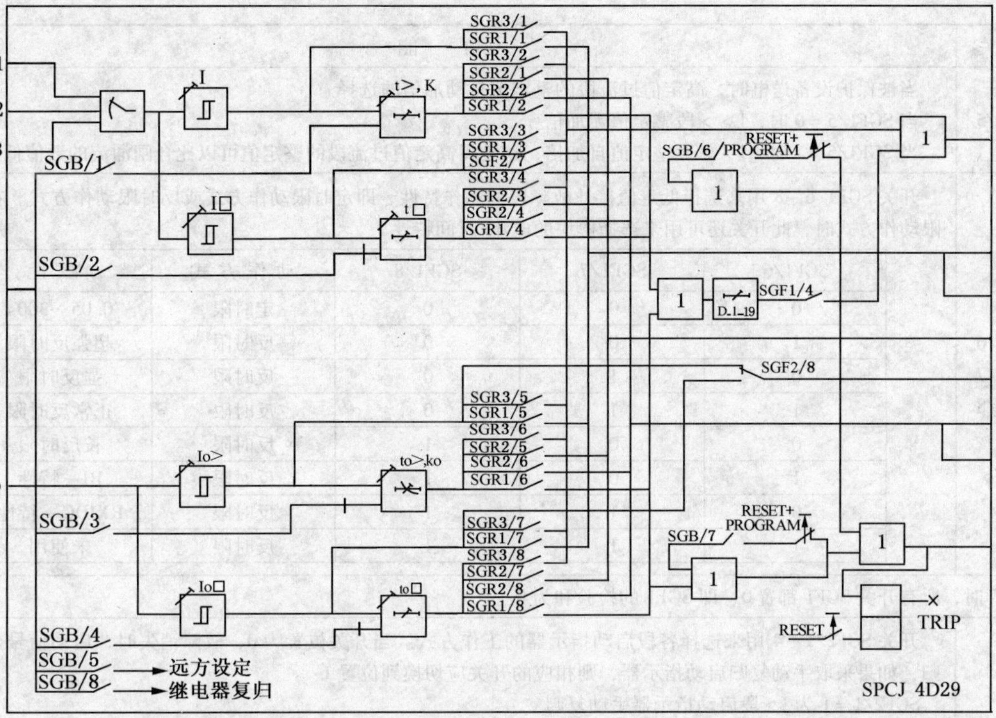

图 7-48　SPCJ 4D29 过流模块方框图

IL1，IL2，IL3—测量相电流；I0—测量零序电流；BS—外部闭锁或复归信号；

SGF1～2—面板编程开关组 SGF；SGB—面板编程开关组 SGB；SGR1～3—面板编程开关组 SGR；

TS1—启动信号或辅助跳闸信号，取决于 SGR3 开关的编程；SS1—启动信号，由开关组 SGR1 选择段别；

SS2—启动信号 1，由开关组 SGF2 选择段别；SS3—启动信号 2，由开关组 SGF1 选择段别；

TS2—从各段输出的跳闸信号由开关组 SGR1 选择段别；AR1，AR2，AR3—外部自动重合闸单元的启动信号；

TRIP—红色跳闸指示灯

表 7-8　开关组 SGF 的功能

开　关	功　能
SGF1/1 SGF1/2 SGF1/3	开关用 SGF1/1～3 用来选择低定值过流段动作特性，即定时限动作方式或反时限动作方式。在反时限动作方式时，此开关还可用来选择模块的电流/时间特性。 <table><tr><td>SGF1/1</td><td>SGF1/2</td><td>SGF1/3</td><td>动 作 方 式</td><td>特　性</td></tr><tr><td>0</td><td>0</td><td>0</td><td>定时限</td><td>0.05…300s</td></tr><tr><td>1</td><td>0</td><td>0</td><td>反时限</td><td>超强反时限</td></tr><tr><td>0</td><td>1</td><td>0</td><td>反时限</td><td>强反时限</td></tr><tr><td>1</td><td>1</td><td>0</td><td>反时限</td><td>正常反时限</td></tr><tr><td>0</td><td>0</td><td>1</td><td>反时限</td><td>长反时限</td></tr><tr><td>1</td><td>0</td><td>1</td><td>反时限</td><td>RI-特性</td></tr><tr><td>0</td><td>1</td><td>1</td><td>反时限</td><td>RXIDG-特性</td></tr><tr><td>1</td><td>1</td><td>1</td><td>反时限</td><td>未使用</td></tr></table>
SGF1/4	断路器失灵保护 当 SGF1/4＝1 时，跳闸信号 TS2 启动一个延时器，如故障一直未消除，它将产生一个延时 150ms 的跳闸信号 TS1 当 SGF1/4＝0 时，只有跳闸信号 TS2 有效

续表

<table>
<tr><th>开关</th><th>功能</th></tr>
<tr><td>SGF1/5</td><td>当被保护设备送电时，高定值过流段的整定值自动加倍的选择
当 SGF1/5 =0 时，I > >段整定值无加倍
当 SGF1/5 =1 时，I > >段整定值自加倍，这使得高定值过流段的整定值可以比合闸涌流的数值低</td></tr>
<tr><td>SGF1/6
SGF1/7
SGF1/8</td><td>开关 SGF1/6 ~8 用来选择低定值接地故障段的动作特性，即定时限动作方式或反时限动作方式。在反时限动作方式时，此开关还可用来选择模块的电流/时间特性
<table>
<tr><th>SGF1/6</th><th>SGF1/7</th><th>SGF1/8</th><th>动作方式</th><th>特性</th></tr>
<tr><td>0</td><td>0</td><td>0</td><td>定时限</td><td>0.05…300s</td></tr>
<tr><td>1</td><td>0</td><td>0</td><td>反时限</td><td>超强反时限</td></tr>
<tr><td>0</td><td>1</td><td>0</td><td>反时限</td><td>强反时限</td></tr>
<tr><td>1</td><td>1</td><td>0</td><td>反时限</td><td>正常反时限</td></tr>
<tr><td>0</td><td>0</td><td>1</td><td>反时限</td><td>长反时限</td></tr>
<tr><td>1</td><td>0</td><td>1</td><td>反时限</td><td>RI - 特性</td></tr>
<tr><td>0</td><td>1</td><td>1</td><td>反时限</td><td>RXIDG - 特性</td></tr>
<tr><td>1</td><td>1</td><td>1</td><td>反时限</td><td>未使用</td></tr>
</table></td></tr>
<tr><td colspan="2">出厂时，所有开关 SGF1 都置 0，即 SGF1 的检验和为 0</td></tr>
<tr><td>SGF2/1</td><td>开关 SGF2/1 ~4 用来选择各段启动指示器的工作方式。当开关位置为 0，故障消失时，启动信号全部复归，如果采取手动复归启动指示器，则相应的开关应切换到位置 1：
SGF2/1 =1 为 I >段启动指示器手动复归
SGF2/2 =1 为 I > >段启动指示器手动复归
SGF2/3 =1 为 I_0段启动指示器手动复归
SGF2/4 =1 为 I_0 > >段启动指示器手动复归</td></tr>
<tr><td>SGF2/5</td><td>这个开关用来选择 I≫段的高定值瞬时动作退出工作
当 SGF2/5 =0 时，I > >高定值段投入工作
当 SGF2/5 =1 时，I > >高定值段被闭锁并显示“- - -”</td></tr>
<tr><td>SGF2/6</td><td>这个开关用来选择 I_0 > >段的高定值瞬时动作退出工作
当 SGF2/6 =0 时，I_0 > >高定值段投入工作
当 SGF2/6 =1 时，I_0 > >高定值段被闭锁并显示“- - -”</td></tr>
<tr><td>SGF2/7</td><td>由过流高定值 I > >段启动信号驱动自动重合闸输出信号 AR1
当 SGF2/7 =1 时，由 I > >段启动信号控制 AR1
注意！输出 AR1 和 SS3 是互接信号，并带相同位置信号。所以，如 AR1 用于启动重合闸功能，SS3 就不能作其他用途使用
当 SGF2/7 =0 时，I > >段启动信号对 AR1 或 SS3 无影响。这样 SS3 输出信号可作其他用途</td></tr>
<tr><td>SGF2/8</td><td>I_0 >段或 I_0 > >段的启动信号驱动自动重合闸输出信号 AR3
当 SGF2/8 =0 时，由 I_0 >段的启动信号控制 AR3
当 SGF2/8 =1 时，由 I_0 > >段的启动信号控制 AR3</td></tr>
</table>

出厂时，所有 SGF2 开关都置于 0，即 SGF2 的检验和为 0。

表 7 - 9　闭锁或控制输出开关组 SGB 的功能

<table>
<tr><th>开关</th><th>功能</th></tr>
<tr><td>SGB/1
SGB/2
SGB/3
SGB/4</td><td>开关用 SGB/1 ~4 开关是用于外部控制信号 BS 来闭锁模块的一个或多个电流段。所有开关在位置 0 时，各段都无闭锁
SGB/1 =1 时，用输入信号 BS 闭锁 I >段；
SGB/2 =1 时，用输入信号 BS 闭锁 I > >段；
SGB/3 =1 时，用输入信号 BS 闭锁 I_0 >段；
SGB/4 =1 时，用输入信号 BS 闭锁 I_0 > >段</td></tr>
</table>

续表

开 关	功 能
SGB/5	即使没有串行通讯的条件下，本开关仍可用外部控制信号 BS，把主整定值切换到第二整定值，或作相反的切换 当 SGB/5 = 0 时，整定值不能由远方信号控制，它们只能由串行通讯来控制 当 SGB/5 = 1 时，整定值可以远方控制，即可以用串行通讯方式，也可以由外部输入信号来控制，对于后一种情况，当输入信号无控制电压时，为强制设定主整定值，当输入信号有控制电压时，为强制设定第二整定值 注意！不论使用主整定值或第二整定值时，必须注意在使用这两种整定值时，开关 SGB/5 都应保持在相同的位置，否则，当通过接点或串行通讯切换整定值时会发生矛盾
SGB/6	过流故障跳闸信号 TS2 的自保持功能的选择； 当 SGB/6 = 0 时，当引启动作的测量信号下降到启动值以下时，跳闸信号返回到初始状态(输出继电器返回)； 当 SGB/6 = 1 时，尽管测量信号下降到启动值以下，跳闸信号仍保持(输出继电器动作)，然后必须同时按“RESET”和“PROGRAM”按钮复归启动信号
SGB/7	接地故障跳闸信号 TS2 的自保持功能的选择； 当 SGB/7 = 0 时，当引启动作的测量信号下降到启动值以下时，跳闸信号返回到初始状态(输出继电器返回)； 当 SGB/7 = 1 时，尽管测量信号下降到启动值以下，跳闸信号仍保持(输出继电器动作)，然后必须同时按“RESET”和“PROGRAM”按钮复归启动信号
SGB/8	远方解除输出继电器的自保持； 当使用 SGB/6 或 SGB/7 选择输出继电器的自保持方式时，若将 SGB/8 置 1，则可通过控制输入信号 BS 进行遥控继电器复归
出厂时，所有开关 SGB 都置 0，即 SGB 的检验和为 0	

表 7-10　输出继电器矩阵开关组 SGR1，SGR2 和 SGR3

开 关	功 能	工厂设定	检验和数值
SGR1 SGR2 SGR3	开关组 SGR1 的开关是用来选择驱动启动信号输出 SS1 及跳闸信号输出 TS2 的保护段 开关组 SGR2 的开关用来设置各保护段的跳闸信号，有 SS2 和 SS3 两个输出口与信号连接 开关组 SGR3 的开关用来设置启动及调闸信号，接到启动或辅助跳闸输出 TS1 注意！如果开关 SGF1/4 选择了断路器失灵保护时，就要同时使用输出信号 TS1		
开 关	功 能	工厂设定	检验和数值
SGR1/1	SGR1/1 = 1 时，I > 段启动信号接到 SS1；	1	1
SGR1/2	SGR1/2 = 1 时，I > 段跳闸信号接到 TS2；	1	2
SGR1/3	SGR1/3 = 1 时，I > > 段启动信号接到 SS1；	0	4
SGR1/4	SGR1/4 = 1 时，I > > 段跳闸信号接到 TS2；	1	8
SGR1/5	SGR1/5 = 1 时，I_0 > 段启动信号接到 SS1；	0	16
SGR1/6	SGR1/6 = 1 时，I_0 > 段跳闸信号接到 TS2；	1	32
SGR1/7	SGR1/7 = 1 时，I_0 > > 段启动信号接到 SS1；	0	64
SGR1/8	SGR1/8 = 1 时，I_0 > > 段跳闸信号接到 TS2	1	128
开关组 SGR1 的工厂设定值的检验和为			171
SGR2/1	SGR2/1 = 1 时，I > 段启动信号接到 SS2；	1	1
SGR2/2	SGR2/2 = 1 时，I > 段启动信号接到 SS3；	0	2
SGR2/3	SGR2/3 = 1 时，I > > 段启动信号接到 SS2；	1	4
SGR2/4	SGR2/4 = 1 时，I > > 段启动信号接到 SS3；	0	8
SGR2/5	SGR2/5 = 1 时，I_0 > 段启动信号接到 SS2；	0	16
SGR2/6	SGR2/6 = 1 时，I_0 > 段启动信号接到 SS3；	1	32
SGR2/7	SGR2/7 = 1 时，I_0 > > 段启动信号接到 SS2；	0	64
SGR2/8	SGR2/8 = 1 时，I_0 > > 段启动信号接到 SS3	1	128

续表

开　关	功　能	工厂设定	检验和数值
开关组 SGR1 的工厂设定值的检验和为			165
SGR3/1	SGR3/1 = 1 时，I > 段启动信号接到 TS1；	0	1
SGR3/2	SGR3/2 = 1 时，I > 段跳闸信号接到 TS1；	0	2
SGR3/3	SGR3/3 = 1 时，I > > 段启动信号接到 TS1；	0	4
SGR3/4	SGR3/4 = 1 时，I > > 段跳闸信号接到 TS1；	0	8
SGR3/5	SGR3/5 = 1 时，I_0 > 段启动信号接到 TS1；	0	16
SGR3/6	SGR3/6 = 1 时，I_0 > 段跳闸信号接到 TS1；	0	32
SGR3/7	SGR3/7 = 1 时，I_0 > > 段启动信号接到 TS1；	0	64
SGR3/8	SGR3/8 = 1 时，I_0 > > 段跳闸信号接到 TS1	0	128
开关组 SGR3 的工厂设定值的检验和为			0

7.3.2.2 定值的调整

动作值和动作时间等主要通过继电器模块面板上的按钮和显示来整定的。每项整定有各自的指示器，当某整定值在显示器上显示时，其相应的指示器发光。SPCJ 4D29 的面板如图 7－49 所示。除了整定的主要数据外，大部分 D 型模块还允许整定第二套数据，储存在模块的存储器中。整个继电器可以通过串行通讯总线发一简单指令，使主定值转到第二定值，或者反过来。

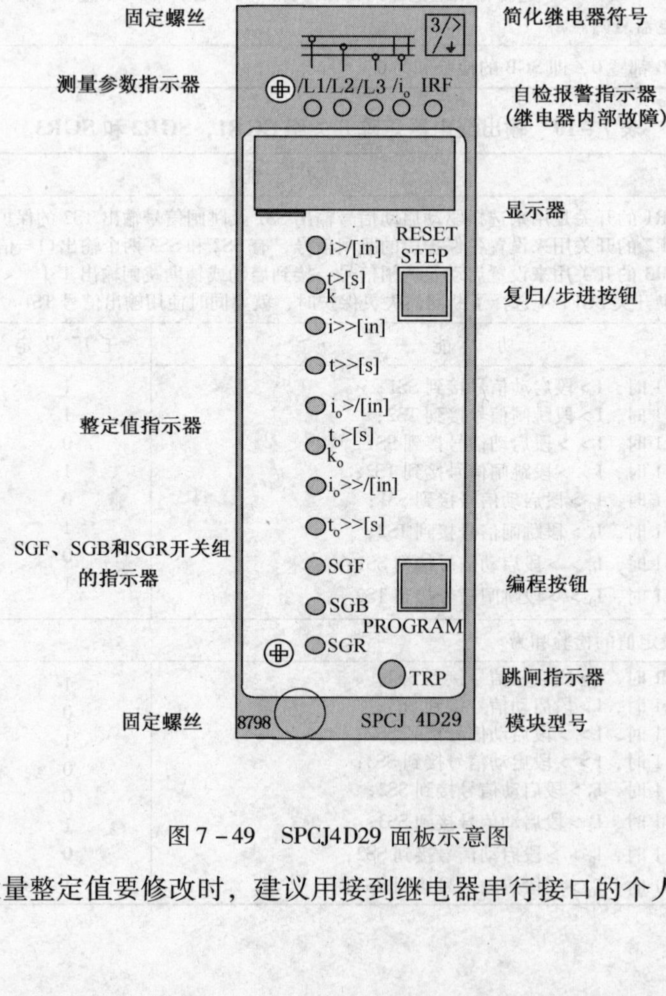

图 7－49　SPCJ4D29 面板示意图

通常，当有大量整定值要修改时，建议用接到继电器串行接口的个人电脑来整定，如果没有电脑或所需软件，或所要改变的整定值不多则可按下面说明的步骤进行。

主菜单与子菜单的寄存器包含了所有被整定的参数。整定是在“整定方式”下进行的，可以通过按“PROGRAM”按钮进入主菜单或子菜单，直至整个读数开始闪烁，这表示改变之前的整定值。按“PROGRAM”按钮依编程顺序向前移动一步，首先最右边的数字开始闪烁，其他数字的显示是稳定的，闪烁的数字可以用“STEP”按钮来整定。使用“PROGRAM”按钮使闪烁的标志在数字之间移动，在每个位置再用“STEP”按钮进行整定。所有数位都整定好后，把小数点移到正确位置，即最后整定位置。此时整个显示都闪烁，表明数据已准备好可以存储。同时按“PROGRAM”和“STEP”按钮，将数据存储到存储器中。再新的整定值已被存储之前从整定方式返回，新的定值不起作用，老的定值仍然有效。另外，任何试图把整定值设定在允许限值以外时，结果将是把新的整定值取消而保留以前的定值。按“PROGRAM”按钮直到显示器上绿色数字停止闪烁，就可从整定方式返回主菜单或某一子菜单。

在任何就地通过面板上的按钮和显示器进入人机对话期间，“5min 退出“的功能一直起作用。所以，如果 5min 内没有再按按钮，继电器将自动返回到正常状态，这意味着当我们不再去触动继电器时，其显示将关闭，继电器从显示方式、编程循环或任何正在进行的循环退出，这是解决当用户不懂得如何使用的一种方便的方法。

在继电器插入保护模块之前，应确保模块已设置正确整定值。如有怀疑，应用备用继电器单元读出有关定值或将继电器跳闸回路断开。如上述方法不可行时，可同时按下“PROGRAM”按钮并对保护模块充电，使继电器置于非跳闸状态。显示器亮三条短划“－－－”表示非跳闸状态。此时，继电器可避免不必要跳闸，其整定值亦可检查。在进入主菜单的黑色显示位置后 10s 或在 5min 时限过后，继电器自动进入正常运行状态。

7.3.2.3 菜单结构及进入方式

进入不同菜单方式的基本原则如图 7－50 所示，通过按压“PROGRAM”和“STEP”按钮

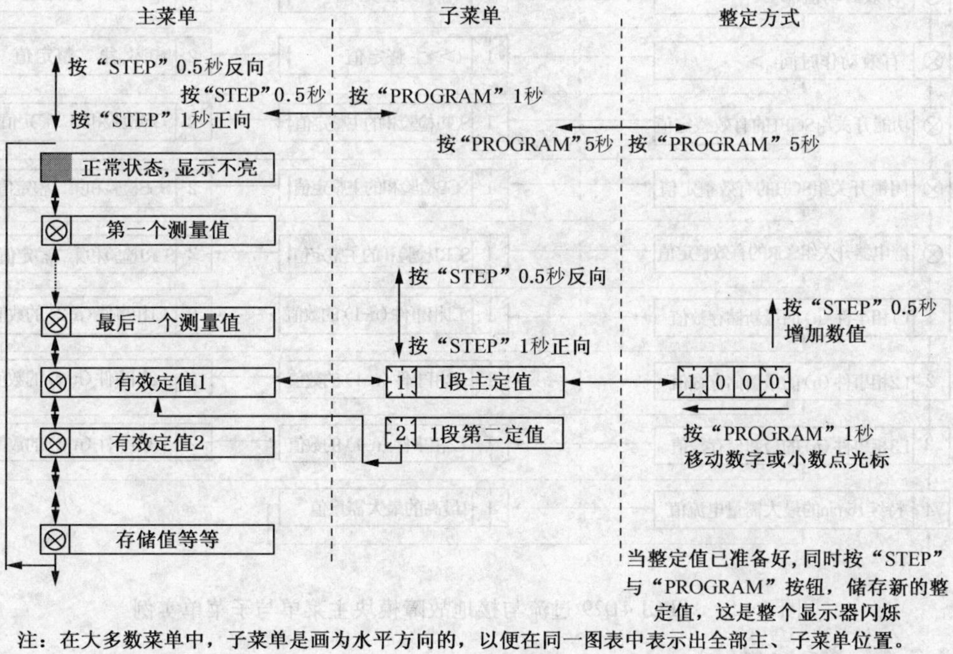

注：在大多数菜单中，子菜单是画为水平方向的，以便在同一图表中表示出全部主、子菜单位置。

图 7－50　菜单操作示意图

的时间长短，来进入不同的菜单、模式及定值修改。

SPCJ 4D29 型过流与接地故障模块的整定菜单结构如图 7－51 所示。

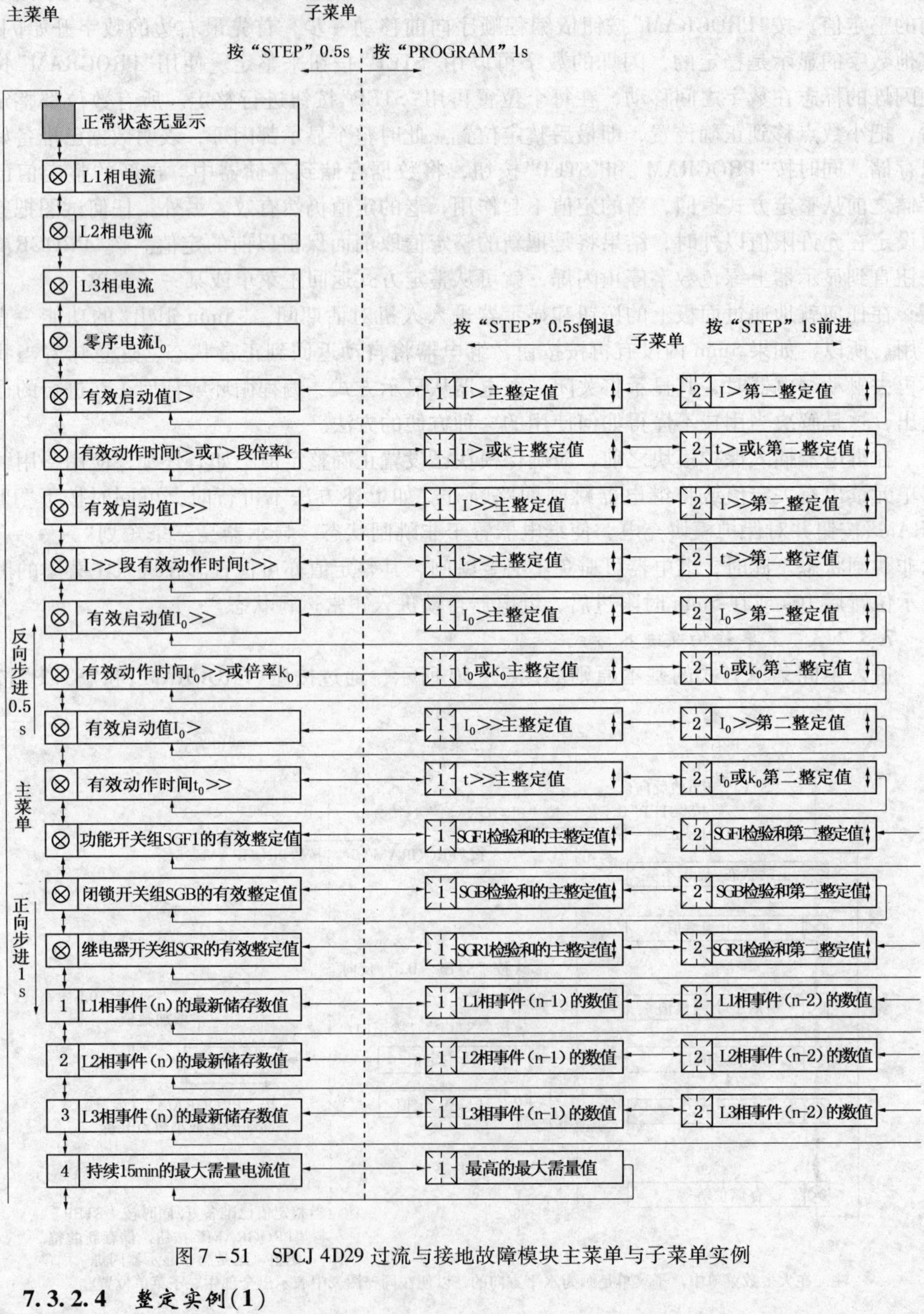

图 7－51　SPCJ 4D29 过流与接地故障模块主菜单与子菜单实例

7.3.2.4　整定实例(1)

在整定方式下操作，继电器模块的开关组 SGF1 检验和的主整定值的手动整定。检验和的初始值是000，现要求开关SGF1/1和SGF1/3要设定在位置1，这意味着检验和最终结果应为005。

（1）按“STEP”按钮直到靠近SGF的发光二极管LED亮，检验和出现在显示器。

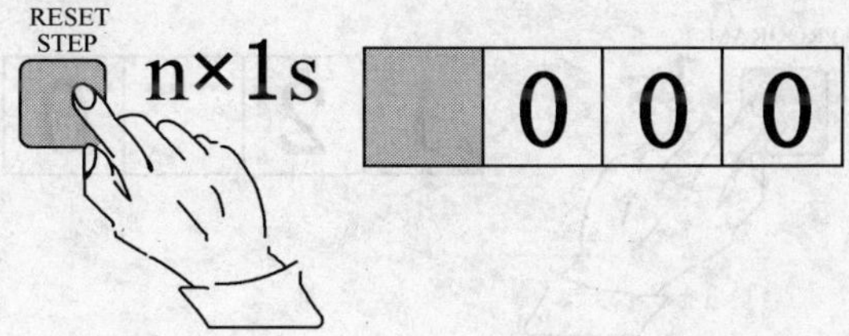

（2）按住“PROGRAM”按钮1s以上再放开，进入子菜单得到SGF1的主检验和。现在第一位红色号码1闪烁，表示为子菜单的第一位置，绿色数字显示检验和。

（3）按住“PROGRAM”按钮5s，直到显示器开始闪烁，表示进入整定方式。

（4）再按一次“PROGRAM”按钮得到第一个开关的位置，显示器第一位数字现在就表示开关编号，最右边的数字表示开关位置。

（5）开关位置可用“STEP”按钮在1和0两者之间选择，把开关位置设置于所要求的位置1。

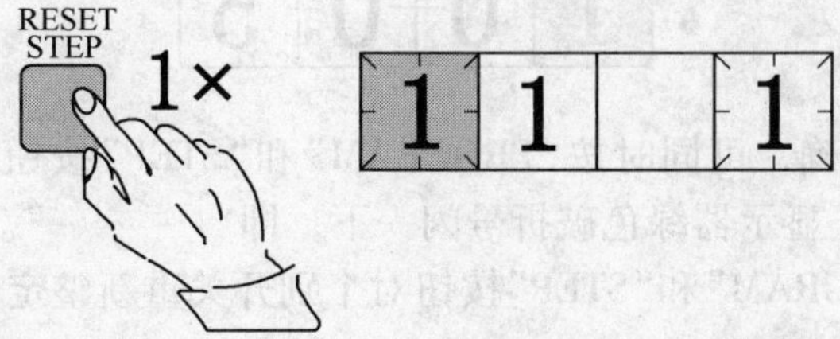

(6) 当开关编号“1”已在要求的位置，就可按“PROGRAM”按钮 1 秒钟，调出 2 号开关。如同步骤 5，开关位置可用“STEP”按钮来改变，如 SGF1/2 要求整定为 0，我们保留它在原位。

(7) 开关 SGF1/3 和步骤 6 一样，由按“PROGRAM”按钮 1s 来调出。

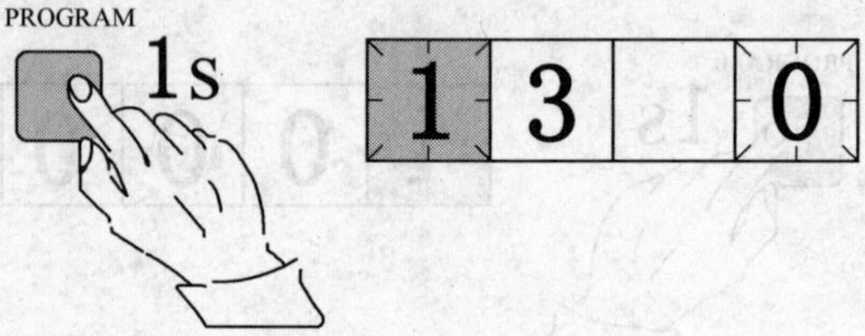

(8) 开关位置要改变到位置“1”，可按一次“STEP”按钮。

(9) 用同样步骤将全部开关 SGF1/1 ~ 8 调出，对应本例的要求，它们都保留在位置 0。

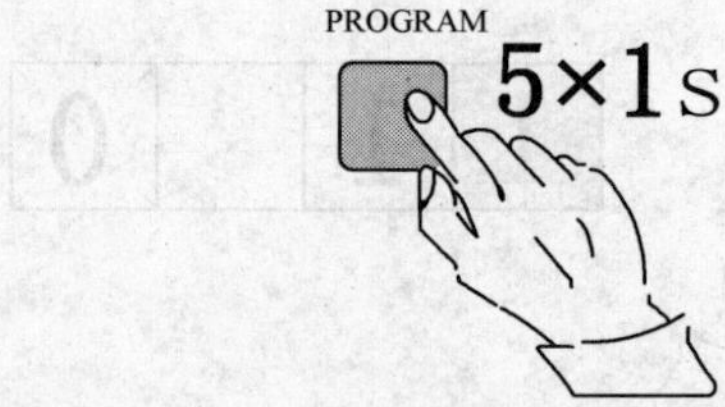

(10) 在最后的整定方式位置，相当于步骤 3，表示对应整定开关位置的检验和。

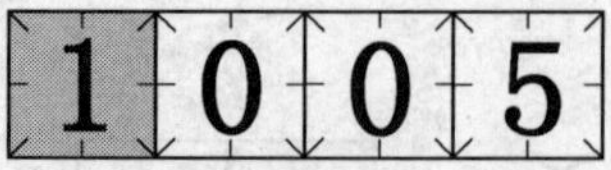

(11) 如检验和已正确，可同时按“PROGRAM”和“STEP”按钮，将其储存到存储器中。在信息存入存储器瞬间，显示器绿色破折号闪一下，即“1 - - -”。如果检验和不正确，可从步骤 4 开始，用“PROGRAM”和“STEP”按钮对个别开关重新整定。

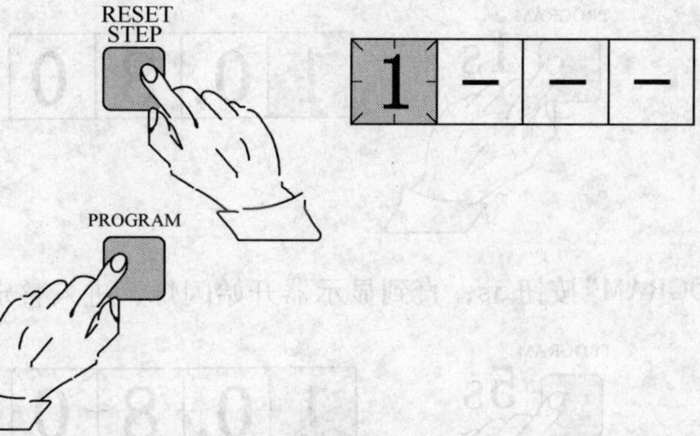

（12）储存新值后将自动地从整定方式返回到正常菜单。如果不存储，在任何时候都可按“PROGRAM”按钮5s，直到绿色显示数字停止闪烁，使其离开整定方式。

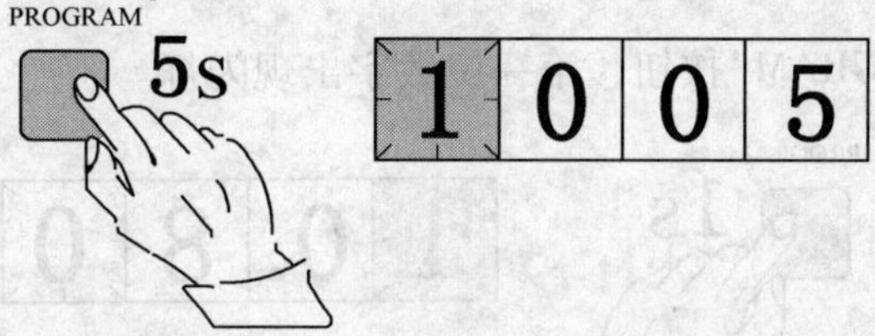

（13）所需求的数值存储之后，可按“STEP”按钮直到第一位数字熄灭，返回到主菜单。SGF发光二极管依然亮着，表示仍在SGF位置，而显示器上表示当前保护使用的SGF1的新检验和。

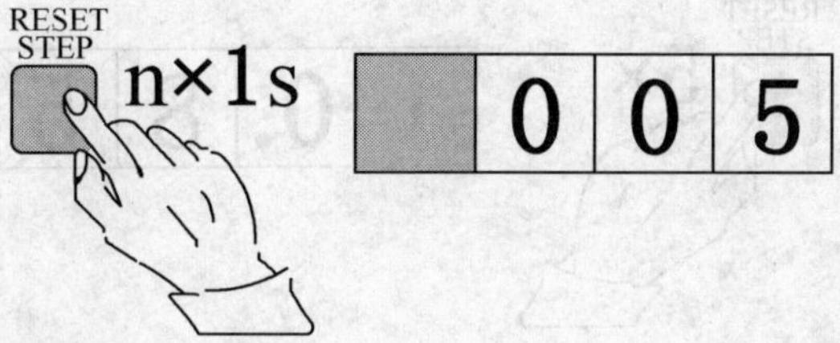

7.3.2.5　整定实例(2)

在整定方式下操作，继电器模块的过流启动值I >的主整定值的人工整定。主整定值的初始值是$0.8\times I_n$，第二整定值的初始值是$1.00\times I_n$，现要求主启动整定值改为$1.05\times \times I_n$。

（1）反复按“STEP”按钮直到靠近I >的发光二极管LED亮，显示器上出现电流启动值。

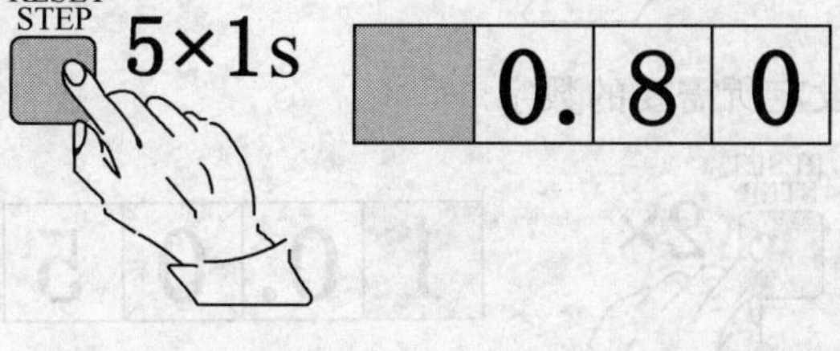

（2）按住“PROGRAM”按钮1s以上再放开，进入子菜单取得主整定值。红色号码1即显示并闪烁，表示为第一子菜单位置，绿色数字表示整定值。

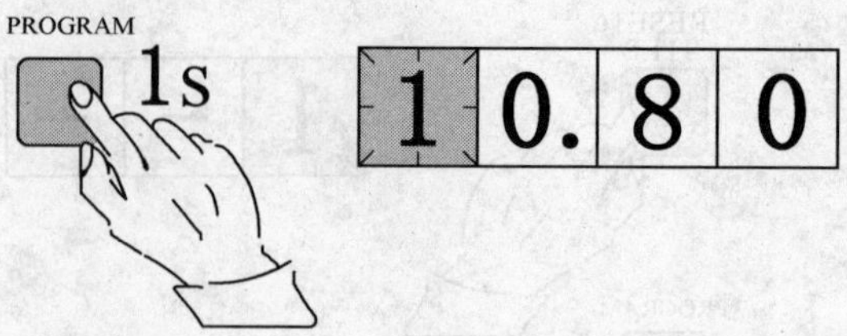

（3）按住“PROGRAM”按钮 5s，直到显示器开始闪烁，进入整定方式。

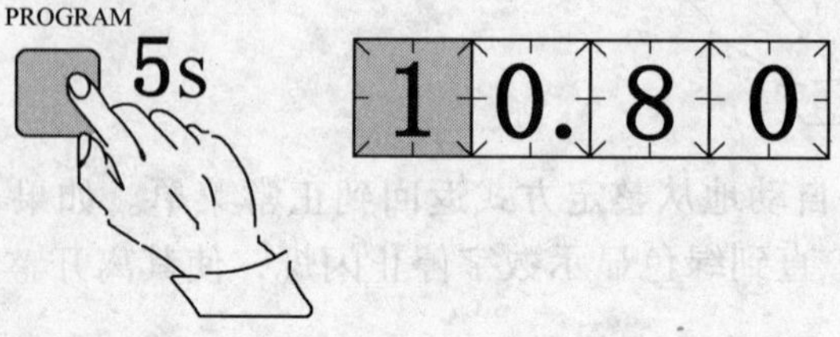

（4）再按一次“PROGRAM”按钮，第一位数字出现闪烁。

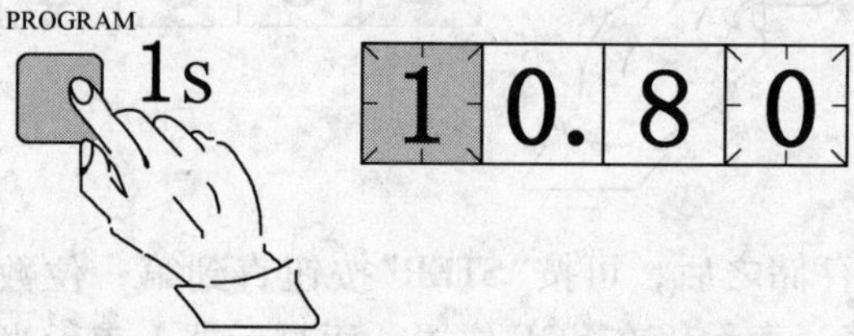

（5）现在这位数字就可以改变了，用“STEP”按钮设定所需要的数字。

（6）按“PROGRAM”按钮，使中间一位绿色数字闪烁。

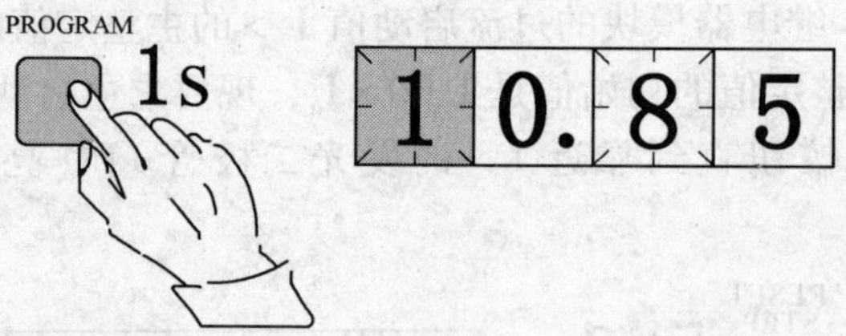

（7）用“STEP”按钮设定所需要的数字。

（8）按“PROGRAM”按钮，使最左边一位绿色数字闪烁。

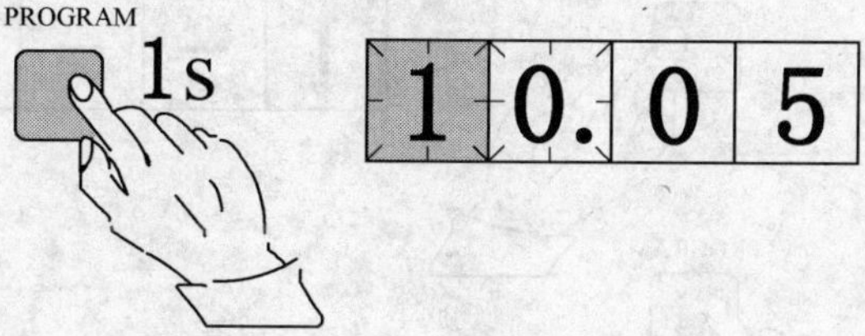

（9）用“STEP”按钮设定该位数字。

（10）按“PROGRAM”按钮，使小数点闪烁。

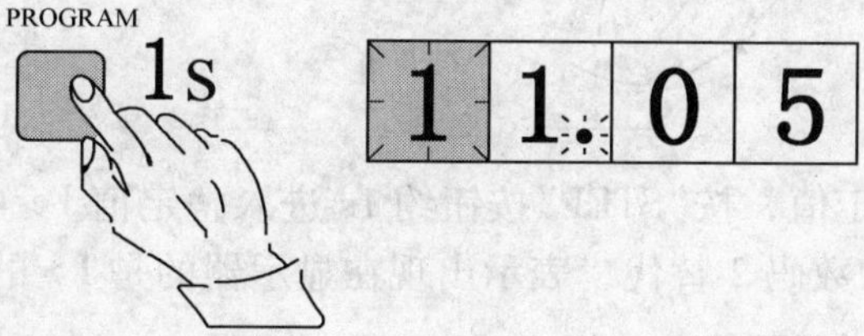

（11）若需要时，用“STEP”按钮移动小数点。

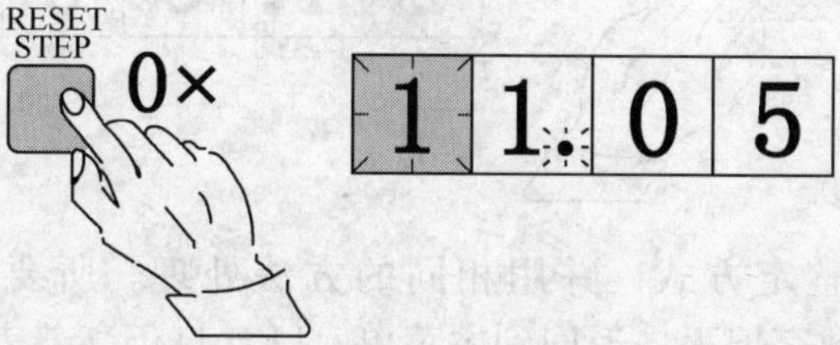

（12）按“PROGRAM”按钮，使整个显示闪烁。在这个状态相当于上述步骤 3 状态，能在存储之前看一下新的值。如果需要改变这个值，可用“PROGRAM”按钮来改变不正确的数字。

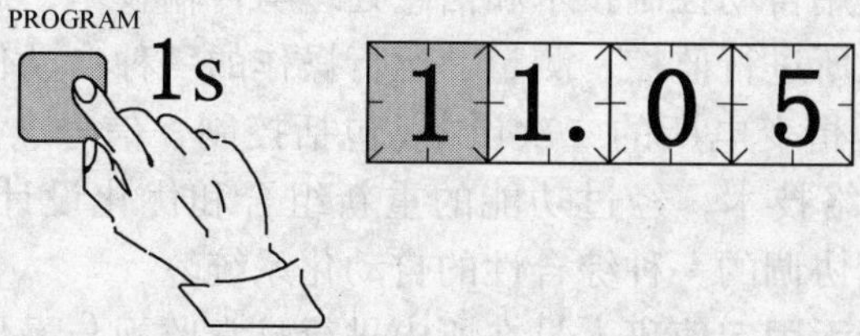

（13）当新定值已修改好了，可同时按下“PROGRAM”和“STEP”按钮，所需求的数值存储之后，可按直到将其储存到继电器模块的存储器中。在信息输入储存器瞬间，显示器绿色破折号闪一下，即 1 – – –。

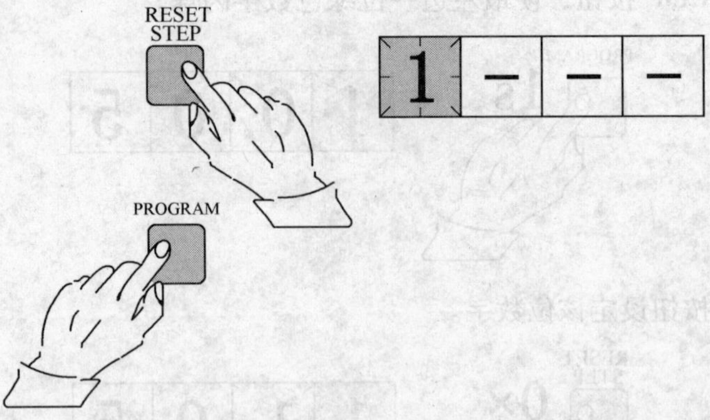

(14) 新值储存后自动地从整定方式返回到正常子菜单。如果不要存储，在存储前任何时候都可按“PROGRAM”按钮约5s，直到绿色显示数字停止闪烁，使其离开整定方式。

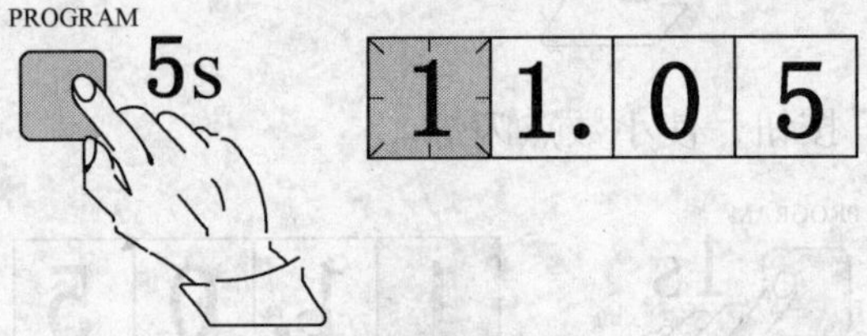

(15) 如果改变第二定值，按“STEP”按钮约1s进入整定值I>的子菜单位置2，闪烁的位置指示器1将被闪烁的数码2替代，表示出现在显示器的是I>的第二整定值。

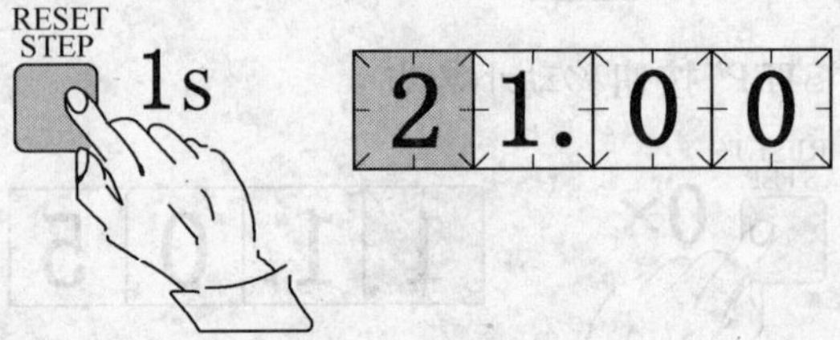

与步骤3一样进入整定方式，并用相同的方法处理。所要求的数值存储后，按住“STEP”按钮直到第一位数字熄灭，返回到主菜单。LED灯仍亮着表示它还处于I>位置，而显示器显示保护当前正在使用的新整定值。

7.3.3 变电站综合自动化系统

7.3.3.1 综合自动化和无人值班变电所

变电所自动化是指应用自动控制技术和信息处理与传输技术，通过计算机硬软件系统或自动装置代替人工对变电所进行监控、测量、运行操作的一种自动化系统。

变电所综合自动化是指变电所的二次设备(包括控制、信号、测量、保护、自动装置、远动装置)利用微机及网络技术，经过功能的重新组合和优化设计，对变电所执行自动监控、测量、运行操作及其协调的一种综合性的自动化系统。

无人值班变电所是指无固定值班人员在所内进行日常监视与操作的变电所。一般中低压变电所综合自动化系统如图7-52所示，该系统可分为三个层次：

(1) 最低层次为保护测控层。该层由若干单元组成，每单元含保护和测控两部分，包括交流采样、开入、保护和操作出口回路。

（2）中间层次为数据交换层。主要由通信网络、通信控制器构成。

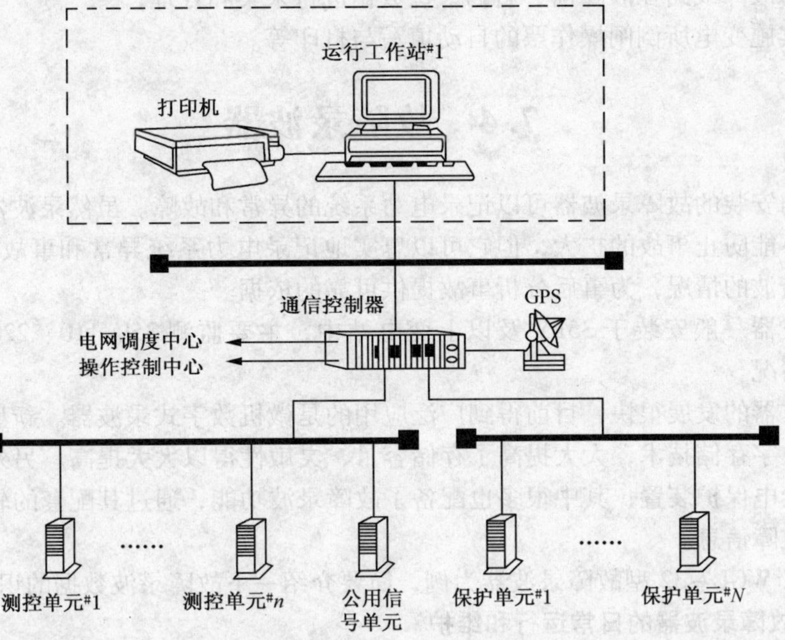

图 7－52　变电站综合自动化系统典型结构

（3）上层由变电所主计算机系统构成。根据不同的需要，变电所的主计算机系统可以由一台或多台计算机构成。

变电所计算机层直接面向变电所运行维护人员，提供变电所综合自动化系统人机界面，以实施数据处理、分析、统计、运行监视和控制。

7.3.3.2　变电所微机实时监控系统

1. 变电所监控方式

对变电所的监控，归纳起来有三种方式：①人工监控；②采用远动装置实现某些自动监控；③采用微型机实现某些自动监控。其中采用微型机实时监控系统具有以下优点：装置体积小，可靠性高，具有对信息进行存储、记忆、运算和逻辑判断等功能，并可对数据作采集、处理、打印和屏幕显示。因此，除电业变电所外，有必要在大中型企业和某些农网降压变电所中逐步推广采用微型机实时监控系统，以提高变电所运行的自动化水平。

2. 微机监控系统的功能

采用微型机实时监控系统可实现以下功能：

（1）对变电所正常运行时各项主要参数的自动采集、处理和打印、显示，这些参数包括电流、电压、有功、无功、频率、功率因数等；

（2）定时打印电能量和负荷率；

（3）自动投切补偿电容器，以实现功率因数的自动调整；

（4）具有带负载调压的变压器，可以实现自动调压；

（5）可以实现负荷的自动控制，当高峰负荷超过规定值时，能自动发出信号，并切除部分次要负荷；

（6）当系统发生短路事故时，能自动记录事故发生的时间、短路电流大小、开关跳闸情况以及继电保护动作情况；

（7）能对故障线路在故障前、后的一些数据进行采集和处理；

（8）可实施变电所倒闸操作票的自动填写与打印等。

7.4 故障录波器

变电站内安装的故障录波器可以记录电力系统的异常和故障。虽然录波器不能预防事故的发生，也不能防止事故的扩大，但它可以忠实地记录电力系统异常和事故时的系统电压、电流及各次谐波的情况，为事后分析事故提供可靠的依据。

故障录波器一般安装于35kV及以上变电站中，主要监测35、110、220、330、500kV系统的运行情况。

故障录波器的发展很快，目前得到广泛应用的是微机数字式录波器。新型数字式录波器由于采用了数字存储技术，大大提高了存储容量，灵敏性得以大大提高。另外，目前广泛采用的微机型继电保护装置，其中很多也配备了故障录波功能，通过其配套的软件，也可以从中得到很多故障信息。

下面就以WGL－32型故障录波器为例，简要介绍一下故障录波数据的识读与分析。

7.4.1 故障录波器的日常运行和维护

（1）故障录波器必须长期投入运行不得随意退出；

（2）变电运行人员每日应巡视检查录波器的工作状况，查看电源指示是否正常，有无异常信号，装置本身有无异常等；

（3）变电站一次设备改换运行方式后，应立即调整录波器至相对应的运行方式；

（4）对于数字式录波器，当录波器启动传输数据完毕之后，才能按下复归按钮；

（5）系统发生故障后，变电运行人员也应检查录波器动作情况并做记录；

（6）“录波器动作”信号长时间不能复归，或出现“装置异常（故障）”的信号，变电站运行人员应及时通知专业人员进行处理。

7.4.2 故障录波信息的分析与判断

WGL－32型微机故障录波器为例，该故障录波器主要适用于110KV及以下电压等级变电站，用于实时记录因系统扰动（包括短路故障、系统振荡等）引起的系统电流、电压、频率等电气参数在暂（动）态过程中的全程变化情况，作为分析事故或故障原因及检验继电保护和安全自动装置动作行为正确性的主要依据和手段。

该产品依据国家电力部部颁标准DL/T 553—1994《电力系统故障动态记录技术准则》开发而成，能按照反映系统扰动的电气参数幅值、变化率、开关量等判据自动对扰动的全过程进行记录，整套装置由前置采集装置及上位一体化工作站组成，完成采样、报文形成、通讯、数据处理、显示、打印、统计、报警等功能。采样速率为1000Hz（每周波采样20点），可连续记录6次动作的故障数据，每次记录故障前0.2s、故障后21.6s的波形及有效值。单元箱最大录波量44路电流、20路电压（或48路电流、16路电压）、64路开关量输入，可根据系统录波容量来配置单元箱数量。

该产品可以按电流、电压、频率、开关量、手动、遥控等多种启动方式对系统扰动进行录波记录并告警。并可在线进行波形分析、数据分析、谐波分析及故障信息、开关量信息统计，离线对故障录波数据进行分析。

1. WGL－32 型故障录波器采样波形

WGL－32 型故障录波器的模拟量采样波形如图 7－53 所示。

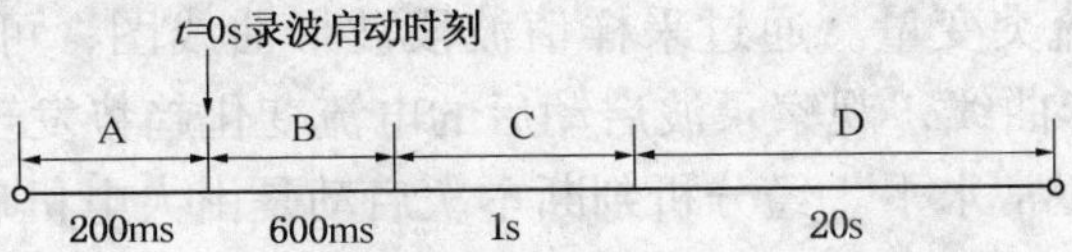

图 7－53　WGL－32 型故障录波器模拟量采样波形组成图

模拟量采样按图 7－53 所示时段顺序执行。

A 段：采集系统大扰动开始前 10 个周波(200ms)的瞬时采样值，同时计算每周波有效值，输出原始记录波形及有效值。

B 段：采集系统大扰动开始后 30 个周波(600ms)的瞬时采样值，同时计算每周波有效值，输出原始记录波形及有效值。

C 段：系统动态过程数据，每周波计算并输出一个有效值，连续输出 50 点(50 周波、1s)。

D 段：系统长动态过程数据，每 5 周波计算并输出一个有效值，连续输出 200 点(1000 周波、20s)。

整个录波长度为扰动前 0.2s、扰动后 21.6s，共 21.8s。输出数据的时间标签以大扰动开始时刻为该次录波的时间零坐标。

2. WGL－32 型故障录波器录波信息的分析与判断

录波启动后，形成一个录波报文，其中包括模块属性、模块号、启动时刻、启动时 16 路模拟量的有效值、启动原因等信息，如图 7－54 所示。模拟量波形数据如图 7－55、

录波报文头报表

模块名称:天津故障录波系统	启动时6KV循环水1#线Ⅰa值: 1.31
模块号:1	启动时6KV循环水1#线Ⅰb值: 0.00
启动原因:6KV循环水1#线Ia突变量启动	启动时6KV循环水1#线Ⅰc值: 1.90
启动时间:2006-1-18 14:29:18:757	启动时6KV脱硫1#线Ⅰa值: 0.00
I段负序电压: 0.00	启动时6KV脱硫1#线Ⅰb值: 0.50
I段频率: 0.00	启动时6KV脱硫1#线Ⅰc值: 0.00
I段偏差:0.00	
II段负序电压: 0.00	
II段频率: 0.00	
II段偏差:0.00	启动时6KVI段母线Ua值: 60.44
启动时6KV1#进线Ⅰa值: 0.66	启动时6KVI段母线Ub值: 60.24
启动时6KV1#进线Ⅰb值: 0.63	启动时6KVI段母线Uc值: 60.08
启动时6KV1#进线Ⅰc值: 0.75	启动时6KVI段母线U0值: 0.09

图 7－54　录波报文头报表

图 7－56、图 7－57 所示。

从报文头报表中，我们可以了解到录波启动的时间为 2006 年 1 月 18 日 14 时 29 分 18 秒，启动原因为 A 相电流突变量。通过采样值波段波形曲线图，可以看到 0 时刻电流明显增加，再根据有效值波形曲线，观察录波启动后的电流变化趋势发现，电流突然增大后，经 1s 左右，电流又恢复到正常水平。经分析判断本次启动是由大电机启动电流冲击引起。

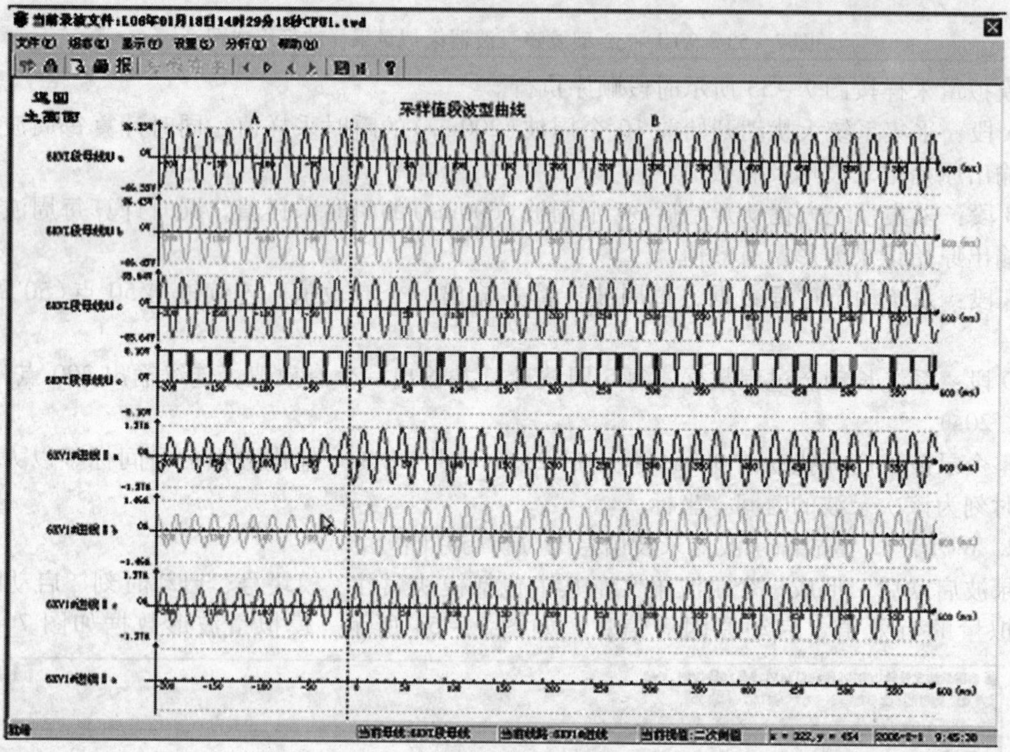

图 7－55　采样值波段波形曲线

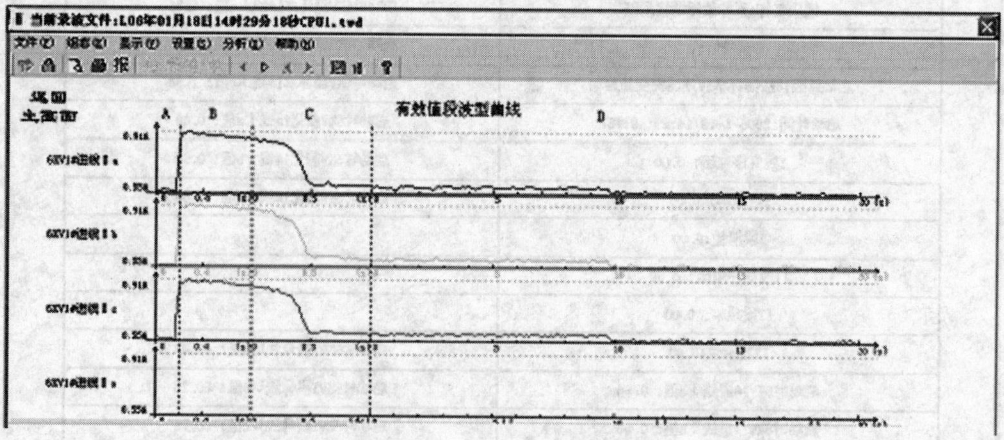

图 7－56　有效值波形曲线

通过对故障录波信息的综合分析，可以直观的了解到故障的类型、故障持续时间等大量有用信息，便于我们快速、准确分析故障，及时做出应对策略。

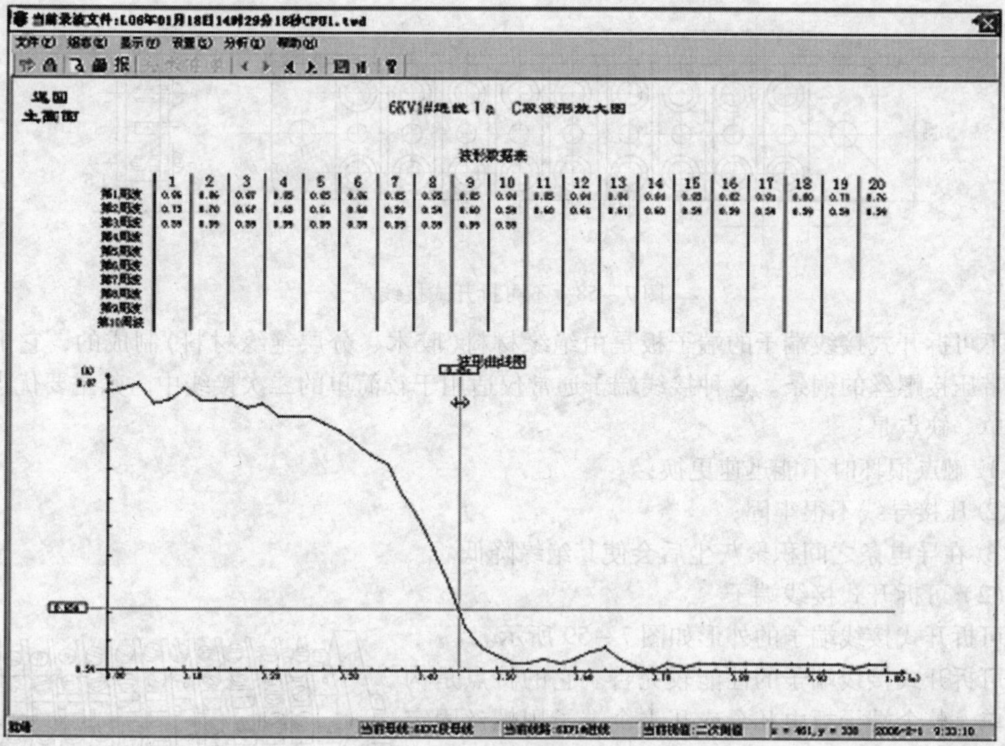

图 7－57　单段波形放大图

7.5　电气二次回路的安装

7.5.1　电气二次回路的安装

变配电所内的二次回路直接为承担变配电任务的主设备服务，给变配电设备的正常运行与安全运行提供保障。因此，对二次接线的基本要求是既要正确无误，还要整齐美观(这有利于安装时正确接线及日后的检查维修)。二次接线的优质安装不但对配电所的安全运行十分重要，对高低压成套配电装置(如高压开关柜和低压配电屏等)的质量也同样影响极大。因高低压成套柜的装配工艺要求很高，其内部的二次回路配线及连接的优劣，将直接关系到配电柜的质量。因此，对二次接线的正确安装方法与工艺要求，必须高度重视。为保证二次接线的施工质量与进度，除严格按设计要求与工艺标准施工外，事前必须做好接线工具的准备。如尖头钳、剥线钳、剪刀、螺丝刀、沉孔套筒、扳手和螺丝盒等，同时要做好配线材料的准备，如单股或多股塑料线、镀锡铜芯导线、异形塑料管及夹线板等辅助材料。

7.5.1.1　二次回路的组成

二次接线(回路)除电缆和导线外，还包括以下主要元件：

1. 接线端子

接线端子是用来作为所有交、直流电源及盘与盘之间转线时连接导线的元件。它的种类较多，按其构造形式可分为不可拆开式和可拆开式两种。

(1) 不可拆开式接线端子

不可拆开式接线端子的外形如图 7－58 所示。

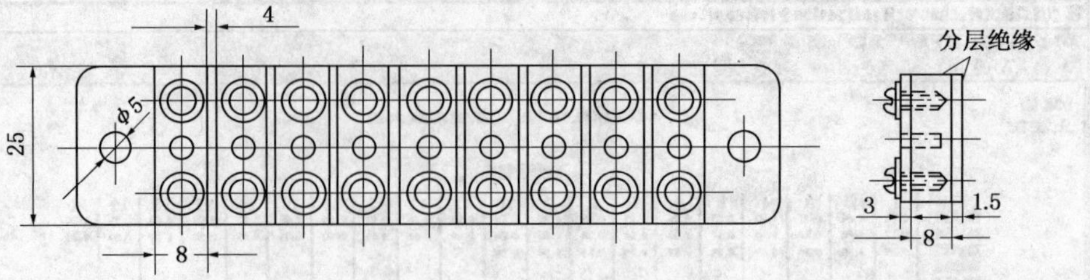

图 7－58　不可拆开式接线端子

不可拆开式接线端子的端子板是由绝缘材料（胶木、分层绝缘材料）制成的，它上面都装有带压接螺丝的铜条。这种接线端子通常仅适用于较简单的二次接线中。其主要优点是构造简单。缺点是：

① 触点损坏时不能迅速更换；

② 压接导线不很牢固；

③ 在导电条之间积聚灰尘后会使其绝缘降低。

（2）可拆开式接线端子

可拆开式接线端子的外形如图 7－59 所示。

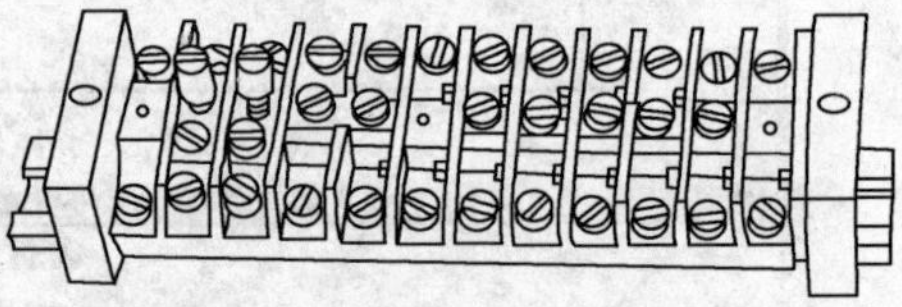
图 7－59　可拆开式接线端子

可拆开式接线端子的性能较完善。它的特点是构造简单，整个端子板由几个或几十个端子用螺丝固定而成。端子本身用绝缘胶木制成，上面两个端子用金属条相连接。试验二次回路时可用此条来断开电源。中间两个端子为试验接线端子（接仪表用），下部两个端子用来连接导线。这种接线端子的优点是构造简单，且容易更换任何一个端子。

另一种可拆开式接线端子叫试验端子，如图 7－60 所示。

它由胶木底座 1、跨接金属板 4、端头具有绝缘的短路螺丝 3 以及带螺丝的测量用金属条 2 等构成。测量时，将仪表连接在端子上，然后拧出螺丝 3，即可测量回路中的电流。端子板一般装在配电盘内便于更换及接线的地方。通常是装在配电盘的下边或两侧，为了接线的需要和便于维修，可装成一排，也可并列组装。若并列组成时，其间隔要有 150～200mm 的距离。

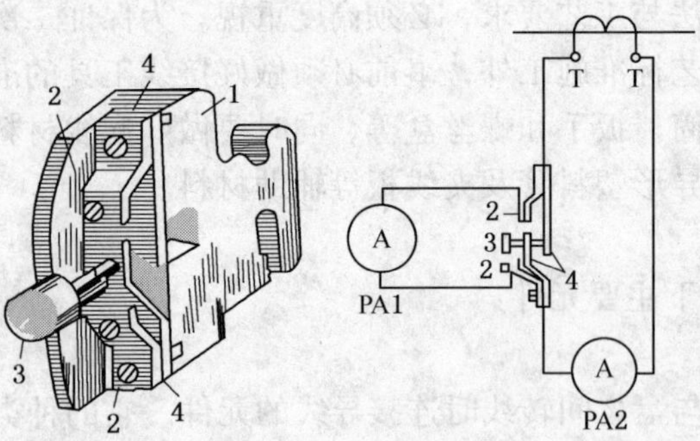

图 7－60　试验端子

1—底座；2—压接金属条；3—短路螺丝；4—跨接金属板

2. 熔断器

二次接线中的各种回路，都要求在短路时有可靠的保护，一般采用熔断器来保护。用于二次回路的熔断器通常有下列几种形式：旋入式，电流为 6～10A；管形玻璃式，电流为 10～25A；无填料管型封闭式，电流在 100A 以上。

所有熔断器应按顺序编号，并标明其额定电流值。熔断器的接点必须接触良好，以保证在运行时能使回路可靠地接通。

3. 电阻器

二次回路的各种器具、仪表及继电器，是由一个总的电源供电。有时由于仪表或继电器工作条件的关系，需要不同的电压值或提高热稳定，在这种情况下一般通过附加电阻与信号灯、继电器或仪表的线圈串联使用，使其能适应各种不同的电压值。

附加电阻通常是用电阻丝绕在陶质基座上而成为电阻器。电阻器装在操作盘或保护盘的上部，通常装在信号母线下面并装成水平位置，使其能很好地散热。

4. 操作把手与切换开关

操作把手与切换开关通常装在控制盘的前面，作为操作传动机构所控制的油开关和隔离开关以及自动装置切换电路之用。用作变配电所中的操作把手有国产 LW_2系列万能转换开关，其外形如图 7－61 所示。它由手柄、带号牌的触头盒、转动接触片、定位器自复结构等组成。所有基本元件用螺杆连成一体。信号灯型操作把手的手柄用透光玻璃制成，其中装有小灯泡作为指示信号。

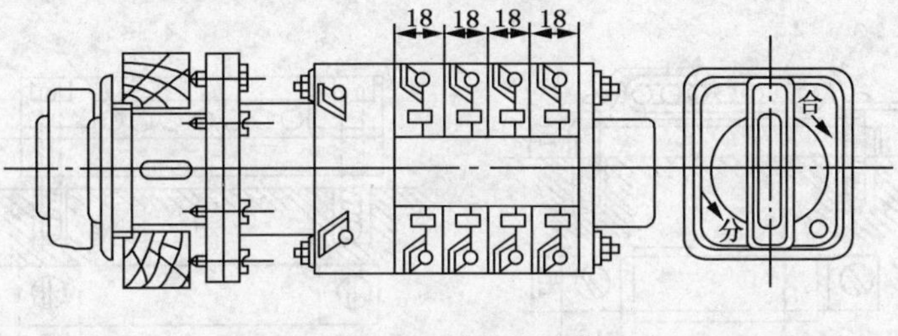

图 7－61　LW_2型万能转换开关

根据不同的用途，操作把手与切换开关常制成下列几种形式：钥匙型(LW_2－H 型)；信号灯型(LW_2－Y 型)；自复型(LW_2－W 型)；定位自复型(LW－Z 型)和自复信号灯型(LW_2－YZ 型)。

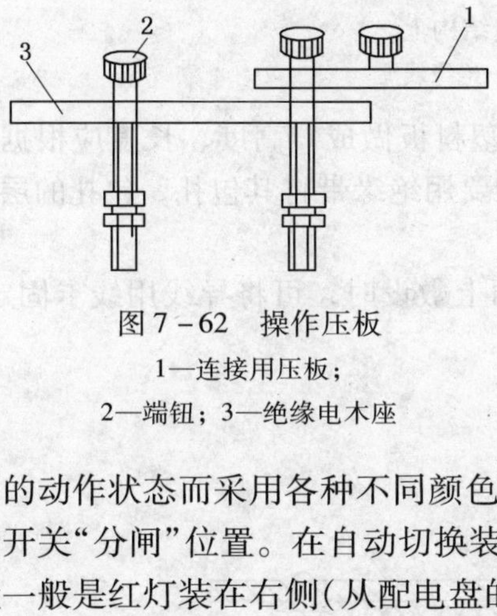

图 7－62　操作压板

1—连接用压板；
2—端钮；3—绝缘电木座

5. 操作压板

它是运行人员根据现场专用规程断开和投入各组继电保护装置的跳闸回路时的工具，其外形如图 7－62 所示。

6. 信号灯

信号灯是用来作为开关分、合闸时的信号指示装置。通常装在控制盘或控制台上。它根据开关分、合闸的动作状态而采用各种不同颜色的信号灯，通常采用红灯表示开关“合闸”位置；绿灯表示开关“分闸”位置。在自动切换装置中，则用黄灯表示开关“分闸”位置。信号灯的安装位置一般是红灯装在右侧(从配电盘的正面看)。

7. 光字牌

光字牌用于二次接线及继电保护装置接线回路中，带有反映某种回路状态或保护装置动作等情况的文字信号，以便于值班人员检查。例如，在音响信号发出的同时，光字牌也发出带有标记的信号，如“信号母线失去电压”的标志。光字牌通常有单灯和双灯两种，双灯光字牌如图 7－63 所示。

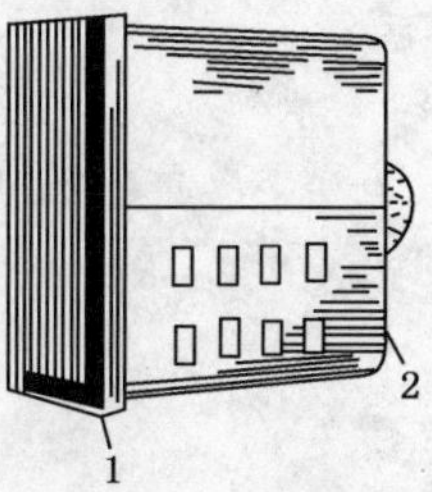

图 7－63　双灯光信号表示牌

1—玻璃罩；2—外壳

8. 接线端子的编号牌

二次接线的端子与导线均须装设编号牌，用来区别各种不同的接线与端子编号，以便于维修和检查。套装式编号牌如图 7－64 所示。这种编号牌必须在将导线连接到接线端前，先将编号牌套在导

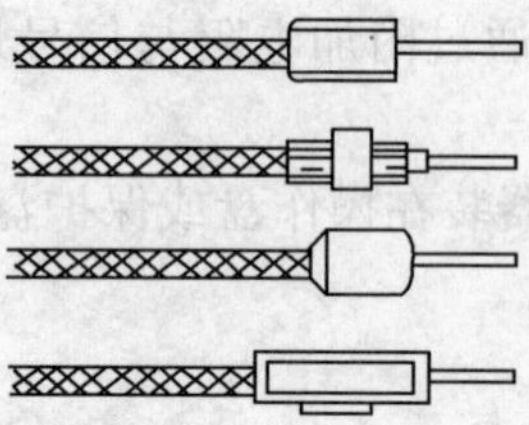

图 7－64　套装式
端子编号牌

线上。通常适用于仪表、继电器及其他电器的端子与导线的连接。

编号牌上的编号一般用黑色墨汁书写，以防褪色。目前在现场常采用聚氯乙烯管作编号牌。因聚氯乙烯管用墨汁写字困难，一般用二氯乙烷加适量龙胆紫（即紫药水）制成的混合液体作为写字墨水。

7.5.1.2　二次接线的安装

1. 二次接线的敷设方式应根据控制盘、继电保护盘及配电间隔的具体结构和周围环境等条件来决定。通常有以下几种方式：

（1）在混凝土或砖结构上敷设。通常是将导线敷设在金属线夹或绝缘线夹上。导线与混凝土结构表面间距约 10mm，如图 7－65 所示。

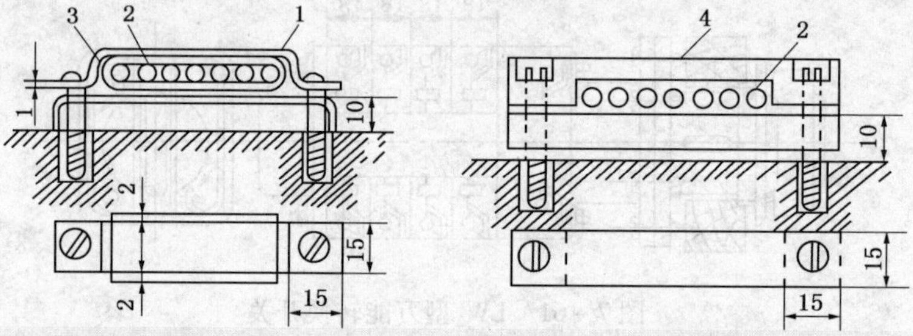

(a)装在金属线架上　　(b)装在绝缘线架上

图 7－65　导线敷设在混凝土或砖结构上

1—导线；2—绝缘垫；3—金属线夹；4—绝缘线夹

金属线夹一般用 1mm 厚的铁皮制成，夹板用胶木或塑料板做成。高度、长度应根据导线的直径、根数与排列层数决定。在金属线夹下的导线束要用绝缘带将其包扎，包扎的层数一般为 2～3 层，两端各延伸出 2mm。

（2）导线直接在金属表面上敷设导线直接在金属表面上敷设时，可将导线用线卡固定，如图 7－66 所示。线卡下的导线束的处理如上所述。

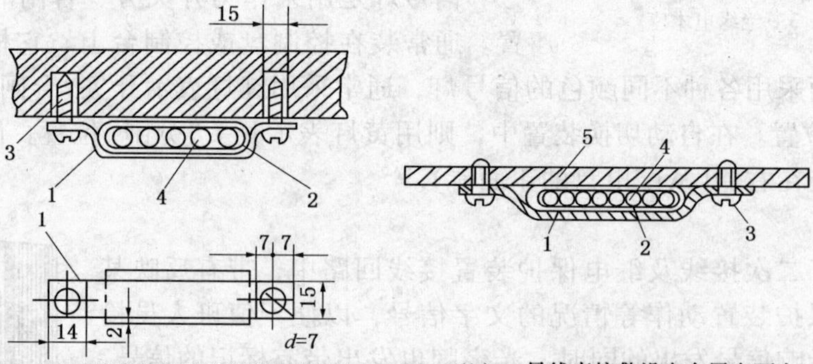

(a)　导线直接敷设在混凝土表面上　　(b)　导线直接敷设在金属表面上

图 7－66　导线直接敷设在混凝土或金属表面上

1—线卡；2—绝缘层；3—螺丝；4—导线；5—金属板

（3）敷设在配电盘或继电器保护盘上。一般常用带扣的抱箍绑扎导线而不另设支持点，如图 7－67 所示。带扣的抱箍可用厚 0.2mm、宽 8～12mm 的镀锌铁皮按图中所示形式做成。

如果绑扎的导线较少，一般采用铝片作为导线的抱箍。

(4) 敷设在线槽内。为了简化敷设工作，目前也采用将导线敷设在预先制成的线槽内。线槽有用钢板制成的，也有用塑料做成的。敷设时，先将线槽固定在配电盘或继电器保护盘上，然后将导线放在槽内，并用布带或线绳将其绑扎成束。接至端子板的导线由线槽旁边的孔眼引出。

2. 二次接线的敷设步骤

当测量仪表、继电器或其他自动化装置在开关柜上安装完毕以后，就可着手二次接线的敷设工作。

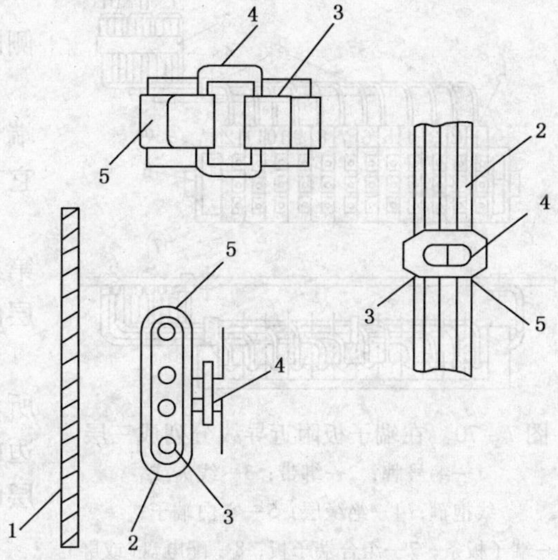

图 7－67　用带扣的抱箍绑扎导线

1—配电盘；2—导线；3—绝缘层；4—扣；5—抱箍

敷设前，首先应根据安装接线图确定导线的敷设位置，用直尺和线锤划好线，并划好固定线夹的螺钉安装位置。线夹固定螺钉之间的距离可以这样确定：橡皮或塑料绝缘导线在垂直敷设时为200mm；水平敷设时为150mm。

接着用螺钉将线夹挂上。为了使导线避免交叉，还应根据安装图的编号及端子排列顺序合理地安排导线的排列位置，再根据导线实际需要的长度，切断导线，并将其拉直。敷设时，先用一个线夹将导线的一端夹住，使其成束(单层或多层)，然后逐步将导线沿敷设方向用线夹夹好。在线夹下用黄蜡带或塑料带包扎垫好。线夹夹好后，对导线进行修整，一般用小木锤轻轻敲击线束，使其整齐美观，如图 7－68 所示。

导线分支由线束引出时，必须依次将每根导线做成慢弯，绝不能用带棱角的工具弯曲导线。导线的弯曲半径一般为导线直径的 3 倍左右。当导线穿过金属板时，应加绝缘套管。

3. 导线的分列和连接

(1) 导线的分列

导线的分列是指导线由线束引出，并有次序地与端子相连。为了使导线分列正确，在分列前应根据安装接线图校线，并在校好的导线上挂上临时编号，以便接线。分列的形式通常有以下几种：

① 当接线端子不多，而且位置较宽时，则可采用单层分列法，如图 7－69 所示。

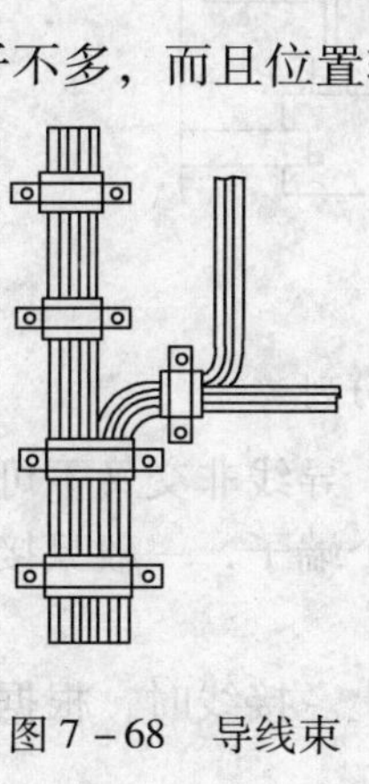
图 7－68　导线束

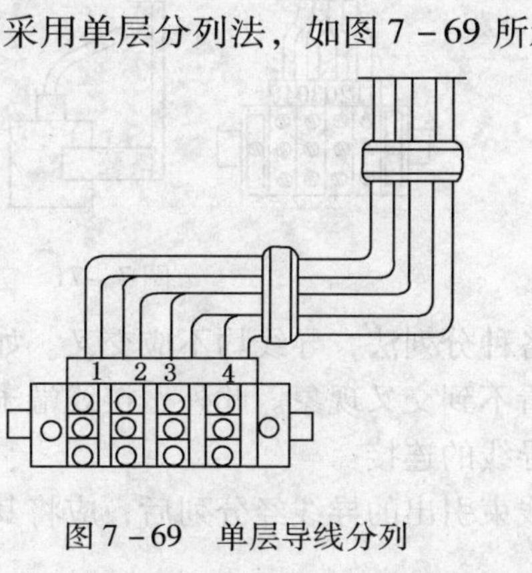

图 7－69　单层导线分列

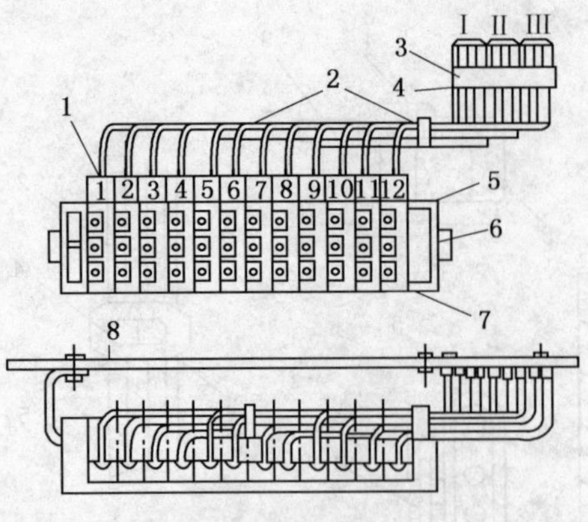

图 7-70　在端子板附近导线分列成三层

1—编号牌；2—绑带；3—线夹或线抱箍；4—绝缘层；5—空白端子；6—端子板条；7—组合端子板；8—配电盘（或屏）

为了使导线分列整齐美观，分列时一般从外侧的端子开始，依次将导线接在相应的端子上。

② 在位置狭窄的条件下，大量导线需要接向端子时，则宜采用多层分列法，如图 7-70 所示。它在端子板附近将导线分三层引向接线端。

第一层的四根导线接入 1、2、3、4 号端子；第二层的四根导线接入 5、6、7、8 号端子；第三层的四根导线接入 9、10、11、12 号端子。

三层配线的线束和三排端子分别如图 7-71 所示。线束中的上层导线接入上面的端子板（或左边的端子），中间层的导线接入中间的端子板，下层的导线接入下面的端子板（或右边的端子板）。

③ 除了导线的单层和多层分列外，在不复杂的单层或二层配线的线束中，可采用扇形分列法。它与其他分列法的区别是接线简单，外形整齐。在要求配线连接有较好的外形和安装要求迅速的情况下，可采用此法，如图 7-72 所示。

④ 在开关柜内，端子一般是垂直安放，此时，配线线束不管是多层还是单层，均采用垂直分列法。由电缆沟引来的导线经校直后绑扎成束，并固定在端子板两侧，再由线束引出导线接至端子板上。

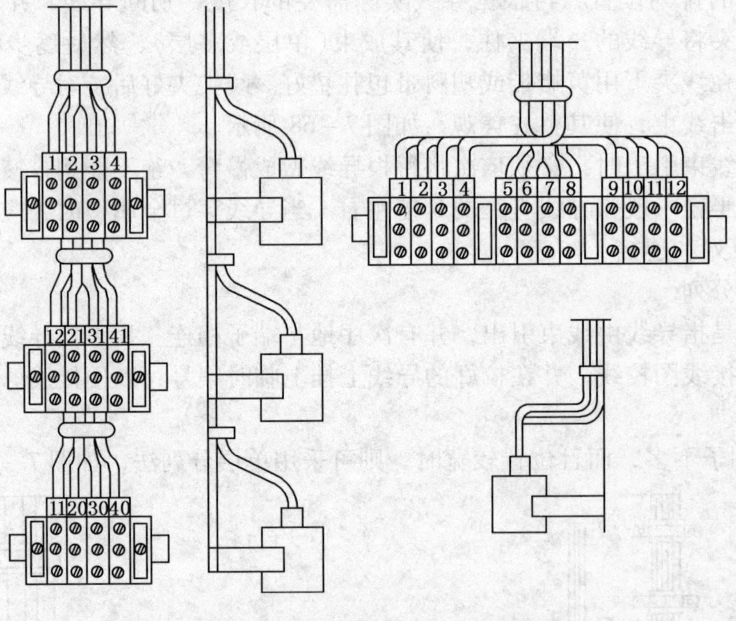

图 7-71　三层配线的线束分列

上述各种分列法，导线均不应交叉。如有特殊情况，导线非交叉不可，应设法使导线的上层部分看不到交叉现象。此外，接线端子板上的每一个端子，一般只接一根导线。

（2）导线的连接

从导线束引出的导线经分列后，应将其连接到端子上。接线时，根据线束到端子的距离

(包括弯曲部分)量尺寸，将多余的导线剪掉，然后用小刀或剥线钳去掉绝缘层，除去线芯上的氧化物(以保证导线接触良好)，套上编号牌，再将导线接到端子板上。

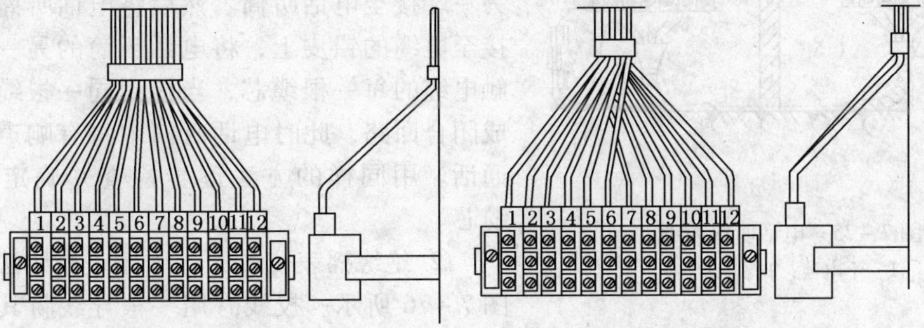

(a) 单层导线　　(b) 双层导线

图 7－72　导线的扇形分列

如果端子与导线是用螺丝连接，则应根据螺丝的直径将导线末端弯成一个圆环。弯曲方向应与螺钉旋入方向相同，如图 7－73 所示。

截面为 $6mm^2$ 以上的绞线、$10mm^2$ 的单芯线接入端子时，导线的末端应采用终端附件(俗称接线鼻子)。

接线时，如遇有备用的导线或电缆线芯，不要剪断，应将其卷成螺旋形放在其他导线旁边。如果导线端用螺母固定时，要用两片垫圈；当固定在螺丝头下时，则用一片垫圈，如图 7－74 所示。

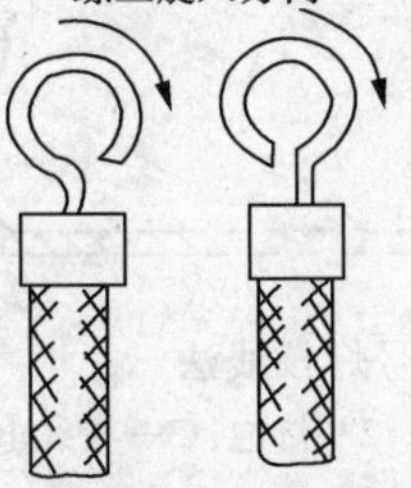

(a) 正确　(b) 不正确

图 7－73　导线末端处理方法

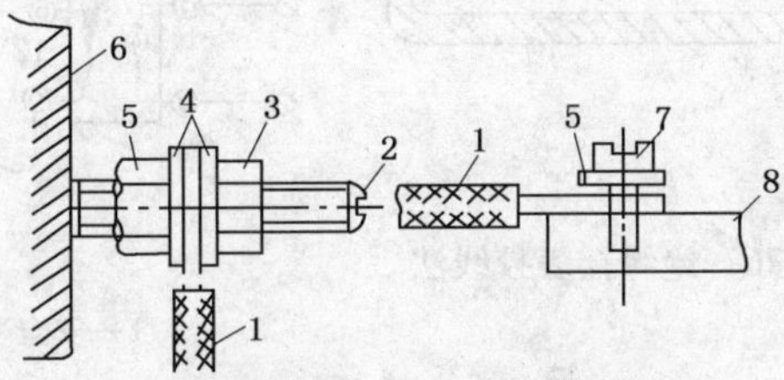

(a) 用螺帽固定　(b) 固定在螺丝头下

图 7－74　导线末端固定方法

1—导线；2—螺丝；3、5—螺母；4—垫圈；6—继电器；7—螺丝；8—接触金属板

4. 二次接线的检查和测试

二次回路接线的检查测试，包括校线和绝缘电阻测定两方面的内容，现分述如下：

(1) 校线

二次线在接线前后都应进行校线，以保证导线能正确地接入端子。如果是单层配线方式且线路较短，所有导线及其连接处都比较明显，只需要仔细地与二次接线图、安装接线图进行核对，就可以判断安装是否正确。如果是多层配线方式且线路较长，或者是导线隐蔽，不能明显判断其是否正确时，则须进行校线。校线的方法很多，常用的有以下几种：

① 电话听筒校线法　当检查两端在不同的房屋内的导线或控制电缆时，可使用电话听筒方法。这种方法是使用两个低电阻的电话听筒和 4～6V 的干电池，按图 7－75 所示的接线法进行检查。检查时，首先将电池 1 的一端导线接在控制电缆的铅皮上，利用电缆的铅皮

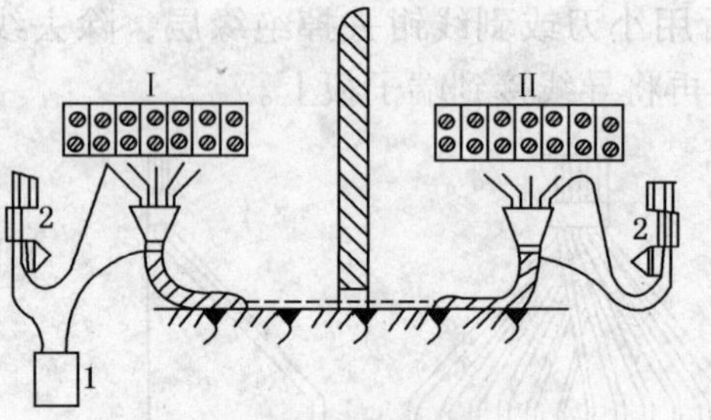

图 7－75　电话听筒校线法

1—干电池；2—电话听筒

作为回路(如电缆没有铅皮，可借接地的金属结构先找出第一根缆芯后，用它来代替电缆的铅皮)，另一端接至电话听筒。然后将电话听筒 2 的一端接至电缆的铅皮上，将电话听筒的另一端顺序接触电缆的每一根缆芯，当接到同一根缆芯时则构成闭合回路，此时电话听筒中将有响声并可同时通话。用同样的方法逐步检查并确定其余的电缆芯。

② 绝缘摇表校线法　用摇表校线法的接线如图 7－76 所示。校线时用一根导线将其一端接至电缆的铅皮上，另一端接电缆的任何一根缆芯上。电缆另一端的铅皮接在摇表的一个端子上，用摇表的另一端依次接触电缆的每一根缆芯。当摇动摇表，摇表指示数值为零时，即表示为同一缆芯。

③ 信号灯校线法　其接线如图 7－77 所示，这种方法是使用一个安全照明变压器 1 和两个 12V 的灯泡 2。将变压器线圈的一端接至电缆的铅皮或接地的金属结构上，变压器的另一端经灯泡接至电缆的一根缆芯；电缆的另一端用导线将电缆的铅皮或接地的金属结构经灯泡依次接触电缆的每一根缆芯，当为同一缆芯时，两个灯泡同时发亮。如无安全变压器，也可采用干电池作为电源。

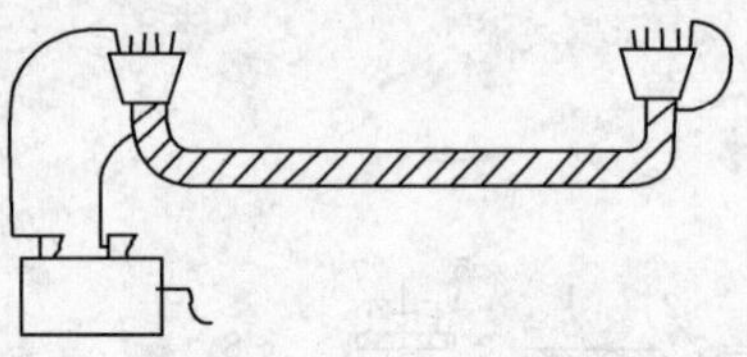

图 7－76　绝缘摇表校线法

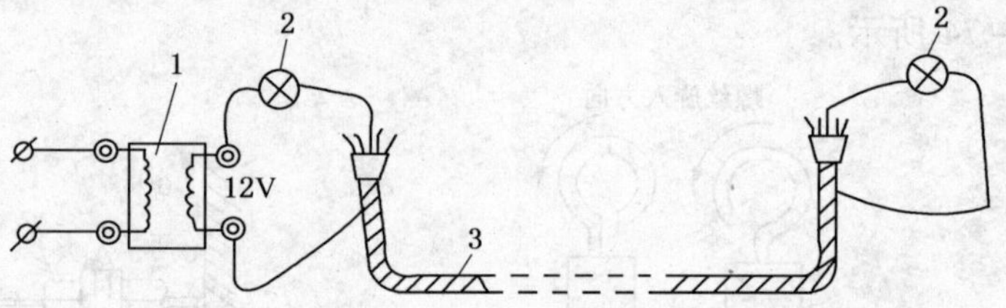

图 7－77　信号灯校线法

1—安全变压器(或干电池)；2—灯泡；3—校线电缆

采用以上方法校线时必须由两人操作，并事先规定好必要的信号(如灯光)作为标志，每对上一个线芯后可使灯闪数次并长时发亮。上述方法的校线时间都较长，现在介绍一种只需一人就可以校线的方法——电缆校对器校线法。

④ 电缆校对器校线法　二次线的电缆校对器是一只电阻箱，箱内每个电阻均为 100Ω。试验时，将被测电缆铅皮与电阻箱的一个端钮相连，其他各芯分别与电阻箱 100Ω、200Ω…等端钮相连。在电缆的另一端用万用表测量，将万用表的一根表笔与电缆铅皮相连；另一根表笔与缆芯相接，测出电阻值。如果万用表读数是 100Ω，则说明与万用表表笔连接的此根缆芯和接在校正器 100Ω 端钮上的缆芯是同一根缆芯，如此依次进行就可方便地校出每一根缆芯。

⑤ 其他二次接线的校对　校对时可仿照控制电缆线路的校对方法。校对工具可采用蜂鸣器，因为用这种工具校线快，省力，只要听见声音即表明接线正确，立即可以校下一根线。校线的顺序：先从端子排自上而下，逐个端子进行校对，而后再对盘内各电器之间的连接线进行校对。但在校对之前，必须将校对的线头拆掉一根，方可进行，否则难以校准。

（2）二次线绝缘电阻的测定

新安装的二次回路接线，应测量它的绝缘电阻值。检查时可使用 500 ~ 1000V 绝缘摇表，对电压低于 24V 的回路，可使用电压不超过 500V 的绝缘摇表。

绝缘电阻的测定范围，应包括所有电气设备的操作、保护、测量、信号回路和这些回路中的所有电器。这些回路可分为下列几种：

① 直流回路　除直流电源外的所有直流回路。

② 交流电流回路　由一组电流互感器连接的所有保护装置及仪表回路，或有一组保护装置的数组电流互感器的回路。但对接有 4 组以上电流互感器的差动保护回路可实行分段测量。

③ 交流电压回路　由一组或一个电压互感器连接的回路。对于新安装的二次回路接线，还应测量导线对地的绝缘电阻，以及缆芯之间或相邻导线之间的绝缘电阻。这些绝缘电阻应符合下列规定：

首先，直流小母线和控制盘的电压小母线，在断开所有其他连接支路时，应不小于 10MΩ；

其次，二次回路的每一支路和开关，隔离开关操作机构的电源回路，应不小于 1MΩ；

第三，接在主电流回路上的操作回路、保护回路和 500 ~ 1000V 的直流发电机的励磁回路，应不小于 1MΩ。

如通过测量发现某一回路的绝缘电阻值不符合规定，则应找出原因。一般多数是由于触点或线圈受潮所致。找出原因后再进行适当的干燥处理，然后再次测量绝缘电阻，直至合格。

7.5.2　主变压器控制屏和保护屏的安装

主变压器控制屏和保护屏的布置按设计要求进行放线定位。工厂变电所一般设有单独的主控制室，其正中布置主变压器、进线、高压馈线和母联断路器的控制屏，控制屏的后面为保护屏。

控制屏和保护屏的基础施工采用预留槽埋设法比较准确。土建施工做地面或楼面混凝土浇灌时，根据图纸要求在安装位置预埋数点钢筋（间距为 500mm），两端的钢筋与接地网扁钢焊接，留出宽度为 120mm、中心间距为 495mm 的两条预留槽，如图 7－78 所示。

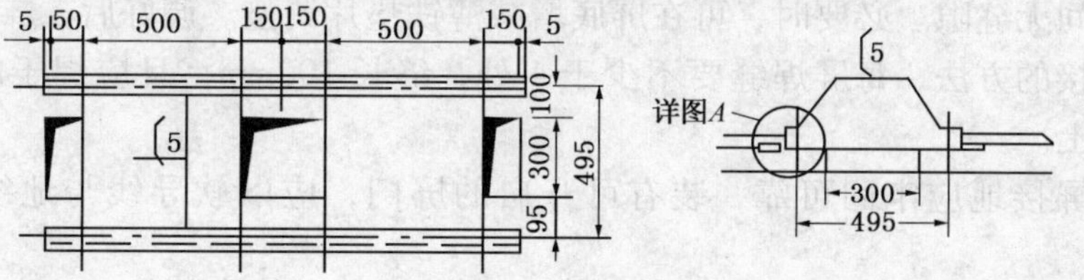

PK－1 型控制屏继电器屏

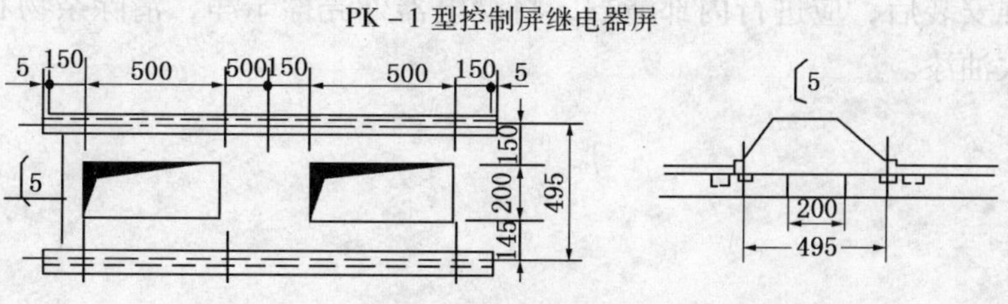

BZ 型直流屏

图 7－78　主控制室屏台安装土建施工图（单位：mm）

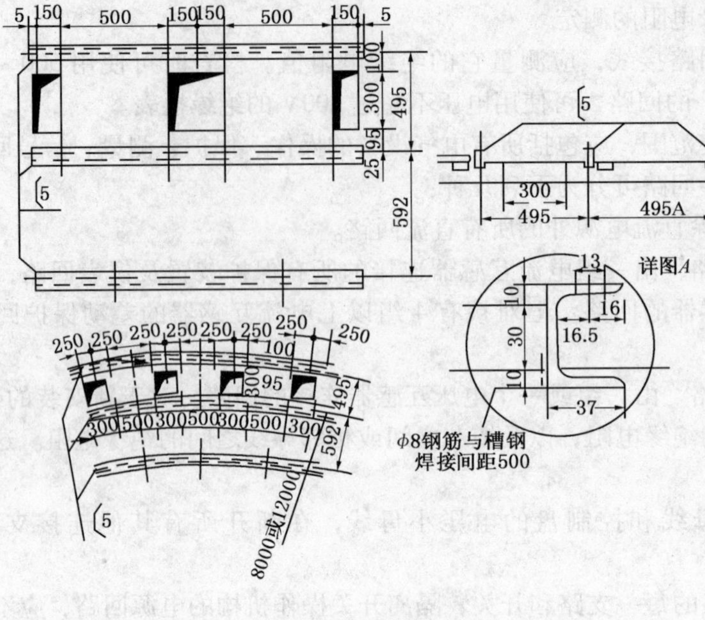

PTK－1 型控制屏台

图 7－78（续） 主控制室屏台安装土建施工图（单位：mm）

图中基础型钢采用槽钢，要校直校平。预埋槽钢水平误差应小于 1/1000，最大水平累计误差小于 51mm。找正校好后，与预留钢筋焊接，然后用高编号混凝土进行二次灌浆，并保持基础槽钢高出地面 5～10mm，槽钢露出部分应刷防锈漆。

搬运控制保护屏应在无雨天气进行，以免进水受潮。控制保护屏从仓库至现场，最好用起重机械装卸，汽车运输。在运输过程中，不要侧放和倒置，要用防止倾倒的绳索拉住，尽量少受冲击和振动。控制保护屏运到安装地点以后，要小心开箱，仔细检查和核对设备，要认真检查设备是否完好无缺。

安装控制保护屏要在基础型二次灌浆凝固以后进行。立屏时，按图依次将屏搬至基础槽钢上，然后精确地调整第一块屏，再依次逐个调整其他屏。水平和垂直调整用框式水平仪进行。要求安装水平误差不大于 1/1000，垂直误差不大于高度的 1.5/1000。屏面要一致、齐平、屏与屏之间无缝隙。必要时，可在屏底增减薄铁垫片调整。调好后，屏底和屏间用螺栓紧固。如用焊接的方法，每屏焊缝要不少于 4 处，缝长 100mm，且应焊于内侧，并将垫铁一并焊于槽钢上。

控制保护屏接地应牢固可靠，装有可开启的屏门，应以软导线与地线的金属架可靠连接。

控制保护屏安装后，应进行内部清扫，将继电器外壳擦干净，清除杂物和铁锈，并酌情补刷或统喷一次油漆。

第8章 防雷接地

8.1 接地接零的作用和要求

8.1.1 接地装置、接触电压及接地电阻

8.1.1.1 电气上所说的“地”究竟指何含义

“地”一般指大地。但在电气上，它却具有更深一层的含义。由于大地内含有自然界中的水分等导电物质，因此它也能导电。当一根带电的导体与大地接触时，便会形成以接触点为球心的半球形“地电场”。此时，接地电流 I_d 便经导体由接地点流入大地内，并向四周呈半球形流散（见图8-1）。

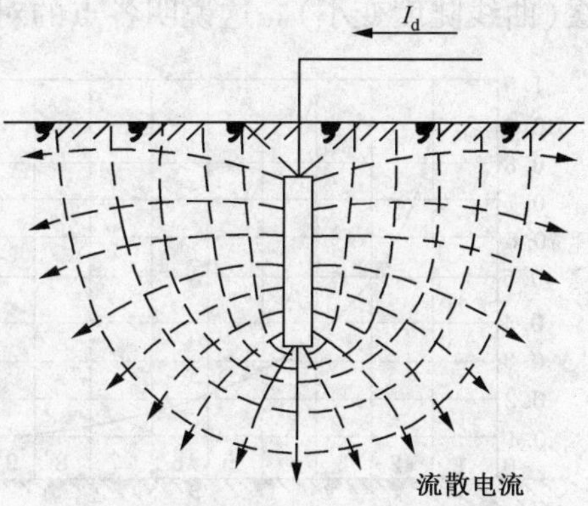

图8-1 地中电流呈半球形流散

在大地中，因球面积与半径的平方成正比，半球形的面积将随着远离接地点而迅速增大。所以，越靠近接地点，电流通路的截面越小，电阻就越大；而相距越远，其截面便越大，电阻就越小。通常在距离接地点约20m左右处，半球形面积已达 $2500m^2$，土壤电阻已小到可以忽略不计。这就是说，可以认为在远离接地点20m以外时，便不再会产生电压降 U_d，即实际上已是“零电位”了（见图8-2）。电气上通常所说的“地”，其含义实质上是泛指零电位的地方。

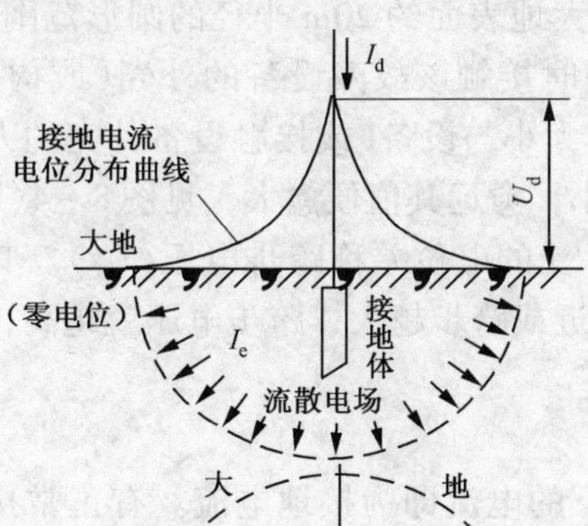

图8-2 接地流散电场分布示意图

I_g—地中电流；U_d—对地电压

8.1.1.2 接地装置、对地电压与接触电压

1. 接地装置 是指人为设置的接地体与接地线的总称（见图8-3）。

埋入土壤内并与大地直接接触的金属导体或导体组，叫做接地体，也叫接地极。它按设置结构可分为人工接地体与自然接地体两类。按具体形状可

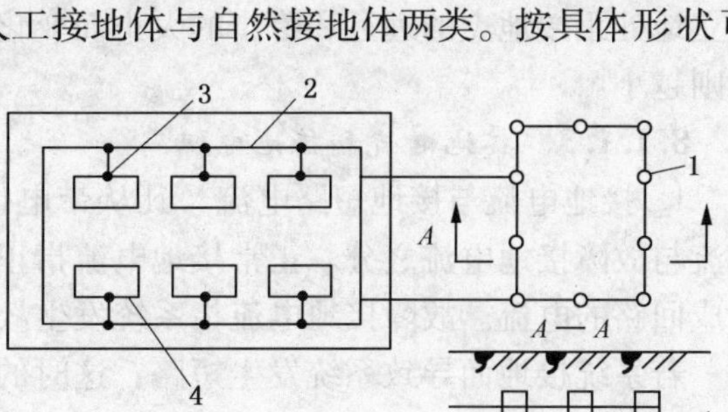

图8-3 接地装置示意图

1—接地体；2—接地干线；3—接地支线；4—设备

分为管形与带形等多种。连接接地体与电气设备应接地部分的金属导体，叫做接地线。它同样有自然接地线与人工接地线之分，且通常又可分为接地干线与接地支线。

2. 对地电压、接触电压与跨步电压　一般所说的对地电压，就是指带电体与大地之间的电位差，它在数值上等于接地电流与接地电阻的乘积。

当电流通过接地体流入大地时，接地体本来具有相对来讲是最高的电位，也即具有最高对地电压。离开接地体后，各点的对地电压便逐渐下降；直至20m外，对地（零电位点）之间的电压便降为零。若用曲线来表示接地体及其周围各点的对地电压，这种曲线就叫做对地电压曲线，也称接地电流电位分布曲线，见图8－4（a）。图中，纵坐标为各点实际对地电压与接地体对地电压的比率（U_{dn}/U_d），横坐标指各点离接地体上最远点的实际距离对接地体自身宽度的比值（S/S_d）。由图8－4（a）可见，随着远离接地体，对地电压曲线的变化就越趋平缓（曲线陡度变小）。这说明各点的对地电压逐渐下降，也即土壤（流散）电阻不断减小。

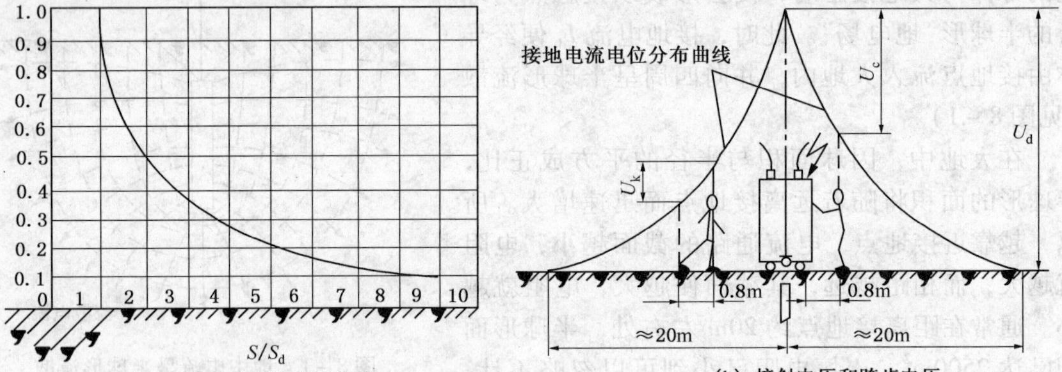

（a）接地体的导地电压曲线　（b）接触电压和跨步电压

图8－4　对地电压曲线、接触电压和跨步电压

可见，当设备发生接地故障时，以接地点为中心的大地表面约20m半径的圆形范围内，便形成了一个电位分布区。当人体处在这一范围内又同时接触该故障设备的外壳（或构架）时，人体所承受的电位差便称为接触电压（U_c）。显然其大小与设备（或接触设备外壳的人体立地点）离接地点的远近有关，离得愈近接触电压就愈小，愈远其值便愈大，见图8－4（b）。在流散电场范围内，人体两脚（或牲畜前后脚）之间所承受的电位差称跨步电压（U_k）。其值随立地处距接地点的远近和跨步的大小而变化，离得越近或跨步越大，跨步电压就越高，反之则越小。

8.1.1.3　接地电流和接地电阻

1. 接地电流与接地短路电流　凡从带电体流入地下的电流即为接地电流。有正常接地电流与故障接地电流之分。正常接地电流指正常工作时，通过接地装置流入地下，借用大地形成回路的电流。故障接地电流指系统发生故障时出现的接地电流。

若系统接地而导致系统发生短路，这时的故障接地电流，便叫做接地短路电流。在高压系统中，接地短路电流可能会很大。因此，规定凡接地短路电流在500A及以下，称小接地短路电流系统；大于500A则称为大接地短路电流系统。

可见，接地电流与接地短路电流是不同的两回事。它们各有其含义，故不应混淆。

2. 流散电阻及接地电阻　在接地体上，电流自接地体向四周大地流散时所遇到的全部电阻，称作流散电阻（或散流电阻）。

接地电阻是指整个接地装置的电阻值，它是接地体的流散电阻与接地线本身电阻之和。由于接地线的电阻(包括接地线与接地体间的连接电阻)一般都很小，故常可忽略不计。因此，可近似认为接地电阻就等于流散电阻。

通常说的接地电阻值都是对工频电流而言。当雷电流通过接地装置时，由于雷电流有着强烈的冲击性，这时接地电阻值便会发生很大的变化。为了区别起见，将这种情况下的接地电阻称为冲击接地电阻。

所以，接地电阻、流散电阻与冲击接地电阻所指含义各不相同，概念上一定要分清。

8.1.2 接地的分类与工作接地的作用

8.1.2.1 电气接地的含义和作用

1. 电气接地的含义及其分类

凡是电气设备或设施的任何部位(不论带电与不带电)人为地或自然地与具有零电位的大地相接通的方式，便称为电气接地(常简称接地)。它是电气技术(尤其是安全技术)中的一个专用名词，应用相当广泛。接地的分类如下：

- 接地
  - 正常接地
    - 工作接地
      - 强电系统的中性点接地
      - 直流或弱电系统的接地
      - 过电压保护接地
      - “二线一地”制的相线接地
    - 安全接地
      - 保护接地与保护接零
      - 重复接地与共同接地
      - 静电接地与屏蔽接地
      - 电法保护接地
  - 故障接地
    - 电力线路接地
    - 设备碰壳接地

按照接地的形成情况，可以将其分为正常接地和故障接地两大类。前者是为了某种需要而人为造就的，后者则是由各种外界或自身因素自然地造成的。

按照接地的不同作用，又可将正常接地分为工作接地和安全接地两大类。

工作接地通常有以下三种情况：①利用大地作回路的接地，此时正常情况下也有电流通过大地，如直流工作接地、弱电工作接地、“二线一地”制供电方式中的一相接地；②维持系统安全运行的接地，正常情况下没有电流或只有很小的不平衡电流通过大地，如110kV以上系统的中性点接地、低压三相四线制系统的变压器中性点接地；③为了防止雷击和过电压对设备及人身造成危害而设置的接地，即为过电压保护接地，也叫防雷接地。

安全接地主要包括：①为防止电力设施或电气设置绝缘损坏、危及人身安全而设的保护接地；②为消除生产过程中产生的静电积累，引起触电或爆炸而设的静电接地；③为防止电磁感应而对设备的金属外壳、屏蔽罩或屏蔽线外皮所进行的屏蔽接地；④为了防止管道受电化腐蚀、采用阴极保护或牺牲阳极的电法保护接地等。

2. 各种工作接地的主要作用

由于运行和安全需要，为保证电力网在正常情况或事故情况下能可靠地工作而将电气回路中某一点实行的接地，称为工作接地。如电源(发电机或变压器)的中性点直接(或经消弧线圈)接地，电压互感器一次侧中性点的接地，以及“两线一地”制供电方式中接地相的接地等，都属于工作接地。在强电系统中，各种工作接地的主要作用是：

(1) 变压器和发电机的中性点直接接地，能维持相线对地的电压不变(故障相除外)，并可降低人体的接触电压及适当降低制造时对电气设备的绝缘要求。在变压器供电时，可防止高压电窜至低压用电侧的危险。

(2) 变压器或发电机的中性点经消弧圈接地，还能在发生单相接地故障时，消除接地短路点的电弧及由此而可能引起的危害。

(3) 仪用互感器，如电压互感器一次绕组的中性点接地，主要是为了对一次系统中的相对地电压进行测量。

(4)"两线一地"制的相线接地，是为了利用大地当作一根导线，从而可以降低线路基建投资与年运行费用，并减少线路材料的耗量。但对电讯有干扰影响，对安全也不利。故这种供电方式平原地区现已不再推广采用，原有的也正在逐步加以改造。

3. 低压配电网中性点接地的优越性

在一般220/380V三相四线制低压配电网络中，配电变压器的中性点大都实行工作接地，是因为这样做有下述优越性：

① 正常供电情况下能维持相线的对地电压不变,从而可向外(对负载)提供220/380V这两种不同的电压,以满足单相220V(如电灯、电热)及三相380V(如电动机)不同的用电需要。

② 若中性点不接地，则当发生单相接地情况时，另外两相的对地电压便升高为相电压的$\sqrt{3}$倍。而中性点接地后，另两相的对地电压便仍为相电压。这样，既能减小人体的接触电压，同时还可适当降低对电气设备的绝缘要求，利于制造及降低造价。

③ 可以避免高压电窜到低压侧的危险。实行上述接地后，万一高低压绕组间绝缘损坏而引起严重漏电甚至短路时，高压电便可经该接地装置构成闭合回路，使上一级保护动作跳闸切断电源，从而避免低压侧工作人员遭受高压电的伤害或造成设备损坏。

在此，需要指出的是：中性点有电源中性点与负荷中性点之分。它只是在三相电源或负荷按Y形连接时才出现。对电源而言，凡三相线圈的首端(或尾端)连接在一起的共同连接点，称电源中性点，简称中点；而由电源中性点引出的导线便称中性线，简称中线，且常用"N"表示(见图8-5)。

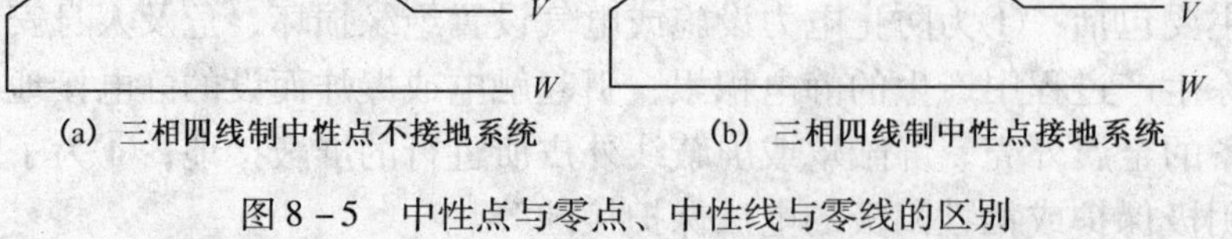

(a) 三相四线制中性点不接地系统　(b) 三相四线制中性点接地系统

图8-5　中性点与零点、中性线与零线的区别

当电源中性点与接地装置有着良好连接时，因已取得了大地的零电位，该中性点便称零点。由零点引出的导线称零线，常用"0"表示(有时也用"N"表示)。

4. 保护接地与保护接零

(1) 保护接地的作用及其局限性

为了保障人身安全，避免发生触电事故，将电气设备在正常情况下不带电的金属部分

(如外壳等)与接地装置实行良好的金属性连接，这种方式便称为保护接地，常简称接地。它是一种防止触电的基本技术措施，实用中相当普遍。

当电气设备由于种种原因造成绝缘损坏时就会产生漏电，或是带电导线碰触机壳时，都会使本不带电的金属外壳等带上电(具有相当高或等于电源电压的电位)。若金属壳未实施接地，则操作人员碰触时便会发生触电。如果实行了保护接地，此时就会因金属外壳已与大地有了可靠而良好的连接，便能让绝大部分电流通过接地体流散到地下。

人体若触及漏电的设备外壳，因人体电阻($R_{人}$)与接地电阻($R_{地}$)相并联，且$R_{人} \gg R_{地}$(人体电阻比接地电阻起码大200倍以上)，由于分流作用，通过人体的故障电流将远比流经$R_{地}$的要小得多，对人体的危害程度也就极大地减小了(见图8-6)。

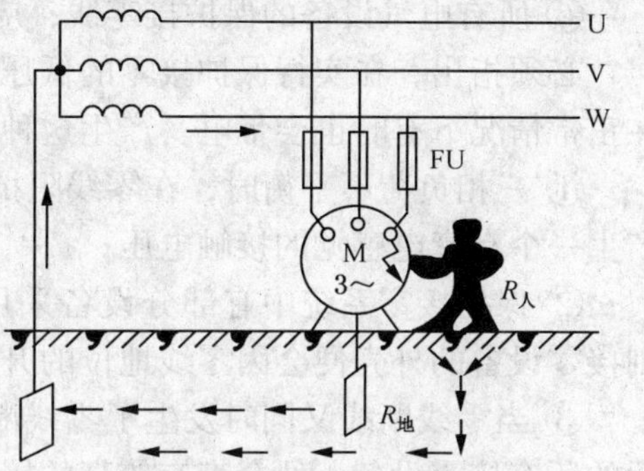

图8-6 保护接地示意图

此外，在中性点接地的低压配电网络中，假如电气设备发生了单相碰壳故障，若实行了保护接地时，由于电源相电压为220V，如按工作接地电阻为4Ω、保护接地电阻为4Ω计算，则故障回路将产生27.5A的电流。一般情况下，这么大的故障电流定会使熔断器(FU)熔断或自动开关跳闸，从而切断电源，保障了人身安全。

但保护接地也有一定局限性。为能保证使熔丝熔断或自动开关跳闸，一般规定故障电流必须分别大于熔丝或开关额定电流的2.5倍或1.25倍。因此，27.5A故障电流便只能保证使额定电流为11A的熔丝或22A的开关动作；若电气设备容量较大，所选用的熔丝与开关的额定电流超过了上述数值，则此时便不能保证切断电源，进而也就无法保障人身安全了。所以，接地保护方式存在着一定的局限性。

(2) 保护接零的优点及实施要求

若将电气设备在正常情况下不带电的金属部分用导线直接与低压配电系统的零线相连接。这种方式便称为保护接零，常简称接零(见图8-7)。它与保护接地相比，能在更多的情况下保证人身安全，防止触电事故。

在实施上述保护接零的低压系统中，如果电气设备一旦发生了单相碰壳漏电故障，便形成了一个单相短路回路。因该回路内不含工作接地电阻与保护接地电阻，整个回路的阻抗很小，因此故障电流必将很大(远远超出27.5A)，就足以能保证在最短时间内使熔丝熔断、保护装置或自动开关跳闸，从而切断电源，保障了人身安全。

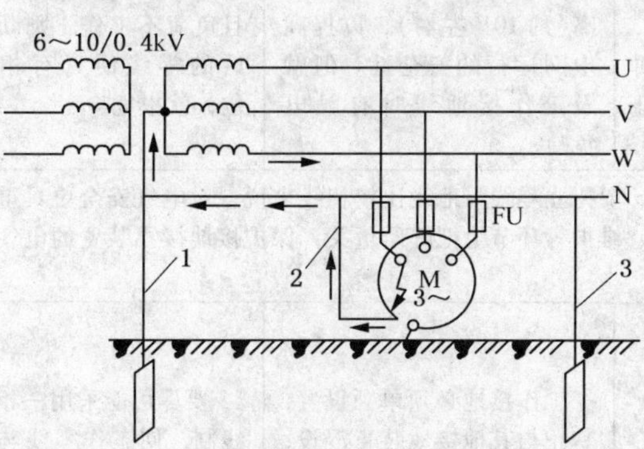

图8-7 保护接零、工作接地、重复接地示意图

1—工作接地；2—保护接零；3—重复接地

显然，采取保护接零方式后，便可扩大安全保护的范围，同时也克服了保护接地方式的局限性。在低压配电系统内采用接零保护方式时，应注意如下要求：

① 三相四线制低压电源的中性点必须良好接地，工作接地电阻值应符合要求；

② 在采用接零保护方式的同时，还应装设足够的重复接地装置；

③ 同一低压电网中(指同一台配电变压器的供电范围内)，在选择采用保护接零方式后，便不允许再(对其中任一设备)采用保护接地方式；

④ 零线上不准装设开关和熔断器，且其敷设要求应与相线一样，以免出现零线断线故障；

⑤ 零线截面应保证在低压电网内任何一处短路时，能够承受大于熔断器额定电流 2.5 ~ 4 倍及自动开关额定电流 1.25 ~ 2.5 倍的短路电流，且不小于相线载流量的一半；

⑥ 所有电气设备的保护接零线，应以"并联"方式连接到零干线上。

必须指出，在实行保护接零的低压配电系统(简称接零系统)中，电气设备的金属外壳在正常情况下有时也会带电。产生这种现象的原因不外乎以下三种：

① 三相负荷不平衡时，在零线阻抗过大(线径过小)或断线的情况下，零线上便可能会产生一个有麻电感觉的接触电压；

② 保护接零系统中有部分设备采用了保护接地时，若接地设备发生了单相碰壳故障，则接零设备的外壳便会因零线地位的升高而产生接触电压；

③ 当零线断线又同时发生了零线断开点之后的电气设备单相碰壳。这时，零线断开点后的所有接零设备，便会带有较高的接触电压。

(3) 接地与接零的适用范围和注意事项

它们的含义、目的、适用范围、作用原理及注意事项各不相同，见表 8－1。

表 8－1　接地与接零的比较

种类	保护接地	保护接零	工作接地	工作接零
含义	用电设备的外壳接接地装置	用电设备的金属外壳接供电电网的零干线	运行需要的接地(如中性点接地)	220V 用电设备的电源线之一(零线)
适用范围	中性点不接地电网	中性点接地电网，三相四线制系统	中性点接地电网	三相四线制电网，220V 用电设备的供电线路之一
目的	起安全保护作用	起安全保护作用	保护电网运行安全	提供供电通路
作用原理	平时保持零电位，不显作用，只有发生碰壳或短路时能降低对地电压，从而防止触电伤人	平时保持零干线电位不显作用，且与相线绝缘；只有碰壳或短路时，电流很大，促使保护装置速动，避免外壳长期带电。必须有重复接地才能保证人身安全	平时有三相不平衡电流。当发生高、低压短接时可保证其他相线升压不高(约 10V 左右)，以提高电网运行的安全性。但触及工作接地线时有触电危险	平时线中有单相负荷电流。如果发生断线，且负荷不工作．则断点后的零线便具有相电位，就很危险
	必须从认识上克服地线、零线并不重要的错误观念，要树立零线与地线比较相线来说，对电气安全更具重要意义的科学观念。从而在接地接零装置的选材、施工、维护等环节上把好质量关，保护接地接零装置的电气性能与机械性能的可靠性			
注意事项	确保接地可靠。在中性点接地系统，条件许可时要尽可能采用保护接零方式，以保障用电安全。在同一电源的低压配电网范围内，严禁混用接地与接零保护方式	禁止在零线上装设保护装置和开关等。严禁出现零线断线的情况	工作接地必须单独设置，禁止与其他接地装置混设；工作接地如有故障，将危害整个保护接零系统	要尽可能采用三相五线制，使工作零线与保护零线分开、而不再混用

(4) 保护接地与接零方式混用的危害

在由同一台配电变压器或同一段母线供电的低压配电系统内，只应选择采用同一种保护方式：或者全部采用保护接地，或者全部采用保护接零。而不能同时采用保护接地和保护接零这两种不同的方式。

如果同时采用了接地与接零两种保护方式(见图8-8)，当实行保护接地的设备(如M_2)万一发生了碰壳故障，则零线的对地电压将会升高到电源相电压的一半或更高。这时，实行保护接零(因直接与零线相接)的所有设备(如M_1)上，便会带有同样高的电位，使设备外壳等金属部分将呈现较高的对地电压，从而危及操作人员安全。

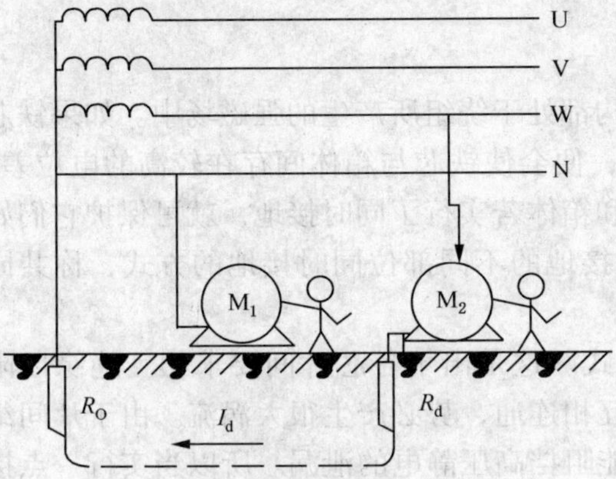

图8-8 同一配电系统内保护接地与接零混用

所以同一低压配电系统内，保护接零与保护接地这两种不同方式一定不能混用。

(5) 保护接地或保护接零方式的选择

电气设备究竟应采用保护接零，还是采用保护接地方式，主要取决于配电系统的中性点是否接地、低压电网的性质及电气设备的额定电压等级。

在中性点接地的低压配电系统中，应优先选用保护接零方式(同时要进行重复接地)。大多数工厂企业(包括乡镇企业)都由单独的配电变压器供电，故均属此类。但下列情况除外：凡属城市公用电网(即由同一台配变供给许多用户用电的低压网络)供电的，应采用同一种保护方式，且常是统一实行保护接地；在农村配电网络内，皆因不便于统一与严格管理等原因，为避免接零与接地两种保护方式混用而引起事故，所以规定一律不实行保护接零，而应统一采用保护接地方式。

在中性点不接地的低压配电网络中，应采用保护接地方式。对所有高压电气设备，一般都是实行保护接地。

5. 重复接地和共同接地

(1) 实行零线重复接地的作用

在中性点直接接地的低压配电系统中，为确保接零保护方式的安全可靠，防止零线断线所造成的危害，系统中除了工作接地外，还必须在整个零线的其它部位再行接地，称之为重复接地。事实上，保护接零本身就包含着必须重复接地的要求。需重复接地的处所有：

① 架空线路或分支线的首端与终端处；

② 无分支的架空线路的沿线每隔1km处；

③ 电缆或架空线路引入屋内的进线处(距接地点不超过50m者除外)；

④ 车间内零干线的终端处，以及零干线很长时，其中间的适当部位处；

⑤ 屋内设备接地时，应将零线与所有低压开关等设备及控制屏的接地装置相连接。

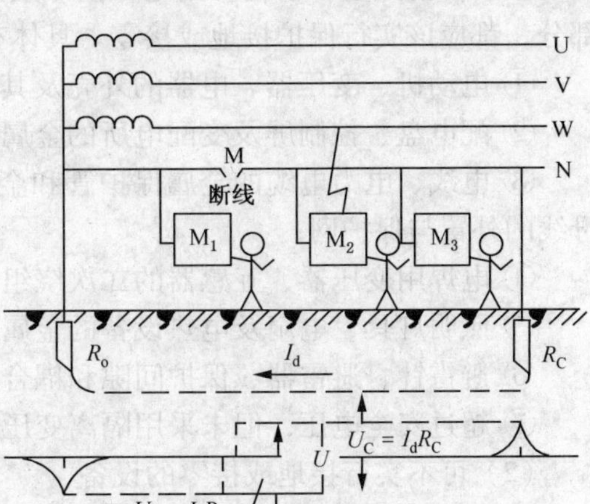

图8-9 有重复接地时零线断线

若未实行这种重复接地(见图8-9)，则当零线万一断线而同时又发生某一设备(如电动机

M_2)碰壳(W 相绝缘损坏)时，断线处(M)后边所有用电设备(如 M_3)的外壳上，虽在自身并无故障的情况下，也会出现较高的对地电压(为电源一相对地电压 $U=220V$)。这就势将严重威胁人身安全。如果实行零线重复接地后(重复接地电阻为 R_C)，M_3外壳的对地电压 U_C便可大为降低(仅等于故障电流 I_d与 R_C的乘积)。若 $R_C=R_0=4\Omega$，则 U_C便只为电源相电压的1/2，从而可以减小触电的危险程度；且由于此时已构通了故障电流回路，I_d也就可能会使保护(如熔断器等)动作而切断电源。

(2) 变压器的铁芯与外壳要同时接地

变压器运行时，铁芯及其各种连接的金属结构都处于绕组所产生的强磁场中。如果铁芯不与箱体(外壳)同时接地，则由于强磁场的作用，便会使铁芯与箱体间存在较高的电位差，很可能由此形成间隙放电，这是不允许的。铁芯和箱体若实行了同时接地，就可保护它们始终都处于相同地位。这种将若干电气设备需实行接地的不同部位同时接地的方式，称共同接地。

实用中对于铁芯的接地常采用“一点接地”方式。这是出于各芯片间要求相互绝缘以限制涡流来考虑的。若将整个铁芯接地，各片间就互相连通，势必产生很大涡流。由于片间绝缘相对来说比较薄弱，它虽能阻止涡流，但却不能阻挡高压静电的泄漏。所以当实行一点接地方式后，对于感应高电压来说，实际上相当于将整个铁芯接地了。

(3) 配电系统的三点共同接地

配电系统中，为防止架空配电网受过电压危害，常将变压器中性点、变压器外壳及避雷器接地引下线三者共同与一个接地装置相连接。这种方式称为配电系统的“三点共同接地”。

如果不实行这种三点共同接地的方式，则当雷电流经过避雷器及接地装置泄入大地时，避雷器上的残压和雷电流在接地装置上所产生的电压降，将通过接地体加到变压器的外壳与绕组上，使变压器要承受超出其额定电压很多倍的高电压，这就很可能会导致变压器绕组绝缘损伤，甚至造成击穿。

若三点共同接地后，当避雷器动作时，加在变压器组绕及外壳上的电压就只有避雷器上的那部分残压，减少了在接地体上的那段电压降，从而能够保障变压器安全运行。

6. 必须实行保护接地或接零的设备

(1) 应该实行接地或接零的设备

凡正常情况下不带电，当绝缘损坏或其他特殊情况下可能带电的电气与机械设备的金属部分，都应该实行保护接地或接零。具体有：

① 电动机、变压器、电器的外壳及其操作机构；

② 配电盘、控制屏及变配电所的金属构架与金属遮栏；

③ 电线、电力电缆的金属保护管和金属包皮，电缆终端头与中间头的金属包皮，以及母线的外罩与保护网；

④ 电焊用变压器、互感器的二次绕组及局部照明变压器的二次绕组；

⑤ 照明灯具、电扇及电热设备的金属底座与外壳；

⑥ 避雷针、避雷器、保护间隙和耦合电容器底座，架空地线及线路的金属杆塔；

⑦ 超过安全电压，但未采用隔离变压器的手持电动工具或移动电具的外壳等。

(2) 可不实行接地或接零的设备

凡下列设备或属下述情况的电气与机械等设备，可以不实行保护接地或接零：

① 采用安全电压或低于安全电压的电气设备；

② 装在配电屏、控制屏上的电气测量仪表、继电器与低压电器的外壳；

③ 架空线路及户外变电所杆上绝缘瓷瓶的金具；

④ 在已接地金属构架上的支持绝缘子与套管的金具；

⑤ 在常年保持干燥且用木材、沥青等绝缘较好的材料铺设地面时，其室内的低压电气设备(包括与它有金属性连接的机械设备等)的外壳；

⑥ 控制电缆的金属外皮和电压为220V及以下蓄电池室的金属框架；

⑦ 厂区内的运输轨道，放置在一定高度、工作时需要木梯才能触及的设备，以及站在绝缘台上进行工作或操作的电气设备外壳等。

8.2 接地装置的维护与巡视检查

8.2.1 自然接地体与自然接地线

1. 可作为自然接地体的设备或构件

接地体是接地装置的主要组成部分，其选择与装设是能否取得合格接地电阻的关键。接地体可分为两类，即自然接地体与人工接地体。

在设计与选择接地体时，要首先充分利用自然接地体，以节省钢料，减少投资。若所利用的人工接地体经实测接地电阻合乎要求时，一般就不必另行装设人工接地体(对发电厂与变电所除外)，但还应考虑其热稳定也要能满足要求。当实测接地电阻及热稳定不能符合要求时，还应装设人工接地体，以弥补自然接地体之不足。

不论是城乡工矿企业及工业与民用建筑，凡与大地有可靠而良好接触的设备或构件，大都可以用来作为自然接地体。它们主要有：

(1) 与大地有可靠连接的建筑物的钢结构件；

(2) 建筑物钢筋混凝土基础的钢筋部分；

(3) 敷设在地下的金属管道及热力管道等。

输送可燃性气体或液体(如煤气、天然气、石油)的金属管道则应除外，包有黄麻、沥青层等绝缘物的金属管道也不能作为自然接地体。尤其要指出，分布范围很广、利用也方便的自来水管道也不宜直接用来作为自然接地体，这是历来有争议的问题。事实上，因为自来水管多采用金属管或塑料管，塑料管因其导电性能极差，显然不能用来作为自然接地体。金属自来水管虽大都埋设在地下，且分布较广接用方便，但由于管路长弯曲多，于是接头也多，又为了防止漏水，在接头处总是嵌入麻丝并涂入磁漆等填充物，它在电气上呈一种“不连续”状态，这就影响了电气通路的导电性能，增大了接触电阻。若用来作为自然接地体，势必增大接地装置的总电阻值而难于合乎要求。再者，使用中万一某处水管带有一定电位后，就会传至相关各处管路，极易引起麻电或触电。因此，只有在经过采取焊接与加跨接线等措施后方可加以利用。

2. 宜于用作为自然接地线的设施

为减少基建投资、降低工程造价并加快施工进度，实际工程中可充分利用下述设施作为自然接地线(当利用它们能满足规定要求时便可不必另设人工接地线)：

(1) 建筑物的金属结构(如梁和柱子等)　利用时要求它们能保证成为连续的导体。故除了其结合处采用焊接外，凡用螺栓连接或铆钉焊接的地方都要采用跨接线(一般用扁钢)连接。作接地干线时截面不小于$100mm^2$；作接地支线则不小于$48mm^2$。

（2）生产用的金属结构　如吊车轨道、配电装置、起重机或升降机的构架。

（3）配线的钢管　利用时，其管壁厚度不应小于 1.5mm，以免产生锈蚀而成为不连续导体。在管接头和接线盒处，都要采用跨接线连接。钢管直径为 40mm 及以下时，跨接线采用 6mm 圆钢；钢管直径为 50mm 以上时，跨接线采用 25mm × 4mm 的扁钢。

（4）电缆的金属包皮　利用电缆的铅包皮作为接地线时，接地线卡箍的内部需垫以 2mm 厚的铅带；电缆钢铠甲与接地线卡箍相接触的部分均要刮擦干净，以保证两者接触可靠。步箍、螺栓、螺母及垫圈均应镀锌。

（5）电压 1000V 以下的电气设备，可利用各种金属管道作为自然接地线。但不得利用可燃液体、可燃或爆炸性气体的管道，金属自来水管道也不宜直接利用。

8.2.2　变配电所和车间内的接地

由于单根接地体周围的电位分布不均匀，在接地电流或接地电阻较大时，容易使人受到危险的接触电压或跨步电压的威胁。特别是在接地体埋设点距被保护设备较远的情况下，采用“外引式”接地时，情况就更严重（若相距 20m 以上则加到人体上的电压将为设备外壳上的全部对地电压）。此外，单根接地体或外引式接地的可靠性也较差，万一引线断开时就极不安全。针对上述情况，可以采用“环路式”接地装置，以克服上述不足之处（见图 8－10）。

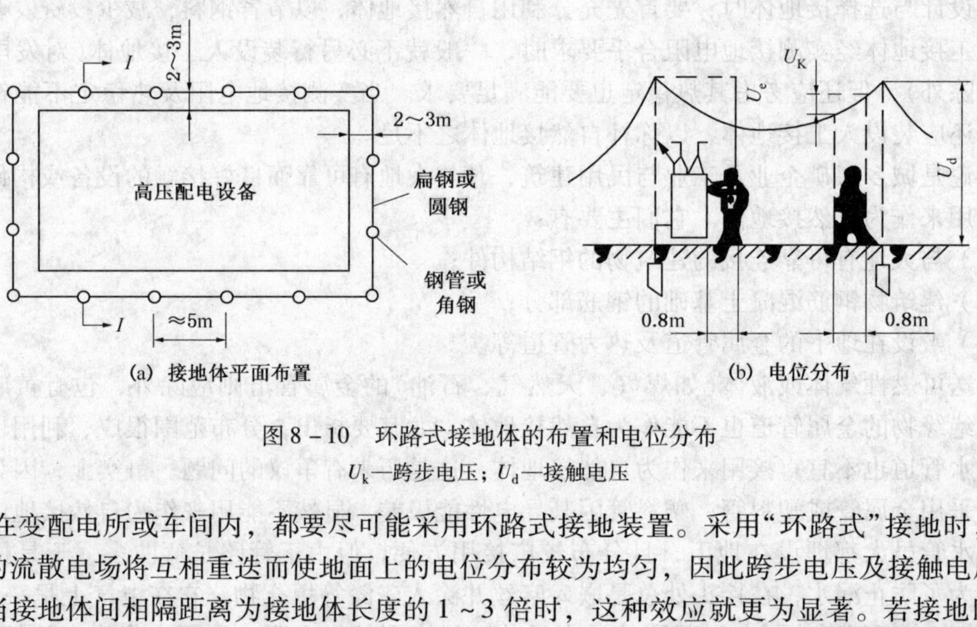

(a) 接地体平面布置　　(b) 电位分布

图 8－10　环路式接地体的布置和电位分布

U_k—跨步电压；U_d—接触电压

在变配电所或车间内，都要尽可能采用环路式接地装置。采用“环路式”接地时，接地体间的流散电场将互相重迭而使地面上的电位分布较为均匀，因此跨步电压及接触电压便很低。当接地体间相隔距离为接地体长度的 1 ~ 3 倍时，这种效应就更为显著。若接地区域范围较大，可在环路式接地装置范围内，每隔 5 ~ 10m 宽度增设一条水平接地带作为均压连接线（如图 8－11）。该均压连接线还可作为接地干线用，以使各被保护设备的接地线连接更为方便可靠。此外，在来往繁频的出入口等处，还需装设均压用的扁钢以减少跨步电压的影响。

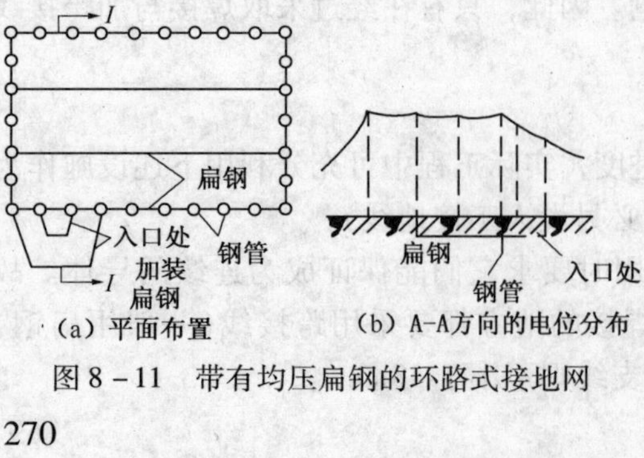

(a) 平面布置　　(b) A-A方向的电位分布

图 8－11　带有均压扁钢的环路式接地网

8.2.3　接地装置的维护与巡视检查

接地装置的良好与否，直接关系到人身及设备的安全，甚至涉及到系统的正常与稳定运行。切勿以为已经装设了接地装置，就此便太平无事了。实用中，应对各类接地装置进行定期维护和检查，平时也应根据实际情况需要，进行临时性检查及维护。

接地装置维护检查的周期一般是：对变配电所的接地网或工厂车间设备的接地装置，应每年测量一次接地电阻值。看是否合乎要求，并对比上次测量值分析其变化。对其它的接地装置，则要求每两年测量一次。根据接地装置的规模、在电气系统中的重要性及季节变化等因素，每年应对接地装置进行1～2次全面性维护检查。其具体内容是：

1. 接地线有否折断、损伤或严重腐蚀；
2. 接地支线与接地干线的连接是否牢固；
3. 接地点土壤是否因受外力影响而有松动；
4. 重复接地线、接地体及其连接处是否完好无损；
5. 检查全部连接点的螺栓是否有松动，并应逐一加以紧固；
6. 挖开接地引下线周围地面，检查地下0.5m处地线受腐蚀程度，严重时应即更换；
7. 检查接地线的连接线卡及跨接线等的接触是否完好；
8. 检查明敷部分接地或接零母线上的涂漆是否脱落,若有脱落现象应予重涂以使标志鲜明；
9. 检查接地体有否因受水冲击或其他原因而造成露出地面或离地表过近，若有此类现象，则应及时修复；
10. 做好接地装置的变更、检修、测量等项内容的记录。

8.3 接地电阻的测量

8.3.1 人工接地体的接地电阻计算法

1. 垂直或水平接地体的接地电阻计算

(1) 垂直接地体当 $l \gg d$ 时

$$R_C = \frac{\rho}{2\pi l}\ln\frac{4l}{d}$$

式中 R_C——垂直接地体(见图8－12)的接地电阻，Ω；

ρ——土壤电阻率，Ω·m；

l——垂直接地体长度，m；

d——钢质接地体的等效直径，m。

接地体用圆钢时为圆钢直径 d，若用其他形式钢材(见图8－13)时，其等效直径可按下式计算为

钢管：$d = d'$；扁钢：$d = 2/b$；等边角钢：$d = 0.84b$；

不等边角钢： $d = 0.71\sqrt[4]{b_1 b_2 (b_1^2 + b_2^2)}$

(2)水平接地体可依据下式

$$R_P = \frac{\rho}{2\pi l}\left(\ln\frac{l^2}{hd} + A\right)$$

式中 R_P——水平接地体的接地电阻，Ω；

l——水平接地体总长度，m；

h——水平接地体的埋设深度，m；

d——水平接地体的直径或等效直径，m；

A——水平接地体的形状系数(见图8－14)。

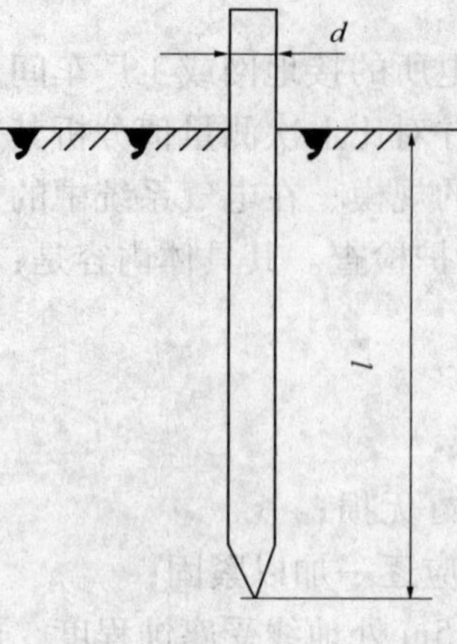

图 8－12　垂直接地体尺寸示意

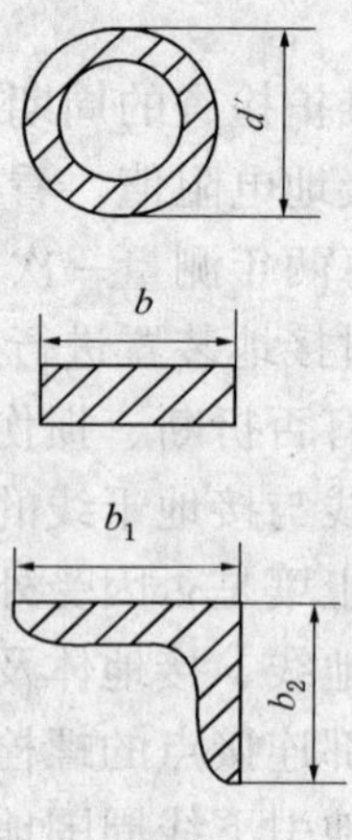

图 8－13　不同型式的钢材截面

形状	—	L	人	＋	✕	✳	□	○
A	0	0.378	0.867	2.14	5.27	8.81	1.69	0.48

图 8－14　水平接地体的形状与系数

实际计算时，由于对上述算式及系数等进行了简化与归类，因此可以直接采用表 8－2 中相应的简化算式，来计算人工接地体的（工频）接地电阻值。

表 8－2　人工接地体接地电阻简易算式

接地体型式	简易计算式	说　明
垂直式	$R \approx 0.3\rho$	ρ 为土壤电阻率，Ω · m，长度为 3m 左右的接地体
单根水平式	$R \approx 0.03\rho$	长度 60m 左右的接地体
复合式（接地网）	$R \approx 0.28\rho/r$ 或 $R \approx \rho/4r + \rho/l$	r 为与接地网面积等值的圆半径，即等效半径，m；l 为接地体总长度，m，包括垂直接地体在内

2. 单根与多根接地体接地电阻的实用计算

接地体一般可分为单根与多根两类，其接地电阻值的计算方法分别如下：

（1）单根接地体，包括各种垂直接地体，其接地电阻（散流电阻）R_y 可按下式计算为

$$R_y = K\rho \times 10^{-2}$$

式中　ρ——土壤电阻率，Ω · m；

K——各种单根接地体的接地计算系数，ρ 及 K 值参见表 8－3。

表 8－3　接地计算系数 *K* 参考值

接地体材料	规格/mm	计算外径/mm	长度/mm	(K/l) mm
钢　管	ϕ38	48	2500	30.6～34.0
	ϕ50	60	2000	39.0～40.7
角　钢	∠40×40×4	33.6	2500	34.9～36.3
	∠50×50×5	42	2000	41.8～43.6

（2）多根接地体，总接地电阻值 R_d 可按下式计算为

$$R_d = R_y/nK_d$$

式中　R——单根接地体的接地电阻值，Ω；

n——接地体根数；

K_d——接地体的利用系数（其值可查阅《电工手册》或相关资料）。

此外，在已知接地电阻要求值前提下，所需多根接地体具体根数的确定，可按下述方法进行：

如果各单根接地体之间采用12mm×4mm的扁钢连接，一般无需单独计算扁钢的接地电阻；但考虑到扁钢在地中也具有一定的散流作用，故垂直接地体的根数可适当减少10%左右；再据多根接地体的总接地电阻 R_d 的算式，可得到求取所需根数 n 的算式为

$$n \geqslant 0.9R_y/R_dK_d\text{（根）}$$

8.3.2　接地电阻允许值的确定和具体要求

1. 系统及设备接地电阻允许值的确定

限定接地装置的接地电阻，实际上就是限定了接触电压和跨步电压的高低。反之，从安全角度出发，若限定了接触电压和跨步电压的高低，也就确定了接地电阻允许值的大小。

部颁接地规程中规定，大接地短路电流系统的电力设备，其接地装置的接地电阻值应符合公式要求：

$$R \leqslant 2000/I_d(\Omega)\text{（当 } I_d > 4000\text{A 时，取 } R \leqslant 0.5\Omega\text{）}$$

式中　R——考虑季节影响的最大（工频）接地电阻，Ω；

I_d——流经接地装置的最大单相稳态短路电流，A。

中性点非直接接地的小接地短路电流系统的电力设备，其接地电阻值应符合下述要求：

（1）高压与低压电力设备共用的接地装置 $R \leqslant 120/I_{jd}(\Omega)$；

（2）只用于高压电力设备的接地装置 $R \leqslant 250I_{jd}(\Omega)$。

式中，R是考虑到季节影响的最大（工频）接地电阻（Ω）；I_{jd} 是单相接地时的故障（电容）电流（A）。

2. 各类常用接地电阻的允许值

为确保接地装置在运行中能发挥应有的作用，其接地电阻均应符合规程要求。对各类常用的接地装置，其允许接地电阻值（R）分别为

（1）电源容量100kVA以上的变压器或发电机的工作接地 $R \leqslant 4\Omega$。

（2）电源容量≤100kVA的变压器或发电机的工作接地 $R \leqslant 10\Omega$。

（3）100kVA及以下低压配电系统的零线重复接地 $R \leqslant 10\Omega$；当重复接地有3处以上时，$R < 30\Omega$。

（4）电气设备不带电金属部分的保护接地 $R \leqslant 4\Omega$；引入线装有25A以下熔断器的设备的保护接地 $R \leqslant 10\Omega$。

（5）低压线路杆搭的接地或低压进户线绝缘子脚的接地 $R \leqslant 30\Omega$。

（6）变配电所母线上FZ型阀型避雷器的接地 $R \leqslant 4\Omega$。

（7）线路出线段FS型阀型避雷器接地、管型避雷器接地、独立避雷针接地（个别可取 $R \leqslant 30\Omega$），工业电子设备（包括X光机）的保护接地，均为 $R \leqslant 10\Omega$。

（8）烟囱的防雷保护接地，$R \leqslant 30\Omega$（包括水塔或料仓的防雷接地均同此项要求）。

8.3.3 电流－电压表法测量接地电阻

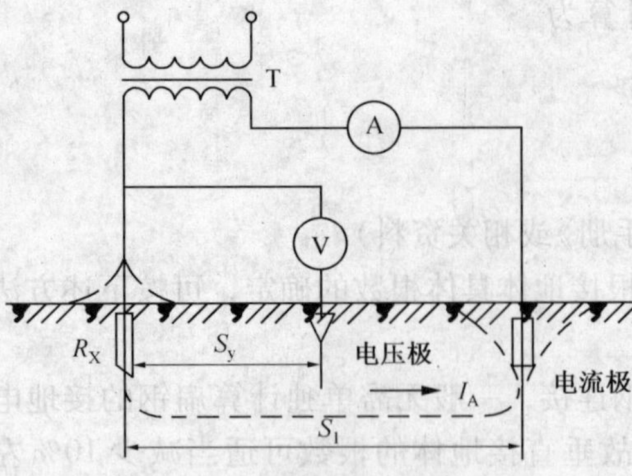

图 8－15 电流－电压表法测量接地电阻接线图

接地装置投入使用前和使用中都需要测量接地电阻的实际值，以判断其是否符合要求。目前常用的测量方法主要有电流～电压表法和接地电阻测量仪测量法两种。

电流表－电压表法测量接地电阻的接线如图 8－15 所示。其中，T 是测量用变压器；R_x为被测接地体(及其接地电阻值)；S_y、S_1分别指电压极、电流极与R_x之间的距离。接通电源后，电流沿R_x和电流极构成回路。

如果S_y和S_1都有足够的大小，能使R_x和电流极的对地电压曲线互不影响，并能使电压极位于R_x和电流极的对地电压曲线趋近于零的范围之外，则可根据电流表的读数I_A和电压表的读数U_y求得接地电阻值为

$$R_x = U_y / I_A \quad (\Omega)$$

为了测量安全及使测量电流与电网分开，以消除电网可能给测量带来的影响，及使测量结果更符合实际，T 应采用双线圈变压器且电流I_A不可太小(最好保持在实际接地电流的 20% 以上)。因此，测量用变压器的容量一般要在 1kVA 以上。电流极的流散电阻不宜太大，一般需用一根直径 40～50mm、长 2.5mm 左右的钢管；如果被测接地体流散电阻很低，则电流极应用几根钢管组成。为了减小测量误差，应采用有高内阻的电压表。电压极可采用一根直径 25mm、长 1m 左右的圆钢或钢管。

如测量电极位置选择不当，便会产生很大的测量误差。而且土壤电阻率越高，测量误差愈大。电流极、电压极与被测接地体可以采取直线排列(见图 8－16)，也可以采取三角形排列(见图 8－17)。

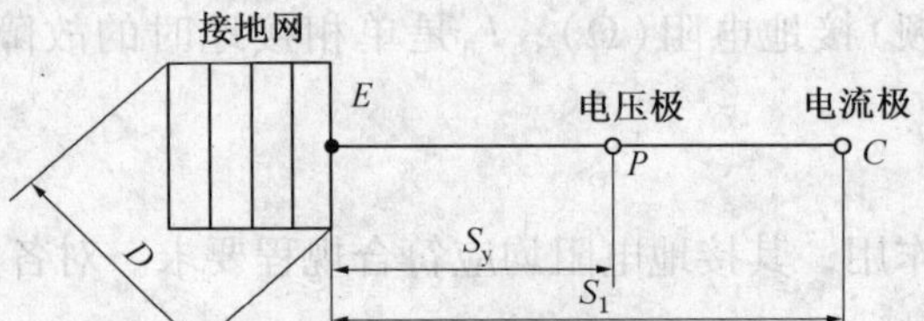

图 8－16 直线排列测量法

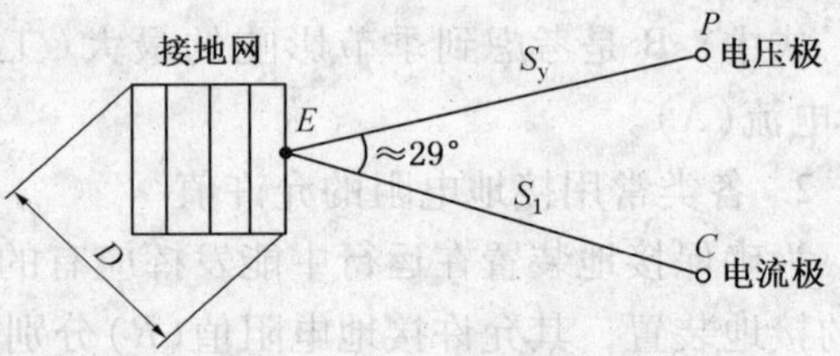

图 8－17 三角形排列测量法

采用直线排列时，对于垂直埋设的单管接地体，S_1可取 40m，S_y可取 20m；对于网络接地体，S_1宜取 80m，S_y宜取 40m。测量中，应按S_1的 5% 左右移动电压极两次，如 3 次测得电阻值相近，则取平均值即可。必须指出，电流极和电压极的位置对接地电阻测量准确度的影响较大，以往一般采用如上之所谓“5D～40m”法，即 $EC \geqslant 5D$ 且 $\geqslant 40$m(D 为接地网最大对角线长度或圆形接地网的直径)。现时还可采用“0.618 布极法”(也称补偿法)，即取$EC \approx 2D$，$EP = 0.618EC$。实践证明，该法测量结果较为准确(虽易受土壤电阻不均匀影响)，尤其是测量时拉线可大为缩短。

采用三角形排列时，可取 $S_1 = S_y$，S_1与S_y端点之间(即 PC)的距离应大于 20m，且其间夹角要以 29°左右为宜。

此外应注意，测量电压不宜超过安全电压。测量过程中电流极和被测接地体附近地面的电位将有不同程度的升高，特别是电流极，因其流散电阻较大，周围电位较高，故应注意防止接触电压和跨步电压引起触电的危险。

采用这种方法测量接地电阻的优点是它不受测量范围的限制，从 0.1Ω 以下到 100Ω 以上的电阻都能测量，测量结果较为准确，测量设备也较易找到。且用此法还可测量接地体的对地电压曲线及土壤电阻率。但缺点是准备工作和测量工作比较麻烦，需要独立的交流电源，以及装设辅助接地体用为电流极等。

8.3.4 用接地绝缘电阻仪测量接地电阻

接地绝缘电阻测量仪(俗称接地摇表)种类很多，按工作原理可分为电桥型、流比计型、电位计型和晶体管型等。接地绝缘电阻仪自身能产生交变的接地电流，无需外加电源，且电流极和电压极也是配套好的。因此使用简易、携带方便且抗干扰性能较好，应用广泛。它一般有 E、P、C 三个接线端钮(见图 8－18)。测量时分别接于被测接地体、电压极和电流极。以大致为 120r/min 的速度转动手柄时，即可产生适当的交变电流沿着被测接地体和电流极构成回路。待表计指针稳定后，可直接读出被测的接地电阻值。对于有四个接线端钮的接地摇表，其接线方法稍有改变(见图 8－19)。

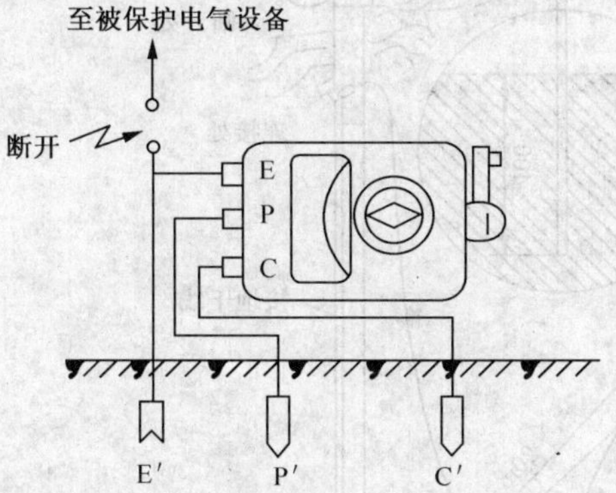

图 8－18　三端钮测量仪的测量接线

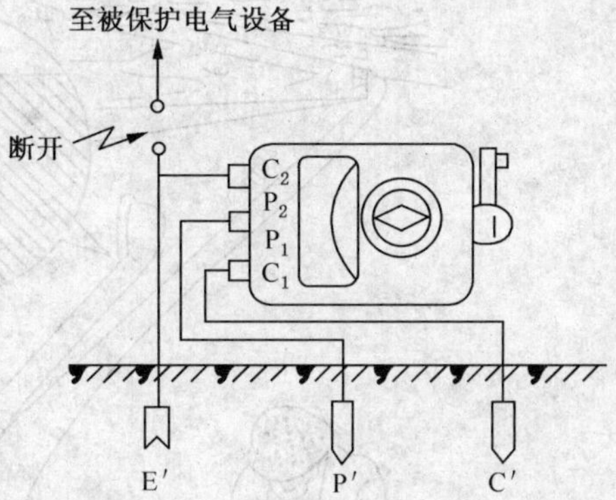

图 8－19　四端钮测量仪的测量接线

使用接地绝缘电阻仪测量时，测量电极与被测接地体间的距离及其布置，与电流表－电压表法测量时相同。用它也能按类似方法，经适当换算来测量对地电压曲线和土壤电阻率。

在使用小量程接地摇表测量低于 1Ω 的接地电阻时，应将四端钮中的 C_2 与 P_2 间的连接片打开，且分别用导线连接到被测接地体上(见图 8－20)。这样，可以消除测量时连接导线所具附加电阻引起的误差影响。

常用的国产接地电阻测量仪主要有 ZC－8 型和 ZC－9 型。用 ZC－8 型仪表测量线路和变压器接地电阻时的具体步骤如下(见图 8－21 及图 8－22)：

(1) 拆开接地干线与接地体的连接点，或拆开接地干线上所有接地支线的连接点。

(2) 将二支测量接地棒插入分别离接地体 20m 与 40m 远的地下，且均应垂直地插入地面约 400mm 深处。

(3) 将接地电阻表放在接地体附近平整的地方，然后再进行接线：

① 用一根最短的连接线连接表上接线桩 E 和接地装置的接地体；

② 用一根最长的连接线连接表上接线桩 C 和一支 40m 远的接地棒；

③ 用一根较长的连接线连接表上接线桩 P 和一支 20m 远的接地棒。

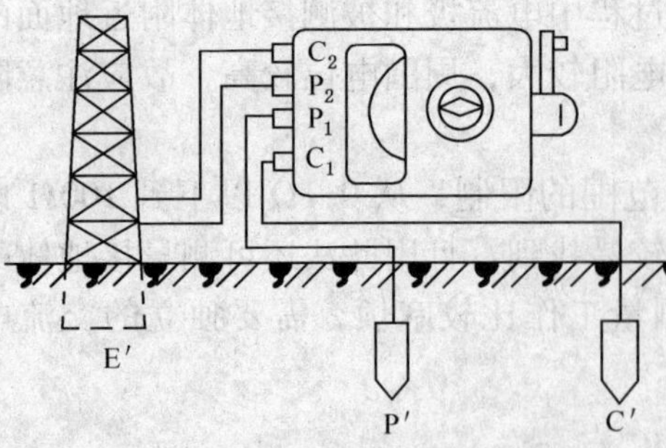

图 8－20　测量小于 1Ω 时的接线

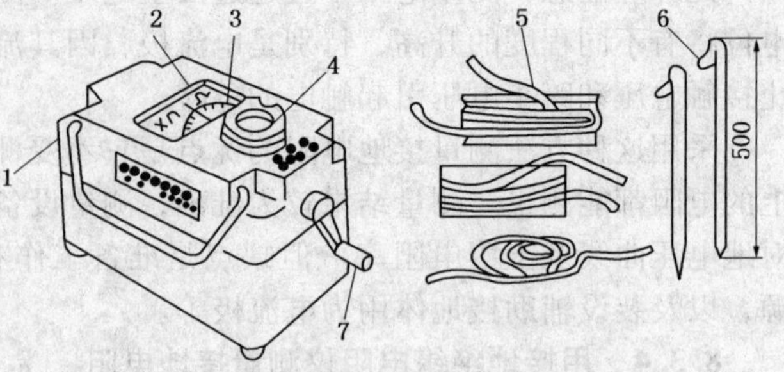

图 8－21　ZC－8 型接地电阻测量仪及附件

1—接线桩；2—表头；3—细调拨盘；4—粗调旋钮；5—连接线；6—测量接地棒；7—摇柄

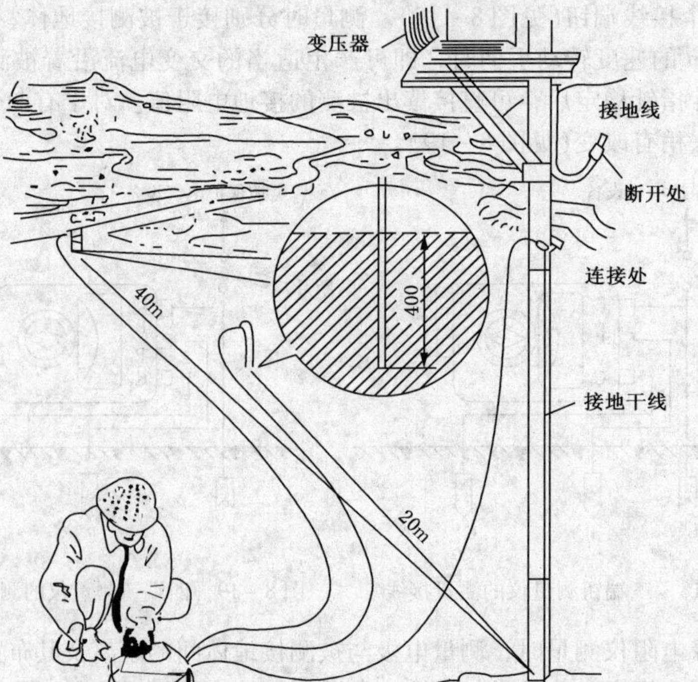

图 8－22　用 ZC－8 型接地电阻测量仪测量接地电阻

（4）根据被测接地体的电阻要求，先调节好粗调旋钮（表上有三档可调范围）。

（5）以约 120r/min 的转速均匀摇动手柄，当表针偏离中心时，边摇动手柄边调节细调拨盘，直至表针居中并稳定后为止。

（6）以细调拨盘的读数×粗调定位倍数，其结果便是被测接地体的接地电阻值（如细调拨盘指 0.4，粗调定位倍数是 10，则测得接地电阻为 0.4×10＝4Ω）。

8.3.5　测量接地电阻时的注意事项

（1）测量接地电阻时应停电进行。对运行中的接地装置要进行定期检查和试验，以保证接地装置不致因外力损坏或接地电阻发生变化而失去作用。对于变配电所和电气设备的拉地装置，应每年进行一次测试。

（2）测试接地电阻应在土壤导电率最低时进行。一般以选择每年 3、4 月份为宜。接地装置凡重新装设或经检修整理后，也要进行接地电阻测量。测量时可使用接地摇表测量，也可采用“电流表－电压表法”进行测量。

(3) 用接地绝缘电阻仪测量时比较方便,可直接从表上读出被测的接地电阻值;若采用电流表－电压表法,虽可不受测量范围的限制但不甚方便,故实用中广泛应用接地绝缘电阻仪。

(4) 电流－电压表法宜用来测量大中型电厂和变电所的接地电阻。它需要独立的交流电源(指不接地的交流电源或采用隔离变压器)，容量为5～15kVA，电源电压65～220V。电压表要用高内阻表(真空管或晶体管电压表)，电流表不应低于0.5级。

(5) 接地绝缘电阻仪常用来测量中小型电厂、变电所、线路、变压器等电力设备的接地电阻。测量时若“测量标度盘”的读数小于1，可将“倍率标度”置于较小的倍数，再调整标度盘以得到正确读数。若检流计灵敏度过高，可将电位探针(电压极)插浅一些；反之若灵敏度不够，则可沿电位探针和电流探针(即电流极)注水，使土壤湿润。

(6) 不论用哪种方法测量接地电阻，均应将被测接地体同其他接地体分开，以保证测量的正确性。同时应尽可能把测量回路同电网分开，以利于测量安全及消除杂散电流引起的误差影响，防止测量电压反馈到与被测接地体相接的其他导体上而引起事故。

(7) 测量时被测接地体应与接地线断开；两极的位置要避开架空线路和地下金属管道的走向，应布置在与它们相垂直的方向上；应避免在雨后立即测量接地电阻；测量时在电流极周围会有较大的跨步电压，故在其30～50m范围内要禁止人畜进入。

此外,在缺少专用仪器等条件受限制的情况下,为应急需要也可临时用万用表来测量接地电阻。该法需经计算,但测量方法简单,不过误差较大,仅可供粗略地判断接地装置是否正常与良好,接地电阻值能否合乎要求。具体方法是①在离接地体A为3m的地方加装两个临进接地极B与C,且使AB＝AC,并呈等腰三角形,其所夹顶角在30°～60°范围内;②然后用万用表的欧姆档分别测出A与B、B与C,以及C与A之间的电阻值,即测出R_{AB}、R_{BC}及R_{CA};③再将由万用表测得的上述三个电阻值代入下式计算,便可求得所需测量的接地电阻为

$$R_A = \frac{1}{2}(R_{AB} - R_{BC} + R_{CA}) \quad (\Omega)$$

顺便指出，对各类接地装置接地电阻值的测量，特别是在大地电阻率不相同或很不均匀的地区，现时尚无十分满意的完美方法。还有待今后进一步研究与探索，读者也可在实践中进行不断总结、摸索与创新。

8.4 过电压的产生

过电压是指对电气设备绝缘危险的突然升高的电压，按其产生原因可分为大气过电压和内部过电压两大类。由于供、用电系统内部进行操作或发生故障，使能量转化或传递而引起的过电压，称为内部过电压。内部过电压可分为操作过电压、弧光接地过电压及谐振过电压。由于大气中雷击放电引起的过电压，称为外部过电压或称为大气过电压。大气过电压也叫雷电过电压，它又分为直击雷过电压、感应雷过电压和雷电侵入波。

工厂企业中电气设备的安全运行，主要决定于电气设备的绝缘水平和作用于绝缘的电压。雷电放电能引起变电所母线短路，从而造成重大事故。大气过电压时变电所的设备，特别是变压器“内部绝缘”损坏，甚至烧毁变压器，烧毁架空线路，造成供电、用电系统的损害，因此必须采取防过电压的保护措施。过电压保护的目的，是为了防止电气设备绝缘遭受

过电压的破坏。在过电压的作用下如不采取措施，则电气设备的绝缘将会被击穿而造成设备损坏和停电等事故。

8.4.1 雷电过电压的产生和雷电活动规律

1. 直击雷过电压

雷电直接对输电线路或电气设备放电，因其强大的雷电流通过线路或设备导入大地，从而产生破坏性很大的热效应和机械效应，为直击雷过电压。架空线路和露天变电所都在室外，遭受雷击的机会就比较多。如果雷云直接对导线放电，雷云中的大量电荷将聚集到导线上，就会产生直击雷过电压，其数值可高达数百万伏。图 8－23 为直接雷击示意图。

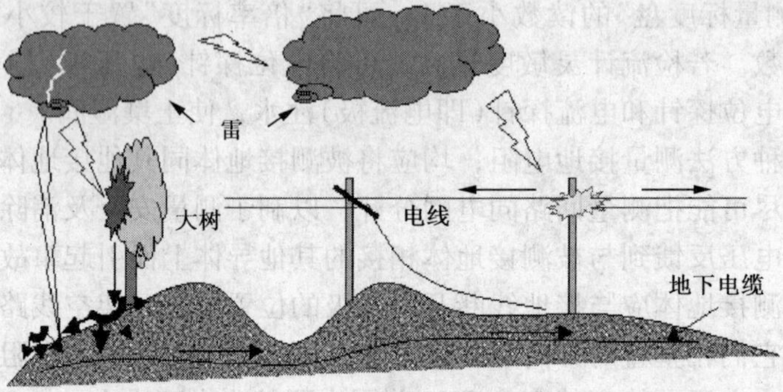

图 8－23　直接雷击示意图

2. 感应雷过电压

当雷云不是直接击于输电线路导线上，而是向线路附近地面，或向避雷线上进行主放电时，在线路中感应的过电压，称为感应过电压。图 8－24 为感应雷击示意图。

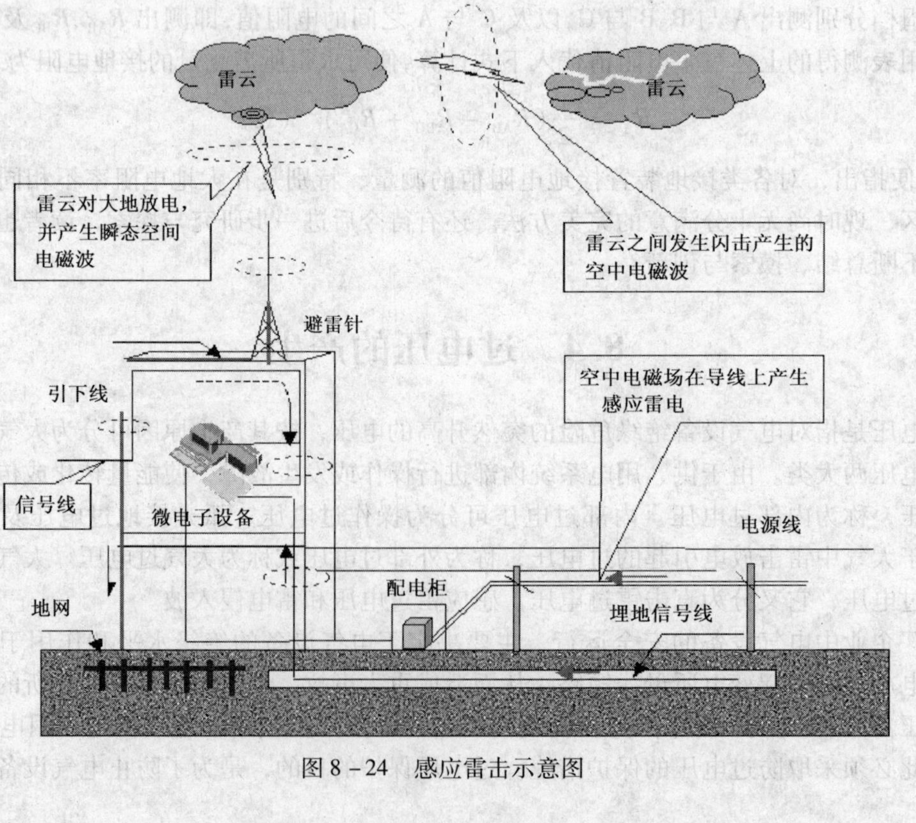

图 8－24　感应雷击示意图

3. 雷电侵入波

也称高电位侵入波，它是指由于架空线路或架空金属管道上遭受直击雷或感应雷而产生的高压冲击雷电荷，可能沿线路或管道侵入室内。据统计，在电力系统中，由于雷电波侵入而造成的雷害事故，约占雷害总数的一半以上。

8.4.2 内部过电压的产生及预防措施

内部过电压一般出现在电力系统参数发生变化的过渡过程中，或在变化后的电网参数处于工频谐振或其他谐振的稳定状态中。如某变电所由于谐振过电压因其套管闪络其内部过电压倍数 K 值可高达 4 倍，K 为过电压幅值与该处工频电压幅值之比。可见内部过电压对电力系统运行和工厂企业的正常供电，会造成很大的危害，应引起足够的重视，并采取相应的预防措施。

在工厂企业供电系统中，用断路器切断空载变压器是一种正常操作方式，在操作过程中，有可能产生很高的电压。所用灭弧能力越强的断路器，其切断空载变压器的过电压事故就越多。

8.5 变、配电所的防雷保护装置

变、配电所的防雷保护是电力系统中很重要的部分。雷电流在变配电所母线上所引起的短路，将造成电力系统严重事故，特别是电力变压器在变、配电装置中，其绝缘又是个薄弱环节。一旦遭受雷击，首先容易损坏而造成全系统停电。因此，变、配电所内对于电力变压器的防雷保护是关键部位。

变、配电所的防雷保护，分为防护直击雷和防护沿线路侵入的雷电冲击波。

完整的防雷装置包括接闪器、引下线和接地装置。避雷针、避雷线、避雷网、避雷带均是接闪器，而避雷器是一种专门的防雷设备。变、配电所为防护直击雷一般采用避雷针(线)保护，避雷针(线)的作用是引导雷电流按预定的通道泄入大地，以保护变、配电所免遭雷击；避雷线主要用来保护输电线路；避雷网和避雷带主要是用来保护建(构)筑物；避雷器主要用来保护电力设备。

避雷器有保护间隙、阀型避雷器、管型避雷器等，用来保护电力设备，防止高电压冲击波侵入的安全措施。其保护原理是将避雷器装设在被保护物的引入端，其上端接在线路上，下端接地，正常时避雷器的间隙保持绝缘状态，不影响系统运行。当雷击的高压冲击波袭来时，避雷器因间隙击穿而接地，从而使高压冲击波泄放入地。雷电流通过后，避雷器间隙又恢复绝缘状态，以使系统正常运行。

1. 避雷器的分类及应用

(1) 保护间隙　结构简单，价格低廉，便于自制，但性能较差，一般常用于电压不高且不太重要的线路上或农村线路上。

(2) 管型避雷器　结构复杂，常用于 10kV 配电线路上，作为变压器、开关、电容器、电缆头等电气设备的防雷保护。适用于工频电网容量小、线路长、雷电活动很强而且频繁的农村或山区。

(3) 阀型避雷器　结构复杂，常用于 3 ~ 550kV 电气线路、变配电设备、电动机、开关等的防雷。适用于交直流电网，不受容量、线路长短、短路电流的限制，工业系统中的变配电所设备及线路都能使用。

（4）氧化锌避雷器　一种新型避雷器，无放电延时，大气过电压工作后无工频续流，可经受多重雷击，残压低，通流量大，体积小，重量轻，运行维护简单，常用于0.25～550kV电气系统及电气设备的防雷及过电压保护，也适用于低压侧的过电压保护。

2. 常用避雷器

（1）阀型避雷器

阀型避雷器是电力系统变、配电装置防雷保护中常用的保护装置，它主要是由火花间隙和阀型电阻串联组成。接于电力系统中运行的避雷器，由于火花间隙具有足够的对地绝缘强度，因此在正常工频电压作用下，间隙不会击穿，阀型电阻中不会有电流通过。当系统出现大气过电压，火花间隙很快被击穿，使雷电流很快通过阀型电阻引入大地。从而使电气设备得到保护。

常用的阀型避雷器有FS型、FZ两大类。FS阀型避雷器结构如图8－25所示，此种避雷器阀片直径较小，火花间隙无分路电阻，所以通流容量较低，一般用来保护小容量配电装置。10kV及以下小型企业的配电系统中，广泛用作变压器及电气设备的保护。

FZ阀型避雷器如图8－26所示，此类避雷器阀片直径较大，火花间隙有分路电阻，所以通流容量较大，残压和冲击放电电压低于FS阀型避雷器，因此通常用于保护35kV及以上大、中型工厂企业的总降压变电所的电气设备。

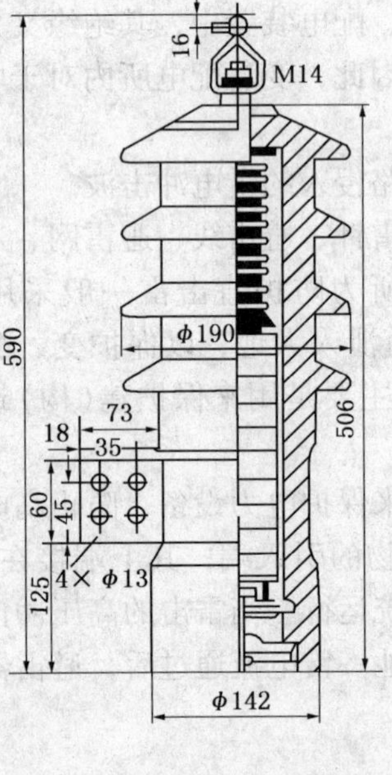

图8－25　FS－10型阀型避雷器

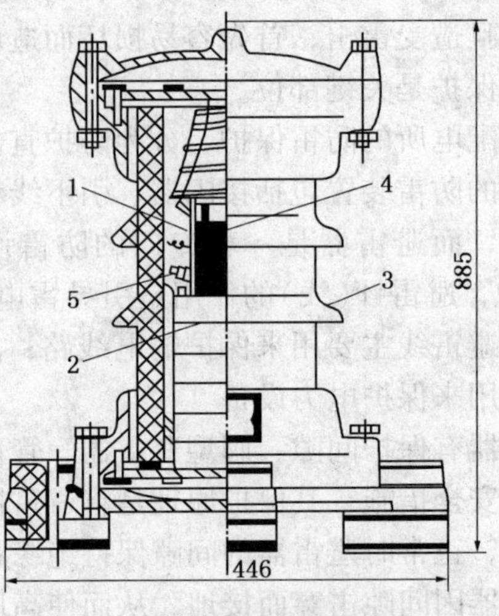

图8－26　FZ－10型阀型避雷器

1—火花间隙；2—阀片；3—瓷套；
4—云母片；5—分路电阻

（2）氧化锌避雷器

氧化锌避雷器的基本工作元件，是具有较好的非线性伏－安特性的氧化锌电阻片。在持续工作电压下，成绝缘状态，仅流过微量的泄漏电流。在过电压作用下，电阻片迅速呈低电阻状态，对过电压接地泄放，使被保护的设备绝缘接受的残压在安全值下。氧化锌电阻片动作后无工频续流，不需要灭弧间隙，过电压消失后，迅速恢复高绝缘状态。氧化锌避雷器外部有密封瓷套管、固定金属卡，安装时定位在横担上或支架上。上端螺栓接电源线，下端螺栓接引下线接地。外形如图8－27所示。

氧化锌避雷器的型号是由汉语拼音字母和数字构成。

1 2 3 4—5 / 6 7

1——氧化锌避雷器代号，Y；
2——标称放电电流，kA；
3——结构特征代号，如：
W——无放电间隙；
B——并联放电间隙；
C——串联放电间隙；
4——产品改型设计序号；
5——避雷器额定电压，kV；
6——标称最大残压值，kV（可不标）；
7——特殊性能代号，如：
GY——高原型；
W——防污型。
（一般型不标）

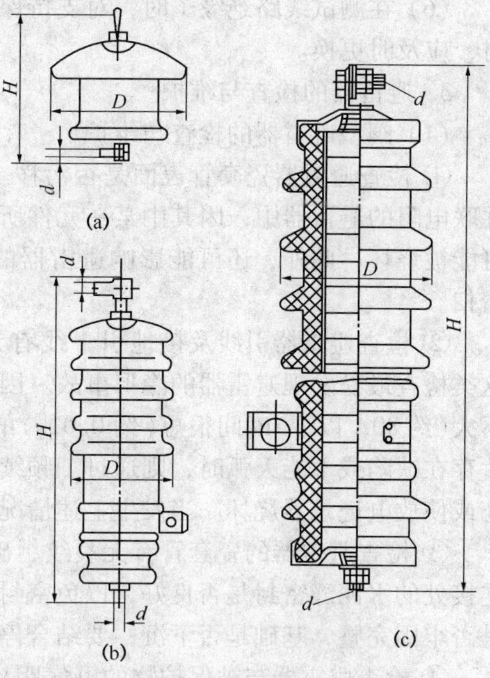

图 8－27 氧化锌避雷器外形图

Y5W 型一般用于变、配电设备的过电压保护；Y5C 型一般用于中性点不接地系统的设备保护。

8.6 防雷装置的维护与巡视检查

8.6.1 防雷保护装置的检查和维护

1. 避雷针（线、带、网）的检查与维护

（1）检查避雷针（线、带、网）各处明装导体是否有裂纹、歪斜与锈蚀，或因机械力损伤而发生折断，各电气连接部分是否紧密牢固。发现接触不良或脱焊时应及时进行检修。

（2）检查接闪器有无因遭受雷击而发生熔化或折断的情况；检查引下线是否短而直，引下线距地 2m 一段的保护处有无破损情况；检查断接卡子有无接触不良情况。

（3）检查避雷线是否每基杆塔处都有可靠接地，是否均已与避雷器的接地线共同接地；检查接地装置周围的土壤有无沉陷情况，有否因挖土方及种植树木等而挖断或损伤接地装置。

（4）检查有无由于修缮建筑物或建筑物本身的变形，而使防雷保护装置受到影响或发生变化；木质结构的接闪器支架有无腐朽现象。

2. 保护间隙的检查与维护

（1）雷雨后应对保护间隙进行特殊巡视。由于保护间隙的灭弧性能较差，动作时往往容易被烧坏，故发现损坏时必须及时维修或更换；

（2）检查保护间隙的距离有无变动，如有变动，则必须及时加以调整；

（3）检查间隙的电极是否烧伤、锈蚀或支持绝缘子有无发生闪络。如有严重烧伤或闪络现象，应及时更换或检修；

（4）检查保护间隙有无被鸟巢或冰雪堆积而存在引发短路的可能，如有应即清理；

（5）检查导线及接地引下线是否有断股或接触不良情况，如有时要及时处理；

（6）在测试线路绝缘子时，对支持保护间隙电极的绝缘子亦应进行测试。若发现不合格时，应及时更换。

3. 避雷器的检查与维护

（1）阀型避雷器的检查与维护

① 检查避雷器瓷套管表面是否污秽。若受污严重时，会使电压分布很不均匀。在含有并联电阻的避雷器中，因其中某一元件所受分布电压增高时，通过它的电流便显著增大，就可能被烧坏。此外，还可能影响避雷器的灭弧性能。故发现瓷套管表面污秽时，必须及时清扫。

② 检查避雷器引线及接地引下线有无烧伤痕迹、断股现象以及放电记录器是否烧坏。这类检查最易发现避雷器的隐形事故。因避雷器动作时，接地引下线和记录器中仅通过幅值不大(约80A以下)时间很短(约0.01s)的工频续流，不会产生烧伤痕迹。若避雷器内部阀片存在缺陷或不能灭弧时，则通过工频续流的幅值与时间都将增大，引下线连接点便会被烧伤或使放电记录器烧坏。当发生上述情况时，应即设法将避雷器退出运行，进行详细检查。

③ 检查避雷器的瓷套管有无裂纹、破损及放电痕迹；避雷器上端引线处的瓷套与法兰连接处的水泥缝密封是否良好，以免密封不良会进水受潮而引起事故；避雷器的构架、遮挡是否牢固完整，基础是否下沉；要结合停电机会，检查阀型避雷器上法兰泄水孔是否畅通。

④ 检查避雷器与被保护物的电气距离是否符合要求。避雷器至接地装置的引线要求短而且直，且不允许套入铁管中。因雷电流经接地线泄入大地时，会在铁管中产生感应电动势，造成环流，由此产生磁通而阻止磁场变化，增大了波阻抗，也就相当于增大了接地电阻。

⑤ 雷电后应检查雷电记录器的动作情况，避雷器表面有无闪络放电痕迹，避雷器引线及接地引下线有否松动和本体有无摇动。此外，为了能及时发现阀型避雷器内部的隐形缺陷，应在每年当地雷雨季节到来之前进行一次预防性试验。

⑥ 当阀型避雷器存在下列缺陷时，应及时安排进行检修与试验：

a. 瓷套表面有裂纹或密封不良(应进行解体检查与检修)；

b. 瓷套表面有轻微碰伤(应经泄漏及工频耐压试验，合格后方能投入运行)；

c. 瓷套表面有严重污染(应及时进行清扫和试验)；

d. 瓷套及水泥结合处有裂纹，法兰盘和橡皮垫有脱落；

e. 检查放电记录器，发现避雷器动作次数过多；

f. 检查泄漏电流、工频放电电压大于或小于标准值；

g. 对于FZ和FCD型避雷器，泄漏电流小于允许标准值。

（2）避雷器运行中的几个问题

① 避雷器额定电压的选择原则是避雷器的工频放电电压和残压应低于被保护电气设备的耐压水平。这样，在沿路线袭来的雷电侵入波可能危害设备前，避雷器就击穿放电，将雷电流泄放入地；并且将避雷器的残压(即雷电流通过避雷器时产生的压降)限制在对设备没有危险的数值以下，从而使设备的绝缘得到保护。但10kV避雷器的工频放电电压和残压均高于6kV设备的耐压水平，所以10kV避雷器不能用于6kV设备上。

反之，额定电压为6kV的避雷器同样也不能用于10kV系统或设备上。因为10kV系统内的过电压水平可高达23kV(指“相”对“地”)，而6kV避雷器的工频放电电压约为15～21kV，灭弧电压仅为7.6kV。故在内过电压作用下便会引起误动作，且不能灭弧，势将导致避雷器爆炸。这就不仅不能作为外过电压保护，倒反成为引起事故的根源。

② 运行中有时会突然爆炸的原因如下：

a. 中性点不接地系统中发生单相接地时，可能使非故障相的对电压升高到线电压。此时避雷器所承受的电压虽小于其工频放电电压，但在持续过电压作用下，也可能会引起爆炸；

b. 电力系统发生铁磁谐振过电压时，可能会使避雷器放电(阀型避雷器是不允许在这种情况动作的)，从而煤烧损其内部元件而引起爆炸；

c. 当线路受到雷击、避雷器正常动作后，因火花间隙灭弧性能较差，电弧重燃工频续流将会再度出现，这样便因间隙多次重烧，阀片电阻烧坏，从而引起爆炸；

d. 避雷阀片电阻不合格，残压虽然降低但续流却增大了，间隙不能灭弧，阀片由于长时间通过续流烧毁而引起爆炸；

e 避雷器由于瓷套密封不良，运行中容易受潮和进水等，也很可能引发爆炸。

③ 运行中发现瓷套管有裂纹的处理巡视检查中若发现避雷器瓷套管有裂纹时，应根据现场实际情况分别作如下处理：

a. 向上级报告并申请停电，在得到批准并同时做好各项安全措施后，进行更换；

b. 暂无备品可供更换时，在不致威胁供电系统安全运行的前提下，可先采取防止受潮的临时措施(如在裂纹处涂漆或环氧树脂)，同时应尽快安排在短期内更换新品；

c. 若发现时正值雷雨天气，则应尽可能不使其退出运行，待雷雨过后再行处理；

e. 若因裂纹引起放电但尚未导致接地现象时，应即设法先将故障相的避雷器停用，以免引起事故扩大。

4. 防雷接地装置的检查与维护

接地装置是过电压保护装置的一个重要组成部分，正确地进行检查和维护，经常保持它的合格与良好状态，是保证安全运行的重要环节。由于接地装置埋设在地下，除了检查其外观和接地引下线的连接情况外，主要靠测量接地电阻的结果来进行判断。

(1) 定期进行外观检查的主要内容包括：

① 接地引下线的完整性和锈蚀程度，接地体附近地面有无挖开或出现异常情况；

② 接地引下线每年在雷雨季节前应检查一次，埋入地下 50cm 深度以上的一段较易发生腐蚀，必要时应挖开地面进行抽查，以观察其腐蚀情况。尤其对含重酸、碱、盐或金属矿岩等土壤地带的接地装置，一般每 5 年应挖开局部地面检查一次。

(2) 测量接地装置的接地电阻周期一般为：

① 电厂和变电所的总接地网，每年测量一次；

② 电厂和变电所的独立避雷针的接地装置，以及架构上所安装避雷针的集中接地装置，每 3 ~ 5 年至少测量一次；

③ 电厂和变电所内阀型避雷器的集中接地装置，每 1 ~ 2 年至少测量一次；

④ 架空送电线路杆塔的接地电阻，每 5 年至少测量一次(测量时应将接地引下线与杆塔分开)。对于变电所进线段避雷线的接地电阻，一般每 2 年测量一次；

⑤ 对架空配电线路上接地电阻，每 2 ~ 3 年至少测量一次；

⑥ 一般工业建(构)筑物及民用建筑物，每隔 2 ~ 3 年至少测量一次；

⑦ 暗装避雷网或利用钢筋作引下线的工程，虽设计要求常很可靠，但每隔 5 ~ 6 年必须由顶部明装避雷线的地方、或在首层配电屏接地端子处测量一次。

（3）测量接地电阻要在雷雨季节前、土壤电阻率相对最大的季节内进行，即夏季土壤最干燥时期或冬季土壤冰冻最甚时期，以保证所测接地电阻的代表性与准确性。

（4）根据检查情况，若发现有不合格的地方，应及时进行补救处理。如接地引下线的断续卡接触不良就应除锈拧紧；当导体腐蚀达30%以上时则应更换导体等。应注意，对电气设备或建筑物的防雷接地装置进行修理或补救处理时，必须按原设计图纸要求施工。

8.6.2　防止雷击伤人应注意的问题

1. 防止雷击伤人的安全注意事项

（1）雷雨时雷云会直接对人体放电。雷电流泄入大地时产生的对地电压，或是发生二次放电时，都可能会造成人身伤亡事故；

（2）雷雨时除工作必须外，应尽量少在户外或野外逗留。在户外或野外最好穿塑胶雨衣或使用竹柄油布伞。有条件时应避进有宽大金属构架或有防雷设施的建筑内，尽量不要站、靠或下蹲在露天里，尤其应远离电杆、大树等凸出物5m以外；

（3）雷雨时尽量不要站在高处，要离开小山、小丘以及湖滨、河边、池塘。还应尽量离开铁丝网、其他金属线、凉衣铁丝、烟囱、高杆以及孤独树木等；

（4）在室内应注意雷电侵入波的危害。雷雨时要离开电灯线、电源线、电话线、广播线、引入室内的电视机天线等1m以外，以防止这类线路对人身二次放电造成伤害。

2. 防止球形雷造成危害的方法

雷雨时有时会出同球形雷，它不同于线形雷或片形雷，外观呈发红光或白光的“火球”。它大都由特殊的带电气体形成，直径一般约0.2～10m，滚动速度约2m/s左右。球形雷很可能会从门、窗或烟囱等通道侵入车间或室内。为此，雷雨时必须迅速关好门窗，以防止可能出现的球形雷对人体、房屋及设备造成危害。

3. 雷雨时值班电工要暂停露天巡视

由于变配电所周围常架设高大的避雷针，避雷针上有接地引下线与地下的接地极相连接。雷雨天若避雷针上万一落雷时，该避雷针接地极周围的相当范围内便会形成一个电位分布区，且其电位通常很高。这种情况下若值班人员进行露天设备巡视，两脚之间将会受到危险的跨步电压作用而引起触电。所以雷雨时，变配电所值班电工及有关人员均不宜再在露天进行设备巡视等作业。

4. 对遭受雷击伤害者的紧急处理

万一有人遭雷击后，切不可惊慌失措，应冷静而迅速地处置。除非受雷击者已有明显死亡症状外，对于一般不省人事、处于昏迷状态或“假死”状态的伤害者，应不失时机地就地进行正确的紧急救护。具体救护方法，与对一般触电者施行的急救方法相仿，且同样应注重“及时、对症、正确、坚持”诸要点，尽力抢救雷击伤害者的生命。

附录1　常用电气新旧文字符号对照表

名　称	新符号	旧符号
组　件		
电　桥	AB	DQ
高压开关柜	AH	GG
备用电源自动投入装置	APD	BZT
自动重合闸装置	ARD	ZCH(ZCZ)
信号箱	AS	XX
保护器件		
避雷器	F	BL
跌落式熔断器	FD	DR
负荷型跌开式熔断器	FDL	DR
排气式避雷器	FE	GB
熔断器	FU	RD
阀式避雷器	FV	FB
发电机、电源		
旋转发电机	G	F
振荡器	G	ZD
异步发电机	GA	YF
柴油发电机	GD	CF
变频机	GF	BP
同步发电机	GN	LD
测速发电机	GT	CF
稳压装置	GV	WY
指示灯		
绿色指示灯	GN	LD
红色指示灯	RD	HD
黄色指示灯	YE	UD
照明灯	EL	D，ZM
指示灯	HL	XD
信号器件		
声响指示器	HA	
电铃	HA，HB	DL
电喇叭	HA，HH	LB
蜂鸣器	HA，HZ	FM
继电器、接触器		
继电器	K	J
接触器	K，KM	C，JC
电流继电器	KA	LJ
加速继电器	KAC	JSJ
重合闸继电器	KAR	CHJ
差动继电器	KD	CJ
接地继电器	KE	JDJ
闪光继电器	KF	SGJ
瓦斯(气体)继电器	KG	WSJ

名　称	新符号	旧符号
热继电器	KH	RJ
冲击继电器	KI	CJJ
闭锁继电器	KL	BJ
中间继电器	KM	ZJ
合闸接触器	KO	HC
干簧继电器	KRD	GHJ
功率(方向)继电器	KP，KPD	GJ，GHJ
跳闸继电器	KR	
信号继电器	KS	XJ
时间继电器	KT	SJ
电压继电器	KV	YJ
阻抗继电器	KZ	ZHJ
电感器、电抗器		
感应线圈	L	L，GQ
电抗器	L	L，DK
消弧线圈	LP	L，XQ
电动机		
电动机	M	D
中间线	M	Z
直流电动机	MD	ZD
同步电动机	MS	TD
测量设备、试验设备		
电流表	PA	A
保护接地	PE	
保护接地与中性线共用	PEN	
功率因数表	PF	COSΨ
频率表	PH	Hz
有功电能表(电度表)	PJ	PJR
时钟	PT	SZ
电压表	PV	V
有功功率表	PW	W
无功电能表	PJR	
无功功率表	PR	
电力电路的开关器件		
开　关	Q	K
断路器(自动开关)	QF	DL
刀开关	QK	DK
熔断器式刀开关	QKF	RDK
负荷开关	QL	FK
电动机保护开关	QM	
隔离器，隔离开关	QS	GK
转换开关	QT	HK
启动器	QT	Q
晶体管(可控硅)开关	QV	KG

续表

名　　称	新符号	旧符号
控制、记忆、信号电路的－关器件，选择器		
二次电路开关	S	K
控制开关	SA	KK
选择开关	SA	XK
按钮开关	SB	AN
紧急(急停)按钮	SE	JA
启动(正转)按钮	SF	QA
主令开关	SM	LK
微动(瞬动)开关	SN	WK
限位(位置、行程)开关	SQ	XK
反转按钮	SR	FA
旋转(旋钮)开关	SR	HK
停止按钮	ST	TA
电压表切换开关	SV	QK
变 压 器		
变压器	T	B
电流互感器	TA	LH
零序电流互感器	TAN	LLH
控制电路电源变压器	TC	KB
局部照明变压器	TL	JZB
电力(主)变压器	TM	LB
整流变压器	TR	ZB
磁稳压器	TS	CW
电压互感器	TV	YH
电焊变压器	TW	DHB
脉冲变流器	U	
传输通道、波导、天线		
母线，汇流排	W，WB	M
辅助小母线	WSP 703	FM
事故音响信号小母线	WAS	SYM
控制小母线	WC	KM
控制电路断线预告小母线	WCO	KDM
闪光信号小母线	WF	SM
预告信号小母线	WFS	YBM
灯光信号小母线	WL	DXM
合闸电源小母线	WO	HM
信号电源小母线	WS	XM
信号辅助小母线	WSA	XFM
电压小母线	WV	YM
“掉牌未复归”光字牌小母线	WSR 716	
其他地方未规定的元器件		
发热器件	EH	
通风机、换气扇、空气调节器	EV	TF

名　　称	新符号	旧符号
电气操作的机械器件		
电磁铁	YA	DC
电磁制动器	YB	DZ
电磁离合器	YC	DL
合闸线圈	YO	HQ
跳闸线圈	YR	TQ
电动阀	YM	DF
电磁阀	YM	DCF
电磁锁	YL	DS
自行规定的器件符号		
防跳继电器	KPJ	TBJ
保护出口继电器	KCO	BCJ
电源监视继电器	KVS	JJ
闭锁继电器	KL	BSJ
自动重合闸继电器	KAR	ZCH
零序电流继电器	KAZ	LDJ
负序电压继电器	KVN	FYJ
复合电压继电器	KVC	
过电流继电器	KAO	HLJ
绝缘监察继电器	KVI	XJJ
重合闸继电器	KAR	ZCH
后加速继电器	KAT	JSJ
零序电压继电器	KVZ	
冲击继电器	KI	
电压中间继电器	KVM	
电源监视继电器	KVS	
绝缘监察继电器	KVI	
零序电流继电器	KAZ	
欠电流断电器	KAU	
中间继电器	KC	
PT 断相保护继电器	KFP	
差动继电器	KD	
中性线小母线	WVN	YMN
合闸母线	WO	HM
事故信号小母线(702)	WSS	SXM
电钟	CK	
光字牌	HP	GP
无功功率表	PR	VAR
无功电度表	PJR	VARH

附录2　标示牌式样

序号	名称	悬挂处所	式样		
			尺寸/mm	颜色	字样
1	禁止合闸，有人工作！	一经合闸即可送电到施工设备的断路器（开关）和隔离开关（刀闸）操作把手上	200×100和80×50	白底	红字
2	禁止合闸，线路有人工作！	线路断路器（开关）和隔离开关（刀闸）把手上	200×100和80×50	红底	白字
3	在此工作！	室外和室内工作地点或施工设备上	250×250	绿底，中有直径210mm白圆圈	黑字，写于白圆圈中
4	止步，高压危险！	施工地点临近带电设备的遮栏上；室外工作地点的围栏上；禁止通行的过道上；高压试验地点；室外构架上；工作地点临近带电设备的横梁上	250×200	白底红边	黑字，有红色箭头
5	从此上下！	工作人员上下的铁架、梯子上	250×250	绿底，中有直径210mm白圆圈	黑字，写于白圆圈中
6	禁止攀登，高压危险！	工作人员上下的铁架临近可能上下的另外铁架上，运行中变压器的梯子上	250×200	白底红边	黑字